高等职业院校精品教材系列

模拟电子技术项目教程

主　编　王　祝　李小勇

副主编　周　华　范泽良　唐素霞

電子工業出版社
Publishing House of Electronics Industry
北京 · BEIJING

内 容 简 介

本书根据教育部最新的职业教育教学改革要求，在多年专业课程改革实践基础上进行编写，改变传统模拟电子技术课程教学方式，采用基于“项目引导、任务驱动”的项目化教学方式，融实践和理论于一体，体现 “教、学、做”一体化的教学理念。全书梳理模拟电子技术的教学内容，设计8个典型项目来引导教学，内容上侧重于电路的分析与调试。每部分的教学内容，通过实践项目的制作与调试，让学生掌握电路的结构、仪表的使用、相关的理论知识，以及电路的调试和故障排查技巧等。全书内容丰富全面，实用性强，易于安排教学。

本书为高等职业本专科院校电子信息类、通信类、计算机类、自动化类、机电类等专业模拟电子技术课程的教材，也可作为开放大学、成人教育、自学考试、中职学校和培训班的教材，以及电子工程技术人员的参考书。

本书配有免费的电子教学课件、习题参考答案等，详见前言。

图书在版编目（CIP）数据

模拟电子技术项目教程 / 王祝，李小勇主编. —北京：电子工业出版社，2016.9

全国高等院校规划教材. 精品与示范系列

ISBN 978-7-121-29285-9

Ⅰ. ①模… Ⅱ. ①王… ②李… Ⅲ. ①模拟电路－电子技术－高等职业教育－教材 Ⅳ. ①TN710

中国版本图书馆 CIP 数据核字（2016）第 152086 号

策划编辑：陈健德（E-mail：chenjd@phei.com.cn）

责任编辑：刘真平

印　　刷：涿州市般润文化传播有限公司

装　　订：涿州市般润文化传播有限公司

出版发行：电子工业出版社

北京市海淀区万寿路 173 信箱　邮编　100036

开　　本：787×1 092　1/16　印张：17.75　字数：454.4 千字

版　　次：2016 年 9 月第 1 版

印　　次：2021 年 11 月第 6 次印刷

定　　价：52.00 元

凡所购买电子工业出版社图书有缺损问题，请向购买书店调换。若书店售缺，请与本社发行部联系，联系及邮购电话：（010）88254888，88258888。

质量投诉请发邮件至 zlts@phei.com.cn，盗版侵权举报请发邮件至 dbqq@phei.com.cn。

本书咨询联系方式：chenjd@phei.com.cn。

前　言

本书根据教育部最新的职业教育教学改革要求，结合近年来高职院校电子信息类专业教学改革成果，在本课程多年改革实践的基础上进行编写。按照新的专业教学指导方案和课程标准要求，改变传统模拟电子技术课程教学方式，采用基于“项目引导、任务驱动”的项目化教学方式，融实践和理论于一体，以电子产品的制作过程为导向，将模拟电子技术各部分知识点与电子产品的制作过程相结合。

本课程教学体现“教、学、做”一体化的理念，采用基于工作过程的教学方式，遵循由浅入深、循序渐进的教育规律。全书分为 8 个项目，包括常用电子元器件的识别与检测、手工焊接技术及工艺、直流稳压电源的制作、电子扩音器的制作、红外探测报警器的制作、调光台灯的制作、波形发生电路的制作及调频无线话筒的制作。每一个项目又根据产品制作所涉及的知识分为多个任务，以培养学生对知识点的认知与实际应用和操作能力，为增强教学效果和拓展学生的职业技能奠定坚实的基础。通过对本课程的学习，学生既能掌握电子电路的理论知识，又能具备较强的动手能力，真正做到理论联系实际。

本书符合目前高职教育项目导向、任务驱动的课改方向，为高等职业本专科院校电子信息类、通信类、计算机类、自动化类、机电类等专业模拟电子技术、电子电路基础、低频电子电路等课程的教材，也可作为开放大学、成人教育、自学考试、中职学校和培训班的教材，以及电子工程技术人员的参考书。

本书由贵州电子信息职业技术学院王祝、李小勇主编，由周华、范泽良、唐素霞任副主编。其中王祝编写项目 1、项目 2 和项目 3，李小勇编写项目 4 和项目 5，周华编写项目 6，范泽良编写项目 7，唐素霞编写项目 8。在本书的编写过程中，参考了国内外大量文献，并引用了其中有关的概念和观点。在此，对被引用文献的作者表示衷心的感谢。

由于水平有限，书中的缺点和错误在所难免，恳请广大读者和专家们批评指正。

为方便教学，本书配有免费的电子教学课件、习题参考答案，请有需要的教师登录华信教育资源网（http://www.hxedu.com.cn）免费注册后进行下载，如有问题请在网站留言或与电子工业出版社联系（E-mail: hxedu@phei.com.cn）。

编者

目 录

常用电子元器件的识别与检测

通过本项目将主要学习以下知识和技能，完成以下实训任务：

序号	知 识 点	主 要 技 能
1	正确使用万用表	指针式万用表及数字式万用表的使用方法
2	常用电子元件的识别与检测	电阻器、电容器、电感器、二极管、三极管、开关件、接插件、熔断器及电声器件的识别与检测
3	集成电路的识别与检测	集成电路的分类及命名方法、集成电路引脚的识别方法、集成电路的检测方法
4	实训 1　常用电子元器件的识别与检测	

任务 1.1 正确使用万用表

1.1.1 指针式万用表的使用

1. 指针式万用表的结构

指针式万用表由表头、表盘、机械调零旋钮、表笔插孔等主要部分组成。下面以 MF47 型指针式万用表为例，简单介绍其结构和使用方法。

MF47 型指针式万用表是一种高灵敏度、多量程的便携式整流系仪表，能完成交直流电压、直流电流、电阻等基本项目的测量，还能估测电容器的性能等。MF47 型指针式万用表外形如图 1-1-1 所示，背面有电池盒。

（1）表头。表头是万用表的重要组成部分，决定了万用表的灵敏度。表头由表针、磁路系统和偏转系统组成。为了提高测量的灵敏度和便于扩大电流的量程，表头一般都采用内阻较大、灵敏度较高的磁电式直流电流表。另外，表头上还设有机械调零旋钮，用以校正表针在左端的零位。万用表的表头是一个灵敏电流表，电流只能从正极流入，从负极流出。在测量直流电流的时候，电流只能从与“+”插孔相连的红表笔流入，从与“-”插孔相连的黑表笔流出；在测量直流电压时，红表笔接高电位，黑表笔接低电位。否则，一方面测不出数值，另一方面很容易损坏表针。

图 1-1-1 MF47 型指针式万用表外形

（2）表盘。表盘由多种刻度线以及带有说明作用的各种符号组成。只有正确理解各种刻度线的读数方法和各种符号所代表的意义，才能熟练、准确地使用好万用表。MF47 型指针式万用表的表盘如图 1-1-2 所示。

图 1-1-2 MF47 型指针式万用表的表盘

表盘上的符号 A－V－Ω表示这只表是可以测量电流、电压和电阻的多用表。表盘上印有多条刻度线，其中右端标有“Ω”的是电阻刻度线，其右端表示零，左端表示∞，刻度值

分布是不均匀的。符号“-”表示直流，“～”表示交流，“≈”表示交流和直流共用的刻度线，h_{FE} 表示晶体管放大倍数刻度线，dB 表示分贝电平刻度线。

（3）转换开关。转换开关用来选择被测电量的种类和量程（或倍率），是一个多挡位的旋转开关。MF47 型指针式万用表的测量项目包括：电流、直流电压、交流电压和电阻。每挡又划分为几个不同的量程（或倍率）以供选择。当转换开关拨到电流挡时，可分别与 5 个接触点接通，用于 500 mA、50 mA、5 mA、0 mA 和 50 μA 量程的电流测量；同样，当转换开关拨到电阻挡时，可用×1、×10、×100、×1 k、×10 k 倍率分别测量电阻；当转换开关拨到直流电压挡时，可用于 0.25 V、1 V、2.5 V、10 V、50 V、250 V、500 V 和 1 000 V 量程的直流电压测量；当转换开关拨到交流电压挡时，可用于 10 V、50 V、250 V、500 V、1 000 V 量程的交流电压测量。

（4）机械调零旋钮和电阻挡调零旋钮。机械调零旋钮的作用是调整表针静止时的位置。万用表进行任何测量时，其表针应指在表盘刻度线左端“0”的位置上，如果不在这个位置，可调整该旋钮使其到位。

电阻挡调零旋钮的作用是：当红、黑两表笔短接时，表针应指在电阻（欧姆）挡刻度线的右端“0”的位置，如果不指在“0”的位置，可调整该旋钮使其到位。需要注意的是，每转换一次电阻挡的量程，都要调整该旋钮，使表针指在“0”的位置上，以减小测量的误差。

（5）表笔插孔。表笔分为红、黑两支，使用时应将红色表笔插入标有“+”号的插孔中，黑色表笔插入标有“-”号的插孔中。另外，MF47 型指针式万用表还提供 2 500 V 交直流电压扩大插孔以及 5 A 的直流电流扩大插孔。使用时分别将红表笔移至对应插孔中即可。

2. 万用表的使用注意事项

（1）在使用万用表之前，应先进行“机械调零”，即在没有被测电量时，使万用表指针指在零电压或零电流的位置上。

（2）在使用万用表的过程中，不能用手去接触表笔的金属部分，这样一方面可以保证测量的准确性，另一方面也可以保证人身安全。

（3）在测量某一电量时，不能在测量的同时换挡，尤其是在测量高电压或大电流时更应注意。否则，会使万用表毁坏。如需换挡，应先断开表笔，换挡后再去测量。

（4）万用表在使用时必须水平放置，以免造成误差。同时，还要注意避免外界磁场对万用表的影响。

（5）万用表使用完毕，应将转换开关置于交流电压的最大挡。如果长期不用，还应将万用表内部的电池取出来，以免电池腐蚀表内其他器件。

3. 使用方法

只要求掌握电阻和交流电压的测量，其他功能在后面教学中介绍。

1）使用前的准备工作

（1）在使用前应检查指针是否指在机械零位上，如没有指在零位时，可旋转表盖的调零器使指针指示在零位上（称为机械调零）。

（2）将测试棒红、黑插头分别插入“+”、“-”插座中，如测量交流直流 2 500 V 或直流 5 A 时，红插头则应分别插到标有“2 500”或“5 A”的插座中。

2）测量电阻

先将表棒搭在一起短路，使指针向右偏转，随即调整“Ω”调零旋钮（称欧姆调零），使指针恰好指到0（若不能指示欧姆零位，则说明电池电压不足，应更换电池）。然后将两根表棒分别接触被测电阻（或电路）两端，读出指针在欧姆刻度线（第一条线）上的读数，再乘以该挡标的数字，就是所测电阻的阻值。例如，用 R×100 挡测量电阻，指针指在 80，则所测得的电阻值为 80×100=8 kΩ。测量电阻应注意以下几点。

（1）由于“Ω”刻度线左部读数较密，难以看准，所以测量时应选择适当的欧姆挡，使指针尽量能够指向表刻度盘中间偏右三分之一区域；

（2）测量电路中的电阻时，应先切断电路电源，如电路中有电容应先行放电；

（3）每次换挡，都应重新将两根表棒短接，重新调整指针到零位（欧姆调零），才能测准；

（4）测量电阻时不能两手同时接触电阻或表笔，否则测量时就接入了人体电阻，导致测量结果不准确（阻值偏小）；

（5）读数时，从右向左读，且目光应与表盘刻度垂直；

（6）测量电阻值的大小应为刻度数乘以量程。

测量电阻的步骤：①进行机械调零；②进行欧姆调零；③选择合适的量程；④进行测量；⑤读数。

3）测量直流电压

首先估计一下被测电压的大小，然后将转换开关拨至适当的 V 量程，将正表棒接被测电压“+”端，负表棒接被测电压“-”端。然后根据该挡量程数字与标直流符号“DC-”刻度线（第二条线）上的指针所指数字，来读出被测电压的大小。如用 300 V 挡测量，可以直接读 0～300 的指示数值。如用 30 V 挡测量，只须将刻度线上 300 这个数字去掉一个“0”，看成是 30，再依次把 200、100 等数字看成是 20、10 即可直接读出指针指示数值。例如，用 500 V 挡测量直流电压，指针指在 22 刻度处，则所测得电压就应为 220 V。

4）测量交流电压

测量交流电压的方法与测量直流电压的方法相似，所不同的是因交流电没有正、负之分，所以测量交流时，表笔也就不需分正、负。首先估计一下被测电压的大小，然后将转换开关拨至适当的～V 量程（交流挡），必须注意的是，测量交流电压时必须选择“交流电压挡”（在测量前必须确认已选择交流电压挡后，方可以进行测量）。读数方法与上述测量直流电压读法一样，只是数字应看标有交流符号“AC”的刻度线上的指针位置。

图 1-1-3　VC9802 型数字式万用表

1.1.2　数字式万用表的使用

与模拟式仪表相比，数字式仪表灵敏度高，准确度高，显示清晰，过载能力强，便于携带，使用更简单。如今，数字式测量仪表已成为主流，有取代模拟式仪表的趋势。下面以 VC9802 型数字式万用表（见图 1-1-3）为例，简单介绍其使用方法和注意事项。

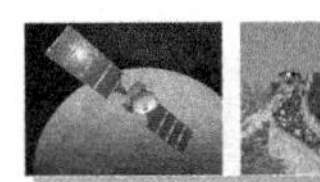

1．使用方法

（1）使用前，应认真阅读有关的使用说明书，熟悉电源开关、量程开关、插孔、特殊插孔的作用。

（2）将电源开关置于 ON 位置。

（3）交直流电压的测量：根据需要将量程开关拨至 DCV（直流）或 ACV（交流）的合适量程，红表笔插入 V/Ω孔，黑表笔插入 COM 孔，并将表笔与被测线路并联，读数即显示。

（4）交直流电流的测量：将量程开关拨至 DCA（直流）或 ACA（交流）的合适量程，红表笔插入 mA 孔（<200 mA 时）或 10 A 孔（>200 mA 时），黑表笔插入 COM 孔，并将万用表串联在被测电路中即可。测量直流量时，数字式万用表能自动显示极性。

（5）电阻的测量：将量程开关拨至Ω的合适量程，红表笔插入 V/Ω孔，黑表笔插入 COM 孔。如果被测电阻值超出所选择量程的最大值，万用表将显示“1”，这时应选择更高的量程。测量电阻时，红表笔为正极，黑表笔为负极，这与指针式万用表正好相反。因此，测量晶体管、电解电容器等有极性的元器件时，必须注意表笔的极性。

2．使用注意事项

（1）如果无法预先估计被测电压或电流的大小，则应先拨至最高量程挡测量一次，再视情况逐渐把量程减小到合适位置。测量完毕，应将量程开关拨到最高电压挡，并关闭电源。

（2）满量程时，仪表仅在最高位显示数字“1”，其他位均消失，这时应选择更高的量程。

（3）测量电压时，应将数字式万用表与被测电路并联；测量电流时，应与被测电路串联；测直流量时不必考虑正、负极性。

（4）当误用交流电压挡去测量直流电压，或者误用直流电压挡去测量交流电压时，显示屏将显示“000”，或低位上的数字出现跳动。

（5）禁止在测量高电压（220 V 以上）或大电流（0.5 A 以上）时换量程，以防止产生电弧，烧毁开关触点。

（6）当显示“→”、“BATT”或“LOW BAT”时，表示电池电压低于工作电压。

任务 1.2　常用电子元件的识别与检测

1.2.1　电阻器

1．电阻器的定义

在电路中对电流有阻碍作用并且造成能量消耗的部分叫电阻。电阻器的英文缩写：R（Resistor）、排阻 RN、可变电阻 RP。电阻器的电路符号如图 1-2-1 所示。

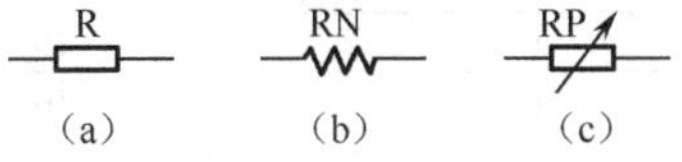

R　　RN　　RP

（a）　　（b）　　（c）

图 1-2-1　电阻器的电路符号

电阻器的单位是欧姆，用符号“Ω”表示，常见单位有千欧姆（kΩ）和兆欧姆（MΩ）。$1\ M\Omega = 10^3\ k\Omega = 10^6\ \Omega$。

2．电阻器的特性

电阻为线性元件，电阻两端电压与流过电阻的电流成正比，通过这段导体的电流强度与这段导体的电阻成反比，即满足欧姆定律：$I=U/R$。

3．电阻器的作用

电阻的作用为分流、限流、分压、偏置、滤波（与电容器组合使用）和阻抗匹配等。电阻器在电路中用“R”加数字表示，如 R15 表示编号为 15 的电阻器。

4．电阻器的标注方法

电阻器在电路中的参数标注方法有 3 种，即直标法、数标法和色标法。

（1）直标法是将电阻器的标称值用数字和文字符号直接标在电阻体上，其允许偏差则用百分数表示，未标偏差值的即为±20%。

（2）数标法主要用于贴片等小体积的电路，在 3 位数码中，从左至右第一、二位数表示有效数字，第三位表示 10 的倍幂或者用 R 表示（R 表示 0.）。例如：472 表示 47×10^2 Ω（即 4.7 kΩ），104 则表示 100 kΩ，R22 表示 0.22 Ω，122 表示 1.2 kΩ，1 402 表示 14 kΩ、17R8 表示 17.8 Ω，000 表示 0 Ω，0 表示 0 Ω。

（3）色标法使用最多，普通的色环电阻器用 4 环表示，精密电阻器用 5 环表示，紧靠电阻体一端头的色环为第一环，露着电阻体本色较多的另一端头为末环。现举例如下。

如果色环电阻器用 4 环表示，前面两位数字是有效数字，第三位是 10 的倍幂，第四环是色环电阻器的误差范围，如图 1-2-2 所示。

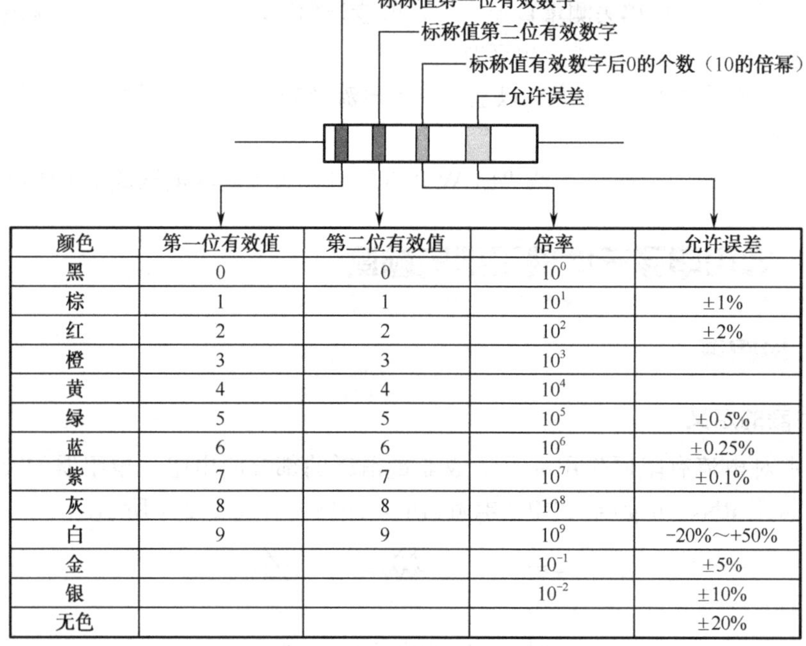

颜色	第一位有效值	第二位有效值	倍率	允许误差
黑	0	0	10^0	
棕	1	1	10^1	±1%
红	2	2	10^2	±2%
橙	3	3	10^3	
黄	4	4	10^4	
绿	5	5	10^5	±0.5%
蓝	6	6	10^6	±0.25%
紫	7	7	10^7	±0.1%
灰	8	8	10^8	
白	9	9	10^9	−20%～+50%
金			10^{-1}	±5%
银			10^{-2}	±10%
无色				±20%

图 1-2-2　4 色环电阻器（两位有效数字阻值的色环表示法）

如果色环电阻器用 5 环表示，前面 3 位数字是有效数字，第四位是 10 的倍幂，第五环

是色环电阻器的误差范围，如图 1-2-3 所示。

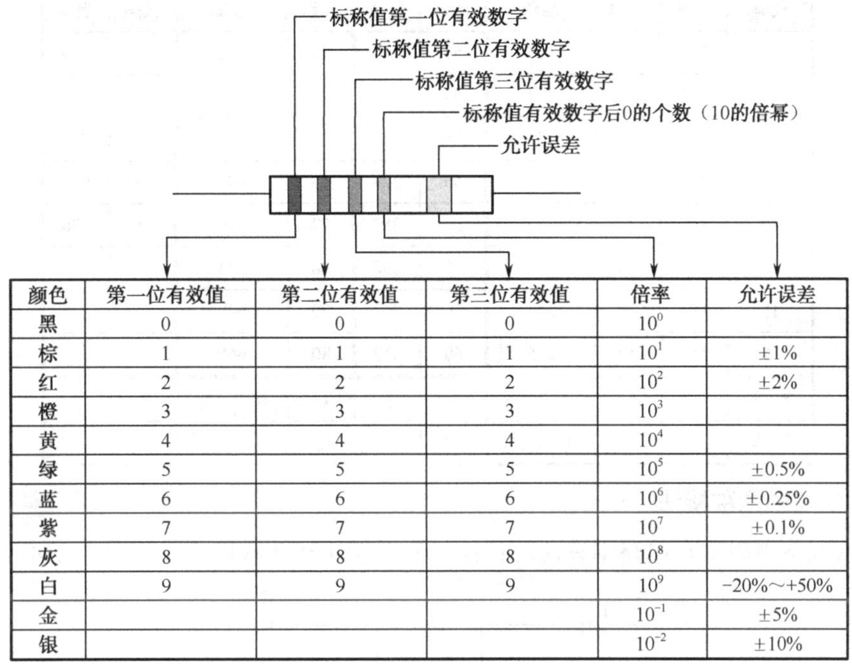

颜色	第一位有效值	第二位有效值	第三位有效值	倍率	允许误差
黑	0	0	0	10^0	
棕	1	1	1	10^1	±1%
红	2	2	2	10^2	±2%
橙	3	3	3	10^3	
黄	4	4	4	10^4	
绿	5	5	5	10^5	±0.5%
蓝	6	6	6	10^6	±0.25%
紫	7	7	7	10^7	±0.1%
灰	8	8	8	10^8	
白	9	9	9	10^9	-20%～+50%
金				10^{-1}	±5%
银				10^{-2}	±10%

图 1-2-3　5 色环电阻器（3 位有效数字阻值的色环表示法）

5. SMT 精密电阻器的表示法

通常也是用 3 位标示，一般由 2 位数字和 1 位字母表示，两个数字是有效数字，字母表示 10 的倍幂，但是要根据实际情况到精密电阻查询表里去查找。例如，丝印为 47B，表示电阻值为：301×10=3 010 Ω，即 3.01 kΩ。精密电阻查询表如表 1-2-1 所示。

表 1-2-1　精密电阻查询表

代码	阻值	代码	阻值	代码	阻值	代码	阻值	代码	阻值
1	100	21	162	41	261	61	422	81	681
2	102	22	165	42	267	62	432	82	698
3	105	23	169	43	274	63	442	83	715
4	107	24	174	44	280	64	453	84	732
5	110	25	178	45	287	65	464	85	750
6	113	26	182	46	294	66	475	86	768
7	115	27	187	47	301	67	487	87	787
8	118	28	191	48	309	68	499	88	806
9	121	29	196	49	316	69	511	89	825
10	124	30	200	50	324	70	523	90	845
11	127	31	205	51	332	71	536	91	866
12	130	32	210	52	340	72	549	92	887

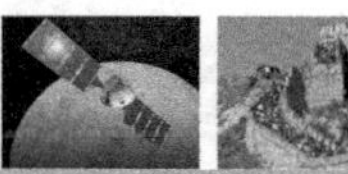

续表

代码	阻值	代码	阻值		代码	阻值	代码	阻值		代码	阻值
13	133	33	215		53	348	73	562		93	909
14	137	34	221		54	357	74	576		94	931
15	140	35	226		55	365	75	590		94	981
16	143	36	232		56	374	76	604		95	953
17	147	37	237		57	383	77	619		96	976
18	150	38	243		58	392	78	634		96	976
19	154	39	249		59	402	79	649			
20	153	40	255		60	412	80	665			
字　母	A	B	C	D	E	F	G	H	X	Y	Z
倍　幂	10^0	10^1	10^2	10^3	10^4	10^5	10^6	10^7	10^{-1}	10^{-2}	10^{-3}

6．电阻器的两种接法

一般情况下电阻器在电路中有两种接法：串联接法和并联接法，如图 1-2-4 所示。

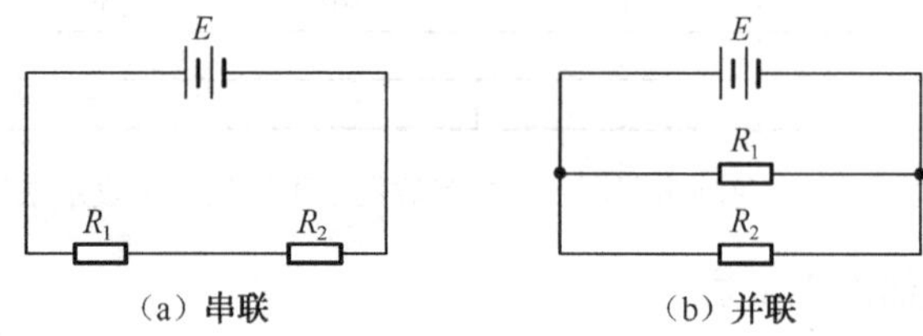

（a）串联　　（b）并联

图 1-2-4　电阻器的串并联

（1）电阻的计算：

串联：$R=R_1+R_2$

并联 $1/R=1/R_1+1/R_2$

（2）多个电阻串并联的计算方法：

串联：$R=R_1+R_2+R_3+\cdots+R_n$

并联：$1/R=1/R_1+1/R_2+1/R_3+\cdots+1/R_n$

7．电阻器好坏的检测

（1）用指针式万用表判定电阻器的好坏：首先选择测量挡位，再将倍率挡旋钮置于适当的挡位，一般 100 Ω以下电阻器可选 R×1 挡，100 Ω～1 kΩ的电阻器可选 R×10 挡，1～10 kΩ的电阻器可选 R×100 挡，10～100 kΩ的电阻器可选 R×1 k 挡，100 kΩ以上的电阻器可选 R×10 k 挡。

（2）测量挡位选择确定后，对万用表电阻挡进行校零。校零的方法是：将万用表两表笔金属棒短接，观察指针有无到 0 的位置，如果不在 0 的位置，调整调零旋钮使表针指向电阻刻度的 0 位置。

（3）接着将万用表的两表笔分别和电阻器的两端相接，表针应指在相应的阻值刻度上，如果表针不动和指示不稳定或指示值与电阻器上的标示值相差很大，则说明该电阻器已损坏。

（4）用数字式万用表判定电阻器的好坏，首先将万用表的挡位旋钮调到欧姆挡的适当挡位，一般200 Ω以下的电阻器可选200挡，200 Ω～2 kΩ的电阻器可选2 k挡，2～20 kΩ的电阻器可选20 k挡，20～200 kΩ的电阻器可选200 k挡，200 kΩ～200 MΩ的电阻器选择2 M挡。2～20 MΩ的电阻器选择20 M挡，20 MΩ以上的电阻器选择200 M挡。

1.2.2　电容器

1．电容器的含义

衡量导体储存电荷能力的物理量称为电容。电容器的英文缩写：C（capacitor）或CN（排容）。电容器的电路符号如图1-2-5所示。

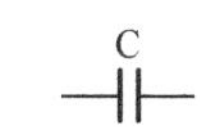

图1-2-5　电容器的电路符号

电容器常见的单位是法拉，用字母“F”表示，常见的单位有毫法（mF）、微法（μF）、纳法（nF）和皮法（pF）。1 F=10^3 mF=10^6 μF=10^9 nF=10^{12} pF，即1 pF=10^{-3} nF=10^{-6} μF=10^{-9} mF=10^{-12} F。

2．电容器的作用

电容器的作用是隔直流、旁路、耦合、滤波、补偿、充放电、储能等。

3．电容器的特性

电容器容量的大小就是表示能储存电能的大小，电容器对交流信号的阻碍作用称为容抗，它与交流信号的频率和电容量有关。电容器的特性主要是隔直流通交流，通低频阻高频。

4．电容器的识别方法

电容器的识别方法与电阻器的识别方法基本相同，分直标法、色标法和数标法3种。

（1）直标法是将电容器的标称值用数字和单位在电容器的本体上标示出来，例如：220 mF表示220 mF；.01 μF表示0.01 μF；R56 μF表示0.56 μF；6n8表示6 800 pF。

（2）不标单位的数码表示法。其中用1～4位数表示有效数字，一般单位为pF，而电解电容器其容量单位则为μF。例如：3表示3 pF；2 200表示2 200 pF；0.056表示0.056 μF。

（3）数标法：一般用3位数字表示容量的大小，前两位表示有效数字，第三位表示10的倍幂。例如：102表示10×10^2=1 000 pF；224表示22×10^4=0.22 μF。

（4）用色环或色点表示电容器的主要参数。电容器的色标法与电阻相同。

电容器偏差标志符号：+100%-0—H、+100%-10%—R、+50%-10%—T、+30%-10%—Q、+50%-20%—S、+80%-20%—Z。

5．电容器的分类

根据极性可分为有极性电容器和无极性电容器。我们常见到的电解电容器就是有极性的，有正、负极之分。

6. 电容器的主要性能指标

包括电容器的容量（即储存电荷的容量）、耐压值（指在额定温度范围内电容器能长时间可靠工作的最大直流电压或最大交流电压的有效值）和耐温值（表示电容所能承受的最高工作温度）。

7. 电容器的两种接法

一般情况下电容器在电路中有两种接法：串联接法和并联接法，如图 1-2-6 所示。

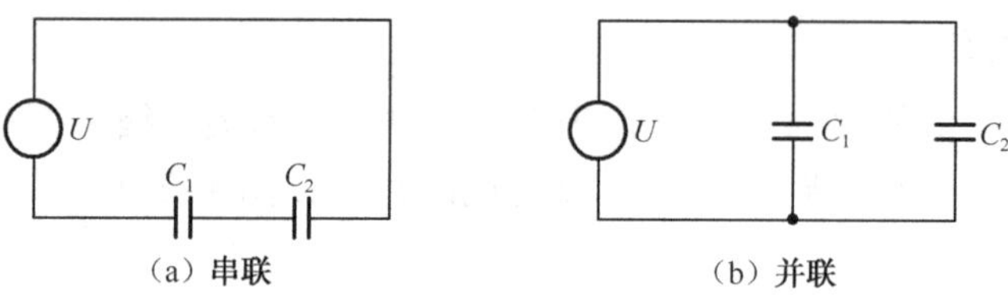

图 1-2-6　电容器的两种接法

（1）电容的计算：

串联：$1/C=1/C_1+1/C_2$

并联：$C=C_1+C_2$

（2）多个电容的串联和并联计算公式：

串联：$1/C=1/C_1+1/C_2+1/C_3+\cdots+1/C_N$

并联：$C=C_1+C_2+C_3+\cdots+C_N$

8. 电容器的好坏测量

1）脱离线路时检测

采用万用表 R×1 k 挡，在检测前，先将电解电容器的两根引脚相碰，以便放掉电容器内残余的电荷。当表笔刚接通时，表针向右偏转一个角度，然后表针缓慢地向左回转，最后表针停下。表针停下来所指示的阻值为该电容的漏电电阻，此阻值越大越好，最好应接近无穷大处。如果漏电电阻只有几十千欧，说明这一电解电容器漏电严重。表针向右摆动的角度越大（表针还应该向左回摆），说明这一电解电容器的电容量也越大，反之说明容量越小。

2）线路上直接检测

主要是检测电容器是否已开路或已击穿这两种明显故障，而对漏电故障由于受外电路的影响一般是测不准的。用万用表 R×1 挡，电路断开后，先放掉残存在电容器内的电荷。测量时若表针向右偏转，说明电解电容器内部断路。如果表针向右偏转后所指示的阻值很小（接近短路），说明电容器严重漏电或已击穿。如果表针向右偏后无回转，但所指示的阻值不很小，说明电容器开路的可能性很大，应脱开电路后进一步检测。

3）线路上通电状态时检测

若怀疑电解电容器只在通电状态下才存在击穿故障，可以给电路通电，然后用万用表直流挡测量该容器两端的直流电压，如果电压很低或为 0 V，则该电容器已击穿。对于电解电容器的正、负极标志不清楚的，必须先判别出它的正、负极。对换万用表笔测两次，以漏电大（电阻值小）的一次为准，黑表笔所接一脚为负极，另一脚为正极。

1.2.3 电感器

1. 电感器的含义

电感器是能够把电能转化为磁能而存储起来的元件。电感器的英文缩写：L（Inductance）。电感器的电路符号如图 1-2-7 所示。

L

图 1-2-7 电感器的电路符号

电感器的国际标准单位是亨利，用字母“H”表示，常用单位有毫亨（mH）、微亨（μH）和纳亨（nH）。1 H=10^3 mH=10^6 μH=10^9 nH；1 nH=10^{-3} μH=10^{-6} mH=10^{-9} H。

2. 电感器的特性和作用

电感器的特性是通直流阻交流，频率越高，线圈阻抗越大。电感器的作用有滤波、陷波、振荡、储存磁能等。电感器在电路中还可与电容器组成振荡电路。

3. 电感器的分类

电感器分为空心电感器和磁芯电感器。磁芯电感器又可称为铁芯电感器和铜芯电感器等。主机板中常见的是铜芯绕线电感器。

4. 电感器的识别方法

电感器一般有直标法和色标法，色标法与电阻器类似。例如：棕、黑、金、金表示 1 μH（误差 5%）的电感器。

5. 电感器的好坏测量

电感器的质量检测包括外观和阻值测量。首先检测电感器的外表是否完好，磁性有无缺损，有无裂缝，金属部分有无腐蚀氧化，标志是否完整清晰，接线有无断裂和折伤等。用万用表对电感器做初步检测，测线圈的直流电阻，并与原已知的正常电阻值进行比较。如果检测值比正常值显著增大，或指针不动，可能是电感器本体断路。若比正常值小许多，可判断电感器本体严重短路，线圈的局部短路需用专用仪器进行检测。

1.2.4 二极管

1. PN 结的单向导电性

我们在物理课中已经知道，在纯净的四价半导体晶体材料（主要是硅和锗）中掺入微量三价（如硼）或五价（如磷）元素，半导体的导电能力就会大大增强。这是由于形成了有传导电流能力的载流子。掺入五价元素的半导体中的多数载流子是自由电子，称为电子半导体或 N 型半导体。而掺入三价元素的半导体中的多数载流子是空穴，称为空穴半导体或 P 型半导体。在掺杂半导体中多数载流子（称多子）数目由掺杂浓度确定，而少数载流子（称少子）数目与温度有关，并且温度升高时，少数载流子数目会增加。

在一块半导体基片上通过适当的半导体工艺技术可以形成 P 型半导体和 N 型半导体的交接面，称为 PN 结。PN 结具有单向导电性：当 PN 结加正向电压时，P 端电位高于 N 端，PN 结变窄，由多子形成的电流可以由 P 区向 N 区流通，视为导通，见图 1-2-8（a）；而当

PN 结加反向电压时，N 端电位高于 P 端，PN 结变宽，由少子形成的电流极小，视为截止（不导通），见图 1-2-8（b）。

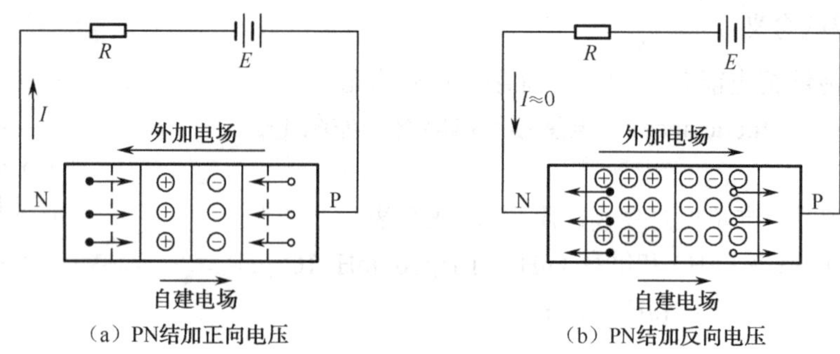

（a）PN结加正向电压　　（b）PN结加反向电压

图 1-2-8　PN 结的单向导电性

2．半导体二极管

二极管（Diode）英文缩写为 D，是电子元件中一种具有两个电极的装置，只允许电流由单一方向流过，即具有单向导电性。二极管最普遍的功能就是只允许电流由单一方向通过（称为顺向偏压），反向时阻断（称为逆向偏压）。因此，二极管可以想成电子版的逆止阀。在许多情况下，二极管的使用是应用其整流的功能。普通二极管的电路符号如图 1-2-9 所示。

VD

图 1-2-9　普通二极管的电路符号

半导体二极管就是由一个 PN 结加上相应的电极引线及管壳封装而成的。由 P 区引出的电极称为阳极，由 N 区引出的电极称为阴极。因为 PN 结的单向导电性，二极管导通时电流方向是由阳极通过管子内部流向阴极。二极管的种类很多，按材料来分，最常用的有硅管和锗管两种；按结构来分，有点接触型、面接触型和硅平面型几种；按用途来分，有普通二极管、整流二极管、稳压二极管等多种。

图 1-2-10 是常用二极管的符号、结构和外形示意图。二极管的符号如图 1-2-10（a）所示。箭头表示正向电流的方向。一般在二极管的管壳表面标有这个符号或色点、色圈来表示二极管的极性，左边实心箭头的符号是工程上常用的符号，右边的符号为新规定的符号。

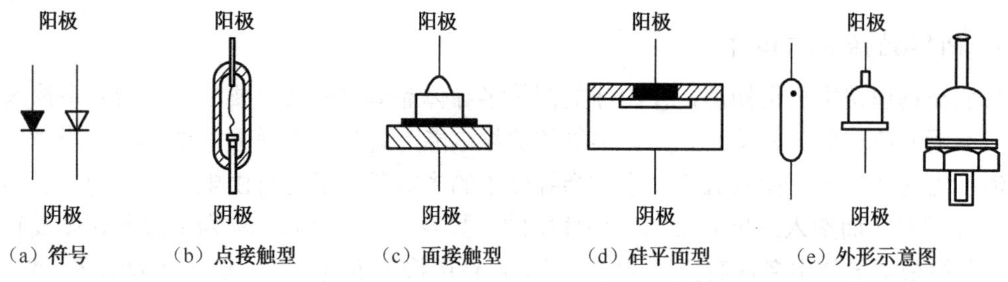

（a）符号　（b）点接触型　（c）面接触型　（d）硅平面型　（e）外形示意图

图 1-2-10　常用二极管的符号、结构和外形示意图

从工艺结构来看，点接触型二极管（一般为锗管，如图 1-2-10（b）所示）的特点是结面积小，因此结电容小，允许通过的电流也小，适用于高频电路的检波或小电流的整流，也可用作数字电路里的开关元件；面接触型二极管（一般为硅管，如图 1-2-10（c）所示）的

特点是结面积大，结电容大，允许通过的电流较大，适用于低频整流；对于硅平面型二极管（如图 1-2-10（d）所示），结面积大的可用于大功率整流，结面积小的，适用于脉冲数字电路作为开关管。

3. 二极管的伏安特性

二极管的电流与电压的关系曲线 $I=f(V)$，称为二极管的伏安特性。其伏安特性曲线如图 1-2-11 所示。二极管的核心是一个 PN 结，具有单向导电性，其实际伏安特性与理论伏安特性略有区别。由图 1-2-11 可见二极管的伏安特性曲线是非线性的，可分为 3 部分：正向特性、反向特性和反向击穿特性。

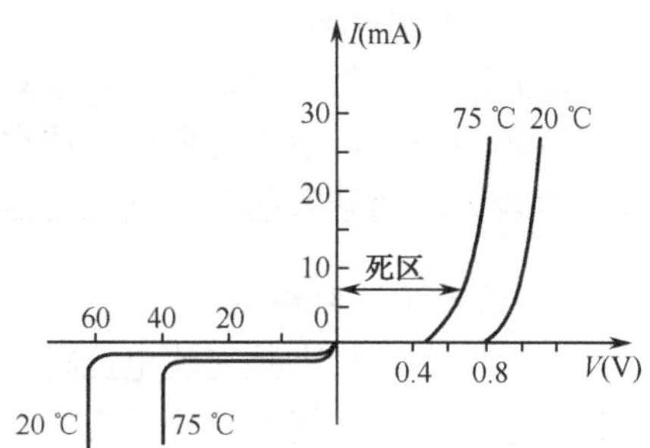

图 1-2-11　二极管的伏安特性曲线

1）正向特性

当外加正向电压很低时，管子内多数载流子的扩散运动没形成，故正向电流几乎为零。当正向电压超过一定数值时，才有明显的正向电流，这个电压值称为死区电压，通常硅管的死区电压约为 0.5 V，锗管的死区电压约为 0.2 V。当正向电压大于死区电压后，正向电流迅速增长，曲线接近上升直线，在伏安特性的这一部分，当电流迅速增加时，二极管的正向压降变化很小，硅管正向压降为 0.6～0.7 V，锗管的正向压降为 0.2～0.3 V。二极管的伏安特性对温度很敏感，温度升高时，正向特性曲线向左移，这说明，对应同样大小的正向电流，正向压降随温升而减小。研究表明，温度每升高 1 ℃，正向压降减小 2 mV。

2）反向特性

二极管加上反向电压时，形成很小的反向电流，且在一定温度下它的数量基本维持不变，因此，当反向电压在一定范围内增大时，反向电流的大小基本恒定，而与反向电压大小无关，故称为反向饱和电流。一般小功率锗管的反向电流可达几十微安，而小功率硅管的反向电流要小得多，一般在 0.1 μA 以下。当温度升高时，少数载流子数目增加，使反向电流增大，特性曲线下移，研究表明，温度每升高 10 ℃，反向电流近似增大 1 倍。

3）反向击穿特性

当二极管的外加反向电压大于一定数值（反向击穿电压）时，反向电流突然急剧增加，称为二极管反向击穿。反向击穿电压一般在几十伏以上。

4. 二极管的主要参数

二极管的特性除用伏安特性曲线表示外，参数同样能反映出二极管的电性能，器件的参数是正确选择和使用器件的依据。各种器件的参数由厂家产品手册给出，由于制造工艺方面的原因，既使同一型号的管子，参数也存在一定的分散性，因此手册常给出某个参数的范围，半导体二极管的主要参数有以下几个。

1）最大整流电流 I_{DM}

I_{DM} 指的是二极管长期工作时允许通过的最大的正向平均电流。在使用时，若电流超过

这个数值，将使PN结过热而把管子烧坏。

2）反向工作峰值电压 V_{RM}

V_{RM} 是指管子不被击穿所允许的最大反向电压。一般这个参数是二极管反向击穿电压的一半，若反向电压超过这个数值，管子将会有击穿的危险。

3）反向峰值电流 I_{RM}

I_{RM} 是指二极管加反向电压 V_{RM} 时的反向电流值，I_{RM} 越小二极管的单向导电性越好。I_{RM} 受温度影响很大，使用时要加以注意。硅管的反向电流较小，一般在几微安以下；锗管的反向电流较大，为硅管的几十到几百倍。

4）最高工作频率 f_M

二极管在外加高频交流电压时，由于PN结的电容效应，单向导电作用退化。f_M 指的是二极管单向导电作用开始明显退化的交流信号的频率。

5. 半导体二极管的识别方法

（1）目视法判断半导体二极管的极性：一般在实物的电路图中可以通过眼睛直接看出半导体二极管的正、负极。在实物中，看到一端有颜色标示的是负极，另外一端是正极。

（2）用万用表（指针表）判断半导体二极管的极性：通常选用万用表的欧姆挡（R×100或R×1 k)，然后分别用万用表的两表笔接到二极管的两个极上，当二极管导通时，测的阻值较小（一般在几十至几千欧姆之间)，这时黑表笔接的是二极管的正极，红表笔接的是二极管的负极。当测的阻值很大（一般为几百至几千欧姆）时，黑表笔接的是二极管的负极，红表笔接的是二极管的正极。

（3）测试注意事项：用数字式万用表去测二极管时，红表笔接二极管的正极，黑表笔接二极管的负极，此时测得的阻值才是二极管的正向导通阻值，这与指针式万用表的表笔接法刚好相反。

6. 稳压二极管的基本知识

（1）稳压二极管的稳压原理：稳压二极管的特点就是击穿后，其两端的电压基本保持不变。这样，当把稳压管接入电路以后，若由于电源电压发生波动，或其他原因造成电路中各点电压变动，负载两端的电压将基本保持不变。

（2）故障特点：稳压二极管的故障主要表现在开路、短路和稳压值不稳定。在这3种故障中，前一种故障表现出电源电压升高；后两种故障表现为电源电压变低到零或输出不稳定。

（3）常用稳压二极管的型号及稳压值如表1-2-2所示。

表1-2-2　常用稳压二极管的型号及稳压值

型　号	1N4728	1N4729	1N4730	1N4732	1N4733	1N4734	1N4735	1N4744	1N4750	1N4751	1N4761
稳压值	3.3 V	3.6 V	3.9 V	4.7 V	5.1 V	5.6 V	6.2 V	15 V	27 V	30 V	75 V

7. 半导体二极管的好坏判别

用万用表（指针表）R×100或R×1 k挡测量二极管的正向电阻，要求在1 kΩ左右，反向电阻应在100 kΩ以上。总之，正向电阻越小越好，反向电阻越大越好。若正向电阻为无穷大，

说明二极管内部断路；若反向电阻为零，则表明二极管已击穿。内部断开或击穿的二极管均不能使用。

1.2.5　三极管

1. 半导体三极管

三极管全称应为半导体三极管，也称双极型晶体管、晶体三极管，是一种电流控制电流的半导体器件。其作用是把微弱信号放大成幅度值较大的电信号，也用作无触点开关。晶体三极管是半导体基本元器件之一，具有电流放大作用，是电子电路的核心元件。三极管是在一块半导体基片上制作两个相距很近的 PN 结，两个 PN 结把整块半导体分成 3 部分，中间部分是基区，两侧部分是发射区和集电区，排列方式有 PNP 和 NPN 两种。按材料来分，可分为硅管和锗管，我国目前生产的硅管多为 NPN 型，锗管多为 PNP 型。

半导体三极管在电路中常用“Q”加数字表示，如 Q17 表示编号为 17 的三极管。NPN 型三极管的结构和符号如图 1-2-12 所示。

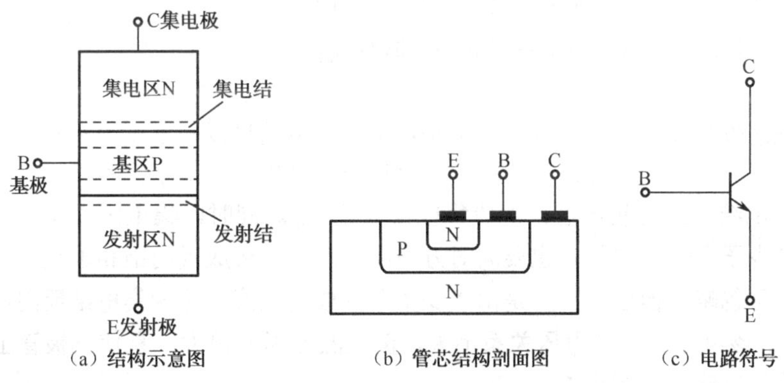

图 1-2-12　NPN 型三极管的结构和符号

由图可见，两种三极管都有 3 个区：基区、集电区和发射区；两个 PN 结：集电区和基区之间的 PN 结称为集电结，基区和发射区之间的 PN 结称为发射结；三个电极：基极 B、集电极 C 和发射极 E。其结构特点是发射区掺杂浓度高，集电区掺杂浓度比发射区低，且集电区面积比发射区大，基区掺杂浓度远低于发射区且很薄，三极管符号中的箭头方向表示发射极电流的实际流向。

尽管 NPN 型和 PNP 型三极管的结构不同，使用时外加电源也不同，但接成放大电路时工作原理是相似的，下面将以 NPN 型管为例，讨论三极管放大电路的基本原理、分析和计算方法。

2. 三极管的放大原理

1）三极管放大交流信号的外部条件

要使三极管正常放大交流信号，除了需要满足内部条件外，还需要满足外部条件：发射结外加正向电压（正偏压），集电结外加反向电压（反偏压）。对于 NPN 型管，$U_{BE}>0$，$U_{BC}<0$；对于 PNP 型管，$U_{BE}<0$，$U_{BC}>0$。为此，可用两个电源 U_{BB}、U_{CC} 来实现正确偏置，如图 1-2-13 所示。

2）晶体管内部载流子运动过程

（1）发射区的电子向基区运动：如图 1-2-13 所示。由于发射结外加正向电压，多子的扩散运动增强，所以发射区的“多子”——自由电子不断越过发射结扩散到基区，形成了发射区电流 I_{EN}（电流的方向与电子运动方向相反）。同时电源向发射区补充电子，形成电流 I_E。而此时基区的多子——空穴也会向发射区扩散，形成空穴电流 I_{EB}。但由于基区掺杂浓度低，空穴浓度小，I_{EB} 很小，可忽略不计，故 I_{EN} 基本上等于发射极电流 I_E。

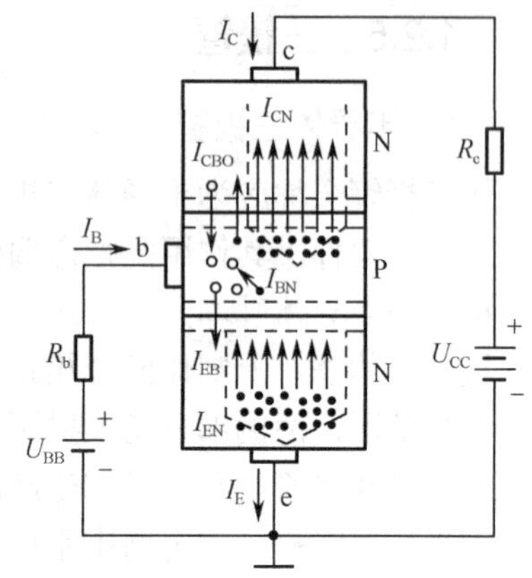

图 1-2-13　三极管内部载流子运动示意图

（2）发射区注入到基区的电子在基区的扩散与复合：当发射区的电子到达基区后，由于浓度的差异，且基区很薄，电子很快运动到集电结。在扩散过程中有一部分电子与基区的空穴相遇而复合，同时，电源 U_{BB} 不断向基区补充空穴，形成基区复合电流 I_{BN}。由于基区掺杂浓度低且薄，故复合的电子很少，也即 I_{BN} 很小。

（3）集电区收集发射区扩散过来的电子：由于集电结加反向电压，有利于“少子”的漂移运动，所以基区中扩散到集电结边缘的非平衡“少子”——电子，在电场力作用下，几乎全部漂移过集电结，到达集电区，形成集电极电流 I_{CN}。同时，集电区“少子”——空穴和基区本身的“少子”——电子，也要向对方做漂移运动，形成反向饱和电流 I_{CBO}。I_{CBO} 的数值很小，一般可忽略。但由于 I_{CBO} 是由“少子”形成的电流，称为集电结反向饱和电流，方向与 I_{CN} 一致。该电流与外加电压关系不大，但受温度影响很大，易使三极管工作不稳定，所以在制造管子时应设法减小 I_{CBO}。

图 1-2-13 是将三极管连接成共发射极组态时内部载流子运动的示意图，由图可得

$$I_E = I_{EN} = I_{BN} + I_{CN}$$
$$I_C = I_{CN} + I_{CBO}$$
$$I_B = I_{BN} - I_{CBO}$$

由上式有

$$I_E = (I_B + I_{CBO}) + (I_C - I_{CBO}) = I_B + I_C$$

即发射极的电流等于基极电流与集电极电流之和。

综上所述，三极管在发射结正偏电压、集电结反偏电压的作用下，形成 I_B、I_C 和 I_E，其中 I_C 和 I_E 主要由发射区的多数载流子从发射区运动到集电区而形成，I_B 主要是电子和空穴在基区复合形成的电流。可见三极管内部电流由两种载流子共同参与导电而形成，因此称之为“双极型三极管”。

3．三极管的电流分配关系

三极管有 3 个电极，可视为一个二端口网络，其中两个电极构成输入端口，两个电极构成输出端口，输入、输出端口共用某一个电极。根据公共电极的不同，三极管组成的放大电路有 3 种连接方式，通常称为放大电路的 3 种组态，即共基极、共发射极和共集电极电路组

态，如图 1-2-14 所示。无论是哪种连接方式，要使三极管有放大作用，都必须保证发射结正偏、集电结反偏，则三极管内部载流子的运动和分配过程，以及各电极的电流将不随连接方式的变化而变化。

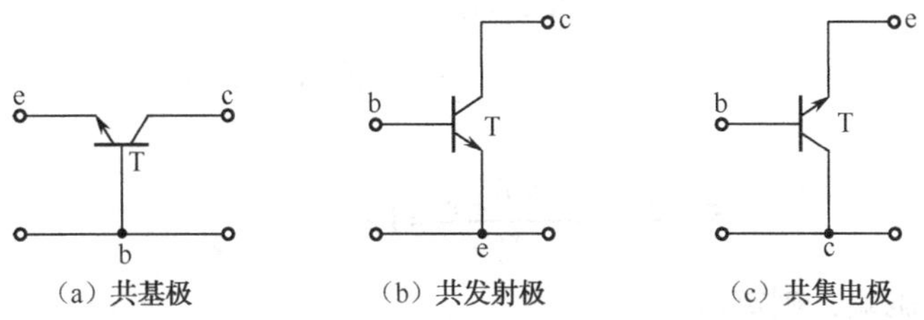

图 1-2-14　晶体三极管的 3 种组态

根据图 1-2-14 中晶体三极管的 3 种组态，可分别用 3 个电流放大系数来表示它们之间的关系。

1）共基极直流电流放大系数 $\bar{\alpha}$

将集电极电流 I_C 与发射极电流 I_E 之比称为共基极直流电流放大系数，即

$$\bar{\alpha} = \frac{I_C}{I_E}$$

$\bar{\alpha}$ 的值小于 1 但接近 1，一般为 0.95～0.99，即意味着 $I_C \approx I_E$。晶体三极管的基区越薄，掺杂浓度越低，发射区发射到基区的电子复合的机会就越少，$\bar{\alpha}$ 的值就越接近于 1。

$$I_C = \bar{\alpha} I_E$$

$$I_B = I_E - I_C = I_E - \bar{\alpha} I_E = (1-\bar{\alpha}) I_E$$

2）共发射极直流电流放大系数 $\bar{\beta}$

将集电极电流 I_C 与基极电流 I_B 之比称为共发射极直流电流放大系数，即

$$\bar{\beta} = \frac{I_C}{I_B}$$

$\bar{\beta}$ 的值远大于 1，一般在 10～100 左右，说明 $I_C >> I_B$。此值表征了三极管对直流电流的放大能力。它也表示了基极电流对集电极电流的控制能力，就是以小的 I_B(μA)，控制大的 I_C(mA)。所以三极管是一个电流控制器件，利用这一性质可以实现放大作用。

由上式可得

$$I_C = \bar{\beta} I_B$$

$$I_E = I_B + I_C = I_B + \bar{\beta} I_B = (1+\bar{\beta}) I_B$$

3）共集电极直流电流放大系数 $\bar{\gamma}$

将发射极电流 I_E 与基极电流 I_B 之比称为共集电极直流电流放大系数，即

$$\bar{\gamma} = \frac{I_E}{I_B}$$

由于 $I_E >> I_B$，故 $\bar{\gamma}$ 的值也远大于 1。

$$I_E = \bar{\gamma} I_B$$

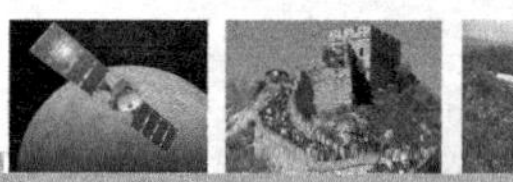

$$I_C = I_E - I_B = \bar{\gamma} I_B - I_B = (\bar{\gamma} - 1) I_B$$

由此可得出$\bar{\beta}$、$\bar{\alpha}$和$\bar{\gamma}$三者的关系为

$$\bar{\beta} = \frac{I_C}{I_B} = \frac{\bar{\alpha} I_E}{(1-\bar{\alpha}) I_E} = \frac{\bar{\alpha}}{1-\bar{\alpha}} = \bar{\gamma} - 1$$

$$\bar{\alpha} = \frac{I_C}{I_E} = \frac{\bar{\beta}}{1+\bar{\beta}} = \frac{\bar{\gamma}-1}{\bar{\gamma}}$$

$$\bar{\gamma} = \frac{I_E}{I_B} = \frac{(1+\bar{\beta}) I_B}{I_B} = 1 + \bar{\beta} = \frac{1}{1-\bar{\alpha}}$$

若考虑I_{CBO}的影响，则可得

$$I_C = I_{CN} + I_{CBO}$$

$$I_B = I_{BN} - I_{CBO}$$

实际上$\bar{\beta}$值应为I_{CN}和I_{BN}之比，即

$$\bar{\beta} = \frac{I_{CN}}{I_{BN}}$$

综合可得

$$I_C = I_{CN} + I_{CBO} = \bar{\beta} I_{BN} + I_{CBO} = \bar{\beta}(I_B + I_{CBO}) + I_{CBO} = \bar{\beta} I_B + (1+\bar{\beta}) I_{CBO}$$

令

$$I_{CEO} = (1+\bar{\beta}) I_{CBO}$$

则

$$I_C = \bar{\beta} I_B + I_{CEO}$$

I_{CEO}称为三极管的反向穿透电流，它在数值上等于I_{CBO}的$(1+\bar{\beta})$倍。在温度变化时，I_{CEO}对I_C的影响较大，必要时需考虑I_{CEO}的影响。在常温情况下，工程计算一般忽略I_{CEO}。

在实际应用中利用三极管放大电路放大微弱信号，其电路原理图如图 1-2-15（a）所示，实际电路中常取$U_{BB} = U_{CC}$，于是有图 1-2-15（b）所示习惯画法的共射极放大电路图。其中输入电压u_i为微弱变化的电压信号，它引起三极管基极电流i_B的变化。若输入交流电压u_i变化量为$\Delta u_i = 40\ \text{mV}$，使$i_B$变化$\Delta i_B = 20\ \mu\text{A}$，使集电极电流$i_C$变化$\Delta i_C = \beta \cdot \Delta i_B = 2\ \text{mA}$，其中$\beta (=100)$称为共发射极交流电流放大系数（其数值和共发射极直流电流放大系数$\bar{\beta}$接近，即在几十至上百之间），则在集电极电阻R_C两端产生的交流电压为$u_o = -\Delta i_C \cdot R_C = -2 \times 2 = 4\ \text{V}$，于是该放大器的电压放大系数$A_u = \dfrac{\Delta u_o}{\Delta u_i} = -\dfrac{2\,000}{40} = -50$。可见，输入一个微弱的基极电压$u_i$，便可在$R_C$两端得到“放大”了的输出电压$u_o$。如果各电阻选择得合适，则可得到放大的电压和相应的功率，这就是三极管的放大原理。

需要指出的是，放大电路实质上是放大器件的控制作用，三极管就是一个电流控制电流器件，由微弱的基极电流i_B，控制较大的集电极电流βi_B，放大作用是针对变化量而言的，放大的能量是由直流电源U_{CC}供给的。

4. 三极管的特性曲线

晶体三极管的特性曲线是指其各电极间电压和电流之间的关系曲线，包括输入特性曲线

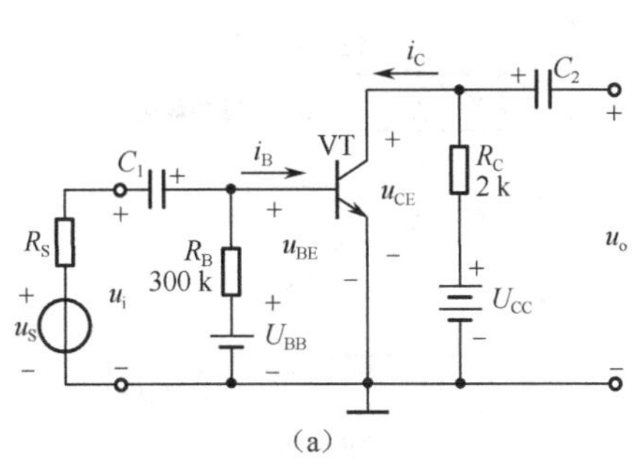

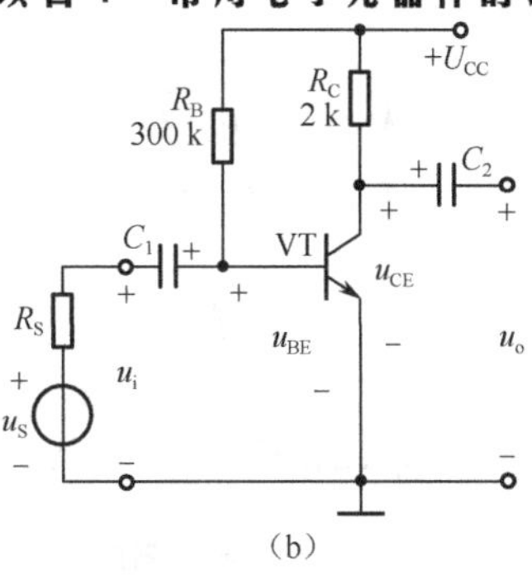

图 1-2-15　三极管放大电路原理图

和输出特性曲线，它们是三极管内部特性的外部表现，是分析放大电路的重要依据。这两组曲线可通过晶体管特性图示仪测得，也可通过实验的方法得到。图 1-2-16 所示是以共发射极放大电路为例的三极管特性测试电路示意图。

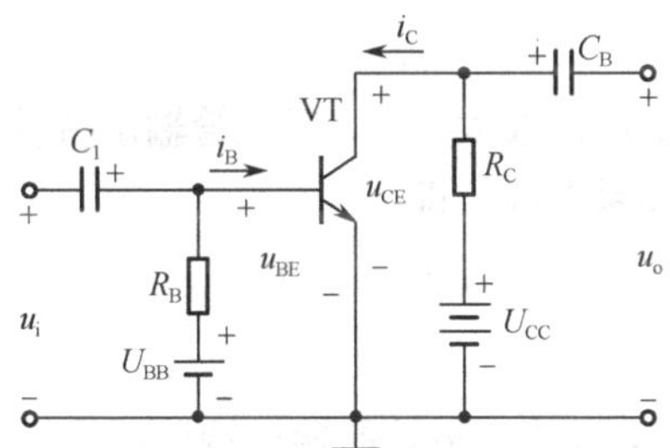

图 1-2-16　三极管特性测试电路示意图

1）输入特性曲线

对于图 1-2-16 所示的测试电路，输入特性曲线是指在集射极电压 u_{CE} 为一定值时，输入基极电流 i_B 与输入基射极电压 u_{BE} 之间的关系曲线，即

$$i_B = f(u_{BE})\big|_{u_{CE}=\text{常数}}$$

图 1-2-17（a）是 NPN 型硅晶体三极管的输入特性曲线。实际上输入特性曲线和二极管的正向伏安特性曲线很相似，也是存在死区电压。当 u_{BE} 小于死区电压时，三极管截止，$i_B = 0$。一般硅晶体三极管的死区电压典型值为 0.5 V，锗晶体三极管的死区电压典型值为 0.1 V。当 u_{BE} 大于死区电压时，基极电流随着 u_{BE} 的增加迅速增大，此时三极管导通。在图中只给出两条曲线：$u_{CE} = 0\,\text{V}$ 和 $u_{CE} \geqslant 1\,\text{V}$，并且 $u_{CE} \geqslant 1\,\text{V}$ 的输入特性曲线右移了一段距离。这是由于在 $u_{CE} = 0\,\text{V}$ 时，集电结处于正向偏置，集电区没有收集电子的能力或很弱，此时发射区发射的电子在基区复合的多，$u_{CE} \geqslant 1\,\text{V}$ 后，集电结处于反向偏置，集电区收集电子的能力增强，更多的发射区电子被“收集”到集电区，因此在相同的 u_{BE} 的情况下，基极电流较 $u_{CE} = 0\,\text{V}$ 小。

此外，$u_{CE} \geqslant 1\,\text{V}$ 以后，只要 u_{BE} 一定，发射区发射到基区的电子数目就一定，这时 u_{CE} 已足以把这些电子的大部分收集到集电区，再增大 u_{CE} 基极电流 i_B 也不再随之明显变化，$u_{CE} \geqslant 1\,\text{V}$ 以后的输入特性曲线是重合的。

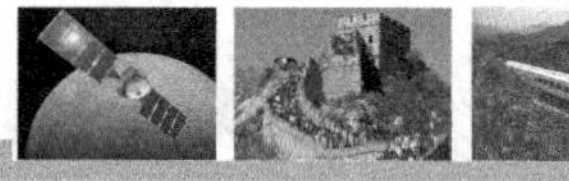

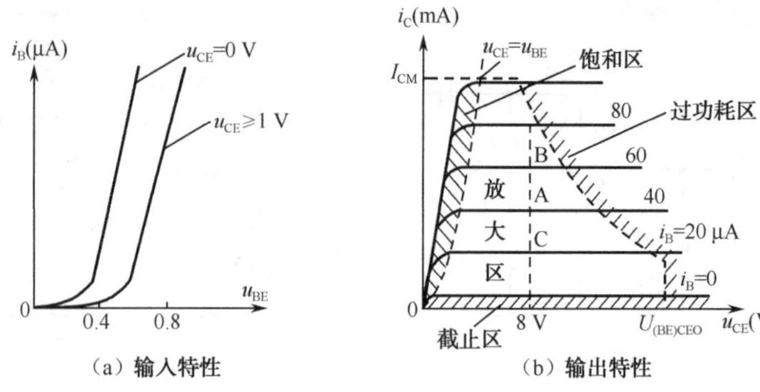

图 1-2-17　三极管的特性曲线

实际放大电路中大都满足$u_{CE} \geqslant 1\,V$，因此，三极管的输入特性曲线都是指这条曲线。三极管导通后，发射结的导通电压和二极管基本一致，工程计算典型值一般硅管取$|U_{BE}| = 0.7\,V$，锗管取$|U_{BE}| = 0.2\,V$。

2）输出特性曲线

对于图 1-2-15 所示的共发射极放大电路，三极管输出特性是指当i_B为定值时，集电极电流i_C与集射极之间电压u_{CE}的关系曲线，即

$$i_C = f(u_{CE})\big|_{i_B=\text{常数}}$$

不同的基极电流i_B对应的曲线不同，因此，三极管的输出特性曲线实际上是一簇曲线，图 1-2-17（b）即为典型的 NPN 型硅三极管的输出特性曲线。一般将输出特性曲线分成 3 个区：放大区、饱和区和截止区。

（1）放大区：三极管工作在放大区时，其发射结正向偏置，集电结处于反向偏置，集电极电流基本不随u_{CE}而变，故i_C具有恒流特性。利用这个特点，晶体三极管在集成电路中广泛被用作恒流源和有源负载。在放大区满足$\Delta i_C = \beta \Delta i_B$的关系，因而放大区也称为线性区。

（2）饱和区：三极管工作在饱和区时$u_{CE} < 1\,V$，此时发射结正偏，集电结正偏或反偏电压很小。三极管进入饱和区后，$\Delta i_C \neq \beta \Delta i_B$，此时$\beta$下降，$u_{CE}$很小，估算小功率三极管电路时，硅管典型值一般取$|U_{CES}| = 0.3\,V$，锗管典型值取$|U_{CES}| = 0.1\,V$。在放大电路中应避免三极管工作在饱和区。

（3）截止区：当发射结电压低于死区电压时，三极管即工作在截止区，为了使三极管可靠截止，常使发射结处于反向偏置状态。所以三极管工作在截止区时，发射结和集电结均反偏，$i_B \leqslant 0$，$i_C = I_{CEO}$很小。

在输出特性曲线上的饱和区和截止区，输出电流i_C和输入电流i_B为非线性关系，故称饱和区和截止区为非线性区。当三极管处于放大电路时，应避免进入非线性区。

5．三极管的主要参数

三极管的参数是表示其性能和使用依据的数据，主要有以下参数。

1）电流放大倍数

（1）直流电流放大系数$\overline{\beta}$：对于图 1-2-15 所示的共发射极放大电路，在静态$u_i = 0$时，把输入电压集电极直流电流I_C和基极直流电流的比值，称为共发射极直流电流放大

系数，即

$$\overline{\beta}=\frac{I_C}{I_B}$$

（2）交流电流放大系数β：在图1-2-15所示的共发射极放大电路中，当u_{CE}为定值时，集电极电流的变化量Δi_C与基极电流的变化量Δi_B的比值，即$\beta=\frac{\Delta i_C}{\Delta i_B}$，称为共发射极交流电流放大系数。

尽管$\overline{\beta}$和β的意义不同，但由于管子的集射极穿透电流I_{CEO}很小，可以忽略不计，故两者的数值比较接近，即$\overline{\beta}\approx\beta$。在一般工程估算中，$\overline{\beta}$可用$\beta$来替代，其数值在几十到几百之间。

2）极间反向电流

（1）集电极-基极之间的反向饱和电流I_{CBO}：集电极-基极之间的反向饱和电流I_{CBO}是在发射极开路情况下，集电极-基极之间的反向电流，其测试电路如图1-2-18所示。实际上I_{CBO}是由集电结反偏时，集电区和基区中的少数载流子漂移运动所形成的。在一定温度下，其数值和集电结的反偏电压无关，基本上是常数，故称为反向饱和电流。I_{CBO}的数值很小，但受温度的影响大。对于一般小功率硅管，其I_{CBO}小于1 μA，锗管为几至几十微安。由于I_{CBO}是集电极电流的一部分，会影响三极管的放大性能，故它是衡量晶体管温度稳定性的参数，其数值越小越好。

（2）集电极-发射极之间的穿透电流I_{CEO}：集电极-发射极之间的穿透电流I_{CEO}是在基极开路的情况下，集电极到发射极的电流。其测试电路如图1-2-19所示，由于此电流是由集电极穿过基极到达发射极的，故称为穿透电流。I_{CEO}在数值上是I_{CBO}的（1+$\overline{\beta}$）倍，故对晶体三极管的温度稳定性影响更大。小功率硅管一般I_{CEO}在几微安以下，而小功率锗管的I_{CEO}为几十微安以下。

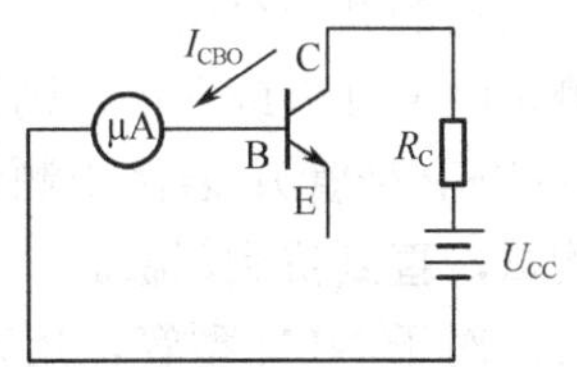

图1-2-18　I_{CBO}测试电路

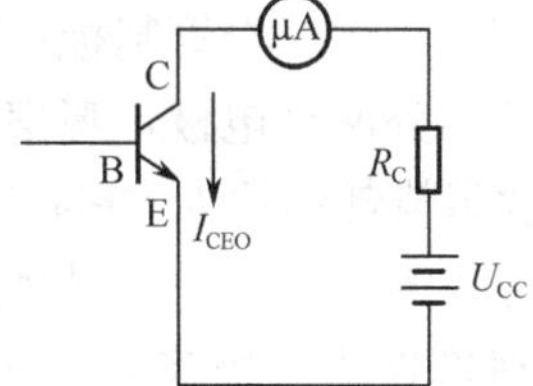

图1-2-19　I_{CEO}测试电路

I_{CEO}和I_{CBO}都是衡量三极管的重要参数，由于I_{CEO}的数值要比I_{CBO}大很多，并且测量比较容易，故常把I_{CEO}作为判断三极管质量的重要依据。

3）集电极最大允许电流I_{CM}

当三极管的集电极电流增大到一定程度时，管子不一定损坏，而是电流放大系数β值明显下降，说明三极管的输出特性曲线随着集电极电流的增加而增密。通常把β值下降到正常值$\frac{2}{3}$时所对应的集电极电流规定为集电极最大允许电流。I_{CM}属于三极管的极限参数，一般

情况下不允许超过此值。超过此值尽管管子不会损坏，但特性会变差。一般小功率管的 I_{CM} 约为几十毫安，大功率管可达几安。

4）集电极-发射极之间的反向击穿电压 $U_{(BR)CEO}$

$U_{(BR)CEO}$ 是指基极开路时，加在集电极与发射极之间的最大允许电压，此时集电结处于反向偏置，故当集电极和发射极之间的电压超过 $U_{(BR)CEO}$ 时，集电结会反向击穿，集电极电流会大幅度上升，导致三极管损坏。

5）集电极最大允许功率损耗 P_{CM}

集电极的功率损耗等于集电极直流电流 I_C 与集电极-发射极之间直流电压 U_{CE} 的乘积，即

$$P_C = I_C U_{CE}$$

由于集电极电流流过集电结会产生热量，使结温升高。结温的高低意味着管子功耗的大小。而管子的结温是有一定限制的。所以集电极最大允许功率损耗 P_{CM} 就是集电结的结温达到极限时的功耗。一般来说，锗管允许结温为 70～90 ℃，硅管约为 150 ℃。

值得注意的是，环境的不同对集电极最大允许功率损耗的要求不同，如果环境温度增高，则 P_{CM} 会下降；如果管子加散热片，则 P_{CM} 可得到很大的提高。环境温度在 25 ℃以下，一般把 $P_{CM}<1$ W 的管子称为小功率管，把 $P_{CM}>10$ W 的管子称为大功率管，功率介于两者之间的管子称为中功率管。

由集电极最大允许电流 I_{CM}、集电极-发射极之间反向击穿电压 $U_{(BR)CEO}$ 和集电极功率损耗 $P_C = I_C U_{CE}$ 围成的一个区域，称为三极管的安全工作区，如图 1-2-17（b）过功耗区左侧所示区域。

为确保晶体三极管能正常安全工作，使用时不应超出这个区域。

6．用指针式万用表判断半导体三极管的极性和类型

（1）选择量程：R×100 或 R×1 k 挡位。

（2）判别半导体三极管基极：用万用表黑表笔固定三极管的某一个电极，红表笔分别接半导体三极管另外两个电极，观察指针偏转，若两次的测量阻值都大或都小，则该脚所接就是基极（两次阻值都小的为 NPN 型管，两次阻值都大的为 PNP 型管）；若两次测量阻值一大一小，则用黑表笔重新固定半导体三极管一个引脚继续测量，直到找到基极。

（3）判别半导体三极管的 C 极和 E 极：确定基极后，对于 NPN 型管，用万用表两表笔接三极管另外两极，交替测量两次，若两次测量的结果不相等，则其中测得阻值较小的一次黑表笔接的是 E 极，红表笔接的是 C 极（若是 PNP 型管，则黑、红表笔所接的电极相反）。

（4）判别半导体三极管的类型：如果已知某个半导体三极管的基极，可以用红表笔接基极，黑表笔分别测量其另外两个电极引脚，如果测得的电阻值很大，则该三极管是 NPN 型半导体三极管；如果测量的电阻值都很小，则该三极管是 PNP 型半导体三极管。

7．半导体三极管的好坏检测

（1）选择量程：R×100 或 R×1 k 挡位。

（2）测量 PNP 型半导体三极管的发射极和集电极的正向电阻值：红表笔接基极，黑表笔

接发射极，所测得的阻值为发射极正向电阻值；若将黑表笔接集电极（红表笔不动），则所测得的阻值便是集电极的正向电阻值，正向电阻值越小越好。

（3）测量 PNP 型半导体三极管的发射极和集电极的反向电阻值：将黑表笔接基极，红表笔分别接发射极与集电极，所测得的阻值分别为发射极和集电极的反向电阻，反向电阻越小越好。

（4）测量 NPN 型半导体三极管的发射极和集电极的正向电阻值的方法和测量 PNP 型半导体三极管的方法相反。

1.2.6　开关件、接插件及熔断器

1. 开关件

在电子设备中，开关是起电路的接通、断开或转换作用的。

1）开关件的结构及符号

部分常用开关的外形结构及符号如图 1-2-20 所示。

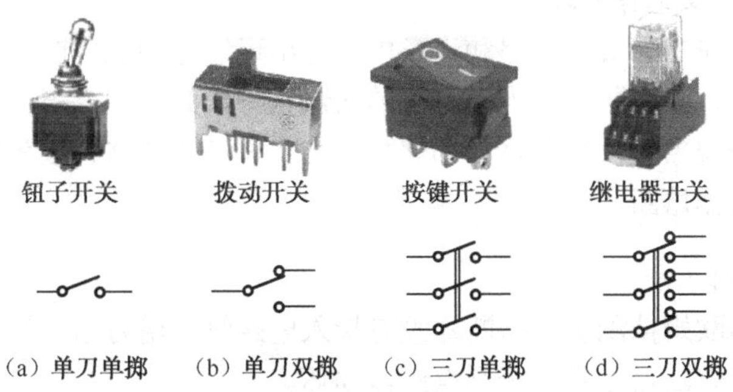

图 1-2-20　部分常用开关的外形结构及符号

2）开关件的检测

（1）机械开关的检测。使用万用表的欧姆挡对开关的绝缘电阻和接触电阻进行测量。若测得的绝缘电阻值小于几百千欧，则说明此开关存在漏电现象；若测得的接触电阻大于 0.5 Ω，则说明该开关存在接触不良的故障。

（2）电磁开关的检测。使用万用表的欧姆挡对开关的线圈、开关的绝缘电阻和接触电阻进行测量。继电器的线圈电阻一般在几十至几千欧之间，其绝缘电阻和接触电阻值与机械开关基本相同。

（3）电子开关的检测。通过检测二极管的单向导电性和三极管的好坏来初步判断电子开关的好坏。

2. 接插件

接插件又称连接器，它是用来在机器与机器之间、线路板与线路板之间、器件与电路板之间进行电气连接的元器件。

1）接插件的外形结构

部分常用接插件的外形结构如图 1-2-21 所示。

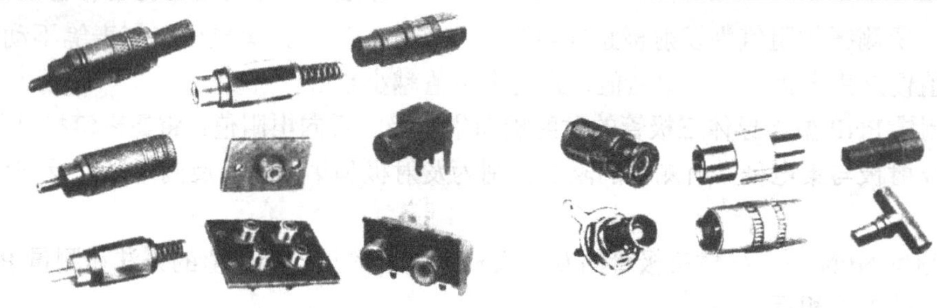

（a）同心连接器　　（b）射频同轴连接器

图 1-2-21　部分常用接插件的外形结构

2）接插件的检测

对接插件的检测，一般采用外表直观检查和万用表测量检查两种方法。通常的做法是：先进行外表直观检查，然后再用万用表进行检测。

3．熔断器

1）熔断器的作用及工作原理

熔断器是一种用在交、直流线路和设备中，当出现短路和过载时，起保护线路和设备作用的元件。正常工作时，熔断器相当于开关的接通状态，此时的电阻值接近于零。当电路或设备出现短路或过载现象时，熔断器自动熔断，切断电源和电路、设备之间的电气联系，保护线路和设备。熔断器熔断后的电阻值为无穷大。

2）熔断器的检测

（1）用万用表的欧姆挡测量。熔断器没有接入电路时，用万用表测量熔断器两端的电阻值，若电阻值为零，熔断器正常，否则熔断器损坏。

（2）熔断器的在路检测。当熔断器接入通电电路时，用万用表测量熔断器两端的电压，若电压值为零，说明熔断器是好的，否则熔断器损坏。

1.2.7　电声器件

电声器件是指能够在电信号和声音信号之间相互转化的元件。常用的电声器件有：扬声器、耳机、传声器等。

1．扬声器

扬声器俗称喇叭。其作用是将电信号转化为声音信号。

1）扬声器的结构

扬声器的外形结构及电路符号如图 1-2-22 所示。

2）扬声器的主要参数

（1）标称阻抗。扬声器是一个感性阻抗，其标称阻抗有 4 Ω、8 Ω、16 Ω等几种。

（2）额定功率。指在最大允许失真的条件下，允许输入扬声器的最大电功率。

（3）频率特性。扬声器对不同频率信号的稳定输出特性称为频率特性。低频扬声器的频率范围：30 Hz～3 kHz；中频扬声器的频率范围：500 Hz～5 kHz；高频扬声器的频率范围：

2～15 kHz。

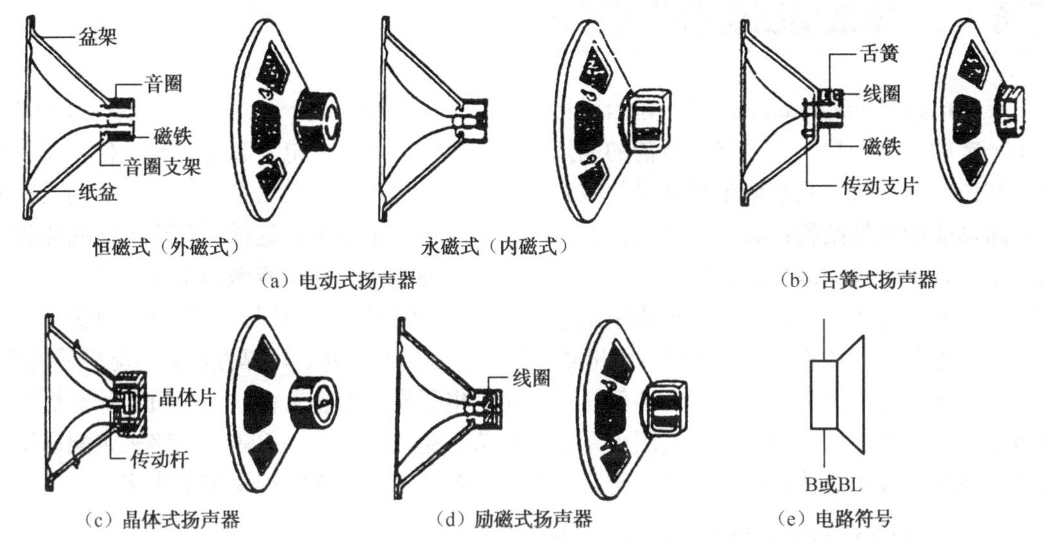

（a）电动式扬声器　（b）舌簧式扬声器

（c）晶体式扬声器　（d）励磁式扬声器　（e）电路符号

图 1-2-22　扬声器的外形结构及电路符号

3）扬声器的检测

（1）外观检查。良好的扬声器，其外表应完整、无破损、无变形、无霉变。

（2）用万用表检测。用万用表测量扬声器的直流电阻。若测得的直流电阻值略小于标称电阻值，说明扬声器是正常的，否则扬声器损坏。好的扬声器，在使用万用表测量其直流电阻时，会发出“喀嘞”的声音。

2．耳机

耳机是一种将电信号转换为声音信号的器件。

1）耳机的作用与特点

（1）耳机最大限度地减小了左、右声道的相互干扰，因而耳机的电声性能指标明显优于扬声器。

（2）耳机输出的声音信号失真很小。

（3）耳机的使用不受场所、环境的限制。

（4）耳机的缺陷：长时间使用耳机，会造成耳鸣、耳痛的情况，并且只限于单个人使用。

2）耳机的检测

用万用表测量耳机线圈的直流电阻。若测得的直流电阻值略小于标称电阻值，说明耳机是正常的，否则耳机出现故障。

正常的耳机，在使用万用表测量其直流电阻时，会听到“咯咯”的声音；或者用一节电池在耳机的两根线上一搭一放，会听到较响的“咯咯”声。若无声音，说明耳机已损坏。

3．传声器

传声器俗称话筒或麦克风（MIC）。其作用是：将声音信号转化为与之对应的电信号，与扬声器的功能相反。

任务 1.3　集成电路的识别与检测

集成电路（Integrated Circuit，港台地区称之为积体电路）是一种微型电子器件或部件。采用一定的工艺，把一个电路中所需的晶体管、二极管、电阻、电容和电感等元件及布线互连，制作在一小块或几小块半导体晶片或介质基片上，然后封装在一个管壳内，成为具有所需电路功能的微型结构；其中所有元件在结构上已组成一个整体，这样，整个电路的体积大大缩小，且引出线和焊接点的数目也大为减少，从而使电子元件向着微小型化、低功耗和高可靠性方面迈进了一大步。它在电路中用字母“IC”（也有用文字符号“N”等）表示。

集成电路具有体积小、重量轻、引出线和焊接点少、寿命长、可靠性高、性能好等优点，同时成本低，便于大规模生产。它不仅在工、民用电子设备如收录机、电视机、计算机等方面得到了广泛的应用，而且也广泛用于军事、通信、遥控等方面。用集成电路来装配电子设备，其装配密度比晶体管可提高几十至几千倍，设备的稳定工作时间也可大大提高。

1.3.1　集成电路的分类及命名方法

1. 集成电路的分类

1）按功能、结构分类

集成电路按其功能、结构的不同，可以分为模拟集成电路、数字集成电路和数/模混合集成电路 3 大类。模拟集成电路又称线性电路，用来产生、放大和处理各种模拟信号（指幅度随时间变化的信号，如半导体收音机的音频信号、录放机的磁带信号等），其输入信号和输出信号成比例关系。而数字集成电路用来产生、放大和处理各种数字信号（指在时间上和幅度上离散取值的信号，如 VCD、DVD 重放的音频信号和视频信号）。

2）按制作工艺分类

集成电路按制作工艺可分为半导体集成电路和膜集成电路。膜集成电路又分为厚膜集成电路和薄膜集成电路。

3）按集成度高低分类

集成电路按集成度高低的不同可分为小规模集成电路、中规模集成电路、大规模集成电路、超大规模集成电路、特大规模集成电路和巨大规模集成电路。

4）按导电类型不同分类

集成电路按导电类型可分为双极型集成电路和单极型集成电路，它们都是数字集成电路。双极型集成电路的制作工艺复杂，功耗较大，代表集成电路有 TTL、ECL、HTL、LST-TL、STTL 等类型。单极型集成电路的制作工艺简单，功耗也较低，易于制成大规模集成电路，代表集成电路有 CMOS、NMOS、PMOS 等类型。

5）按用途分类

集成电路按用途可分为电视机用集成电路、音响用集成电路、影碟机用集成电路、录像机用集成电路、计算机（微机）用集成电路、电子琴用集成电路、通信用集成电路、照相机

用集成电路、遥控集成电路、语言集成电路、报警器用集成电路及各种专用集成电路。

（1）电视机用集成电路包括行/场扫描集成电路、中放集成电路、伴音集成电路、彩色解码集成电路、AV/TV 转换集成电路、开关电源集成电路、遥控集成电路、丽音解码集成电路、画中画处理集成电路、微处理器（CPU）集成电路、存储器集成电路等。

（2）音响用集成电路包括 AM/FM 高中频电路、立体声解码电路、音频前置放大电路、音频运算放大集成电路、音频功率放大集成电路、环绕声处理集成电路、电平驱动集成电路、电子音量控制集成电路、延时混响集成电路、电子开关集成电路等。

（3）影碟机用集成电路有系统控制集成电路、视频编码集成电路、MPEG 解码集成电路、音频信号处理集成电路、音响效果集成电路、RF 信号处理集成电路、数字信号处理集成电路、伺服集成电路、电动机驱动集成电路等。

（4）录像机用集成电路有系统控制集成电路、伺服集成电路、驱动集成电路、音频处理集成电路、视频处理集成电路等。

6）按应用领域分类

集成电路按应用领域可分为标准通用集成电路和专用集成电路。

7）按外形分类

集成电路按外形可分为圆形（金属外壳晶体管封装型，一般适用于大功率）、扁平型（稳定性好、体积小）和双列直插型。

2．集成电路的命名方法

（1）国标（GB 3431—1982）集成电路的型号命名由 5 部分组成，各部分的含义如表 1-3-1 所示。第一部分用字母“C”表示该集成电路为中国制造，符合国家标准；第二部分用字母表示集成电路类型；第三部分用数字表示集成电路系列和代号；第四部分用字母表示电路温度范围；第五部分用字母表示电路的封装形式。

表 1-3-1　国标集成电路型号命名及含义

<table>
<tr><th colspan="2">第一部分：国标</th><th colspan="2">第二部分：电路类型</th><th rowspan="2">第三部分：电路系列和代号</th><th colspan="2">第四部分：温度范围</th><th colspan="2">第五部分：封装形式</th></tr>
<tr><th>字母</th><th>含义</th><th>字母</th><th>含义</th><th>字母</th><th>含义</th><th>字母</th><th>含义</th></tr>
<tr><td rowspan="11">C</td><td rowspan="11">中国制造</td><td>B</td><td>非线性电路</td><td rowspan="11">用数字（一般为 4 位）表示电路系列和代号</td><td rowspan="3">C</td><td rowspan="3">0～70 ℃</td><td rowspan="2">B</td><td rowspan="2">塑料扁平封装</td></tr>
<tr><td>C</td><td>CMOS 电路</td></tr>
<tr><td>D</td><td>音响电视电路</td><td rowspan="2">D</td><td rowspan="2">陶瓷直插封装</td></tr>
<tr><td>E</td><td>ECL 电路</td><td rowspan="3">E</td><td rowspan="3">-40～85 ℃</td></tr>
<tr><td>F</td><td>线性放大器</td><td rowspan="2">F</td><td rowspan="2">全密封扁平封装</td></tr>
<tr><td>H</td><td>HTL 电路</td></tr>
<tr><td>J</td><td>接口电路</td><td rowspan="3">R</td><td rowspan="3">-55～85 ℃</td><td rowspan="2">J</td><td rowspan="2">黑陶瓷直插封装</td></tr>
<tr><td>M</td><td>存储器</td></tr>
<tr><td>T</td><td>TTL 电路</td><td rowspan="2">K</td><td rowspan="2">金属菱形封装</td></tr>
<tr><td>W</td><td>稳压器</td><td rowspan="2">M</td><td rowspan="2">-55～125 ℃</td></tr>
<tr><td>μ</td><td>微处理器</td><td>T</td><td>金属圆形封装</td></tr>
</table>

(2)日本东芝(TOSHIBA)集成电路的型号命名由3部分组成，各部分的含义见表1-3-2。第一部分用字母表示电路类型；第二部分用数字表示电路型号；第三部分用字母表示电路封装形式。

表 1-3-2 日本东芝集成电路的型号命名及含义

第一部分：电路类型		第二部分：电路型号		第三部分：封装形式	
字母	含义	数字	含义	字母	含义
TA	双极线性集成电路			A	改进型
TC	COMS 集成电路			C	陶瓷封装
TD	双极数字集成电路	4×××	CMOS 4000 系列	M	金属封装
		7×××	视听系列	P	塑料封装
TH	混合型集成电路			P—LB	塑料单列直插弯折式封装
TM	MOS 集成电路			D、F	扁平封装

(3)日本日立(HITACHI)集成电路的型号命名由4部分组成，各部分的含义见表1-3-3。第一部分用字母表示电路类型；第二部分用数字表示应用范围；第三部分用数字表示电路型号；第四部分用字母表示电路封装形式或是改进型。

表 1-3-3 日本日立集成电路的型号命名及含义

第一部分：电路类型		第二部分：应用范围		第三部分：电路型号	第四部分：封装形式或是改进型	
字母	含义	数字	含义		字母	含义
HA	模拟集成电路	11	高频	用两位数字表示电路型号	P	塑料封装
					C	陶瓷封装
HD	数字集成电路	12			F	双列扁平封装
					R	引脚排列相反
HM	RAM 存储器	13	音频用		W	四列扁平封装
					G	陶瓷浸渍
HN	ROM 存储器	14			NT	缩小型双列直插式封装
					NO	陶瓷双列直插式封装
		17	工业用		F（FP）	塑料扁平直插式封装
					AP	改进型

(4)日本三菱(MITSUBISH)集成电路的型号命名由5部分组成，各部分的含义见表1-3-4。第一部分用字母"M"和数字混合表示电路的应用领域，"M"指三菱公司产品；第二部分用数字表示电路的类型；第三部分用数字表示电路型号；第四部分用字母表示电路的规格；第五部分用字母表示电路的封装形式。

表 1-3-4 日本三菱集成电路的型号命名及含义

第一部分：应用领域		第二部分：类型		第三部分：电路型号	第四部分：规格	第五部分：封装形式	
字母与数字	含义	数字	含义			字母	含义
M5	工业、商业用产品	0	CMOS 电路	用数字表示电路型号	用字母表示电路的不同规格	B	树脂封口陶瓷双列直插式封装
		1、2	线性电路				
		3	TTL 电路			FP	注塑扁平封装
		9	DTL 电路			K	玻璃封口陶瓷封装
		01～09	CMOS 电路			L	注塑单列直插式
M9	军用产品	10～19	线性电路			P	注塑双列直插式
		32、33	TTL 电路			R、Y	金属壳玻璃封装
		81、85	PMOS 电路			S	金属封口陶瓷封装
		84、89	CMOS 电路			SP	注塑扁型双列直插式封装
		87	NMOS 电路			T	塑料单列直插式封装

（5）日本索尼（SONY）集成电路的型号命名由 3 部分组成，各部分的含义见表 1-3-5。第一部分用字母表示电路类型；第二部分用数字表示电路型号；第三部分用字母表示电路的封装形式或是改进型。

表 1-3-5 日本索尼集成电路的型号命名及含义

第一部分：电路类型		第二部分：电路型号	第三部分：封装形式或是改进型	
字母	含义		字母	含义
CXA	双极型集成电路	用两位或 3 位数字表示电路的型号	A	改进型
CXB	双极型数字集成电路		D	双列直插式陶瓷封装
CXD	MOS 集成电路		L	单列直插式封装
CXK	存储器		M	小型扁平封装
BX	混合型集成电路		K	无引线芯片载体
L	CCD 集成电路		Q	四列扁平封装
PQ	微处理器		S	缩小型双列直插式封装
			P	双列直插式塑料封装

1.3.2 集成电路引脚的识别方法

集成电路的引脚较多，如何正确识别集成电路的引脚则是使用中的首要问题。下面介绍几种常用集成电路引脚的排列形式。

圆形结构的集成电路和金属壳封装的半导体三极管差不多，只不过体积大、电极引脚多。

这种集成电路引脚排列方式为：从识别标记开始，沿顺时针方向依次为1、2、3 等，如图 1-3-1（a）所示。单列直插型集成电路的识别标记，有的用切角，有的用凹坑。这类集成电路引脚的排列方式也是从标记开始的，从左向右依次为 1、2、3 等，如图 1-3-1（b)、(c）所示。

扁平型封装的集成电路多为双列型，这种集成电路为了识别引脚，一般在端面一侧有一个类似引脚的小金属片，或者在封装表面上有一色标或凹口作为标记。其引脚排列方式是：从标记开始，沿逆时针方向依次为 1、2、3 等，如图 1-3-1（d）所示。但应注意，有少量的扁平型封装集成电路的引脚是顺时针排列的。

双列直插式集成电路的识别标记多为半圆形凹口，有的用金属封装标记或凹坑标记。这类集成电路引脚排列方式也是从标记开始的，沿逆时针方向依次为 1、2、3 等，如图 1-3-1（e)、(f）所示。

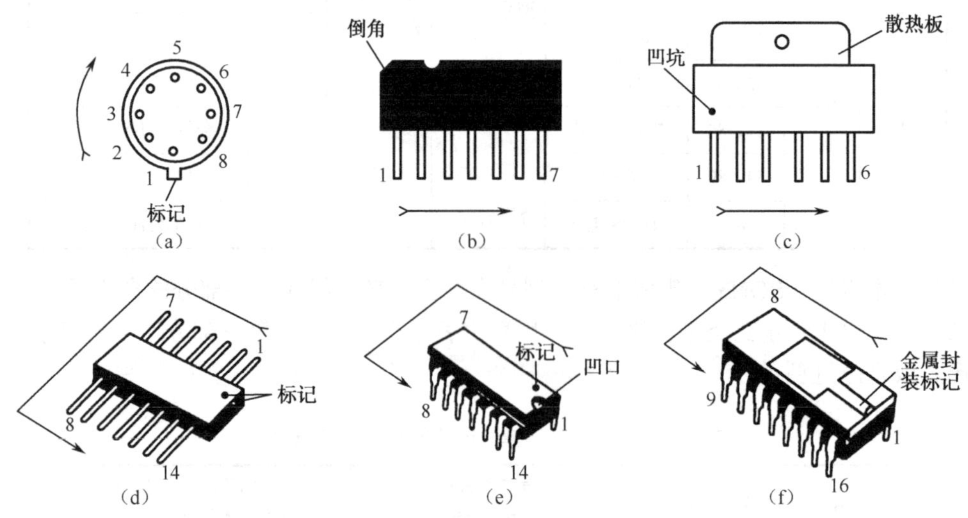

图 1-3-1　常见集成电路的引脚识别方法

集成电路引脚排列顺序的标记一般有色点、凹槽及封装时压出的圆形标记。对于双列直插集成板，引脚识别方法是将集成电路水平放置，引脚向下，标记朝左边，左下角为第一个引脚，然后按逆时针方向数，依次为 2、3、4 等；对于单列直插集成板，让引脚向下，标记朝左边，从左下角第一个引脚到最后一个引脚，依次为 1、2、3 等，如图 1-3-2 所示。

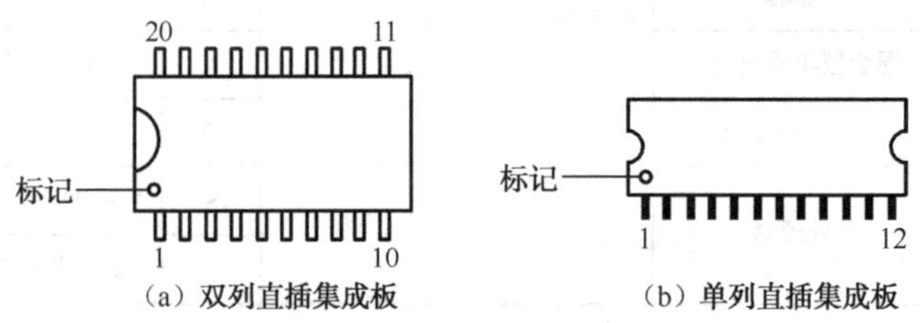

图 1-3-2　双列与单列直插集成板引脚识别方法

1.3.3　集成电路的检测方法

1. 集成电路的检测常识

（1）检测前要了解集成电路及其相关电路的工作原理。检查和修理集成电路前首先要熟

悉所用集成电路的功能、内部电路、主要电气参数、各引脚的作用以及引脚的正常电压、波形与外围元件组成电路的工作原理。如果具备以上条件，那么分析和检查会容易许多。

（2）测试不要造成引脚间短路。测量电压或用示波器探头测试波形时，表笔或探头不要由于滑动而造成集成电路引脚间短路，最好在与引脚直接连通的外围印刷电路上进行测量。任何瞬间的短路都容易损坏集成电路，在测试扁平型封装的CMOS集成电路时更要加倍小心。

（3）严禁在无隔离变压器的情况下，用已接地的测试设备去接触底板带电的电视、音响、录像等设备。严禁用外壳已接地的仪器设备直接测试无电源隔离变压器的电视、音响、录像等设备。虽然一般的收录机都具有电源变压器，但当接触到较特殊的尤其是输出功率较大或对采用的电源性质不太了解的电视或音响设备时，首先要弄清该机底盘是否带电，否则极易与底板带电的电视、音响等设备造成电源短路，波及集成电路，造成故障的进一步扩大。

（4）要注意电烙铁的绝缘性能。不允许带电使用烙铁焊接，要确认烙铁不带电，最好把烙铁的外壳接地，对MOS电路更应小心，能采用6～8 V的低压电烙铁就更安全。

（5）要保证焊接质量。焊接时确实焊牢，焊锡的堆积、气孔容易造成虚焊。焊接时间一般不超过3 s，烙铁的功率应用内热式25 W左右。已焊接好的集成电路要仔细查看，最好用欧姆表测量各引脚间是否短路，确认无焊锡粘连现象再接通电源。

（6）不要轻易断定集成电路的好坏。不要轻易地判断集成电路已损坏。因为集成电路绝大多数为直接耦合，一旦某一电路不正常，可能会导致多处电压变化，而这些变化不一定是集成电路损坏引起的；另外，在有些情况下测得各引脚电压与正常值相符或接近时，也不一定都能说明集成电路就是好的。因为有些软故障不会引起直流电压的变化。

（7）测试仪表内阻要大。测量集成电路引脚直流电压时，应选用表头内阻大于20 kΩ/V的万用表，否则对某些引脚电压会有较大的测量误差。

（8）要注意功率集成电路的散热。功率集成电路应散热良好，不允许不带散热器而处于大功率的状态下工作。

（9）引线要合理。如需要加接外围元件代替集成电路内部已损坏部分，应选用小型元器件，且接线要合理以免造成不必要的寄生耦合，尤其是要处理好音频功放集成电路和前置放大电路之间的接地端。

2. 集成电路的具体检测方法

现在的电子产品往往由于一块集成电路损坏，导致一部分或几部分不能工作，影响设备的正常使用。那么如何检测集成电路的好坏呢？通常一台设备里面有许多个集成电路，当拿到有故障的集成电路的设备时，首先要根据故障现象，判断出故障的大体部位，然后通过测量，把故障的可能部位逐步缩小，最后找到故障所在。

要找到故障所在必须通过检测，通常修理人员都采用测引脚电压的方法来判断，但这只能判断出故障的大致部位，而且有的引脚反应不灵敏，甚至有的没有什么反应。就是在电压偏离的情况下，也包含外围元件损坏的因素，还必须将集成块内部故障与外围故障严格区别开来，因此单靠某一种方法对集成电路是很难检测的，必须依赖综合的检测手段。现以万用表检测为例，介绍其具体方法。

我们知道，集成块使用时，总有一个引脚与印制电路板上的“地”线是焊通的，在电路中称之为接地脚。由于集成电路内部都采用直接耦合，因此，集成块的其他引脚与接地脚之

间都存在着确定的直流电阻，这种确定的直流电阻称为该脚内部等效直流电阻，简称 $R_{内}$。当我们拿到一块新的集成块时，可通过用万用表测量各引脚的内部等效直流电阻来判断其好坏，若各引脚的内部等效电阻 $R_{内}$与标准值相符，说明这块集成块是好的；反之，若与标准值相差过大，则说明集成块内部损坏。测量时有一点必须注意，由于集成块内部有大量的三极管、二极管等非线性元件，在测量中单测得一个阻值还不能判断其好坏，必须互换表笔再测一次，获得正、反向两个阻值。只有当 $R_{内}$正、反向阻值都符合标准时，才能断定该集成块完好。

在实际修理中，通常采用在路测量。先测量其引脚电压，如果电压异常，可断开引脚连线测接线端电压，以判断电压变化是外围元件引起的，还是集成块内部引起的。也可以通过测外部电路到地之间的直流等效电阻（称 $R_{外}$）来判断，通常在电路中测得的集成块某引脚与接地脚之间的直流电阻（在路电阻），实际是 $R_{内}$与 $R_{外}$并联的总直流等效电阻。在修理中常将在路电压与在路电阻的测量方法结合使用。有时在路电压和在路电阻偏离标准值，并不一定是集成块损坏，而是有关外围元件损坏，使 $R_{外}$不正常，从而造成在路电压和在路电阻的异常。这时便只能测量集成块内部直流等效电阻，才能判定集成块是否损坏。根据实际检修经验，在路检测集成电路内部直流等效电阻时可不必把集成块从电路上焊下来，只需将电压或在路电阻异常的引脚与电路断开，同时将接地脚也与电路板断开，其他脚维持原状，测量出测试脚与接地脚之间的 $R_{内}$正、反向电阻值便可判断其好坏。

例如，电视机内集成块 TA7609P 瑢脚在路电压或电阻异常，可切断瑢脚和⑤脚（接地脚），然后用万用表内电阻挡测瑢脚与⑤脚之间的电阻，测得一个数值后，互换表笔再测一次。若集成块正常，应测得红表笔接地时为 8.2 kΩ，黑表笔接地时为 272 kΩ的 $R_{内}$直流等效电阻，否则集成块已损坏。在测量中，多数引脚用 R×1 k 挡，当个别引脚 $R_{内}$很大时，换用 R×10 k 挡。这是因为 R×1 k 挡其表内电池电压只有 1.5 V，当集成块内部晶体管串联较多时，电表内电压太低，不能供集成块内晶体管进入正常工作状态，数值无法显示或不准确。

总之，在检测时要认真分析，灵活运用各种方法，摸索规律，做到快速、准确找出故障。

实训 1　常用电子元器件的识别与检测

1. 教学目标

（1）能认识常用的电阻器、电容器、电感器、半导体二极管和晶体三极管。

（2）掌握电阻器、电容器、电感器、半导体二极管和晶体三极管的识别与检测方法。

（3）了解电阻器、电容器、电感器、半导体二极管和晶体三极管的性能和用途。

（4）掌握万用表的使用方法。

2. 设备及器材

（1）试验箱 1 台，不同类型、功能的电阻器、电容器、电感器、半导体二极管和晶体三极管若干。

（2）指针式和数字式万用表各 1 台。

（3）电池或稳压电源。

3. 实训原理

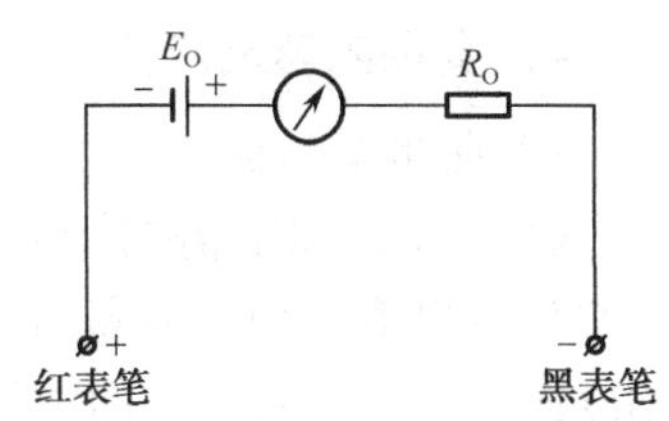

图 1-3-3　指针式万用表电阻挡等效电路

用指针式万用表可以对晶体二极管、三极管、电阻器、电容器等进行粗测。万用表电阻挡等效电路如图 1-3-3 所示，其中的 R_O 为等效电阻，E_O 为表内电池。当万用表处于 R×1、R×100、R×1 k 挡时，一般 E_O=1.5 V；而处于 R×10 k 挡时，E_O=15 V。测试电阻时要记住，红表笔接在表内电池负端（表笔插孔标“+”号），而黑表笔接在正端（表笔插孔标“-”号）。

这里，我们来简单地介绍一下万用表的一些基本应用。

1）指针表和数字表的选用

（1）指针表读取精度较差，但指针摆动的过程比较直观，其摆动速度、幅度有时也能比较客观地反映被测量的大小（比如测电视机数据总线（SDL）在传送数据时的轻微抖动）；数字表读数直观，但数字变化的过程看起来很杂乱，不太容易观察。

（2）指针表内一般有两块电池，一块低电压的 1.5 V，一块是高电压的 9 V 或 15 V，其黑表笔相对红表笔来说是正端；数字表则常用一块 6 V 或 9 V 的电池。在电阻挡，指针表的表笔输出电流相对数字表来说要大很多，用 R×1 挡可以使扬声器发出响亮的“哒”声，用 R×10 k 挡甚至可以点亮发光二极管（LED）。

（3）在电压挡，指针表内阻相对数字表来说比较小，测量精度较差。在某些高电压、微电流的场合甚至无法测准，因为其内阻会对被测电路造成影响（比如在测电视机显像管的加速级电压时测量值会比实际值低很多）。数字表电压挡的内阻很大，至少在兆欧级，对被测电路影响很小。但极高的输出阻抗使其易受感应电压的影响，在一些电磁干扰比较强的场合测出的数据可能是虚的。

（4）总之，在相对来说大电流、高电压的模拟电路测量中适于采用指针表，比如电视机、音响功放；在低电压、小电流的数字电路测量中适于采用数字表，比如 BP 机、手机等。但这不是绝对的，应根据情况选用指针表和数字表。

2）万用表的使用方法

（1）万用表使用前，应做到：

① 万用表水平放置。

② 应检查表针是否停在表盘左端的零位。如有偏离，可用小螺丝刀轻轻转动表头上的机械零位调整旋钮，使表针指零。

③ 将表笔按上面要求插入表笔插孔。

④ 将选择开关旋到相应的项目和量程上，就可以使用了。

（2）万用表使用后，应做到：

① 拔出表笔。

② 将选择开关旋至“OFF”挡，若无此挡，应旋至交流电压最大量程挡。

③ 若长期不用，应将表内电池取出，以防电池电解液渗漏而腐蚀内部电路。

3）实训预习要求

（1）预习指针式和数字式万用表的面板结构及使用方法、主要功能。

（2）预习各种元器件的知识。

4．实训内容及步骤

1）电阻器的检测

（1）固定电阻器的检测。将两表笔（不分正、负）分别与电阻器的两端引脚相接即可测出实际电阻值。为了提高测量精度，应根据被测电阻标称值的大小来选择量程。由于欧姆挡刻度的非线性关系，它的中间一段分度较为精细，因此应使指针指示值尽可能落到刻度的中段位置，即全刻度起始的20%～80%弧度范围内，以使测量更准确。根据电阻误差等级不同，读数与标称阻值之间分别允许有±5%、±10%或±20%的误差。如不相符，超出误差范围，则说明该电阻值变值了。

注意：测试时，特别是在测几十千欧以上阻值的电阻器时，手不要触及表笔和电阻器的导电部分；被检测的电阻器从电路中焊下来，至少要焊开一个头，以免电路中的其他元件对测试产生影响，造成测量误差；色环电阻器的阻值虽然能以色环标志来确定，但在使用时最好还是用万用表测试一下其实际阻值。

（2）电位器的检测。检查电位器时，首先要转动旋柄，看看旋柄转动是否平滑，开关是否灵活，开关通、断时“喀哒”声是否清脆，并听一听电位器内部接触点和电阻体摩擦的声音，如有“沙沙”声，则说明质量不好。用万用表测试时，先根据被测电位器阻值的大小，选择好万用表的合适电阻挡位，然后可按下述方法进行检测。

① 用万用表的欧姆挡测“1”、“2”两端，其读数应为电位器的标称阻值，如万用表的指针不动或阻值相差很多，则表明该电位器已损坏。

② 检测电位器的活动臂与电阻片的接触是否良好。用万用表的欧姆挡测“1”、“2”（或“2”、“3”）两端，将电位器的转轴按逆时针方向旋至接近“关”的位置，这时电阻值越小越好。再顺时针慢慢旋转轴柄，电阻值应逐渐增大，表头中的指针应平稳移动。当轴柄旋至极端位置“3”时，阻值应接近电位器的标称值。如万用表的指针在电位器的轴柄转动过程中有跳动现象，说明活动触点有接触不良的故障。

2）电容器的检测

（1）固定电容器的测量。一般应借助专门的测试仪器，通常用数字电桥。而用万用表仅能粗略地检查一下电解电容器是否失效或漏电。测量电路如图 1-3-4 所示。

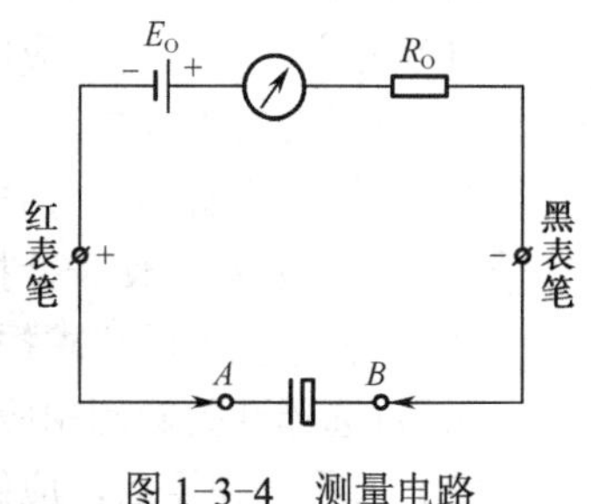

图 1-3-4　测量电路

测量前应先将电解电容器的两个引出线短接一下，使其上所充的电荷释放。然后将万用表置于 R×1 k 挡，并将电解电容器的正、负极分别与万用表的黑表笔、红表笔接触。在正常情况下，可以看到表头指针先是产生较大偏转（向零欧姆处），以后逐渐向起始零位（高阻值处）返回。这反映了电容器的充电过程，指针的偏转反映电容器充电电流的变化情况。

一般来说，表头指针偏转越大，返回速度越慢，则说明电容器的容量越大，若指针返回到接近零位（高阻值），说明电容器漏电阻很大，指针所指示电阻值即为该电容器的漏电阻。对于合格的电解电容器而言，该阻值通常在 500 kΩ以上。电解电容器在失效时（电解液干涸，

容量大幅度下降）表头指针就偏转很小，甚至不偏转。已被击穿的电容器，其阻值接近于零。

对于容量较小的电容器（云母、瓷质电容等），原则上也可以用上述方法进行检查，但由于电容量较小，表头指针偏转也很小，返回速度又很快，实际上难以对它们的电容量和性能进行鉴别，仅能检查它们是否短路或断路。这时应选用 R×10 k 挡测量。

检测 10 pF～0.01 μF 固定电容器是否有充电现象，进而判断其好坏。万用表选用 R×1 k 挡。两只三极管的 β 值均为 100 以上，且穿透电流要大些。可选用 3DG6 等型号硅三极管组成复合管。万用表的红表笔和黑表笔分别与复合管的发射极 e 和集电极 c 相接。由于复合三极管的放大作用，把被测电容的充放电过程予以放大，使万用表指针摆幅加大，从而便于观察。应注意的是：在测试操作时，特别是在测较小容量的电容器时，要反复调换被测电容器引脚接触 A、B 两点，才能明显地看到万用表指针的摆动。

对于 0.01 μF 以上的固定电容器，可用万用表的 R×10 k 挡直接测试电容器有无充电过程，以及有无内部短路或漏电，并可根据指针向右摆动的幅度大小估计出电容器的容量。

（2）电解电容器的检测。因为电解电容器的容量较一般固定电容器大得多，所以，测量时，应针对不同容量选用合适的量程。根据经验，一般情况下，1～47 μF 的电容器，可用 R×1 k 挡测量，大于 47 μF 的电容器可用 R×100 挡测量。

将万用表红表笔接负极，黑表笔接正极，在刚接触的瞬间，万用表指针即向右偏转较大偏度（对于同一电阻挡，容量越大，摆幅越大），接着逐渐向左回转，直到停在某一位置。此时的阻值便是电解电容器的正向漏电阻，此值略大于反向漏电阻。实际使用经验表明，电解电容器的漏电阻一般应在几百千欧以上，否则，将不能正常工作。在测试中，若正、反向均无充电现象，即表针不动，则说明容量消失或内部断路；如果所测阻值很小或为零，则说明电容器漏电大或已击穿损坏，不能再使用。

对于正、负极标志不明的电解电容器，可利用上述测量漏电阻的方法加以判别。即先任意测一下漏电阻，记住其大小，然后交换表笔再测出一个阻值。两次测量中阻值大的那一次便是正向接法，即黑表笔接的是正极，红表笔接的是负极。

使用万用表电阻挡，采用给电解电容器进行正、反向充电的方法，根据指针向右摆动幅度的大小，可估测出电解电容器的容量。

3）电感器的检测

（1）普通的指针式万用表不具备专门测试电感器的挡位，我们使用这种万用表只能大致测量电感器的好坏。用指针式万用表的 R×1 挡测量电感器的阻值，电阻值极小（一般为零）则说明电感器基本正常；若测量电阻为∞，则说明电感器已经开路损坏。对于具有金属外壳的电感器，若检测振荡线圈的外壳（屏蔽罩）与各引脚之间的阻值不是∞，而是有一定阻值或为零，则说明该电感器存在问题。

（2）采用具有电感挡的数字式万用表来检测电感器是很方便的，将数字式万用表量程开关拨至合适的电感挡，然后将电感器两个引脚与两个表笔相连，即可从显示屏上显示出该电感器的电感量。若显示的电感量与标称电感量相近，则说明该电感器正常；若差很多，则说明电感器有问题。

注意：在检测电感器时，数字式万用表的量程选择很重要，最好选择接近标称电感量的量程去测量，否则，测试的结果将会与实际值有很大误差。

4）半导体二极管的检测

（1）二极管引脚极性判别。若二极管性能良好，但看不出二极管的正、负极性，可用万用表的欧姆挡（R×100 或 R×1 k 挡）根据二极管正向电阻小、反向电阻大的特点测量其极性。

① 用指针式万用表测试判别极性。将指针式万用表拨到欧姆挡（一般用 R×100 或 R×1 k 挡），将红、黑表笔分别接二极管的两个电极，如图 1-3-5（a）所示，测出两个阻值 R_A、R_B，若测得的电阻值很小（几千欧以下），则红表笔所接电极为二极管的负极；若测得的阻值很大（几百千欧以上），则黑表笔所接电极为二极管的负极，红表笔所接电极为二极管的正极。如果测得的阻值均很小，则说明二极管内部短路；如果测得的正、反向电阻值均很大，则说明二极管内部断开。这两种情况下二极管已损坏。

② 用数字式万用表测试判别极性。将数字式万用表拨到欧姆挡（一般用 R×1 M 挡），将红、黑表笔分别接二极管的两个电极，如图 1-3-5（b）所示，测出两个阻值 R_A、R_B。对于所测阻值较小的情况，与黑表笔相连的一端为二极管的负极，与红表笔相连的一端为二极管的正极。

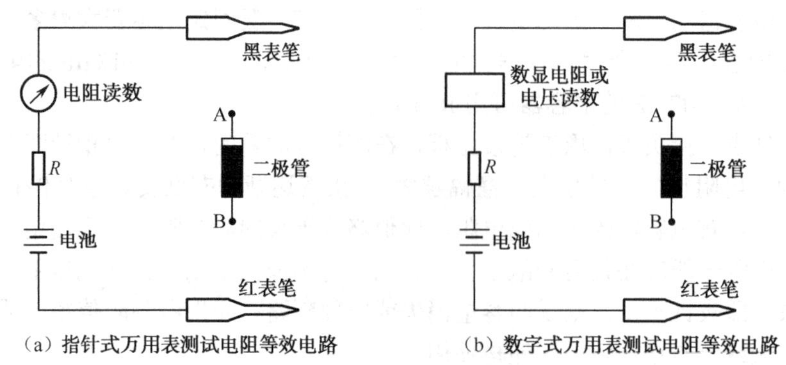

图 1-3-5　二极管极性的判别

任意测量几种不同类型的二极管，将有关内容填入表 1-3-6 中。

表 1-3-6　用万用表检测二极管的极性

测试二极管编号	1#	2#	3#	4#	5#
万用表红表笔接 A，黑表笔接 B，测得电阻					
万用表红表笔接 B，黑表笔接 A，测得电阻					
结论（说明二极管的极性）					

（2）二极管材料的判别方法。因为硅二极管正向电压降一般为 0.6～0.7 V，锗二极管正向电压降一般为 0.2～0.3 V，所以测量一下二极管的正向导通电压，便可判别出被测二极管是硅管还是锗管。

① 在干电池（1.5 V）或稳压电源的一端串一个电阻（约 1 kΩ），同时按极性与二极管相连，如图 1-3-6 所示，使二极管正向导通，这时用万用表测量二极管两端的管压降，将有关内容填入表 1-3-7 中，根据正向压降判别二极管的材料。

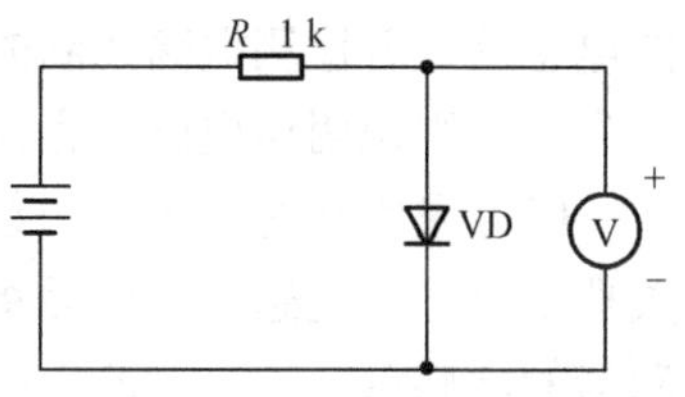

图 1-3-6　二极管材料判别电路

表 1-3-7　二极管的材料测试（1）

测试二极管编号	1#	2#	3#	4#	5#
正向电压值（V）					
结论（说明二极管的材料类型）					

② 用数字式万用表进行测试判别。将数字式万用表拨到二极管挡，然后测试二极管的端压降，将测得的电压值列于表 1-3-8 中，根据压降大小来判别二极管的材料。

表 1-3-8　二极管的材料测试（2）

测试二极管编号	1#	2#	3#	4#	5#
万用表红表笔接 A，黑表笔接 B，测得电压					
万用表红表笔接 B，黑表笔接 A，测得电压					
结论（说明二极管的材料类型和极性）					

5）三极管的检测

（1）三极管材料的判别。因为硅 PN 结正向电压降一般为 0.6～0.7 V，锗 PN 结正向电压降一般为 0.2～0.3 V，所以测量一下三极管任意一 PN 结的正向导通电压，便可判别出被测三极管是硅管还是锗管。

如图 1-3-7 所示，将数字式万用表拨到二极管挡，然后测试三极管任意 PN 结的正向压降，将测得的电压值列于表 1-3-9 中，根据压降大小来判别三极管的材料。

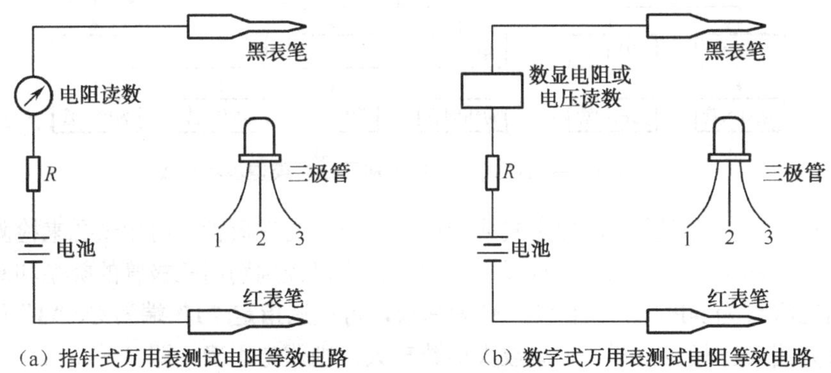

图 1-3-7　三极管材料的判别

表 1-3-9　三极管的材料测试

测试三极管编号	1#	2#	3#	4#	5#
万用表红表笔接 1，黑表笔接 2，测得电压					
万用表红表笔接 2，黑表笔接 1，测得电压					
结论（说明三极管的材料类型）					

注意：如果在测试时，三极管 3 个极间电阻或压降均很大或均很小，则三极管已损坏或性能变坏。

（2）三极管类型的判别。只要判断出三极管基极对应的区是 P 区还是 N 区，就可判断三极管的类型。要测试的三极管如图 1-3-7 所示，“1”、“2”、“3” 表示三极管的 3 个极，下面说明判别步骤。

用指针式万用表测试判别的过程如图 1-3-8 所示。

用数字式万用表测试判别的过程如图 1-3-9 所示。

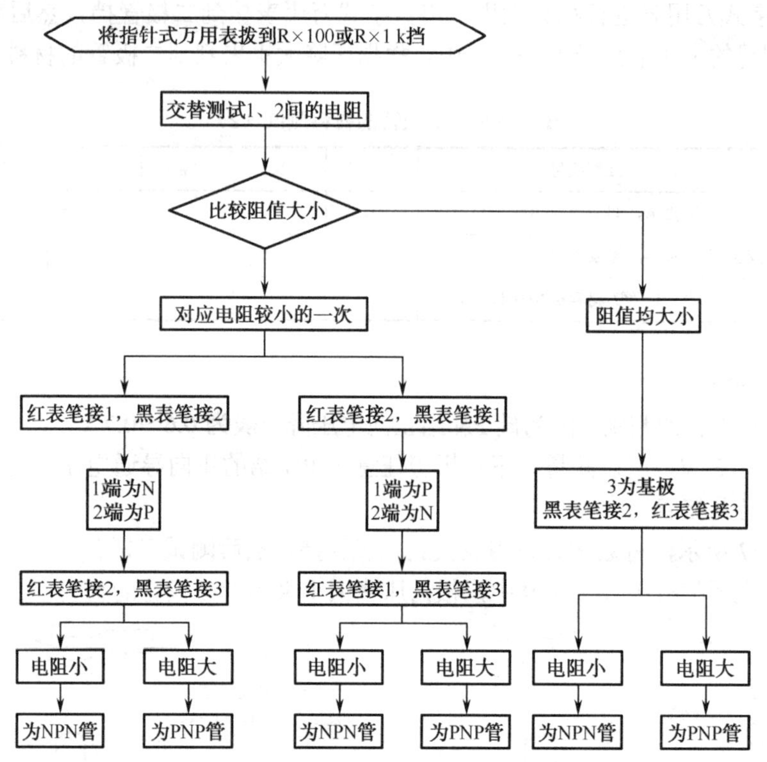

图 1-3-8 用指针式万用表判别三极管类型步骤框图

（3）三极管极性的判别。用数字式或指针式万用表的三极管专用测试孔来检测并判别三极管的极性，如图 1-3-9 所示。根据以上步骤，我们已经判别出三极管的类型和基极 B 了。假设判断出三极管为 NPN 管，且“2”端为基极，再任意指定“1”端为 C、“3”端为 E，将三极管插入万用表上相应位置，如果放大倍数较大，则假定正确，即 1—C、2—B、3—E，否则 1—E、2—B、3—C。

5. 实训报告要求

（1）画出等效测试电路。

（2）自行设计实训内容 1～3 所需的记录数据的表格，并记录实训结果。

（3）标注测试元器件参数值。

（4）整理实训所得数据，分析误差。

（5）写一份 500 字左右的心得体会。

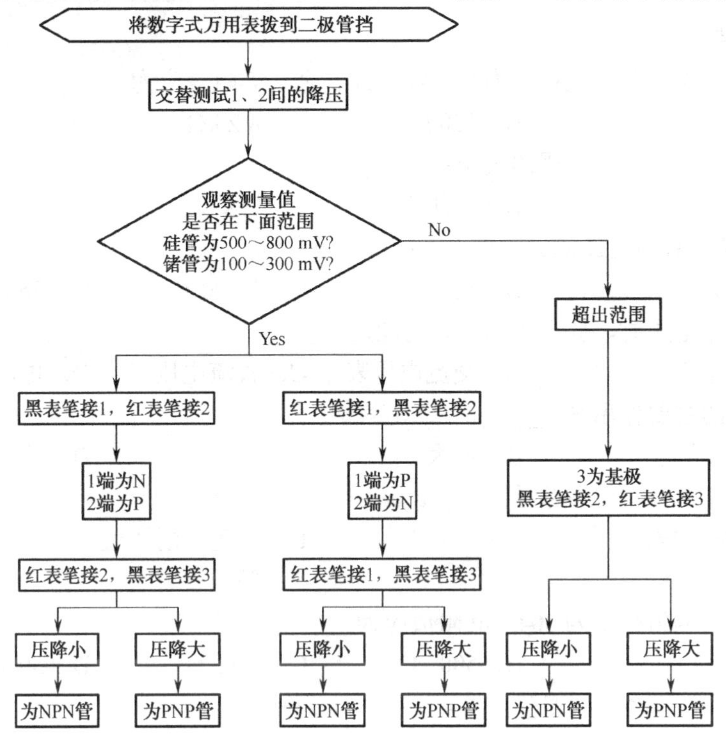

图 1-3-9　用数字式万用表判别三极管类型步骤框图

习题 1

一、填空题

1. 电路中常用的电子元器件有_________、_________、_________、_________、_________等。

2. 电阻器的标注方法有_________、_________和_________。

3. 电阻器的作用为_________、_________、_________、_________、_________和_________等。

4. 固定电阻器的符号是_________，可变电阻器的符号是_________，电阻的单位是_________。

5. 电容器的作用是_________，_________，_________，_________，_________，_________，_________等。

6. 电容量的单位是_______，常见的单位有_______、_______、_______和_______。

7. 电感元件的符号用字母_________表示，单位为_________，1 H=_________mH，1 mH=_________μH。

8. 普通二极管的符号是_________，二极管有_________个电极。

9. 二极管的主要特性是_________，即正偏时_________，反偏时_________。

10. 三极管有_________个区，_________个 PN 结，按导电类型可分为_________型和_________型两种。

二、选择题

1．一个色环电阻其彩色标示为灰、红、红、金，其阻值应为______。
A．100 Ω　　B．120 Ω　　C．8.2 kΩ　　D．1.5 kΩ

2．测试电阻时，应该使用的仪表是______。
A．电流表　　B．电压表　　C．欧姆表

3．进行 24 V 直流电压测试，应采用的最佳量程为______。
A．50 V　　B．500 V　　C．1 000 V　　D．750 V

4．测试交流电压时，要选用的正确功能是______。
A．欧姆表　　B．交流电压表　　C．直流电压表　　D．电流表

5．三极管的主要作用是______。
A．单向导通　　B．放大　　C．整流　　D．检波

6．电容器的两个重要参数是______。
A．阻值、电压　　B．容量、耐压值
C．容量、正负值　　D．阻值、容量

7．某一可调电阻标示为 504，其阻值应为______。
A．50 kΩ　　B．500 kΩ　　C．5 MΩ　　D．50 MΩ

8．电阻串联的基本含义是______。
A．两个以上电阻首尾相接　　B．两个或两个以上电阻首尾相接

9．电路中电流为零，电路的工作状况可能是______。
A．开路　　B．短路　　C．通路

10．一个 4 色环电阻，其阻值大小由第三色环数字决定，若为橙色，则倍数是______。
A．10 倍　　B．100 倍　　C．1 000 倍　　D．10 000 倍

三、判断题

1．色环电阻的表示方法是：每一色环代表一位有效数字。　　(　　)
2．电容串联连接，电容值会变小；电阻串联连接，阻值会加大。　　(　　)
3．三极管的 3 种工作状态是指放大、截止、饱和。　　(　　)
4．一个色环电阻的标示为棕、绿、红、金，其阻值为 150 kΩ。　　(　　)
5．万用表是一种多用途的测量仪表，主要用来测试电压、电阻及电流。　　(　　)
6．二极管的基本特性是：单向导电。　　(　　)
7．所谓直流电就是指大小和方向都不随时间而变化的电流或电压。　　(　　)
8．三极管是一种电流控制器件，而场效应管是一种电压控制器件。　　(　　)
9．电感具有通高频、阻低频的作用，也可以充当电源滤波器件。　　(　　)
10．电感的单位是用大写字母 L 表示。　　(　　)

四、简答题

1．请写出色环电阻的色环和其相对应的值，以及色环电阻误差色环和相对应的值。
2．怎样用指针式万用表检测发光二极管？
3．如何用数字表判别三极管引脚极性和三极管的类型？

项目2 手工焊接技术及工艺

通过本项目将主要学习以下知识和技能，完成以下实训任务：

序号	知 识 点	主 要 技 能
1	认识焊接工具	电烙铁、常用焊接辅助工具的使用
2	焊料和焊剂	焊料、焊剂的使用
3	手工焊接工艺	手工焊接要点、焊接前的准备、元器件引线成形加工
4	典型焊接方法及工艺	印制电路板的焊接、集成电路的焊接、导线焊接技术、拆焊及焊点的质量检查
5	工业生产中的焊接	波峰焊及工业焊接技术简介
6	实训2　内热式电烙铁的使用与维护	

焊接在电子产品装配中是一项重要的技术。它在电子产品实验、调试、生产中应用非常广泛，而且工作量相当大，焊接质量的好坏，将直接影响着产品的质量。

电子产品的故障除元器件的原因外，大多数是由于焊接质量不佳而造成的，因此，熟练掌握焊接操作技能非常必要。焊接的种类很多，本项目主要阐述应用广泛的手工锡焊技术。

任务 2.1 认识焊接工具

2.1.1 电烙铁

电烙铁是手工焊接的基本工具，它的作用是把适当的热量传送到焊接部位，以便只熔化焊料而不熔化元件，使焊料和被焊金属连接起来。正确使用电烙铁是电子装接工必须具备的技能之一。

常用的电烙铁有内热式、外热式、恒温式、吸锡式等形式。电子设备装配与维修中常用的焊接工具是内热式电烙铁，所以本项目重点介绍内热式电烙铁。

1. 电烙铁的种类

1）内热式电烙铁

内热式电烙铁主要由发热器件（发热芯子）、烙铁头、连接杆及手柄 4 个主要部分组成。因内热式电烙铁的发热器件装置于烙铁头内部，故称为内热式电烙铁。内热式电烙铁具有发热快、体积小、重量轻、效率高等特点，因而得到普遍应用。

常用的内热式电烙铁的规格有 20 W、35 W、50 W 等，20 W 烙铁头的温度可达 350 ℃左右。电烙铁的功率越大，烙铁头的温度就越高。焊接集成电路、一般小型元器件选用 20 W 内热式电烙铁即可。使用的电烙铁功率过大，容易烫坏元件（二极管和三极管等半导体元器件当温度超过 200 ℃时就会烧毁）和使印制板上的铜箔线脱落；电烙铁的功率太小，不能使被焊接物充分加热而导致焊点不光滑、不牢固，易产生虚焊。常用的内热式电烙铁外形与结构如图 2-1-1 所示。

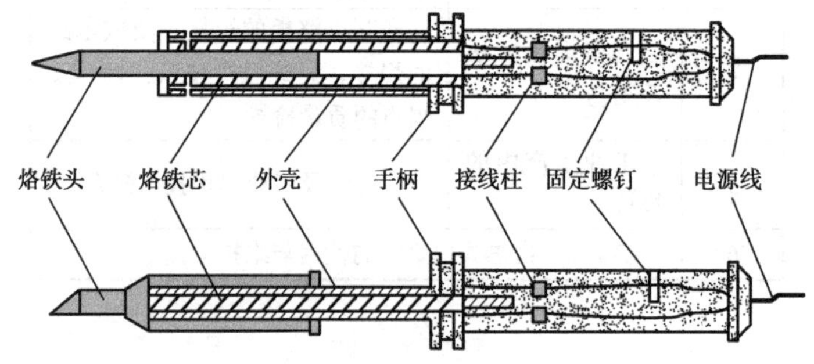

图 2-1-1 常用的内热式电烙铁外形与结构

2）外热式电烙铁

外热式电烙铁由烙铁芯、烙铁头、手柄等组成。烙铁芯由电热丝绕在薄云母片和绝缘筒上制成。外热式电烙铁常用的规格有 25 W、45 W、75 W、100 W 等，当被焊接物较大时常使用外热式电烙铁。它的烙铁头可以被加工成各种形状以适应不同焊接面的需要。

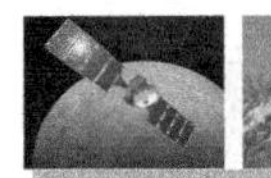

3）恒温电烙铁

恒温电烙铁是用电烙铁内部的磁控开关来控制烙铁的加热电路，使烙铁头保持恒温。磁控开关的软磁铁被加热到一定的温度时便失去磁性，使触点断开，切断电源。恒温电烙铁也有用热敏元件来测温以控制加热电路使烙铁头保持恒温的。

4）吸锡电烙铁

吸锡电烙铁是拆除焊件的专用工具，可将焊接点上的焊锡吸除，使元件的引脚与焊盘分离。操作时，先将烙铁加热，再将烙铁头放到焊点上，待熔化焊接点上的焊锡后，按动吸锡开关，即可将焊点上的焊锡吸掉，有时这个步骤要进行几次才行。

2. 电烙铁的选用

由前述可知，电烙铁的种类及规格有很多种，而且被焊工件的大小又有所不同，因而合理地选用电烙铁的功率及种类，对提高焊接质量和效率有直接的关系。如果被焊件较大，使用的电烙铁功率较小，则焊接温度过低，焊料熔化较慢，焊剂不能挥发，焊点不光滑、不牢固，这样势必造成焊接强度以及质量的不合格，甚至焊料不能熔化，使焊接无法进行。如果电烙铁的功率太大，则使过多的热量传递到被焊工件上面，使元器件的焊点过热，造成元器件的损坏，致使印制电路板的铜箔脱落，焊料在焊接面上流动过快，并无法控制。

选用电烙铁时，可以从以下几个方面进行考虑。

（1）焊接集成电路、晶体管及受热易损元器件时，应选用 20 W 内热式或 25 W 外热式电烙铁。

（2）焊接导线及同轴电缆时，应先用 45～75 W 外热式电烙铁，或 50 W 内热式电烙铁。

（3）焊接较大的元器件时，如行输出变压器的引线脚、大电解电容器的引线脚、金属底盘接地焊片等，应选用 100 W 以上的电烙铁。

3. 电烙铁的使用方法

电烙铁使用前应先用万用表检查烙铁的电源线有无短路和开路，烙铁是否漏电，电源线的装接是否牢固，螺钉是否松动，在手柄上的电源线是否被螺钉顶紧，电源线的套管有无破损等。新买的烙铁一般不能直接使用，要先将烙铁头进行“上锡”后方能使用。

1）电烙铁的握法

为了能使被焊件焊接牢靠，又不烫伤被焊件周围的元器件及导线，视被焊件的位置、大小及电烙铁的规格大小，适当地选择电烙铁的握法是很重要的。

电烙铁的握法可分为 3 种，如图 2-1-2 所示。图 2-1-2（a）所示为反握法，就是用五指把电烙铁的柄握在掌内。此法适用于大功率电烙铁焊接散热量较大的被焊件。图 2-1-2（b）所示为正握法，此法使用的电烙铁也比较大，且多为弯形烙铁头。图 2-1-2（c）所示为握笔法，此法适用于小功率的电烙铁焊接散热量小的被焊件，如焊接收音机、电视机的印制电路板及其维修等。

2）新烙铁的处理

一把新烙铁不能拿来就用，必须先去掉烙铁头表面的氧化层，再镀上一层焊锡后才能使用。不管烙铁头是新的，还是经过一段时间的使用或表面发生严重氧化，都要先用锉刀或细

（a）反握式

（b）正握式

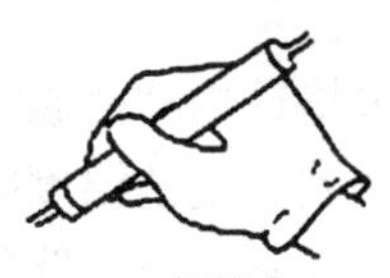

（c）握笔式

图 2-1-2　电烙铁的 3 种握法

砂纸将烙铁头按自然角度去掉端部表层及损坏部分并打磨光亮，然后镀上一层焊锡。其处理方法和步骤如表 2-1-1 所示。

表 2-1-1　电烙铁的处理

步　骤	图　示	方　法
1	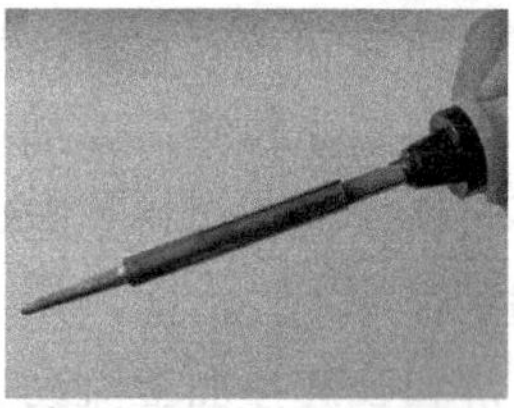	待处理的烙铁头
2	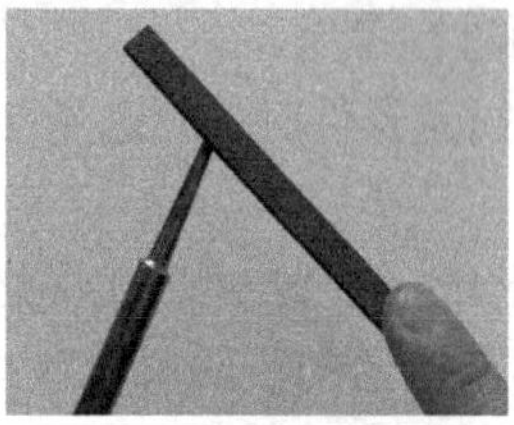	通电前，用锉刀或细砂纸打磨烙铁头，将其氧化层除去，露出平整光滑的铜表面
3		通电后，将打磨好的烙铁头紧压在松香上，随着烙铁头的加温松香逐步熔化，使烙铁头被打磨好的部分完全浸在松香中
4	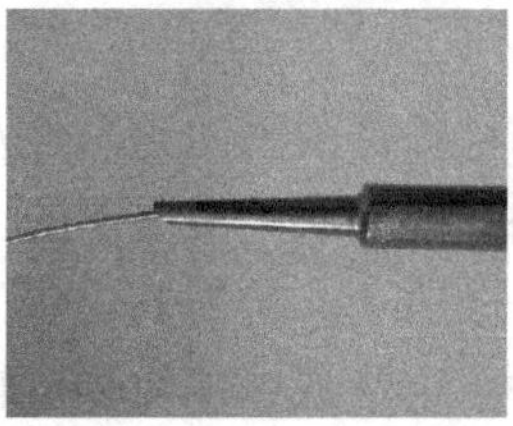	待松香出烟量较大时，取出烙铁头，和焊锡丝在烙铁头上镀上薄薄的一层焊锡
5	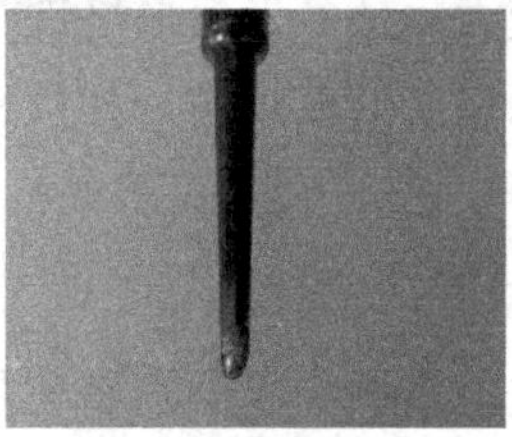	检查烙铁头的使用部分是否全部镀上焊锡，如有未镀的地方，应重涂松香、镀锡，直至镀好为止

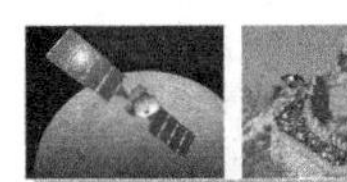

3）烙铁头长度的调整

选择电烙铁的功率大小后，已基本满足焊接温度的需要，但是仍不能完全适应印制电路板中所装元器件的需求。如焊接集成电路与晶体管时，烙铁头的温度就不能太高，且时间不能过长，此时便可将烙铁头插在烙铁芯上的长度进行适当的调整，从而控制烙铁头的温度。

4. 电烙铁使用注意事项

（1）烙铁头要经常保持清洁。因为焊接时烙铁头长期处于高温状态，又接触焊剂等杂质，其表面很容易氧化并沾上一层黑色杂质，这些杂质几乎形成隔热层，使烙铁头失去加热作用。因此，要随时在烙铁架上蹭去杂质。用一块湿布或湿海绵随时擦拭烙铁头，也是常用方法。

（2）工作时电烙铁要放在特制的烙铁架上，以免烫坏其他物品而造成安全隐患，常用的烙铁架如图2-1-3所示。烙铁所放位置一般是在工作台的右上方，以方便操作。

（3）焊接过程中需要使烙铁处于适当的温度。利用松香可判断烙铁头的温度，可以常用松香来判断烙铁头的温度是否适合焊接，常用松香如图2-1-4所示。在烙铁头上熔化一点松香，根据松香的烟量大小判断温度是否合适，如表2-1-2所示。

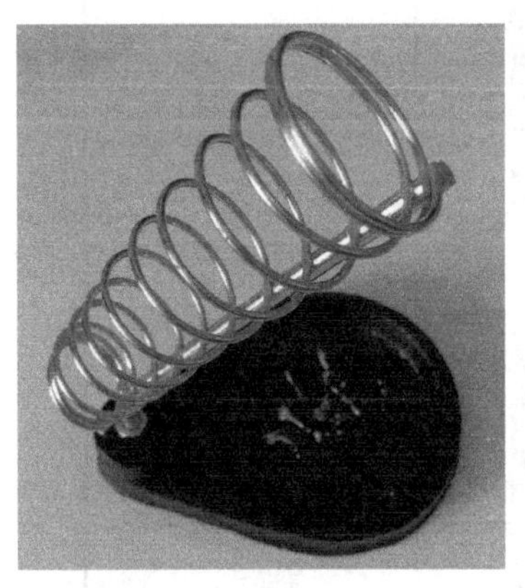

图2-1-3 常用的烙铁架

图2-1-4 常用松香

表2-1-2 利用松香判断烙铁头的温度

现　象			
烟量大小	烟量小，持续时间长	烟量中等，烟消失时间为6～8 s	烟量大，消失很快
温度判断	温度低，不适于焊接	烙铁头温度适当，适于焊接	温度高，不适于焊接

（4）电烙铁不易长时间通电而不使用，因为这样容易使电烙铁芯加速氧化而烧断，同时也将使烙铁头因长时间加热而氧化，甚至被烧“死”不再“吃锡”。

（5）电烙铁在使用时，不可将电线随着柄盖扭转，以免将电源线接头部位造成短路。烙铁在使用过程中不要敲击，烙铁头上过多的焊锡不得随意乱甩，要在松香或软布上擦除。

（6）更换烙铁芯时要注意引线不要接错，因为电烙铁有3个接线柱，而其中一个是接地

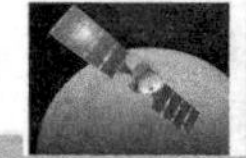

的，另外两个是接烙铁芯两根引线的（这两个接线柱通过电源线，直接与 220 V 交流电源相接）。如果将 220 V 交流电源线错接到接地线的接线柱上，则电烙铁外壳就要带电，被焊件也要带电，这样就会发生触电事故。

（7）电烙铁在焊接时，最好选用松香焊剂，以保护烙铁头不被腐蚀。氯化锌和酸性焊油对烙铁头的腐蚀性较大，使烙铁头的寿命缩短，因而不易采用。烙铁应放在烙铁架上。应轻拿轻放，绝不要将烙铁上的锡乱抛。

5．电烙铁的拆装

拆卸电烙铁时，首先拧松手柄上的紧固螺钉，旋下手柄，然后拆下电源线并拧松烙铁芯上的螺钉，最后拔下烙铁芯，如表 2-1-3 所示。

表 2-1-3　电烙铁的拆卸步骤

步　骤	图　示	方　法
1	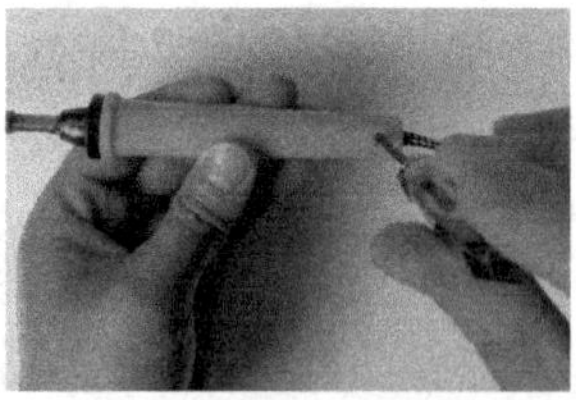	拧松手柄上的紧固螺钉
2	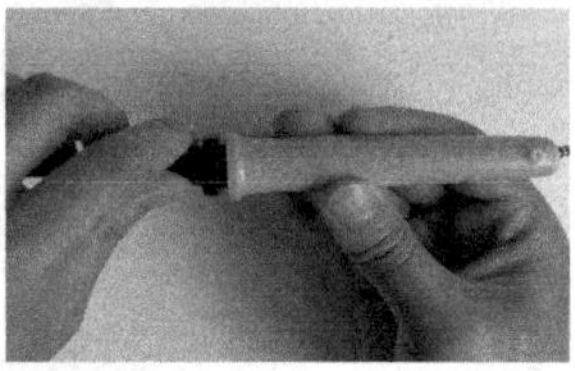	旋下手柄
3	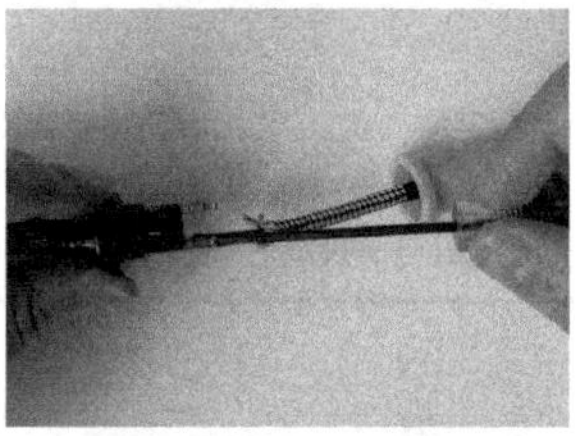	拆下电源线
4	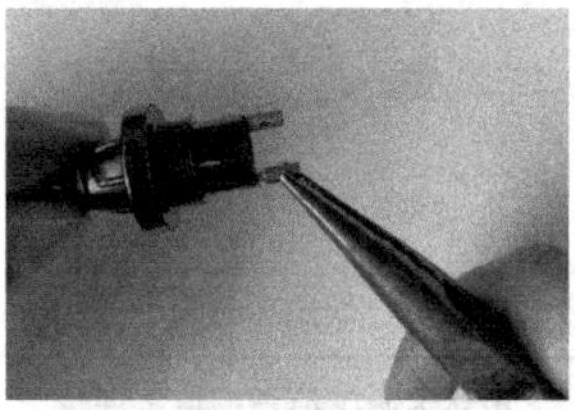	拧松烙铁芯上的螺钉
5	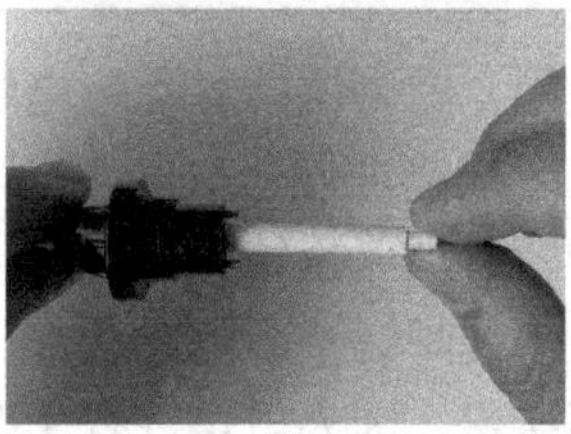	拔下烙铁芯

安装时的次序与拆卸相反，只是在旋紧手柄时，勿使电源线随手柄一起扭转，以免将电源线接头处绞继而造成开路或绞在一起而形成短路。需要特别指出的是，在安装电源线时，其接头处裸露的铜线一定要尽可能短，以免发生短路事故。拆卸后的电烙铁如图 2-1-5 所示。

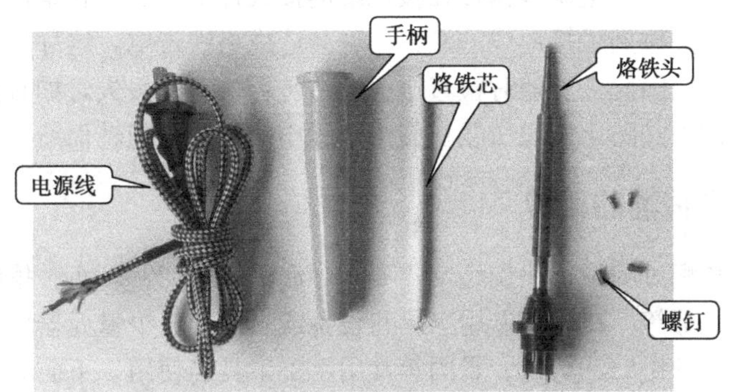

图 2-1-5　拆卸后的电烙铁

6. 电烙铁的故障检测

电烙铁在使用过程中常见的故障有：电烙铁通电后不热，烙铁头不“吃锡”，烙铁带电等。下面以内热式 20 W 电烙铁为例加以说明。

1）电烙铁通电后不热

如果接上电源几分钟后，电烙铁还不发热，若电源供电正常，那么一定在电烙铁的工作回路中存在开路现象。以 20 W 电烙铁为例，这时应首先断开电源，然后旋开手柄，用万用表 R×100 挡测烙铁芯两个接线柱间的电阻值，如图 2-1-6 所示。

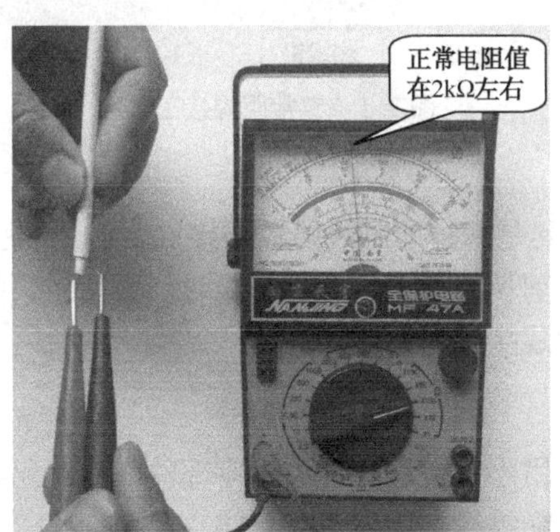

图 2-1-6　测烙铁芯两个接线柱间的电阻值

如果测出的电阻值在 2kΩ左右，说明烙铁芯没问题，一定是电源线或接头脱掉，此时应更换电源线或重新连接；如果测出的电阻值为无穷大，则说明烙铁芯的电阻丝烧断，此时更换烙铁芯，即可排除故障。

2）烙铁头不“吃锡”

烙铁头经长时间使用后，就会因氧化而不沾锡，这就是“烧死”现象，也称作不“吃锡”。当出现不“吃锡”的情况时，可用细砂纸或锉刀将烙铁头重新打磨或挂出新茬，然后重新镀

上焊锡即可继续使用。

3）烙铁带电

烙铁带电的原因可能是电源线错接在接地线的接线柱上，还有就是，当电源线从烙铁芯接线螺钉上脱落后，又碰到了接地线的螺钉，也会造成烙铁带电。这种故障最容易造成触电事故，并损坏元器件，因此，要随时检查压线螺钉是否松动或丢失。如有丢失、损坏应及时配好（压线螺钉的作用是防止电源引线在使用过程中的拉伸、扭转而造成的引线头脱落）。

2.1.2 常用焊接辅助工具

在电子产品的装配过程中，我们经常需要对导线进行剪切、剥头、捻线等加工处理，对元器件的引线加工成形等。在没有专用工具和设备或只需加工少量元器件引线时，要完成这些准备工序往往离不开钳口、剪切、紧固等常用手工工具的使用。下面让我们来认识一下这些常用工具，并熟练掌握它们的使用方法和使用技艺，如图 2-1-7 所示。

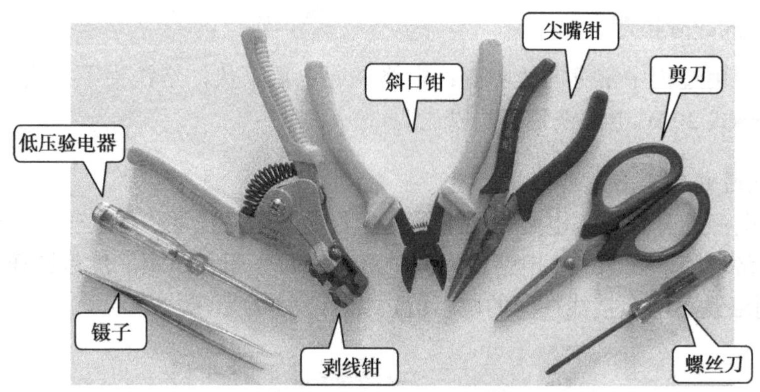

图 2-1-7　常用焊接工具

1. 斜口钳

主要用于剪切导线，尤其是剪掉印制线路板焊接点上多余的引线，选用斜口钳效果最好。斜口钳还经常代替一般剪刀剪切绝缘套管等。剪线时，要使钳头朝下，在不变动方向时可用另一只手遮挡，防止剪下的线头飞出伤眼。

2. 尖嘴钳

尖嘴钳头部较细，一般用来夹持小螺母、小零部件或弯曲元器件引线等。尖嘴钳一般带有绝缘套柄，使用方便，且能绝缘。

3. 镊子

镊子的主要用途是在手工焊接时夹持导线和元器件，防止其移动。还可以用镊子对元器件进行引线成形加工，使元器件的引线加工成一定的形状。镊子有尖嘴镊子和圆嘴镊子两种。尖嘴镊子用于夹持较细的导线，以便于装配焊接。圆嘴镊子用于弯曲元器件引线和夹持元器件焊接等，用镊子夹持元器件焊接还起散热作用。

4. 剥线钳

剥线钳适用于各种线径橡胶电线、电缆芯线的剥皮。它的手柄是绝缘的，用剥线钳剥线

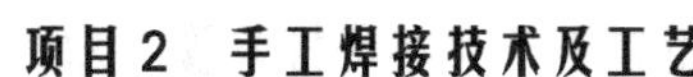

的优点在于使用效率高，剥线尺寸准确，不易损伤芯线。还可根据被剥导线的线径大小，在钳口处选用不同直径的小孔，以达到不损坏芯线的目的。使用时注意将需剥皮的导线放入合适的槽口，剥皮时不能剪断导线。剪口的槽并拢后应为圆形。

5．剪刀

剪刀主要用于剪切金属材料，其头部短而且宽，刃口角度较大，能承受较大的剪切力。

6．螺丝刀

螺丝刀又称改锥和起子。它有多种分类，按头部形状的不同，可分为一字形和十字形两种。当需要旋转一字槽螺钉时，应选用一字形螺丝刀。使用前，必须注意螺丝刀头部的长短和宽窄与螺钉相适应。十字形螺丝刀用来旋转十字槽螺钉，其安装强度比一字形螺丝刀大，而且容易对准螺钉槽。使用时，也必须注意螺丝刀头部与螺钉槽相一致，以免损坏螺钉槽。

7．低压验电器

低压验电器通常又称为试电笔，由氖管、电阻、弹簧和笔身等部分组成，主要是验证低压导体和电气设备外壳是否带电的辅助安全工具。试电笔有钢笔式和旋具式两种。常用的试电笔的测试范围是 60～500 V，指带电体和大地的电位差。

任务 2.2　焊料和焊剂

2.2.1　焊料

焊料是指易熔金属及其合金，它能使元器件引线与印制电路板的连接点连接在一起。焊料的选择对焊接质量有很大的影响。在锡（Sn）中加入一定比例的铅（Pb）和少量其他金属可制成熔点低、抗腐蚀性好、对元件和导线的附着力强、机械强度高、导电性好、不易氧化、抗腐蚀性好、焊点光亮美观的焊料，故焊料常称作焊锡。

1．焊锡的种类及选用

焊锡按其组成的成分可分为锡铅焊料、银焊料、铜焊料等，熔点在 450 ℃以上的称为硬焊料，在 450 ℃以下的称为软焊料。锡铅焊料的材料配比不同，性能也不同。常用的锡铅焊料及其用途如表 2-2-1 所示。

表 2-2-1　常用的锡铅焊料及其用途

名　称	牌　号	熔点温度（℃）	用　途
10#锡铅焊料	HlSnPb10	220	焊接食品器具及医疗方面物品
39#锡铅焊料	HlSnPb39	183	焊接电子电气制品
50#锡铅焊料	HlSnPb50	210	焊接计算机、散热器、黄铜制品
58-2#锡铅焊料	HlSnPb58-2	235	焊接工业及物理仪表
68-2#锡铅焊料	HlSnPb68-2	256	焊接电缆铅护套、铅管等
80-2#锡铅焊料	HlSnPb80-2	277	焊接油壶、容器、大散热器等
90-6#锡铅焊料	HlSnPb90-6	265	焊接铜件
73-2#锡铅焊料	HlSnPb73-2	265	焊接铅管件

市场上出售的焊锡，由于生产厂家不同，配制比有很大的差别，但熔点基本在140～180 ℃之间。在电子产品的焊接中一般采用Sn62.7%+Pb37.3%配比的焊料，其优点是熔点低、结晶时间短、流动性好、机械强度高。

2．焊锡的形状

常用的焊锡有5种形状：①块状（符号：I）；②棒状（符号：B）；③带状（符号：R）；④丝状（符号：W），焊锡丝的直径（单位为mm）有0.5、0.8、0.9、1.0、1.2、1.5、2.0、2.3、2.5、3.0、4.0、5.0等；⑤粉末状（符号：P）。块状及棒状焊锡用于浸焊、波峰焊等自动焊接机；丝状焊锡主要用于手工焊接。

2.2.2 焊剂

根据焊剂的作用不同可分为助焊剂和阻焊剂两大类。

1．助焊剂

在锡铅焊接中助焊剂是一种不可缺少的材料，它有助于清洁被焊面，防止焊面氧化，增加焊料的流动性，使焊点易于成形。常用助焊剂分为：无机助焊剂、有机助焊剂和树脂助焊剂。焊料中常用的助焊剂是松香，在要求较高的场合下使用新型助焊剂——氧化松香。

1）对焊接中的助焊剂要求

常温下必须稳定，其熔点要低于焊料，在焊接过程中焊剂要具有较高的活化性、较低的表面张力，受热后能迅速而均匀地流动。

不产生有刺激性的气体和有害气体，不导电，无腐蚀性，残留物无副作用，施焊后的残留物易于清洗。

2）使用助焊剂时的注意事项

当助焊剂存放时间过长时，会使助焊剂活性变坏而不宜于使用。常用的松香助焊剂在温度超过 60 ℃时，绝缘性会下降，焊接后的残渣对发热元件有较大的危害，故在焊接后要清除助焊剂残留物。

3）几种助焊剂简介

（1）松香酒精助焊剂。这种助焊剂是将松香融于酒精之中，重量比为1∶3。

（2）消光助焊剂。这种助焊剂具有一定的浸润性，可使焊点丰满，防止搭焊、拉尖，还具有较好的消光作用。

（3）中性助焊剂。这种助焊剂适用于锡铅料对镍及镍合金、铜及铜合金、银和白金等的焊接。

（4）波峰焊防氧化剂。它具有较高的稳定性和还原能力，在常温下呈固态，在 80 ℃以上呈液态。

2．阻焊剂

阻焊剂是一种耐高温的涂料，可使焊接只在所需要焊接的焊点上进行，而将不需要焊接的部分保护起来，以防止焊接过程中的桥连，减少返修，节约焊料，使焊接时印制板受到的

热冲击小，板面不易起泡和分层。阻焊剂的种类有热固化型阻焊剂、光敏阻焊剂及电子束辐射固化型等几种，目前常用的是光敏阻焊剂。

任务 2.3　手工焊接工艺

2.3.1　手工焊接要点

焊接材料、焊接工具、焊接方式方法和操作者俗称焊接四要素。这四要素中最重要的是操作者。没有相当时间的焊接实践和用心领会，不断总结，即使是长时间从事焊接工作，也难以保证每个焊点的质量。下面讲述的一些具体方法和注意点，都是实践经验的总结。

1．焊接操作与卫生

电烙铁的握法，前面已介绍，如图 2-1-2 所示。

焊接加热挥发出的化学物质对人体是有害的，如果操作时鼻子距离烙铁头太近，则很容易将有害气体吸入，一般烙铁与鼻子的距离应不少于 20～40 cm，通常以 30 cm 为宜。

焊锡丝一般有两种拿法，如图 2-3-1 所示。经常使用烙铁进行锡焊的人，一般把成卷的焊锡丝拉直，然后截成一尺长左右的一段。在连续进行焊接时，应用左手的拇指、食指和小指夹住锡丝，用另外两个手指配合就能把焊锡丝连续向前送进，如图 2-3-1（a）所示。若不是连续焊接，即断续焊接时，焊锡丝的拿法可采用如图 2-3-1（b）所示的形式。

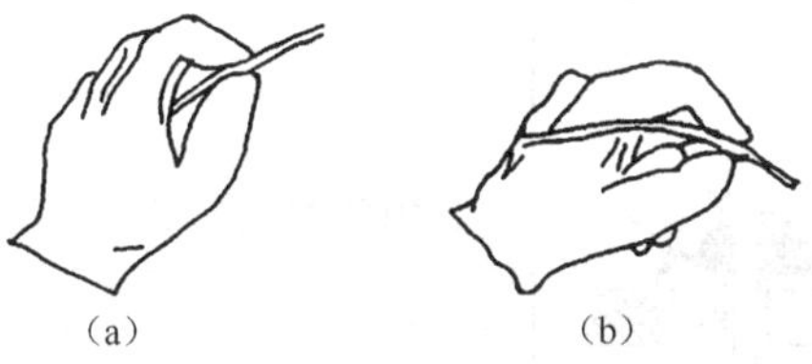

（a）　　　　（b）

图 2-3-1　焊锡丝的两种拿法

由于焊锡丝成分中铅占一定比例，众所周知，铅是对人体有害的重金属，因此，操作时应戴上手套或操作后洗手，避免食入。电烙铁用后一定要稳妥放于烙铁架上，并注意导线等物不要碰烙铁。

2．手工焊接方法

在手工制作产品、设备维修中，手工焊接仍是主要的焊接方法，它是焊接工艺的基础。手工焊接的步骤一般根据被焊件的容量大小来决定，有五步和三步焊接法，通常采用五步焊接法。

1）五步焊接法

五步焊接法的工艺流程：准备施焊→加热焊件→送入焊锡丝→移开焊锡丝→移开电烙铁。具体操作步骤如表 2-3-1 所示。

注意：完成上述步骤后，焊点应自然冷却，严禁用嘴吹或采用其他强制冷却方法。在焊料完全凝固以前，不能移动被焊件之间的位置，以防产生假焊现象。

表 2-3-1　手工焊接的五步焊接法步骤

步　骤	图　示	方　法
准备施焊	焊锡丝　电烙铁	准备好被焊元器件，将电烙铁加热到工作温度，烙铁头保持干净并吃好锡，一手握好电烙铁，一手拿好焊锡丝，烙铁头和焊锡丝同时移向焊接点，电烙铁与焊料分别居于被焊元器件两侧
加热焊件		烙铁头接触被焊元器件，包括被焊元器件端子和焊盘在内的整个焊件全体要均匀受热。一般让烙铁头部分（较大部分）接触容量较大的焊件，烙铁头侧面或边缘部分接触容量较小的焊件，以保证焊件均匀受热，不要施加压力或随意拖动烙铁
送入焊锡丝		当被焊部位升温到焊接温度时，送上焊锡丝并与元器件焊点部位接触，熔化并润湿应从电烙铁对面接触焊锡丝。送锡量要合适，一般以能全面润湿整个焊点为佳。如果焊锡堆积过多，内部就可能掩盖着某种隐患，而且焊点的强度也不一定高；但如果焊锡填充得太少，就会造成焊点不够饱满、焊接强度较低的缺陷
移开焊锡丝		当焊锡丝熔化到一定量以后，迅速移开焊锡丝
移开电烙铁		移开焊料后，在助焊剂还未挥发之前，迅速移开电烙铁，否则会留下不良焊点。电烙铁撤离方向会影响焊锡的留存量，一般以 45° 角的方向撤离。撤掉电烙铁，应往回收，回收动作要干脆、熟练，以免形成拉尖；收电烙铁的同时，应轻轻旋转一下，这样可以吸收多余的焊料

2）三步焊接法

对于热容量小的焊件，可以采用三步焊接法。

三步焊接法的工艺流程：准备→加热与加焊料→移开焊锡丝和电烙铁。具体操作步骤如表 2-3-2 所示。

3．焊接注意事项

在焊接过程中除应严格按照以上步骤操作外，还应特别注意以下几个方面：

（1）烙铁的温度要适当。可将烙铁头放到松香上去检验，一般以松香熔化较快又不冒大烟的温度为宜。

表 2-3-2　手工焊接的三步焊接法步骤

步　骤	图　示	方　法
准备		右手持电烙铁，左手拿焊锡丝并与电烙铁靠近，处于随时可以焊接的状态
加热与加焊料		在被焊件的两侧，同时放上电烙铁和焊锡丝，并熔化适当的焊料
移开焊锡丝和电烙铁		当焊料的扩散达到要求后，迅速拿开电烙铁和焊锡丝。拿开焊锡丝的时间不得迟于移开电烙铁的时间

（2）焊接的时间要适当。从加热焊料到焊料熔化并流满焊接点，一般应在 3 s 之内完成。若时间过长，助焊剂完全挥发，就失去了助焊的作用，会造成焊点表面粗糙，且易使焊点氧化。但焊接时间也不宜过短，时间过短则达不到焊接所需的温度，焊料不能充分熔化，易造成虚焊。

（3）焊料与焊剂的使用要适量。若使用焊料过多，则多余的会流入管座的底部，降低引脚之间的绝缘性；若使用的焊剂过多，则易在引脚周围形成绝缘层，造成引脚与管座之间的接触不良。反之，焊料和焊剂过少易造成虚焊。

（4）焊接过程中不要触动焊接点。在焊接点上的焊料未完全冷却凝固时，不应移动被焊元件及导线，否则焊点易变形，也可能出现虚焊现象。焊接过程中也要注意不要烫伤周围的元器件及导线。

2.3.2　焊接前的准备

1．元器件引线加工成形

元器件在印刷板上的排列和安装方式有两种，一种是立式，另一种是卧式。元器件引线弯成的形状是根据焊盘孔的距离及装配上的不同而加工成形。引线的跨距应根据尺寸优选 2.5 的倍数。加工时，注意不要将引线齐根弯折，并用工具保护引线的根部，以免损坏元器件。元器件引线成形加工的方法将在下一小节做详细介绍。

2．镀锡

元器件引线一般都镀有一层薄的焊料，但时间一长，引线表面产生一层氧化膜，影响焊接。所以，除少数有良好银、金镀层的引线外，大部分元器件在焊接前都要重新镀锡。

镀锡，实际上就是锡焊的核心——液态焊锡对被焊金属表面浸润，形成一层既不同于被焊金属又不同于焊锡的结合层。这一结合层将焊锡同待焊金属这两种性能、成分都不相同的材料牢固连接起来。而实际的焊接工作只不过是用焊锡浸润待焊零件的结合处，熔化焊锡并重新凝结的过程。

不良的镀层，未形成结合层，只是焊件表面“粘”了一层焊锡，这种镀层很容易脱落。

镀锡要点：待镀面应清洁，有人以为反正锡焊时要用焊剂，不注意表面清洁。实际上元器件、焊片、导线等都可能在加工、存储的过程中带有不同的污物，轻则用酒精或丙酮擦洗，严重的腐蚀性污点只有用机械办法去除，包括刀刮或砂纸打磨，直到露出光亮金属为止。

3. 拆焊

在电子产品的焊接和维修过程中，经常需要拆换已焊好的元器件，即为拆焊，也叫解焊。在实际操作中拆焊比焊接要困难得多，若拆焊不得法，很容易损坏元件或电路板上的焊盘及焊点。拆焊的具体操作方法将在后面的小节做详细介绍。

1）拆焊的适用范围

误装误接的元器件和导线；在维修或检修过程中需更换的元器件；在调试结束后需拆除临时安装的元器件或导线等。

2）拆焊的原则与要求

不能损坏需拆除的元器件及导线；拆焊时不可损坏焊点和印制板；在拆焊过程中不要乱拆和移动其他元器件，若确实需要移动其他元器件，在拆焊结束后应做好复原工作。

3）拆焊所用的工具

（1）一般工具。拆焊可用一般电烙铁来进行，烙铁头不需要蘸锡，用烙铁使焊点的焊锡熔化时迅速用镊子拔下元件引脚，再对原焊点进行清理，使焊盘孔露出，以便安装元件用。用一般电烙铁拆焊时可配合其他辅助工具来进行，如吸锡器、排焊管、划针等。

（2）专用工具。拆焊的专用工具是带有一个吸锡器的吸锡电烙铁。拆焊时先用它加热焊点，当焊点熔化时按下吸锡开关，焊锡就会被吸入烙铁内的吸管内。此过程往往要进行几次，才能将焊点的焊锡吸干净。专用工具适用于集成电路、中频变压器等多引脚元件的拆焊。

（3）在业余条件下，也可使用多股细铜线（如用作电源线的软导线），将其蘸上松香水，然后用烙铁将其压在焊点上使其吸附焊锡，将吸足焊锡的导线夹掉，再重复以上工作也可将多引脚元件拆下。

4）拆焊的操作要求

（1）严格控制加热的时间和温度。因拆焊过程较麻烦，需加热的时间较长，元器件的温度比焊接时要高，所以要严格掌握好这一尺度，以免烫坏元器件或焊盘。

（2）仔细掌握用力尺度。因元器件的引脚封装都不是非常坚固的，拆焊时一定要注意用力的大小，不可过分用力拉扯元器件，以免损坏焊盘或元器件。

2.3.3 元器件引线成形加工

元器件在安装前，应根据安装位置特点及工艺要求，预先将元器件的引线加工成一定的

形状。成形后的元器件既便于装配，又有利于提高装配元器件安装后的防振性能，保证电子设备的可靠性。

1．轴向引线型元器件的引线成形加工

轴向引线型元器件有电阻、二极管、稳压二极管等，它们的安装方式一般有两种，如图 2-3-2 所示。一种是水平安装，另一种是立式安装。具体采用何种安装方式，可视电路板空间和安装位置大小来选择。

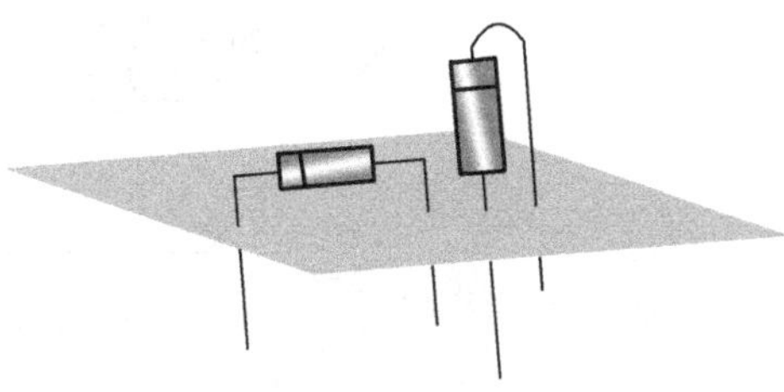

图 2-3-2 轴向引线型元器件的安装图

1）水平安装引线加工方法

（1）一般用镊子（或尖嘴钳）在离元器件封装点 2～3 mm 处夹住其某一引脚。

（2）再适当用力将元器件引脚弯成一定的弧度，如图 2-3-3 所示。

（3）用同样的方法对该元器件另一引脚进行加工成形。

（4）引线的尺寸要根据印制板上具体的安装孔距来确定，且一般两引线的尺寸要一致。

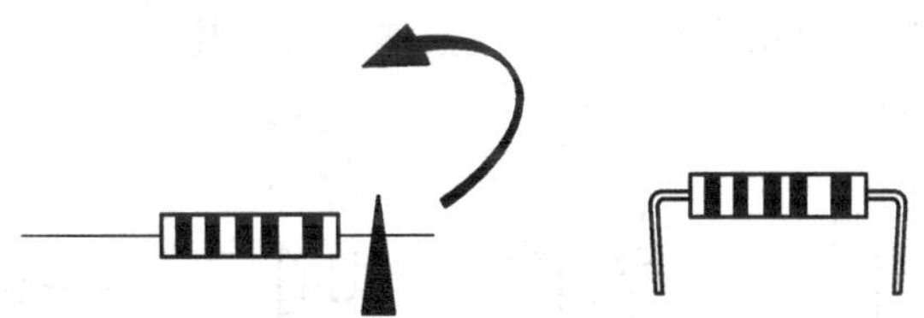

图 2-3-3 水平元器件成形示意图

注意：弯折引脚时不要采用直角弯折，且用力要均匀，尤其要防止玻璃封装的二极管壳体破裂，造成管子报废。

2）立式安装引线加工方法

可以采用合适的螺丝刀或镊子在元器件的某引脚（一般选元器件有标记端）离元器件封装点 3～4 mm 处将该引线弯成半圆状，如图 2-3-4 所示。实际引线的尺寸要视印制电路板上的安装位置孔距来确定。

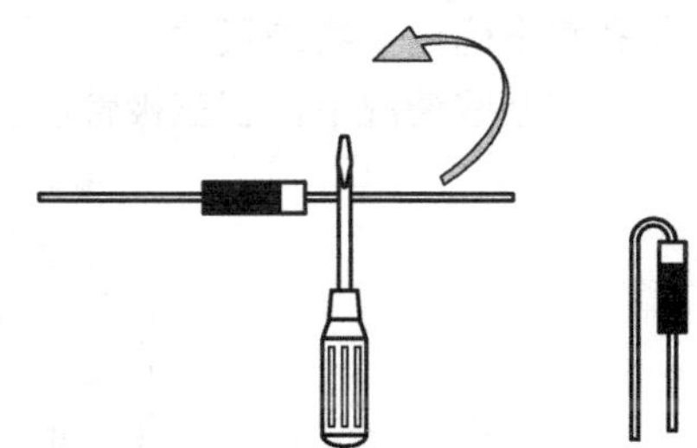

图 2-3-4 立式元器件成形示意图

2．径向引线型元器件的引线成形加工

常见的径向引线型元器件有各种电容器、发光二极管、光电二极管及各种三极管等。

1）电解电容器引线的成形加工方法

（1）立式电容器加工方法是用镊子先将电容器的引线沿电容器主体向外弯成直角，离开 4～5 mm 处弯成直角。但在印制电路板上的安装要根据印制电路板孔距和安装空间的需要确定成形尺寸。

（2）卧式电容器加工方法是用镊子分别将电解电容器的两个引线在离开电容器主体

3～5 mm 处弯成直角，如图 2-3-5 所示。但在印制电路板上的安装要根据印制电路板孔距和安装空间的需要确定成形尺寸。

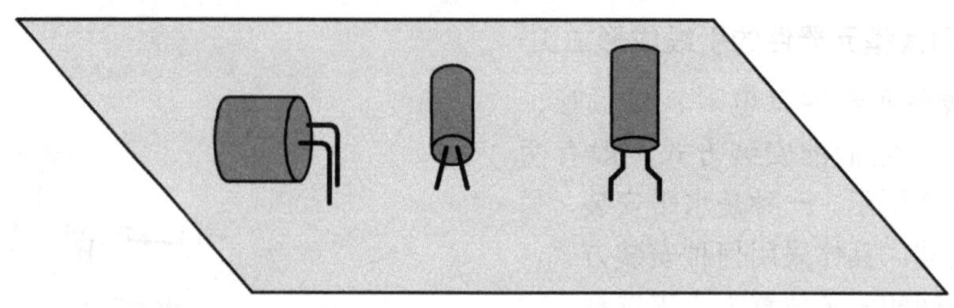

图 2-3-5　电解电容器插装方式

2）瓷片电容器和涤纶电容器的引线成形加工方法

用镊子将电容器引线向外整形，并与电容器主体成一定角度。也可以用镊子将电容器的引线离电容器主体 1～3 mm 处向外弯成直角，再在离直角 1～3 mm 处弯成直角。在印制电路板上安装时，需视印制电路板孔距大小确定引线尺寸。

3）三极管的引线成形加工方法

小功率三极管在印制电路板上一般采用直插的方式安装，如图 2-3-6 所示。

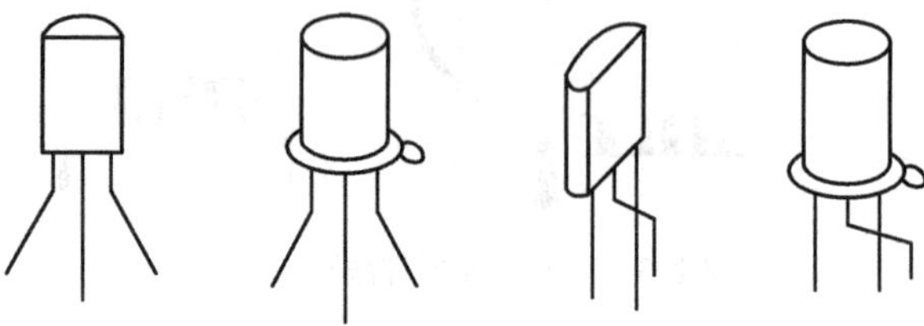

图 2-3-6　小功率三极管的直插安装

三极管的引线成形只需用镊子将塑料封管引线拉直即可，3 个电极引线分别成一定角度。有时也可以根据需要将中间引线向前或向后弯曲成一定角度。具体情况视印制电路板上的安装孔距来确定引线的尺寸。

在某些情况下，若三极管需要按图 2-3-7 所示安装，则必须对引脚进行弯折。

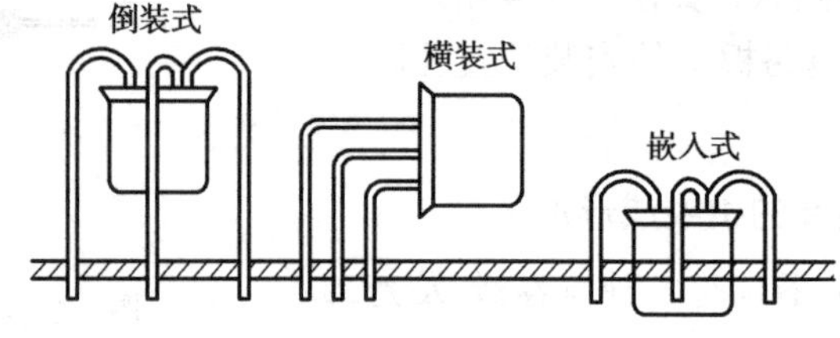

图 2-3-7　三极管的倒装、横装与嵌入

这时要用钳子夹住三极管引脚的根部，然后再适当用力弯折，如图 2-3-8（a）所示，而不应如图 2-3-8（b）所示那样直接将引脚从根部弯折。弯折时，可以用螺丝刀将三极管引线弯成一定圆弧状。

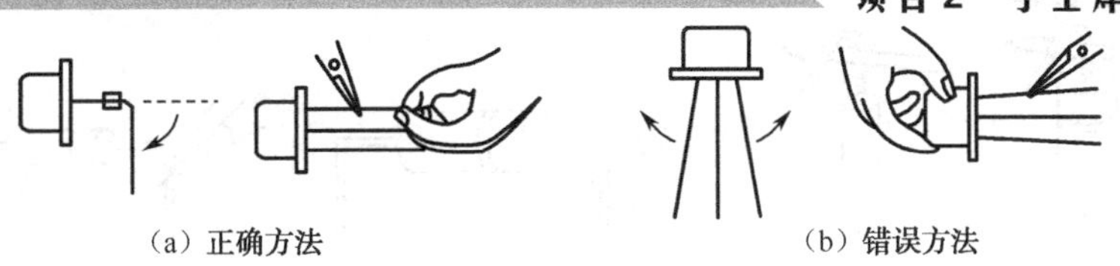

图 2-3-8　三极管引脚弯折方法

3. 常用元器件的成形加工

所有元器件在插装前都要按插装工艺要求进行成形加工。

1）电阻器成形

立式插装电阻器在成形时，先用镊子将电阻器引线两头拉直，然后再用ϕ0.3 mm 的钟表螺丝刀作为固定面将电阻器的引线弯成半圆形即可，注意阻值色环向上，如图 2-3-9（a）所示。卧式插装电阻器在成形时，同样先用镊子将电阻器两头引线拉直，然后利用镊子在离电阻体 2～3 mm 处将引线弯成直角，如图 2-3-9（b）所示。

2）电容器成形

瓷片电容器成形时，先用镊子将电容器的引线拉直，然后再向外弯成 60° 倾斜即可，如图 2-3-10（a）所示。电解电容器成形时，用镊子将电容器的两根引线拉直即可（如体积较小的电容器则需向外弯成 60° 倾斜），如图 2-3-10（b）、（c）所示。

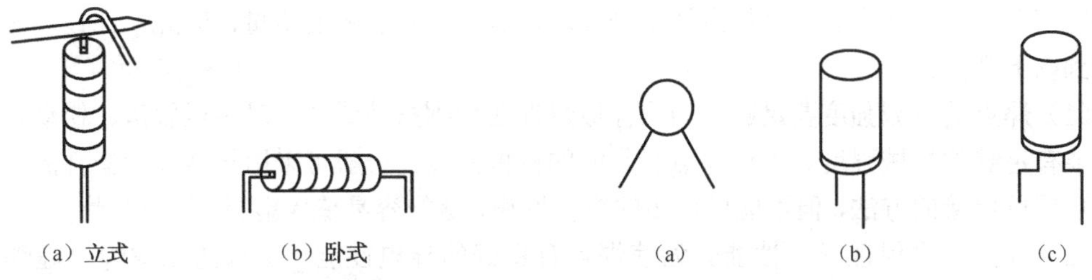

图 2-3-9　电阻器成形示意图　　图 2-3-10　电容器成形示意图

体积较大的电解电容器一般为卧式插装。成形时，先用镊子将电容器的两根引线拉直，然后用镊子或整形钳在离电容本体约 5 mm 处分别将两引线向外弯 90°。

3）二极管成形

立式插装二极管在成形时，先用镊子将二极管引线两头拉直，然后再用ϕ0.3 mm 的螺丝刀作为固定面将塑封二极管的负极（标记向上）引线约 2 mm 处弯成形，如图 2-3-11（a）所示；发光二极管在成形时，则用镊子将二极管引线两头拉直，直接插入印制电路板即可。

卧式插装二极管在成形时，先用镊子将二极管两引线拉直，然后在二极管本体 1～2 mm 处分别将其两引线弯成直角；玻璃封装二极管在离本体 3～4 mm 处成形，如图 2-3-11（b）所示。

4）三极管成形

三极管直排式插装在成形时，先用镊子将三极管的 3 根引线拉直，分别将两边引线向外弯成 60° 倾斜即可，如图 2-3-12（a）所示。

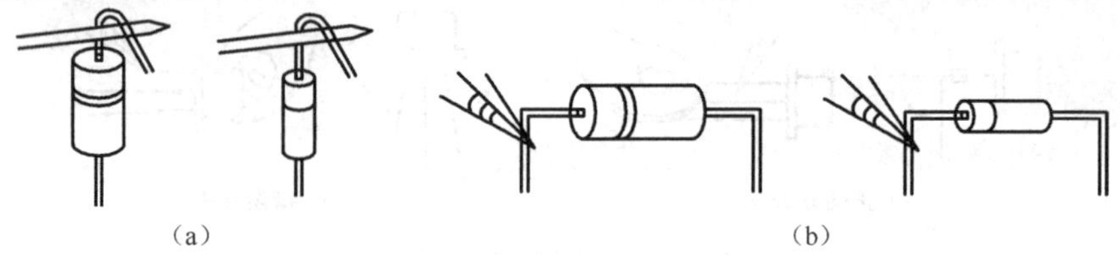

图 2-3-11　二极管成形示意图

三极管跨排式插装在成形时，先用镊子将三极管的 3 根引线拉直，然后将中间的引线向前或向后弯成 60° 倾斜即可，如图 2-3-12（b）所示。

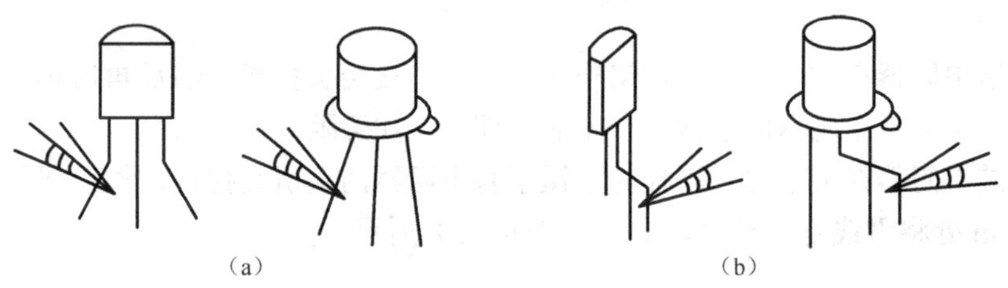

图 2-3-12　三极管成形示意图

2.3.4　对焊接的要求

电子产品组装的主要任务是在印制电路板上对电子元器件进行锡焊。焊点的个数从几十个到成千上万个，如果有一个焊点达不到要求，就要影响整机的质量，因此，在锡焊时，必须做到以下几点。

（1）焊点的机械强度要足够。为保证被焊件在受到振动或冲击时不至脱落、松动，要求焊点要有足够的机械强度。为使焊点有足够的机械强度，一般可采用把被焊元器件的引线端子打弯后再焊接的方法，但不能用过多的焊料堆积，这样容易造成虚焊、焊点与焊点的短路。

（2）焊接可靠保证导电性能。为使焊点有良好的导电性能，必须防止虚焊。虚焊是指焊料与被焊物表面没有形成合金结构，只是简单地依附在被焊金属的表面上，如图 2-3-13 所示。

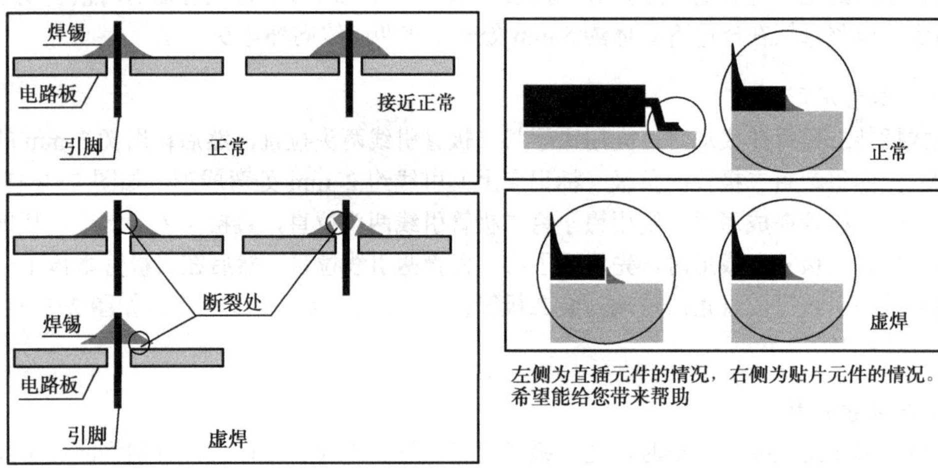

图 2-3-13　虚焊现象

在锡焊时，如果只有一部分形成合金，而其余部分没有形成合金，这种焊点在短期内也能通过电流，用仪表测量也很难发现问题。但随着时间的推移，没有形成合金的表面就要被氧化，此时便会出现时通时断的现象，这势必造成产品的质量问题。

（3）焊点表面要光滑、清洁。为使焊点美观、光滑、整齐，不但要有熟练的焊接技能，而且要选择合适的焊料和焊剂，否则将出现焊点表面粗糙、拉尖、棱角等现象。

（4）加热温度要足够。要使焊锡浸润良好，被焊金属表面温度应接近熔化时的焊锡温度才能形成良好的结合层。因此，应该根据焊件大小供给它足够的热量。但由于考虑到元器件承受温度不能太高，因此，必须掌握恰到好处的加热时间。

任务2.4　典型焊接方法及工艺

2.4.1　印制电路板的焊接

印制电路板在焊接之前要仔细检查，看其有无断路、短路、孔金属化不良，以及是否涂有助焊剂或阻焊剂等。大批量生产印制板，出厂前，必须按检查标准与项目进行严格检测，只有这样，才能保证其质量。但是，一般研制品或非正规投产的少量印制板，焊前必须仔细检查，否则在整机调试中，会带来很大的麻烦。

焊接前，将印制板上所有的元器件做好焊前准备工作（整形、镀锡）。焊接时，一般工序应先焊较低的元件，后焊较高的和要求比较高的元件等。次序是：电阻→电容→二极管→三极管→其他元件等。但根据印制板上的元器件特点，有时也可先焊高的元件，后焊低的元件（如晶体管收音机），使所有元器件的高度不超过最高元件的高度，保证焊好元件的印制电路板元器件比较整齐，并占有最小的空间位置。不论哪种焊接工序，印制板上的元器件都要排列整齐，同类元器件要保持高度一致。

晶体管装焊一般在其他元件焊好后进行，要特别注意的是每个管子的焊接时间不要超过5～10 s，并使用钳子或镊子夹持引脚散热，防止烫坏管子。

涂过焊油或氯化锌的焊点，要用酒精擦洗干净，以免腐蚀，用松香作为助焊剂的，需清理干净。

焊接结束后，须检查有无漏焊、虚焊现象。检查时，可用镊子将每个元件引脚轻轻提一提，看是否摇动，若发现摇动，应重新焊好。

2.4.2　集成电路的焊接

MOS 电路特别是绝缘栅型，由于输入阻抗很高，稍有不慎即可能使内部击穿而失效。

双极型集成电路不像 MOS 集成电路那样娇气，但由于内部集成度高，通常管子隔离层都很薄，一旦受到过量的热也容易损坏。无论哪种电路，都不能承受高于 200 ℃的温度，因此，焊接时必须非常小心。

集成电路的安装焊接有两种方式，一种是将集成块直接与印制板焊接，另一种是通过专用插座（IC 插座）在印制板上焊接，然后将集成块直接插入 IC 插座上。

在焊接集成电路时，应注意下列事项。

（1）集成电路引线如果是镀金银处理的，不要用刀刮，只需用酒精擦洗或用绘图橡皮擦

干净就可以了。

（2）对 CMOS 电路，如果事先已将各引线短路，焊前不要拿掉短路线。

（3）在保证浸润的前提下，焊接时间尽可能短，每个焊点最好用 3 s 时间焊好，最多不超过 4 s，连续焊接时间不要超过 10 s。

（4）使用烙铁最好是 20 W 内热式，接地线应保证接触良好。若用外热式烙铁，最好采用烙铁断电用余热焊接的方法，必要时还要采取人体接地的措施。

（5）使用低熔点焊剂，一般熔点不要高于 150 ℃。

（6）工作台上如果铺有橡皮、塑料等易于积累静电的材料，电路板及印制板等不宜放在台面上。

（7）集成电路若不使用插座，直接焊到印制板上，则安全焊接顺序为：地端→输出端→电源端→输入端。

（8）焊接集成电路插座时，必须按集成块的引线排列图焊好每一个点。

2.4.3 导线焊接技术

导线同接线端子、导线同导线之间的焊接有 3 种基本形式：绕焊、钩焊、搭焊。

1．导线同接线端子的焊接

（1）绕焊。把经过镀锡的导线端头在接线端子上缠一圈，用钳子拉紧缠牢后进行焊接，如图 2-4-1（b）所示。注意导线一定要紧贴端子表面，绝缘层不接触端子，一般 L=1～3 mm（L 为导线绝缘皮与焊面之间的距离）为宜。这种连接可靠性最好。

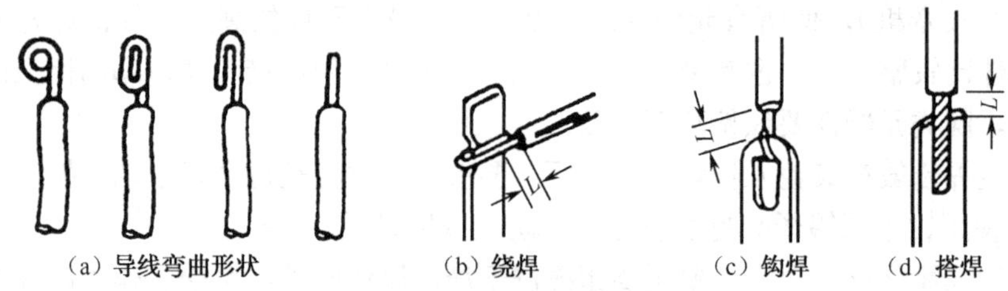

图 2-4-1　导线同接线端子的焊接

（2）钩焊。将导线端子弯成钩形，钩在接线端子上并用钳子夹紧后施焊，如图 2-4-1（c）所示，端头处理与绕焊相同。这种方法强度低于绕焊，但操作简便。

（3）搭焊。把经过镀锡的导线搭到接线端子上施焊，如图 2-4-1（d）所示。这种连接最方便，但强度可靠性最差，仅用于临时连接或不便于缠、钩的地方以及某些接插件上。

2．导线同导线的焊接

导线之间的焊接以绕焊为主，操作步骤如下：

（1）去掉一定长度绝缘皮。

（2）端头上锡，并穿上合适套管。

（3）绞合，施焊。

（4）趁热套上套管，冷却后套管固定在接头处。

对调试或维修中的临时线，也可采用搭焊的办法，如图 2-4-2（c）所示。只是这种接头

强度和可靠性都较差，不能用于生产中的导线焊接。

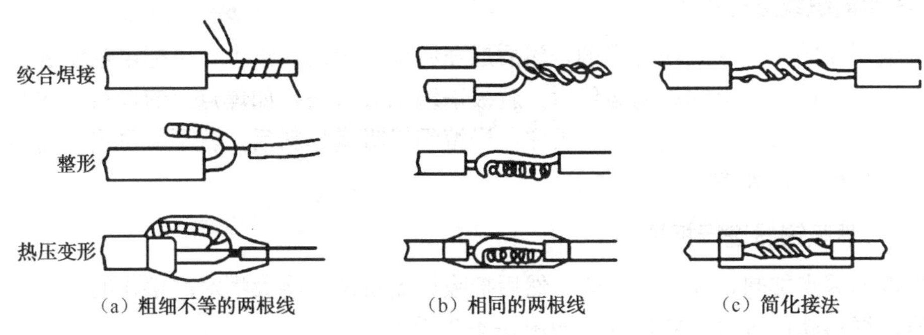

图 2-4-2　导线同导线的焊接

2.4.4　拆焊

调试和维修中常需更换一些元器件，如果方法不得当，就会破坏印制电路板，也会使换下来而没有失效的元器件无法重新使用。

一般电阻、电容、晶体管等引脚不多，且每个引线能相对活动的元器件可用电烙铁直接拆焊。如图 2-4-3 所示，将印制板竖起来夹住，一边用电烙铁加热待拆元件的焊点，一边用镊子或尖嘴钳夹住元器件引线轻轻拉出。

重新焊接时，需先用锥子将焊孔在加热熔化焊锡的情况下扎通，需要指出的是，这种方法不宜在一个焊点上多次使用，因为印制导线和焊盘经反复加热后很容易脱落，造成印制板损坏。在可能多次更换的情况下可用图 2-4-4 所示的方法。

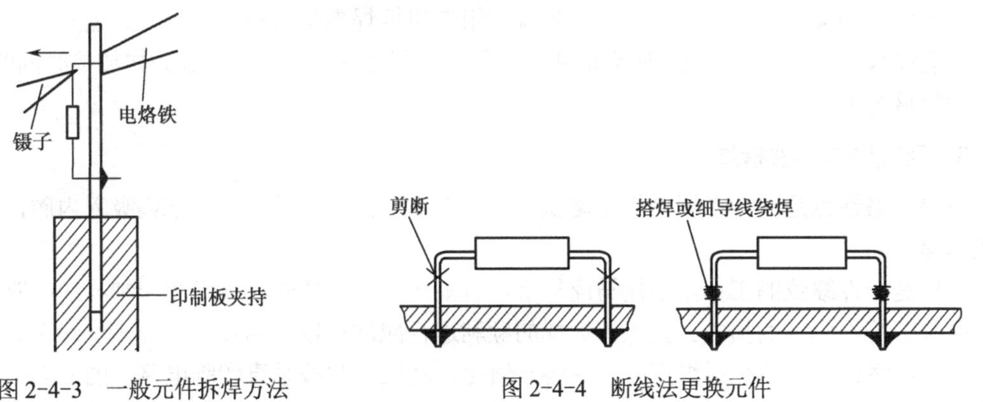

图 2-4-3　一般元件拆焊方法

图 2-4-4　断线法更换元件

当需要拆下多个焊点且元器件引线较硬时，以上方法就不行了，例如，要拆下多线插座。一般有以下几种方法。

1. 选用合适的医用空心针头拆焊

将医用针头用钢锉锉平，作为拆焊的工具。具体的方法是：一边用电烙铁熔化焊点，一边把针头套在被焊的元器件引线上，直至焊点熔化后，将针头迅速插入印制电路板的孔内，使元器件的引线脚与印制板的焊盘脱开，如图 2-4-5 所示。

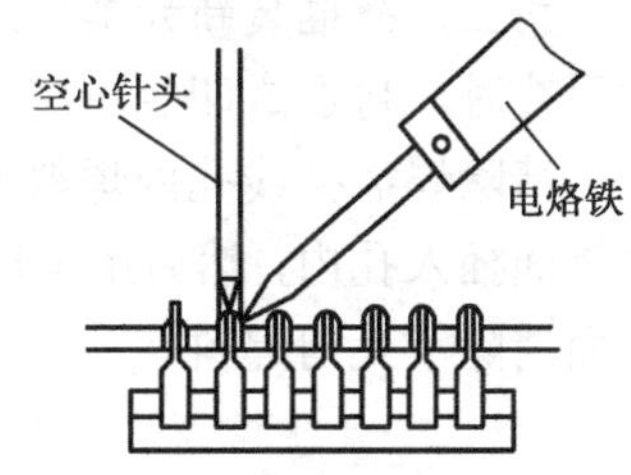

图 2-4-5　用医用空心针头拆焊

2．用铜编织线进行拆焊

将铜编织线的部分吃上松香焊剂，然后放在将要拆焊的焊点上，再把电烙铁放在铜编织线上加热焊点，待焊点上的焊锡熔化后，就被铜编织线吸去，如焊点上的焊料一次没有被吸完，则可进行第二次、第三次，直至吸完。当编织线吸满焊料后，就不能再用，需要把已吸满焊料的部分剪去，如图 2-4-6 所示。

3．用气囊吸锡器进行拆焊

将被拆的焊点加热，使焊料熔化，然后把吸锡器挤瘪，将吸嘴对准熔化的焊料，然后放松吸锡器，焊料就被吸进吸锡器内，如图 2-4-7 所示。

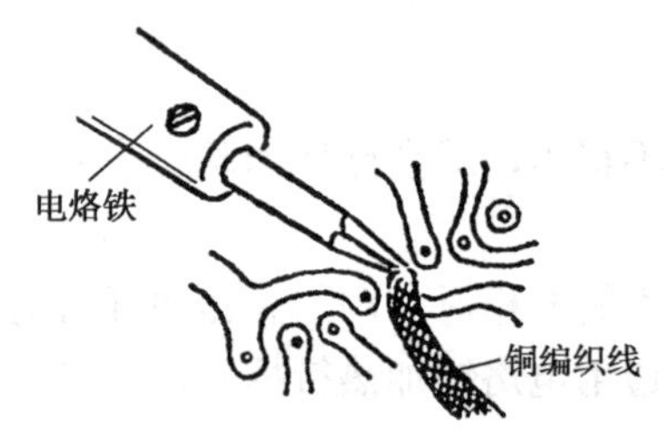

图 2-4-6　用铜编织线拆焊

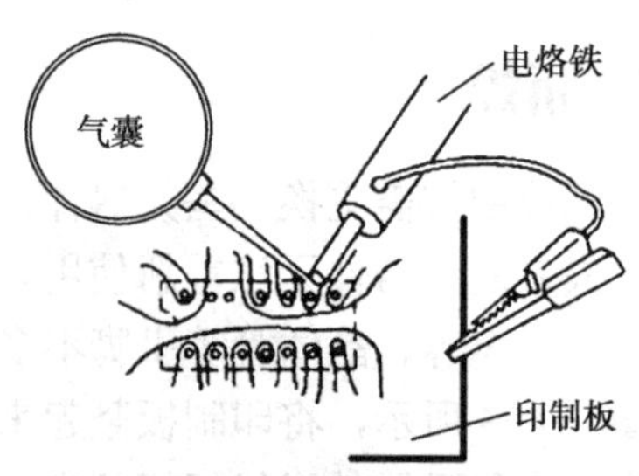

图 2-4-7　用气囊吸锡器拆焊

4．采用专用拆焊电烙铁拆焊

专用拆焊电烙铁头能一次完成多引线脚元器件的拆焊，而且不易损坏印制电路板及其周围的元器件。如集成电路、中频变压器等就可用专用拆焊电烙铁拆焊。拆焊时也应注意加热时间不能过长，当焊料一熔化，应立即取下元器件，同时拿开专用电烙铁，如加热时间略长，就会使焊盘脱落。

5．用吸锡电烙铁拆焊

吸锡电烙铁也是一种专用拆焊电烙铁，它能在对焊点加热的同时，把锡吸入内腔，从而完成拆焊。

拆焊是一件细致的工作，不能马虎从事，否则将造成元器件的损坏和印制导线的断裂及焊盘的脱落等不应有的损失。为保证拆焊的顺利进行应注意以下两点：

第一，烙铁头加热被拆焊点时，焊料一熔化，就应及时按垂直印制电路板的方向拔出元器件的引线，不管元器件的安装位置如何，是否容易取出，都不要强拉或扭转元器件，以避免损伤印制电路板和其他的元器件。

第二，在插装新元器件之前，必须把焊盘插线孔内的焊料清除干净，否则在插装新元器件引线时，将造成印制电路板的焊盘翘起。

清除焊盘插线孔内焊料的方法是：用合适的缝衣针或元器件的引线，从印制电路板的非焊盘面插入孔内，然后用电烙铁对准焊盘插线孔加热，待焊料熔化时，缝衣针便从孔中穿出，从而清除了孔内焊料。

2.4.5 焊点的质量检查

1. 外观检查

（1）图 2-4-8 所示是两种典型焊点的外观，其共同特点是：以焊接导线为中心，匀称，成裙形拉开。

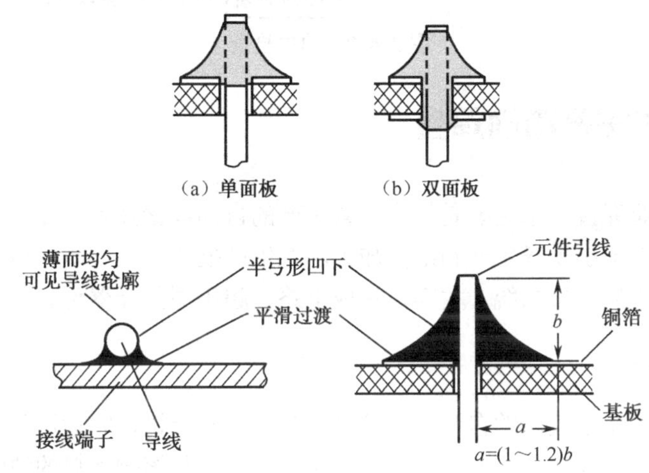

图 2-4-8 典型焊点外观

（2）焊料的连接呈半弓形凹面，焊料与焊件交界处平滑，接触角尽可能小。

（3）表面有光泽且平滑。

（4）无裂纹、针孔、夹渣。

外观检查除目测（或借助放大镜、显微镜观测）焊点是否合乎上述标准外，还应检查以下各点：①漏焊；②焊料拉尖；③焊料引起导线间短路（即所谓“桥接”）；④导线及元器件绝缘的损伤；⑤布线整形；⑥焊料飞溅。检查时除目测外，还要用指触、镊子拨动、拉线等，检查有无导线断线、焊盘剥离等缺陷。

2. 拨动检查

在外观检查中发现有可疑现象时，可用镊子轻轻拨动焊接部位进行检查，并确认其质量。主要包括导线、元器件引线和焊盘与焊锡是否结合良好，有无虚焊现象；元器件引线和导线根部是否有机械损伤。

3. 通电检查

通电检查必须是在外观检查及拨动检查无误后才可进行的工作，也是检验电路性能的关键步骤。如果不经过严格的外观检查，通电检查不仅困难较多，而且有损坏设备仪器、造成安全事故的危险。例如，如果电源连线虚焊，那么通电时，就会发现设备中不上电，当然也无法检查。

通电检查可以发现许多微小的缺陷，例如，用目测观察不到的电路桥接、内部虚焊等。图 2-4-9 表示通电检查时可能出现的故障与焊接缺陷的关系，可供参考。

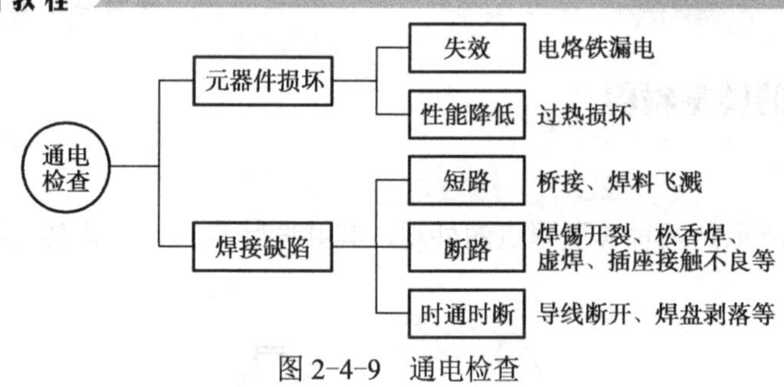

图 2-4-9　通电检查

任务 2.5　工业生产中的焊接

电子产品的工业焊接技术主要是指大批量生产的自动焊接技术，如浸焊、波峰焊、软焊等。手工焊接只适用于小批量生产和维修加工。对生产批量很大、质量标准要求较高的电子产品，都采用自动化的焊接系统，尤其是集成电路、超小型的元器件、复合电路的焊接等。

2.5.1　波峰焊

目前工业生产中使用较多的自动化焊接系统多为波峰焊机，它适用于大面积、大批量印制电路板的焊接。波峰焊接是让安装好元件的印制电路板与熔融焊料的波峰相接触，以实现焊接的一种方法。这种方法可与自动插件机器配合，可实现半自动化生产。

波峰焊接的流水工艺过程为：将印制板（插好元件的）装上夹具→喷涂助焊剂→预热→波峰焊接→冷却→切除焊点上的元件引线头→残脚处理→出线。

印制板的预热温度为 60～80 ℃左右，波峰焊的温度为 240～245 ℃，并要求锡峰高于铜箔面 1.5～2 mm，焊接时间为 3 s 左右。切头工艺是用切头机对元器件焊点上的引线加以切除，残脚处理是用清除器的毛刷对焊点上残留的多余焊锡进行清除，最后通过自动卸板机把印制电路板送往硬件装配线。

工作过程为：将已插好元器件的印制板放在能控制速度的传送导轨上，导轨下面有温度能自动控制的熔锡缸，锡缸内装有机械泵和具有特殊结构的喷口。机械泵根据要求不断压出平稳的液态锡波，焊锡以波峰的形式源源不断地溢出，进行波峰焊接。下面介绍波峰焊机的主要组成部分和工作过程。

1. 波峰焊机的组成

波峰焊机在构造上有圆周型和直线型两种，二者都是由传送装置、涂助焊剂装置、预热器、锡波喷嘴、锡缸（焊料槽）、冷却风扇等组成的。

（1）产生焊料波的装置。焊料波的产生主要依靠喷嘴，喷嘴向外喷焊料的动力来源于机械泵或是电流和磁场产生的洛仑兹力。焊料从焊料槽向上打入一个装有作分流用挡板的喷射室，然后从喷嘴中喷出。焊料到达其顶点后，又沿喷射室外边的斜面流回焊料槽中。波峰焊原理如图 2-5-1 所示。

由于波峰焊机的种类较多，其焊料波峰的形状也有所不同，常用的为单向波峰和双向波峰。焊料向一个方向流动且与印制板移动方向相反的称为单向波峰，如图 2-5-2（a）所示；焊料向两个方向流动的称为双向波峰，如图 2-5-2（b）所示。

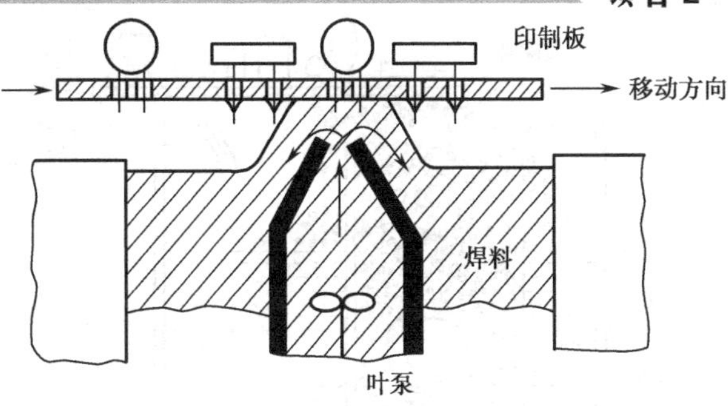

图 2-5-1　波峰焊原理

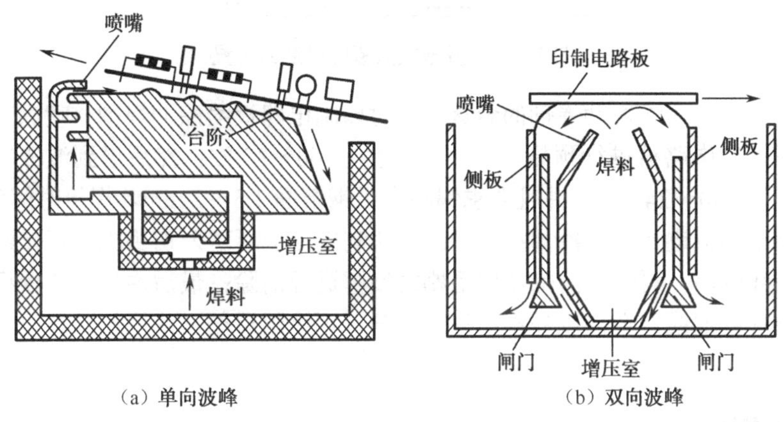

图 2-5-2　单向波峰及双向波峰

锡缸（焊料槽）由金属材料制成，这种金属不易被焊料所润湿，而且不溶解于焊料。锡缸的形状依机型的不同而有所不同。

（2）预热装置。预热器可分为热风型与辐射型。热风型预热器主要由加热器与鼓风机组成，当加热器产生热量时，鼓风机将其热量吹向印制电路板，使印制电路板达到预定的温度。辐射型预热器主要是靠热板产生热量辐射，使印制板温度上升。

预热的作用是把焊剂加热到活化温度，将焊剂中的酸性活化剂分解，然后与氧化膜起反应，使印制板与焊件上的氧化膜清除。另一个作用是减小半导体管、集成电路由于受热冲击而损坏的可能性。同时还可使印制电路板减小经波峰焊后产生的变形，并能使焊点光滑发亮。

（3）涂覆助焊剂的装置。在自动焊接中助焊剂的涂覆方法较多，如波峰式、发泡式、喷射式等，其中发泡式得到了广泛的应用。发泡式助焊剂装置主要采用 800～1 000 的沙滤芯作为泡沫发生器浸没在助焊剂缸内，并且不断地将压缩空气注入多孔瓷管，如图 2-5-3 所示。当空气进入焊接槽时，便形成很多的泡沫助焊剂，在压力的作用下，由喷嘴喷出，喷涂在印制电路板上。

（4）传送装置。传送装置通常是一种链带水平输送线，其速度可以随时调节，当印制电路板放在传送装置上时应平稳、不产生抖动。

2. 波峰焊接的过程

从插件台送来的已装有元器件的印制电路板夹具送到接口自动控制器上；然后由自动控

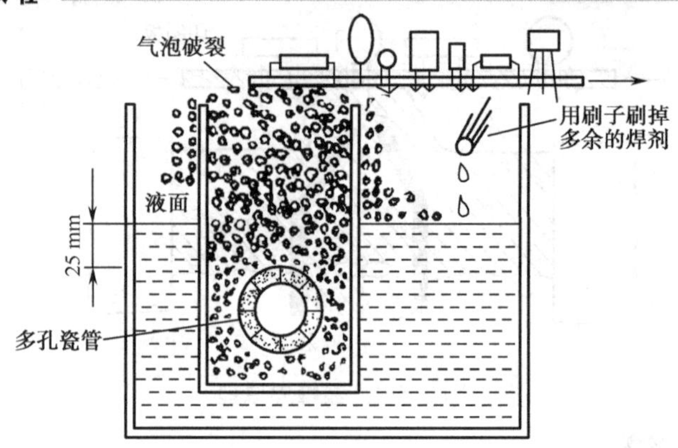

图 2-5-3　发泡式涂覆助焊剂的装置

制器将印制电路板送入涂覆助焊剂的装置内，对印制电路板喷涂助焊剂；喷涂完毕后，再送入预热器，对印制电路板进行预热，预热的温度为 60～80 ℃；然后送到波峰焊料槽里进行焊接，温度可达 240～245 ℃，并且要求锡峰高于钢箔面 1.5～2 mm，焊接时间为 3 s 左右。将焊好的印制电路板进行强风冷却；冷却后的印制电路板再送入切头机进行元器件引线脚的切除；切除引线脚后，再送入清除器用毛刷对残脚进行清除；最后由自动卸板机装置把印制电路板送往硬件装配线。焊点以外不需焊接部分，可涂阻焊剂，或用特制的阻焊板套在印制板上。

2.5.2　浸焊

浸焊是将安装好元器件的印制电路板，在装有已熔化焊锡的锡锅内浸一下，一次即可完成印制板上全部元件的焊接方法。此法有人工浸焊和机器浸焊两种方法，常用的是机器浸焊。浸焊可提高生产率，消除漏焊。

浸焊设备包括普通浸焊设备和超声波浸焊设备两种，普通浸焊设备又可分为人工浸焊设备和机器浸焊设备两种。人工浸焊设备由锡锅、加热器和夹具等组成；机器浸焊设备由锡锅、振动头、传动装置、加热电炉等组成。超声波浸焊设备由超声波发生器、换能器、水箱、换料槽、加温设备等几部分组成，适用于一般锡锅较难焊接的元器件，利用超声波增加焊锡的渗透性。

实训 2　内热式电烙铁的使用与维护

1．教学目标

（1）学会电烙铁的拆装。

（2）学会测量烙铁芯的电阻值，判断电烙铁是否正常。

（3）熟悉手工焊接工艺。

（4）掌握手工焊接技能。

2．器材准备

（1）内热式电烙铁。

（2）常用焊接工具。

（3）覆铜板和导线若干。

3. 实操过程

1）内热式电烙铁的拆装与维护

（1）用螺丝刀将电烙铁手柄上的螺钉旋下，手柄同时旋下，或手柄从外拉出。

（2）再用尖嘴钳将烙铁头从外拉下，或用螺丝刀将烙铁头上的两个螺钉旋下。

（3）用万用表测量烙铁芯，电阻在 2 kΩ左右为正常。

（4）组装过程是先装烙铁芯→装接线柱或连接烙铁芯→装电源线和手柄→装上烙铁头即可。

（5）通电后，将烙铁头浸在松香中，当烙铁头上有一定热量时，将焊锡丝熔化在烙铁头上，涂抹均匀全面。

2）手工焊接练习

按图 2-5-4 所示装配工艺要求将镀锡裸铜丝加工成形，并完成在单孔电路板上的插装、焊接。

（1）用斜口钳将镀锡裸铜丝剪成约 20 cm 长的线材，然后用钳口工具用力拉住镀锡裸铜丝，如图 2-5-4（a）所示。这时镀锡裸铜丝有伸长的感觉。镀锡裸铜丝经拉伸变直，再用斜口钳按图 2-5-4 所示工艺要求，剪成长短不同的线材待用。

（2）按图 2-5-4（b）所示方法，用扁嘴钳将拉直后的镀锡裸铜丝进行整形（弯成直角），尺寸要求如图 2-5-4 所示。然后，将此工件插装在单孔电路板中。

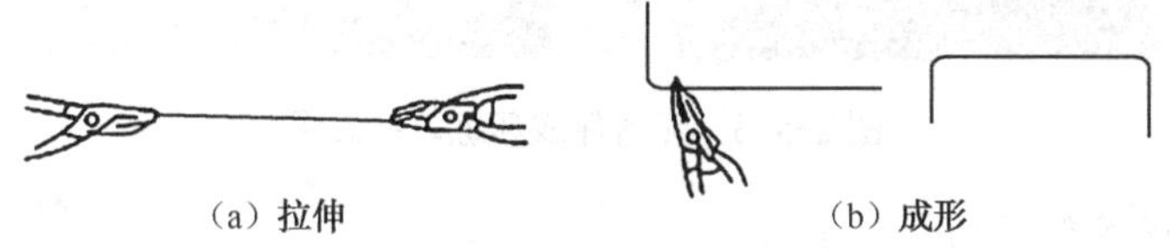

（a）拉伸　　（b）成形

图 2-5-4　镀锡裸铜丝拉伸成形

（3）用扁嘴钳将被焊镀锡裸铜丝固定在如图 2-5-5 所示焊盘面上，最后完成焊点的焊接。

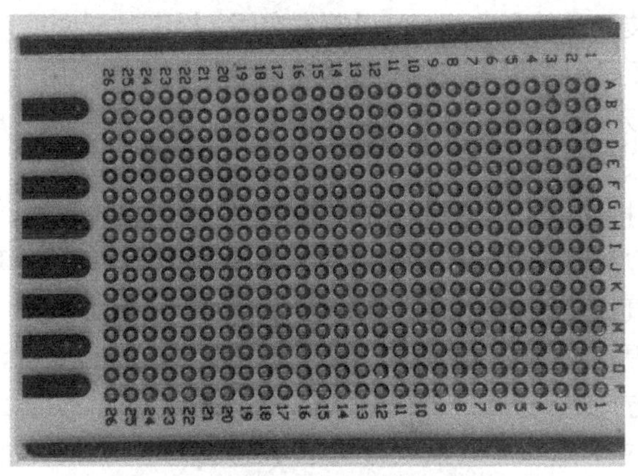

图 2-5-5　镀锡裸铜丝焊接面

（4）在焊点上方 1～2 mm 处用斜口钳剪去多余引线。

注意：

（1）引线和焊盘要同时加热，时间约为 2 s。

（2）加焊锡丝位置要适当。

（3）焊锡应完全浸润整个焊盘，时间约为 1 s，移开焊锡丝。

（4）焊锡丝移开后，再沿着与印制电路板成 45° 角的方向移开电烙铁。待焊点完全冷却，时间约为 3 s。

3）常用元器件引线加工成形练习

按元器件引线成形工艺要求，对图 2-5-6 所示的电阻器、电容器、二极管、三极管等元器件进行成形加工。

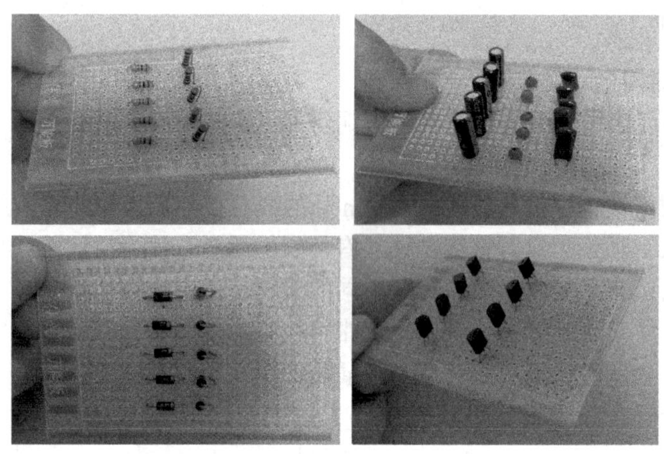

图 2-5-6　元器件成形练习插装图

4）元器件引线成形后的焊接练习

将引线成形后的元器件在单孔电路板上进行插装、焊接练习。

5）印制电路板元器件的插装与焊接练习

用印制电路板安装元器件和布线，可以节省空间，提高装配密度，减少接线和接线错误，特别是单孔印制电路板、万能板等在电子实训中得到了广泛的应用。

（1）电阻器、二极管的插装焊接。严格按照装配工艺图纸要求对成形元器件进行插装焊接。具体插装焊接方法如下：

① 电阻器插装焊接。电阻器的插装方式一般有卧式和立式两种。

电阻器卧式插装焊接时应贴紧印制电路板，并注意电阻的阻值色环向外，同规格电阻色环方向应排列一致；直标法的电阻器标记应向上。

电阻器立式插装焊接时，应使电阻离开多孔电路板 1～2 mm，并注意电阻的阻值色环向上，同规格电阻色环方向排列一致，如图 2-5-7（a）所示。

② 二极管插装焊接。二极管的插装方式也可分为卧式和立式两种。

二极管卧式插装焊接时，应使二极管离开电路板 1～3 mm。注意二极管正、负极性位置不能搞错，同规格的二极管标记方向应一致。

二极管立式插装焊接时，应使二极管离开印制电路板 2～4 mm。注意二极管正、负极性

不能搞错，有标记的二极管其标记一般向上，如图 2-5-7（b）所示。

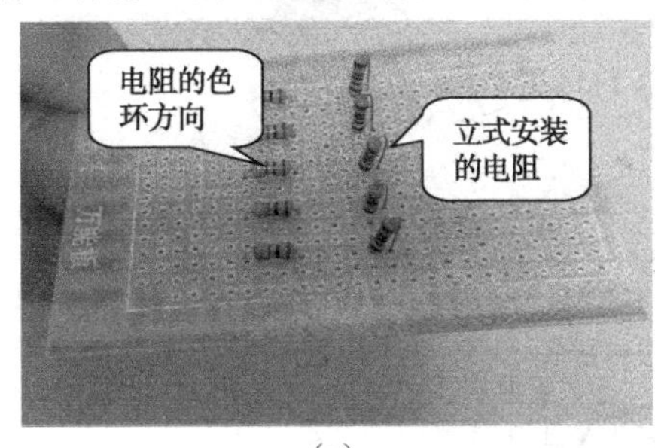

（a）

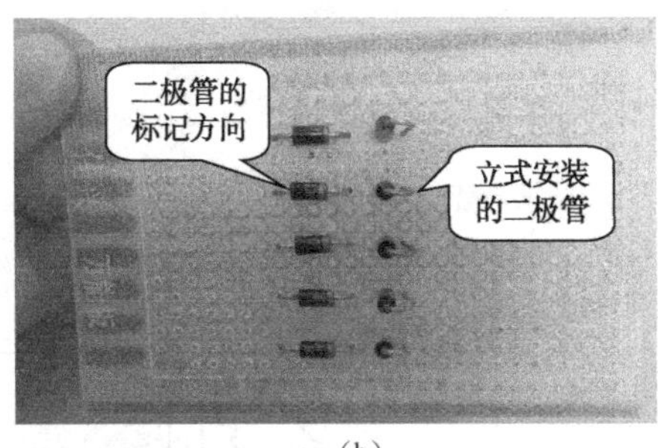

（b）

图 2-5-7 电阻器、二极管插装焊接图

（2）稳压二极管、发光二极管的插装焊接。稳压二极管的插装方式也分为卧式和立式两种，其插装焊接要求与二极管相似。发光二极管一般采用立式安装。

（3）电容器、三极管的插装焊接。

① 电容器的插装焊接。电容器的插装方式也可分为卧式和立式两种。一般直立插装的电容器大都为瓷片电容器、涤纶电容器及较小容量的电解电容器；对于较大体积的电解电容器或径向引脚的电容器（如胆电容器），一般为卧式插装。

插装焊接瓷片电容器时，应使电容器离开印制电路板 4～6 mm，并且标记面向外，同规格电容器排列整齐、高低一致。

插装电解电容器时，应注意电容器离开印制电路板 1～2 mm，并注意电解电容器的极性不能搞错，同规格电容器排列整齐、高低一致，如图 2-5-8（a）所示。

② 三极管的插装焊接。三极管的插装分为直排式和跨排式。直排式为 3 根引线并排插入 3 个孔中，跨排式 3 个引脚成一定角度插入印制电路板中。三极管插装焊接时应使三极管（直排、跨排）离开印制电路板 4～6 mm，并注意三极管的 3 个电极不能插错，同规格三极管应排列整齐、高低一致，如图 2-5-8（b）所示。

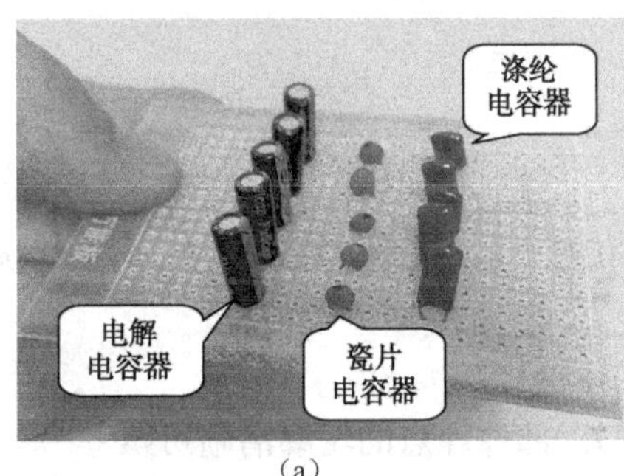

（a）

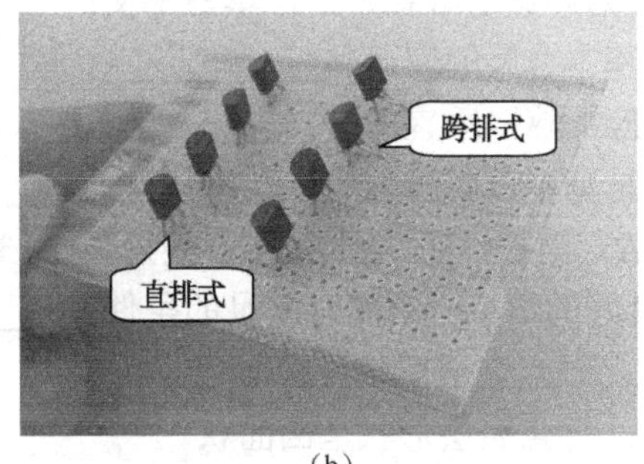

（b）

图 2-5-8 电容器、三极管插装焊接图

习题 2

一、选择填空题

1. 有关电烙铁的名称及烙铁嘴的选定：

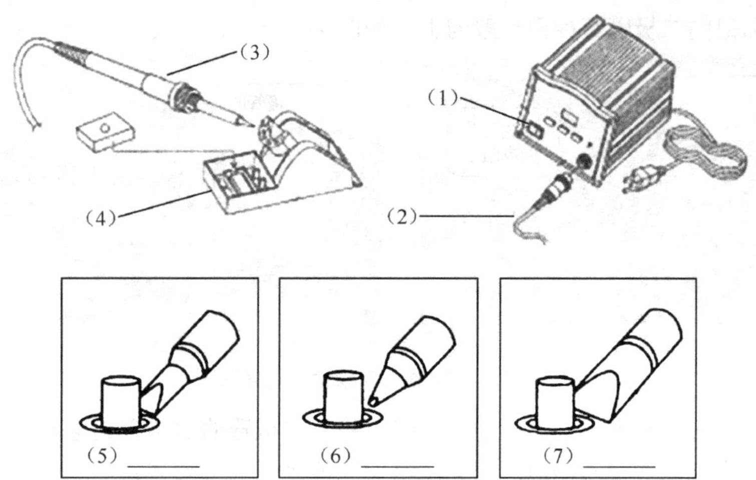

(5) ______ (6) ______ (7) ______

A. 清洁海绵 B. 手柄固定架 C. 固定底座 D. 控制线 E. 调节按钮 F. 太小 G. 标准 H. 电源 I. 开关 J. 显示屏 K. 太大 L. 校正微调 M. 手柄

(1) ______ (2) ______ (3) ______ (4) ______ (5) ______ (6) ______ (7) ______

2. 有关安全上的注意事项：

(1) 电烙铁不得放置在 ____________旁边。

(2) 对于焊锡膏冒出的烟、焊剂的蒸气等应考虑____________。

(3) 焊锡作业者在吃饭、吸烟之前，应该__________洗手。

A. 务必 B. 尽量 C. 手套 D. 易燃品 E. 换气

3. 公司目前使用的是 IPC________级，属于____________标准。

A. Ⅰ B. Ⅱ C. Ⅲ D. 通用消费类 E. 专用服务类

4. 作为焊锡的必要条件，填写下文：

(1) 基本金属的表面须__________。

(2) 应加热至适宜的 __________。

(3) 与基本金属熔融的接触角须为____________。

A. 清扫 B. 温度 C. 直角 E. 350 ℃ F. 钝角 G. 锐角 H. 清洗

5. 良好的焊点必须同时满足的条件是____________。

A. 焊点表层形状呈凹面状　　B. 润湿角≤90°

C. 焊点表层形状呈凸面状　　D. 部件焊点的轮廓清晰可辨

二、判断题

1. 电烙铁温度过高会导致焊锡中的焊锡膏飞散。 ( )
2. 可以用助焊剂直接擦拭单指向咪头的焊点。 ( )
3. 电烙铁的温度可以由作业员工自行调整。 ( )
4. 在 IPC 标准中规定焊接的辅面是指焊接的起始面，主面是指焊接的终止面。( )
5. 作业员工可以根据作业习惯随意选择不同型号和大小的烙铁嘴或锡线。 ( )

三、问答题

1．请说出常用烙铁头的型号。

2．请说出焊锡的操作步骤。

3．焊接四要素指的是什么？

4．烙铁嘴日常应怎样维护保养？

通过本项目将主要学习以下知识和技能，完成以下实训任务：

序号	知 识 点	主 要 技 能
1	认识直流稳压电源	直流稳压电源的组成、工作原理及分类
2	认识变压器	变压器简介、工作原理、分类及选用与检测
3	整流电路	由二极管组成的半波和全波整流电路及整流二极管的选择
4	滤波电路	电容滤波电路、电感滤波电路及组合滤波电路
5	稳压电路	硅稳压管稳压电路、晶体管稳压电路
6	集成稳压电源	三端固定式集成稳压器和可调式集成稳压器及其应用
7	实训3　直流稳压电源的制作	

任务 3.1　认识直流稳压电源

3.1.1　直流稳压电源的组成

电网提供的电源是交流电，而我们的各种电子线路及用电设备均需要提供直流电源才能正常工作，因此需要将交流电转换成直流电。这就需要一个转换电路把交流电压变换成比较稳定的直流电压，能实现这种功能的电路装置就是直流稳压电源。

直流稳压电源由电源变压器、整流电路、滤波电路和稳压电路 4 部分组成，组成框图如图 3-1-1 所示。

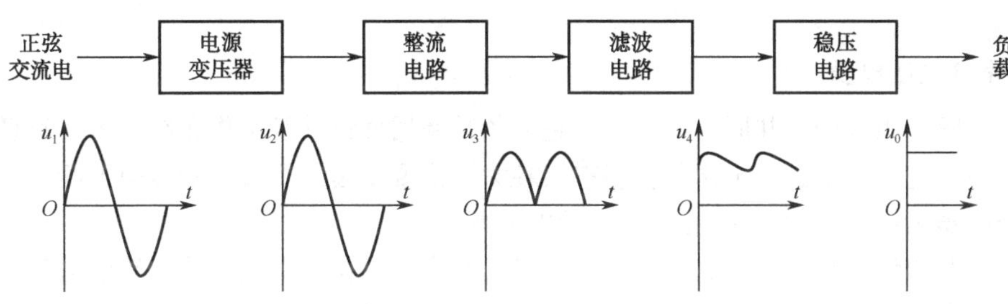

图 3-1-1　直流稳压电源的组成

3.1.2　直流稳压电源的工作原理

本项目制作的直流稳压电源是将 220 V 工频交流电压转换成稳定输出的直流电压的装置，它同样需要经过变压、整流、滤波、稳压 4 个环节才能完成。4 个环节的工作原理如下。

1. 变压

变压环节是利用电源变压器将标准交流电源电压 u_1 变换为符合整流需要的交流电压 u_2（直流稳压电源中的电源变压器一般为降压器），然后将变换以后的二次电压再去整流、滤波和稳压，最后得到所需要的直流电压幅值。

2. 整流

整流环节是利用具有单向导电性能的整流元件（一般是整流二极管），将正、负交替的正弦交流电压 u_2 整流为单方向的脉动电压 u_3。但是，这种单向脉动电压往往包含着很大的脉动成分。

3. 滤波

滤波环节主要由电容、电感等储能元件组成。它的作用是尽可能地将单向脉动电压 u_3 中的脉动成分滤掉，使输出电压 u_4 成为比较平滑的直流电压。

4. 稳压

稳压环节的功能是使输出的直流电压稳定，不随交流电网电压和负载的变化而变化。当电网电压或负载电流发生变化时，滤波器输出直流电压 u_4 的幅值也将随之改变，因此需要稳压环节，使输出的直流电压 u_0 保持稳定。稳压电路常用的集成稳压器有固定式三端稳压器与

可调式三端稳压器。

3.1.3 直流稳压电源的分类

直流稳压电源可分为化学电源、线性稳压电源和开关型直流稳压电源，它们又分别具有各种不同类型。

1．化学电源

我们平常所用的干电池、铅酸蓄电池、镍镉、镍氢、锂离子电池均属于化学电源。随着科学技术的发展，又产生了智能化电池，在充电电池材料方面，美国研制员发现锰的一种碘化物，用它可以制造出便宜、小巧、放电时间长、多次充电后仍保持性能良好的环保型充电电池。

2．线性稳压电源

线性稳压电源有一个共同的特点，就是它的功率器件调整管工作在线性区，靠调整管之间的电压降来稳定输出。由于调整管静态损耗大，需要安装一个很大的散热器给它散热。而且由于变压器工作在工频（50 Hz）上，所以重量较大。

该类电源的优点是稳定性高、纹波小、可靠性高，易做成多路、输出连续可调的成品。缺点是体积大、较笨重、效率相对较低。这类稳压电源又有很多种，从输出性质可分为稳压电源和稳流电源及集稳压、稳流于一身的稳压稳流（双稳）电源。从输出值来看可分为定点输出电源、波段开关调整式和电位器连续可调式几种。从输出指示上可分为指针指示型和数字显示型等。

3．开关型直流稳压电源

与线性稳压电源不同的一类稳压电源就是开关型直流稳压电源，它的电路形式主要有单端反激式、单端正激式、半桥式、推挽式和全桥式。它和线性电源的根本区别在于变压器不工作在工频而是工作在几十千到几兆赫兹。功能管不是工作在饱和及截止区即开关状态，开关电源因此而得名。

开关电源的优点是体积小、重量轻、稳定可靠；缺点是相对于线性电源来说纹波较大。它的功率为几至几千瓦。下面就一般习惯分类介绍几种开关电源。

1）AC/DC 电源

该类电源也称一次电源，它自电网取得能量，经过高压整流、滤波得到一个直流高压，供 DC/DC 变换器在输出端获得一个或几个稳定的直流电压，功率从几瓦至几千瓦均有产品，用于不同场合。此类产品的规格型号繁多，据用户需要而定。通信电源中的一次电源（AC220 输入，DC48 V 或 24 V 输出）也属此类。

2）DC/DC 电源

在通信系统中也称二次电源，它由一次电源或直流电池组提供一个直流输入电压，经 DC/DC 变换以后在输出端获得一个或几个直流电压。

3）通信电源

通信电源其实质就是 DC/DC 变换器式电源，只是它一般以直流-48 V 或-24 V 供电，并

用后备电池作 DC 供电的备份，将 DC 的供电电压变换成电路的工作电压，一般它又分为中央供电、分层供电和单板供电 3 种，以后者可靠性最高。

4）电台电源

电台电源输入 AC220 V/110 V，输出 DC13.8 V，功率由所供电台功率而定，几安至几百安均有产品。为防止 AC 电网断电影响电台工作，需要有电池组作为备份，所以此类电源除输出一个 13.8 V 直流电压外，还具有对电池充电自动转换功能。

5）模块电源

随着科学技术的飞速发展，对电源可靠性、容量/体积比要求越来越高，模块电源越来越显示其优越性，它工作频率高、体积小、可靠性高，便于安装和组合扩容，所以越来越被广泛采用。目前，国内虽有相应模块生产，但因生产工艺未能赶上国际水平，故障率较高。

任务 3.2　认识变压器

变压器（Transformer）是利用电磁感应原理来改变交流电压的装置，主要由初级线圈、次级线圈和铁芯（磁芯）组成。变压器的主要功能有电压变换、电流变换、阻抗变换、隔离、稳压（磁饱和变压器）等。变压器的电路符号常用 T 作为编号的开头，如 T01、T201 等。

3.2.1　变压器的工作原理

变压器由铁芯（或磁芯）和线圈组成，线圈有两个或两个以上的绕组，其中接电源的绕组叫初级线圈，其余的绕组叫次级线圈。它可以变换交流电压、电流和阻抗。最简单的铁芯变压器由一个软磁材料做成的铁芯及套在铁芯上的两个匝数不等的线圈构成，如图 3-2-1 所示。

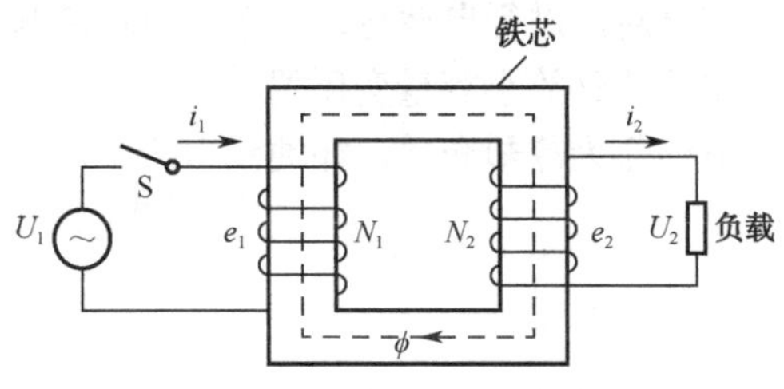

图 3-2-1　变压器

铁芯的作用是加强两个线圈间的磁耦合。为了减少涡流和磁滞损耗，铁芯由涂漆的硅钢片叠压而成；两个线圈之间没有电的联系，线圈由绝缘铜线（或铝线）绕成。一个线圈接交流电源称为初级线圈（或原线圈），另一个线圈接用电器称为次级线圈（或副线圈）。实际的变压器是很复杂的，不可避免地存在铜损（线圈电阻发热）、铁损（铁芯发热）和漏磁（经空气闭合的磁感应线）等，为了简化讨论，这里只介绍理想变压器。理想变压器成立的条件是：忽略漏磁通，忽略原、副线圈的电阻，忽略铁芯的损耗，忽略空载电流（副线圈开路原线圈中的电流）。例如，电力变压器在满载运行时（副线圈输出额定功率）即接近理想变压器情况。

变压器是利用电磁感应原理制成的静止用电器。当变压器的原线圈接在交流电源上时，铁芯中便产生交变磁通，交变磁通用Φ表示。原、副线圈中的Φ是相同的，Φ 也是简谐函数。由法拉第电磁感应定律可知，原、副线圈中的感应电动势为 $e_1=-N_1\mathrm{d}\phi/\mathrm{d}t$，$e_2=-N_2\mathrm{d}\phi/\mathrm{d}t$。式中，$N_1$、$N_2$为原、副线圈的匝数。由图可知，$u_1=-e_1$，$u_2=e_2$（原线圈物理量用下角标 1 表示，副线圈物理量用下角标 2 表示），其有效值为 $U_1=-E_1=\mathrm{j}N_1\omega\Phi$、$U_2=E_2=-\mathrm{j}N_2\omega\Phi$，令 $k=N_1/N_2$，称变压器的变比。由上式可得

$$U_1/U_2=-N_1/N_2=k$$

即变压器原、副线圈电压有效值之比等于其匝数比，而且原、副线圈电压的相位差为π。在空载电流可以忽略的情况下，有

$$I_1/I_2=N_2/N_1$$

即原、副线圈电流有效值大小与其匝数成反比，且相位差为π。

理想变压器原、副线圈的功率相等 $P_1=P_2$，说明理想变压器本身无功率损耗。实际变压器总存在损耗，其效率为$\eta=P_2/P_1$。电力变压器的效率很高，可达 90%以上。

3.2.2 变压器的分类

变压器的种类很多，根据不同的分类方法有不同的类型，一般常用变压器的分类可归纳如下。

1．按相数分

（1）单相变压器：用于单相负荷和三相变压器组。

（2）三相变压器：用于三相系统的升、降电压。

2．按冷却方式分

（1）干式变压器：依靠空气对流进行自然冷却或增加风机冷却，多用于高层建筑、高速收费站点用电及局部照明、电子线路等小容量变压器。

（2）油浸式变压器：依靠油作为冷却介质，如油浸自冷、油浸风冷、油浸水冷、强迫油循环等。

3．按用途分

（1）电力变压器：用于输配电系统的升、降电压。

（2）仪用变压器：如电压互感器、电流互感器，用于测量仪表和继电保护装置。

（3）试验变压器：能产生高压，对电气设备进行高压试验。

（4）特种变压器：如电炉变压器、整流变压器、调整变压器、电容式变压器、移相变压器等。

4．按绕组形式分

（1）双绕组变压器：用于连接电力系统中的两个电压等级。

（2）三绕组变压器：一般用于电力系统区域变电站中，连接 3 个电压等级。

（3）自耦变压器：用于连接不同电压的电力系统。也可作为普通的升压或降后变压器用。

5. 按铁芯形式分

（1）芯式变压器：用于高压的电力变压器。

（2）非晶合金变压器：采用新型导磁材料，空载电流下降约 80%，是节能效果较理想的配电变压器，特别适用于农村电网和发展中地区等负载率较低的地方。

（3）壳式变压器：用于大电流的特殊变压器，如电炉变压器、电焊变压器；或用于电子仪器及电视、收音机等的电源变压器。

3.2.3 电源变压器的选用与检测

电源变压器是一种低频降压变压器，即把 220 V 交流电压变换成需要的低压电压。电源变压器的线圈又称为绕组，它由一个一次绕组和一个或几个二次绕组组成。一次绕组导线细，匝数多，而二次绕组用的导线粗，匝数少。一、二次绕组用漆包线绕在绝缘骨架上，再将绕组穿在铁芯上，制成电源变压器。当一次绕组加上 220 V 交变电压时，绕组中有交变电流，即产生交变磁通，将铁芯磁化，这时二次绕组切割磁力线产生感应电动势（交流电压）。电源变压器按铁芯形状可分为 E 形、C 形和环形电源变压器。E 形电源变压器的铁芯是用硅钢片交叠而成的，优点是成本低廉，但磁路中的气隙较大，效率较低。C 形电源变压器的铁芯是用两块形状相同的 C 形铁芯（由冷轧硅钢带制成）对插而成的，磁路中气隙较小，性能有所提高。环形电源变压器的铁芯是用冷轧硅钢带卷绕而成的，磁路中无气隙，漏磁较小，工作时电噪声较小。

1. 常用电源变压器

1）EI 型变压器

EI 型变压器是电子变压器的一种，是按照铁芯形状来定义的，因为 EI 型变压器的铁芯是由 E 形片和 I 形片叠加起来的，因此叫作 EI 型变压器。EI 型变压器一般是工频（低频）变压器（50 Hz 或 60 Hz），常用的电源变压器以及某些音频变压器也是 EI 型的，如音响上用的变压器。

EI 型变压器按照安装方式分为插针式、引线骑马夹式。插针式是直焊在线路板上的，引线骑马夹是外部带引线，大部分是外面有铁壳，并且铁壳有安装孔，可以上螺丝，如图 3-2-2 所示。EI 型变压器按照尺寸分类，一般大的类别是按照硅钢片长度来分类，比如常用的 EI-19、EI-28、EI-35、EI-41、EI-48、EI-57、EI-66、EI-76.2、EI-86、EI-96、EI-114 等。其中的 28、35、41 等是指硅钢片的长度。

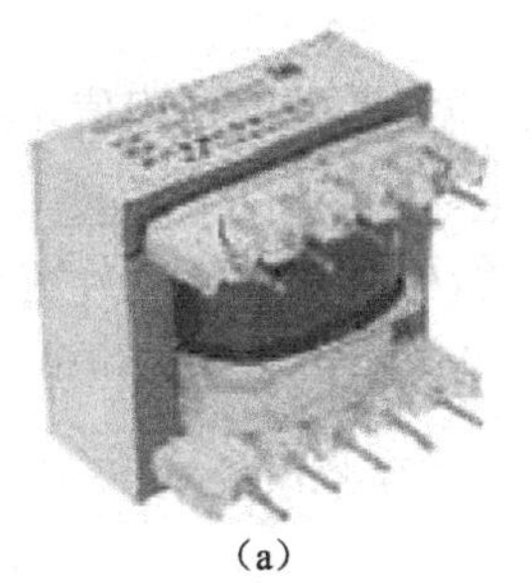

(a)

(b)

图 3-2-2 EI 型变压器

2）环形变压器

环形变压器是电子变压器的一大类型，已广泛应用于家电设备和其他技术要求较高的电子设备中，它的主要用途是作为电源变压器和隔离变压器，如图 3-2-3 所示。环形变压器在国外已有完整的系列，广泛应用于计算机、医疗设备、电讯、仪器和灯光照明等方面。我国近十年来环形变压器从无到有，迄今为止已形成相当大的生产规模，除满足国内需求外，还大量出口。在国内，它主要用于家电的音响设备和自控设备以及石英灯照明等方面。环形变压器由于有优良的性能价格比、有良好的输出特性和抗干扰能力，因而是一种有竞争力的电子变压器。

3）全灌封变压器

灌封技术是采用固体介质在未固化前排除空气填充到元器件周围，达到加固和提高抗电强度的工艺。全灌封变压器就是在变压器周围全灌封固体的变压器，如图 3-2-4 所示。全灌封变压器具有耐冲击、绝缘、散热、固定、消音等功能，且具有体积小、效率高、外形美观、防潮、防霉、安全可靠等优点。在变压器行业中，一般选用环氧树脂进行产品灌封，这样可以保证产品的稳定、持久，且工况不容易发生改变。

图 3-2-3　环形变压器

图 3-2-4　全灌封变压器

2．电源变压器的检测

（1）通过观察变压器的外观来检查其是否有明显异常现象。如线圈引线是否断裂、脱焊，绝缘材料是否有烧焦痕迹，铁芯紧固螺钉是否有松动，硅钢片有无锈蚀，绕组线圈是否有外露等。

（2）绝缘性测试。用万用表 R×10 k 挡分别测量铁芯与初级、初级与各次级、铁芯与各次级、静电屏蔽层与次级各绕组间的电阻值，万用表指针均应指在无穷大位置不动。否则，说明变压器绝缘性能不良。

（3）线圈通断的检测。将万用表置于 R×1 挡，测试线圈两端的电阻值，测试中，若某个绕组的电阻值为无穷大，则说明此绕组有断路性故障。

（4）判别初、次级线圈。电源变压器初级引脚和次级引脚一般都是分别从两侧引出的，并且初级绕组多标有 220 V 字样，次级绕组则标出额定电压值，如 15 V、24 V、35 V 等。再根据这些标记进行识别。

（5）空载电流的检测。

① 直接测量法。将次级所有绕组全部开路，把万用表置于交流电流挡（500 mA），串入

初级绕组。当初级绕组的插头插入 220 V 交流市电时，万用表所指示的便是空载电流值。此值不应大于变压器满载电流的 10%～20%。一般常见电子设备电源变压器的正常空载电流应在 100 mA 左右。如果超出太多，则说明变压器有短路性故障。

② 间接测量法。在变压器的初级绕组中串联一个 10 Ω/5 W 的电阻，次级仍全部空载。把万用表拨至交流电压挡。加电后，用两表笔测出电阻 R 两端的电压降 U，然后用欧姆定律算出空载电流 $I_{空}$，即 $I_{空}=U/R$。

（6）空载电压的检测。将电源变压器的初级接 220 V 市电，用万用表交流电压挡依次测出各绕组的空载电压值，空载电压值应符合要求值，允许误差范围一般为：高压绕组≤±10%，低压绕组≤±5%，带中心抽头的两组对称绕组的电压差应≤±2%。

（7）检测判别各绕组的同名端。在使用电源变压器时，有时为了得到所需的次级电压，可将两个或多个次级绕组串联起来使用。采用串联法使用电源变压器时，参加串联的各绕组的同名端必须正确连接，不能搞错。否则，变压器不能正常工作。

（8）电源变压器短路性故障的综合检测判别。电源变压器发生短路性故障后的主要症状是发热严重和次级绕组输出电压失常。通常，线圈内部匝间短路点越多，短路电流就越大，而变压器发热就越严重。一般小功率电源变压器允许温升为 40～50 ℃，如果所用绝缘材料质量较好，允许温升还可提高。检测判断电源变压器是否有短路性故障的简单方法是测量空载电流（测试方法前面已经介绍）。存在短路故障的变压器，其空载电流值将远大于满载电流的 10%。当短路严重时，变压器在空载加电后几十秒钟之内便会迅速发热，用手触摸铁芯会有烫手的感觉。此时不用测量空载电流便可断定变压器有短路点存在。

任务 3.3 整流电路

整流电路（Rectifying Circuit）是把交流电能转换为直流电能的电路。整流电路的作用是将交流降压电路输出的电压较低的交流电转换成单向脉动性直流电，这就是交流电的整流过程，整流电路多用硅整流二极管和晶闸管组成。经过整流电路之后的电压已经不是交流电压，而是一种含有直流电压和交流电压的混合电压，习惯上称为单向脉动性直流电压。本任务主要讲解二极管整流电路。

3.3.1 单相半波整流电路

二极管整流电路是利用二极管的单向导电性将交流电变成直流电的电路。单相半波整流电路如图 3-3-1（a）所示，波形图如图 3-3-1（b）所示。

1．电路组成及工作原理

在分析整流电路工作原理时，将整流电路中的二极管理想化，作为开关运用，具有单向导电性。根据图 3-3-1（a）的电路图可知：当 v_2 为正半周时二极管 VD 导通，在负载电阻上得到正弦波的正半周。当 v_2 为负半周时二极管 VD 截止，在负载电阻上无输出波形。

2．参数计算

根据图 3-3-1 可知，输出电压在一个工频周期内，只是正半周导电，在负载上得到的是

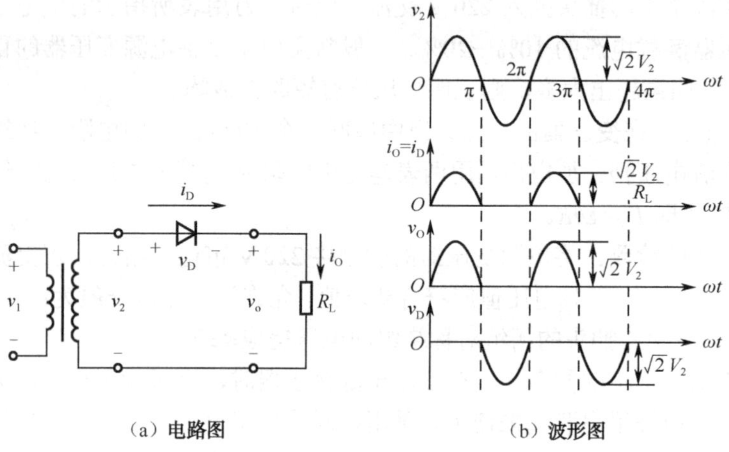

（a）电路图　　　　（b）波形图

图 3-3-1　单相半波整流电路

半个正弦波。负载上输出平均电压为

$$V_O = V_L = \frac{1}{2\pi}\int_0^{\pi}\sqrt{2}V_2\sin\omega t\mathrm{d}(\omega t) = \frac{\sqrt{2}}{\pi}V_2 = 0.45V_2$$

流过负载和二极管的平均电流为

$$I_{D(AV)} = I_{O(AV)} \approx \frac{0.45U_2}{R_L}$$

二极管所承受的反向峰值电压为

$$V_{DRM} = \sqrt{2}V_2$$

二极管的选择：一般根据流过二极管电流的平均值和它所承受的反向峰值电压来选择二极管型号。

$$I_{D(AV)} = I_{O(AV)} \approx \frac{0.45U_2}{R_L}，\ V_{DRM} = \sqrt{2}V_2$$

一般情况下，允许电网电压有±10%的波动，因此在选用二极管时，对参数应至少留 10%的余地，以保证二极管安全工作。

单相半波整流电路的特点如下。

（1）简单易行，所用二极管数量少。

（2）输出电压低，交流分量大，效率低。

（3）该电路仅适用于整流电流较小、对脉动要求不高的场合。

3.3.2　单相全波整流电路

1．电路组成及工作原理

单相全波整流电路如图 3-3-2（a）所示，波形图如图 3-3-2（b）所示。

根据图 3-3-2（a）所示电路图可知：当 v_2 为正半周时二极管 VD_1 导通、VD_2 截止，在负载电阻上得到正弦波的正半周。当 v_2 为负半周时二极管 VD_2 导通、VD_1 截止，在负载电阻上得到与正弦波正半周一样的波形。

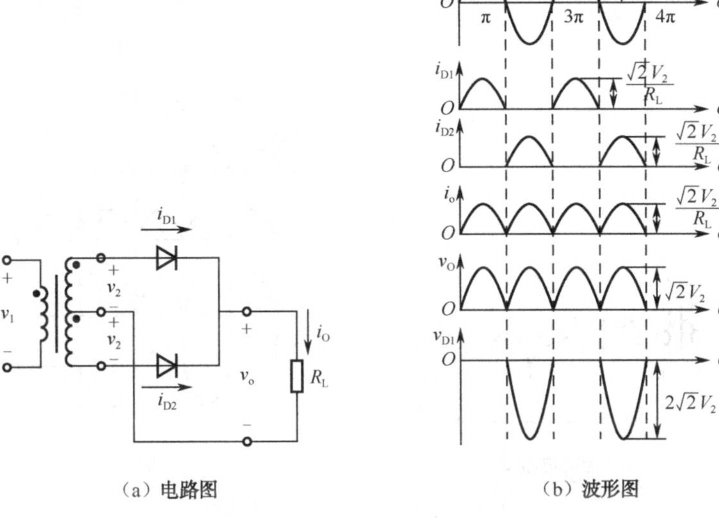

（a）电路图　　（b）波形图

图 3-3-2　单相全波整流电路

2．参数计算

根据图 3-3-2（b）可知，全波整流电路输出平均电压为

$$V_O = V_L = \frac{1}{\pi}\int_0^{\pi}\sqrt{2}V_2\sin\omega t\mathrm{d}(\omega t) = \frac{2\sqrt{2}}{\pi}V_2 = 0.9V_2$$

流过负载的平均电流为

$$I_O = I_L = \frac{2\sqrt{2}V_2}{\pi R_L} = \frac{0.9V_2}{R_L}$$

二极管所承受的反向峰值电压为

$$V_{DRM} = \sqrt{2}V_2$$

流过二极管的平均电流为

$$I_D = \frac{I_L}{2} = \frac{\sqrt{2}V_2}{\pi R_L} = \frac{0.45V_2}{R_L}$$

单相全波整流电路的特点如下：

（1）二极管承受的反向峰值电压增加。

（2）输出电压高，纹波成分较小。

（3）变压器二次侧的每个线圈只在半个周期内有电流，利用率不高。

3.3.3　单相桥式全波整流电路

1．电路组成及工作原理

单相桥式全波整流电路如图 3-3-3（a）所示，波形图如图 3-3-3（b）所示。

根据图 3-3-3（a）所示电路图可知：当 v_2 在正半周时二极管 VD_1、VD_3 导通，VD_2、VD_4 截止，在负载电阻上得到正弦波的正半周。当 v_2 在负半周时二极管 VD_1、VD_3 截止，VD_2、

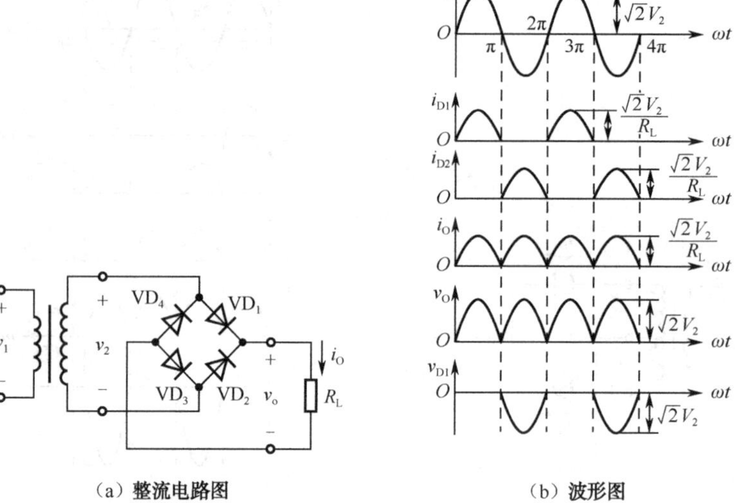

（a）整流电路图　　　　（b）波形图

图 3-3-3　单相桥式全波整流电路

VD_4 导通，在负载电阻上得到正弦波的负半周。在负载电阻上正、负半周经过合成，得到的是同一个方向的单向脉动电压。

2．参数计算

（1）输出平均电压为

$$V_O = V_L = \frac{1}{\pi}\int_0^{\pi}\sqrt{2}V_2 \sin\omega t \mathrm{d}(\omega t) = \frac{2\sqrt{2}}{\pi}V_2 = 0.9V_2$$

（2）流过负载的平均电流为

$$I_O = I_L = \frac{2\sqrt{2}V_2}{\pi R_L} = \frac{0.9V_2}{R_L}$$

（3）流过二极管的平均电流为

$$I_D = \frac{I_L}{2} = \frac{\sqrt{2}V_2}{\pi R_L} = \frac{0.45V_2}{R_L}$$

（4）二极管所承受的最大反向电压为

$$V_{DRM} = \sqrt{2}V_2$$

（5）脉动系数 S。脉动系数是指输出电压的基波峰值与平均值的比，用 S 表示，S 越小越好。

$$v_O = \sqrt{2}V_2\left(\frac{2}{\pi} - \frac{4}{3\pi}\cos 2\omega t - \frac{4}{15\pi}\cos 4\omega t + \cdots\right)$$

$$S = \frac{4\sqrt{2}V_2}{3\pi}\Big/\frac{2\sqrt{2}V_2}{\pi} = \frac{2}{3} = 0.67$$

单相桥式全波整流电路的特点如下。

（1）二极管承受的反向峰值电压及流过二极管的电流与半波整流一样。

（2）输出电压高，纹波成分较小。

（3）变压器效率较高，在同样的功率容量条件下，体积可以小一些，因此广泛应用于直流电源之中。

3.3.4 整流二极管的选择

整流二极管可用半导体锗或硅等材料制造。硅整流二极管的击穿电压高，反向漏电流小，高温性能良好。通常高压大功率整流二极管都用高纯单晶硅制造（掺杂较多时容易反向击穿）。这种器件的结面积较大，能通过较大电流（可达上千安），但工作频率不高，一般在几十千赫以下。整流二极管主要用于各种低频半波整流电路，如需达到全波整流需连成整流桥使用。

整流二极管的选择使用有以下几点要求。

（1）普通串联稳压电源电路中使用的整流二极管，对截止频率的反向恢复时间要求不高，只要根据电路的要求选择最大整流电流和最大反向工作电流符合要求的整流二极管即可，如 1N 系列、2CZ 系列、RLR 系列等。

（2）开关稳压电源的整流电路及脉冲整流电路中使用的整流二极管，应选用工作频率较高、反向恢复时间较短的整流二极管（如 RU 系列、EU 系列、V 系列、1SR 系列等）或选择快恢复二极管。

（3）对低电压整流电路应选择使用正向压降小的整流二极管。

（4）对于 5 A 以下整流电路可选择使用一般整流二极管。例如，应用半桥、全桥整流电路，收录机电源电路及普通低电压整流电路等，可选择使用 1N4000、1N5200 系列硅塑封整流二极管，也可选择使用 2CZ 系列整流二极管。

（5）整流二极管代换原则：

① 可选择使用型号参数与原二极管型号参数基本相同的二极管代换。

② 整流电流大的二极管可代换整流电流小的二极管，相反则不能代换。

③ 反向工作电压高的二极管可代换反向工作电压低的二极管，相反则不能代换。

④ 工作频率高的二极管可代换工作频率低的二极管，相反则不能代换。

任务 3.4 滤波电路

滤波电路利用电抗性元件对交、直流阻抗的不同实现滤波。电容器 C 对直流开路，对交流阻抗小，所以 C 应该并联在负载两端。电感器 L 对直流阻抗小，对交流阻抗大，因此 L 应与负载串联。经过滤波电路后，既可保留直流分量，又可滤掉一部分交流分量，改变了交直流成分的比例，减小了电路的脉动系数，改善了直流电压的质量。

3.4.1 电容滤波电路

1. 电容滤波电路的组成

现以单相桥式整流电容滤波电路为例来说明。电容滤波电路如图 3-4-1 所示，在负载电阻上并联了一个滤波电容 C。

2. 滤波原理

若 v_2 处于正半周，二极管 VD_1、VD_3 导通，变压器次级电压 v_2 给电容器 C 充电。此时 C 相当于并联在 v_2 上，所以输出波形同 v_2，是正弦波。

当 v_2 到达 $\omega t=\pi/2$ 时，开始下降。先假设二极管关断，电容 C 就要以指数规律向负载 R_L 放电。指数放电起始点的放电速率很大。在刚过 $\omega t=\pi/2$ 时，正弦曲线下降的速率很慢。所以刚过 $\omega t=\pi/2$ 时二极管仍然导通。在超过 $\omega t=\pi/2$ 后的某个点，正弦曲线下降的速率越来越快，当刚超过指数曲线起始放电速率时，二极管关断。所以在 t_1～t_2 时刻，二极管导电，C 充电，$v_O=v_2$ 按正弦规律变化；t_2～t_3 时刻电容 C 经 R_L 放电，$v_O=v_C$ 按指数曲线下降，放电时间常数为 R_LC。电容滤波电路波形如图 3-4-2 所示。

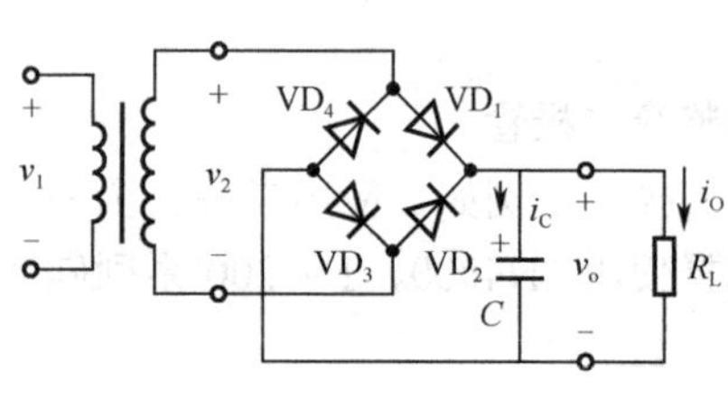

图 3-4-1　电容滤波电路

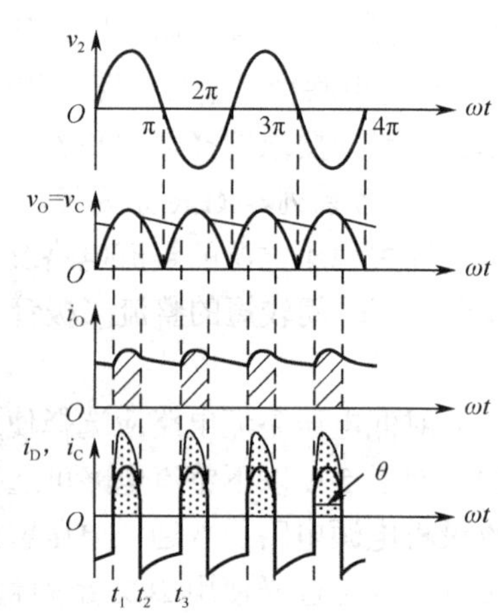

图 3-4-2　电容滤波电路波形

需要指出的是，当放电时间常数 R_LC 增加时，t_1 点要右移，t_2 点要左移，二极管关断时间加长，导通角减小；反之，R_LC 减小时，导通角增加。显然。当 R_L 很小，即 I_L 很大时，电容滤波的效果不好。反之，当 R_L 很大，即 I_L 很小时，尽管 C 较小，R_LC 仍很大，电容滤波的效果也很好。所以电容滤波适合输出电流较小的场合。

3. 参数计算

电容滤波电路的计算比较麻烦，因为决定输出电压的因素较多。工程上有详细的曲线可供查阅，一般常采用以下近似估算法：

一种是用锯齿波近似表示，即

$$V_O=\sqrt{2}V_2\left(1-\frac{T}{4R_LC}\right)$$

另一种是在 $R_LC=(3\sim5)T/2$ 的条件下，近似认为 $V_O=1.2V_2$。

3.4.2　电感滤波电路

利用储能元件电感器 L 的电流不能突变的性质，把电感 L 与整流电路的负载 R_L 相串联，也可以起到滤波的作用。

桥式整流电感滤波电路如图 3-4-3 所示。电感滤波电路波形图如图 3-4-4 所示。当 v_2 为

正半周时，VD_1、VD_3导电，电感中的电流将滞后于v_2。当v_2在负半周时，电感中的电流将更换经由VD_2、VD_4提供。因桥式电路的对称性和电感中电流的连续性，4 个二极管VD_1、VD_3；VD_2、VD_4的导通角都是 180°。

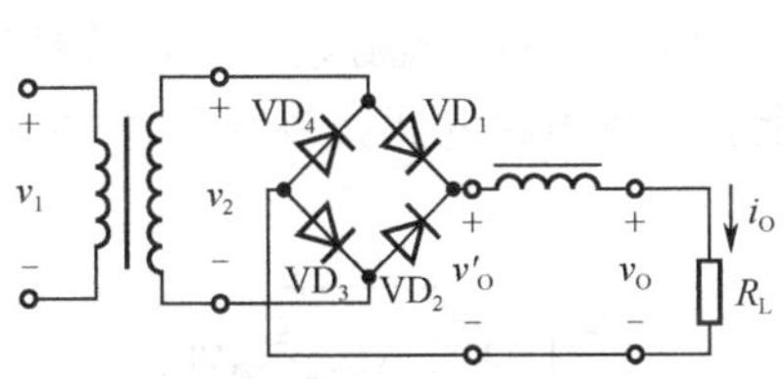

图 3-4-3　电感滤波电路

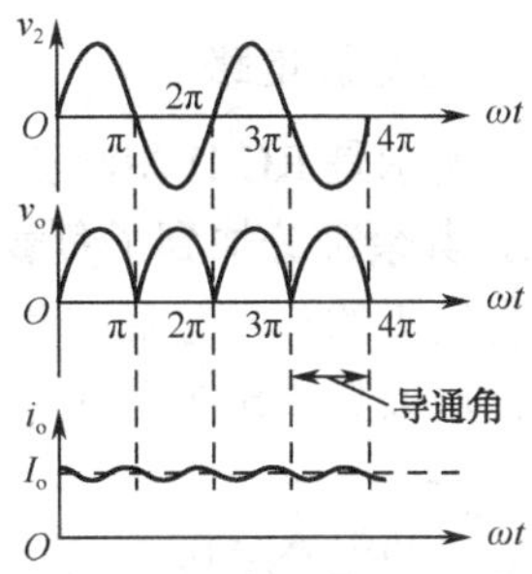

图 3-4-4　电感滤波电路波形图

电感滤波电路的输出电压平均值 $V_{O(AV)}\approx0.9V_2$。电感滤波电路的导通角较大，对于整流二极管来说，没有电流冲击。感抗越大，降落在电感上的交流成分越多，滤波效果越好。为了使感抗大，须选用 L 值大的铁芯电感，但铁芯电感的体积大且笨重，容易引起电磁干扰，且输出电压平均值低。

3.4.3　组合滤波电路

1. LC-T 型滤波电路

采用单一的电容或电感滤波时，电路虽然简单，但滤波效果欠佳，为了进一步减小输出电压的脉动程度，可以用电容和铁芯电感组成各种形式的复式滤波电路，最简单的形式如图 3-4-5 所示，即 LC-T 型滤波电路。图 3-4-5 中整流输出电压中的交流成分绝大部分降落在电感上，电容 C 又对交流接近于短路，故输出电压中的交流成分很少，几乎是一个平滑的直流电压。由于整流后先经电感 L 滤波，总特性与电感滤波电路相近，故又称为电感型 LC 滤波电路；若将电容 C 平移到电感 L 之前，则为电容型 LC 滤波电路。LC 滤波电路的直流输出电压和电感滤波电路一样，输出电压为

$$V_O = 0.9V_2$$

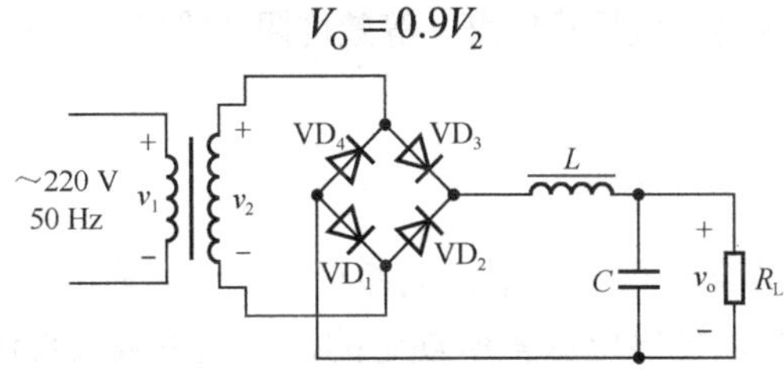

图 3-4-5　LC-T 型滤波电路

与电容滤波电路比较，LC 滤波电路的优点是：外特性比较好，输出电压对负载影响小，电感元件限制了电流的脉动峰值，减小了对整流二极管的冲击。它主要适用于电流较大、要求电压脉动较小的场合。

2. LC-Π 型滤波电路

为了更进一步减小输出的脉动成分，可在 LC 滤波电路的输出端再加一只滤波电容就组

成了 LC-Π 型滤波电路，如图 3-4-6 所示。整流输出电压先经电容 C_1，滤除了交流成分后，再经电感 L 滤波后电容 C_2 上的交流成分极少，因此这种 LC-Π 型滤波电路的输出电流波形更加平滑。但由于铁芯电感体积大、笨重，成本高、使用不便。

3．RC-Π 型滤波电路

图 3-4-7 所示是 RC-Π 型滤波电路。图中 C_1 电容两端电压中的直流分量，有很小一部分降落在 R 上，其余部分加到了负载电阻 R_L 上；而电压中的交流脉动，大部分被滤波电容 C_2 衰减掉，只有很小的一部分加到负载电阻 R_L 上。此种电路的滤波效果虽好一些，但电阻上要消耗功率，所以只适用于负载电流较小的场合。

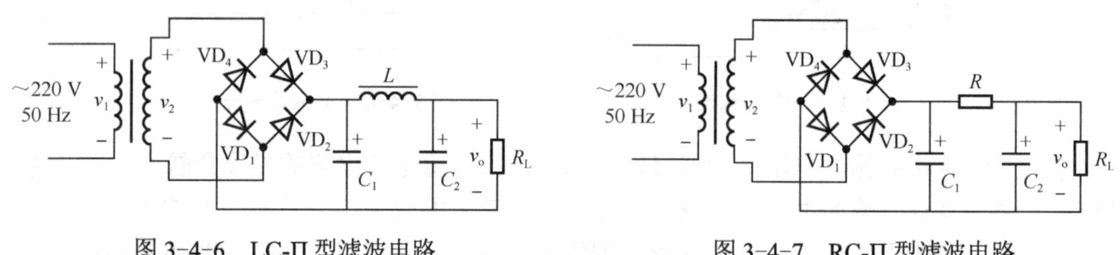

图 3-4-6　LC-Π 型滤波电路　　　图 3-4-7　RC-Π 型滤波电路

任务 3.5　稳压电路

利用元器件的调整作用使输出电压稳定的过程叫作稳压，实现稳压功能的电路叫作稳压电路。交流电经过整流之后变成直流电，但是它的电压不稳定，供电电压的变化或者用电电流的变化都能引起电源电压的波动，要获得稳定不变的直流电源就需要在直流电源中增加稳压电路环节。

3.5.1　稳压电源的主要技术指标

直流稳压电源的技术指标可以分为两大类：一类是特性指标，反映直流稳压电源的固有特性，如输入直流稳压电源电压、输出电压、输出电流、输出电压调节范围等；另一类是质量指标，反映直流稳压电源的优劣，包括稳定度、等效内阻（输出电阻）、纹波电压及温度系数等。

1．特性指标

1）输出电压范围

符合直流稳压电源工作条件的情况下，能够正常工作的输出电压范围。该指标的上限是由最大输入电压和最小输入-输出电压差所规定的，而其下限由直流稳压电源内部的基准电压值决定。

2）最大输入-输出电压差

该指标表征在保证直流稳压电源正常工作的条件下，所允许的最大输入-输出之间的电压差值，其值主要取决于直流稳压电源内部调整晶体管的耐压指标。

3）最小输入-输出电压差

该指标表征在保证直流稳压电源正常工作的条件下，所需的最小输入-输出之间的电压差值。

4）输出负载电流范围

输出负载电流范围又称为输出电流范围，在这一电流范围内，直流稳压电源应能保证符合指标规范所给出的指标。

2．质量指标

1）电压调整率 S_V

电压调整率是表征直流稳压电源稳压性能优劣的重要指标，又称为稳压系数或稳定系数，它表征当输入电压 V_i 变化时直流稳压电源输出电压 V_o 稳定的程度，通常以单位输出电压下的输入和输出电压的相对变化的百分比表示。

2）电流调整率 S_I

电流调整率是反映直流稳压电源负载能力的一项主要指标，又称为电流稳定系数。它表征当输入电压不变时，直流稳压电源对由于负载电流（输出电流）变化而引起的输出电压的波动的抑制能力，在规定的负载电流变化的条件下，通常以单位输出电压下的输出电压变化值的百分比来表示直流稳压电源的电流调整率。

3）纹波抑制比 S_R

纹波抑制比反映了直流稳压电源对输入端引入的市电电压的抑制能力，当直流稳压电源输入和输出条件保持不变时，纹波抑制比常以输入纹波电压峰-峰值与输出纹波电压峰-峰值之比表示，一般用分贝数表示，但是有时也可以用百分数表示，或直接用两者的比值表示。

4）温度稳定性 K

集成直流稳压电源的温度稳定性是指在所规定的直流稳压电源工作温度 T_i 最大变化范围内（$T_{min} \leqslant T_i \leqslant T_{max}$），直流稳压电源输出电压的相对变化的百分比值。

3．极限指标

1）最大输入电压

是保证直流稳压电源安全工作的最大输入电压。

2）最大输出电流

是保证稳压器安全工作所允许的最大输出电流。

3.5.2　硅稳压管稳压电路

1．稳压管的符号及稳压电路

一般二极管都是正向导通，反向截止。加在二极管上的反向电压，如果超过二极管的承受能力，二极管就要击穿损毁。但是有一种二极管，它的正向特性与普通二极管相同，而反向特性却比较特殊：当反向电压加到一定程度时，虽然管子呈现击穿状态，通过较大电流，却不损毁，并且这种现象的重复性很好。反过来，只要管子处在击穿状态，尽管流过管子的电流变化很大，而管子两端的电压却变化极小起到稳压作用。这种特殊的二极管叫稳压管。

稳压管的型号有2CW、2DW等系列，其外形及电路符号如图3-5-1所示。

稳压管的稳压特性可用图3-5-2所示的伏安特性曲线很清楚地表示出来。

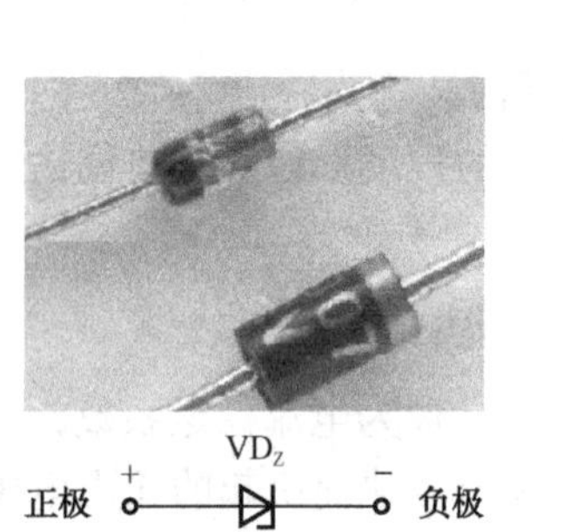

图3-5-1　稳压管的外形及电路符号

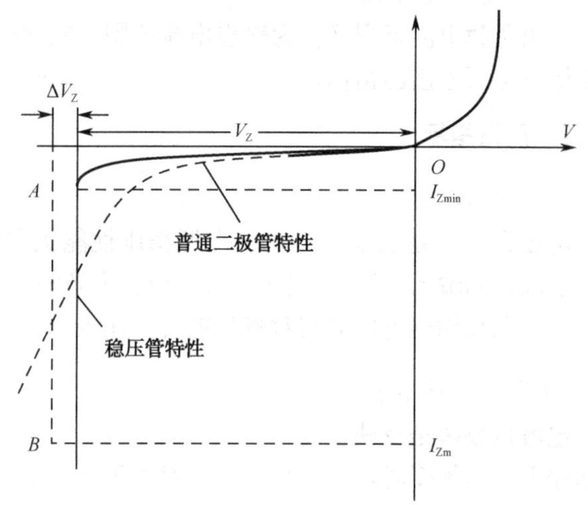

图3-5-2　稳压管的伏安特性曲线

稳压管是利用反向击穿区的稳压特性进行工作的，因此，稳压管在电路中要反向连接。稳压管的反向击穿电压称为稳定电压，不同类型稳压管的稳定电压也不一样，某一型号的稳压管的稳压值固定在一定范围。例如，2CW11的稳压值是3.2～4.5 V，其中某一只管子的稳压值可能是3.5 V，另一只管子则可能是4.2 V。

在实际应用中，如果选择不到稳压值符合需要的稳压管，可以选用稳压值较低的稳压管，然后串联一只或几只硅二极管“枕垫”，把稳定电压提高到所需数值。这是利用硅二极管的正向压降为0.6～0.7 V的特点来进行稳压的。因此，二极管在电路中必须正向连接，这是与稳压管不同的地方。

稳压管稳压性能的好坏可以用它的动态电阻 r 来表示：

$$r=\frac{\text{电压的变化量}\Delta U}{\text{电流的变化量}\Delta I}$$

显然，对于同样的电流变化量ΔI，稳压管两端的电压变化量ΔU 越小，动态电阻越小，稳压管性能就越好。

稳压管的动态电阻是随工作电流变化的，工作电流越大，动态电阻越小。因此，为使稳压效果好，工作电流要选得合适。工作电流选得大些，可以减小动态电阻，但不能超过管子的最大允许电流（或最大耗散功率）。各种型号管子的工作电流和最大允许电流，可以从手册中查到。

稳压管的稳定性能受温度影响，当温度变化时，它的稳定电压也要发生变化，常用稳定电压的温度系数来表示这种性能。例如，2CW19型稳压管的稳定电压 U_Z=12 V，温度系数为0.095%/℃，说明温度每升高1 ℃，其稳定电压升高11.4 mV。为提高电路的稳定性能，往往采用适当的温度补偿措施。在稳定性能要求很高时，需使用具有温度补偿的稳压管，如2DW7A、2DW7W、2DW7C等。

由硅稳压管组成的简单稳压电路如图3-5-3所示。硅稳压管VD$_Z$与负载R$_L$并联，R为限流电阻。

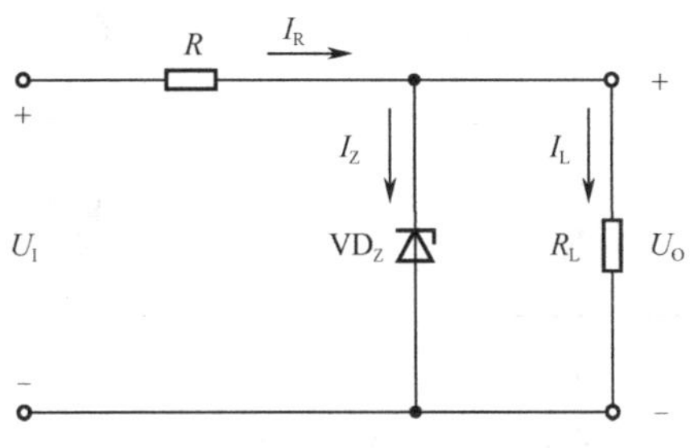

图 3-5-3　硅稳压管稳压电路

若电网电压升高，整流电路的输出电压 U_I 也随之升高，引起负载电压 U_O 升高。由于稳压管 VD_Z 与负载 R_L 并联，U_O 只要有很少一点增长，就会使流过稳压管的电流急剧升高，使得 I_R 也增大，限流电阻 R 上的电压降增大，从而抵消了 U_I 的升高，保持负载电压 U_O 基本不变。反之，若电网电压降低，引起 U_I 下降，造成 U_O 也下降，则稳压管中的电流急剧减小，使得 I_R 减小，R 上的压降也减小，从而抵消了 U_I 的下降，保持负载电压 U_O 基本不变。若 U_I 不变而负载电流增加，则 R 上的压降增加，造成负载电压 U_O 下降。U_O 只要下降一点点，稳压管中的电流就迅速减小，使 R 上的压降再减小下来，从而保持 R_L 上的压降基本不变，使负载电压 U_O 得以稳定。

综上所述可以看出，稳压管起着电流的自动调节作用，而限流电阻起着电压调整作用。稳压管的动态电阻越小，限流电阻越大，输出电压的稳定性越好。

2．稳压管和限流电阻的选择

（1）因为稳压管是与负载并联的，所以稳压管的稳定电压应该等于负载直流电压，即 $U_Z=U_O$。稳压管最大稳定电流的选择，要考虑到特殊情况下稳压管通过的最大电流：一种情况是，当负载电流 $I_L=0$ 时，全部最大负载电流 I_{Lmax} 都通过稳压管；另一种情况是，输入电压 U_I 升高也会引起通过稳压管的电流增大。一般选用动态电阻小、电压温度系数小的稳压管，有利于提高电压的稳定度。

（2）限流电阻值 R 可由下式算出

$$R=\frac{U_I-U_O}{I_Z+I_L}$$

因为 U_I 和 I_L 都是变化的，为了保证 $I_L=0$ 时 I_{Dz} 不超过稳压管的最大稳定电流，R 要足够大；为了保证稳定作用，又必须保证在 U_O 最小时，I_{Dz} 大于稳压管的最小稳定电流。综合上述两方面的考虑，限流电阻 R 的选择范围是

$$\frac{U_{Imax}-U_Z}{I_{Zmax}+I_{Lmin}}\leqslant R\leqslant\frac{U_{Imin}-U_Z}{I_{Zmin}+I_{Lmax}}$$

3.5.3　晶体管稳压电路

1．基本串联型稳压电路

基本串联型稳压电路如图 3-5-4 所示。

若电网电压变动或负载电阻变化使输出电压 U_O 升高，电路的稳压过程可表示如下。

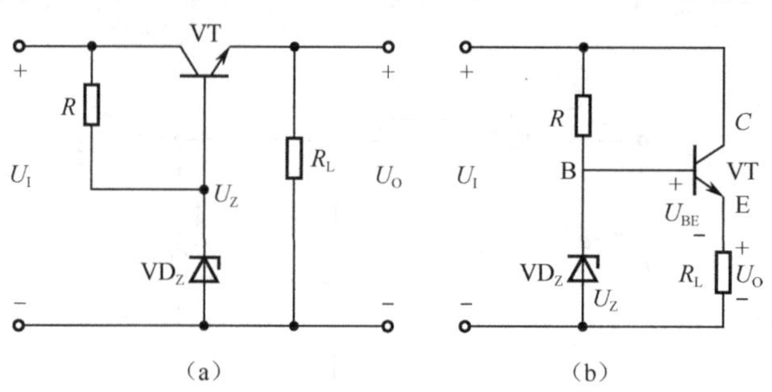

图 3-5-4　基本串联型稳压电路

$$U_O\uparrow\rightarrow U_{BE}\downarrow\rightarrow I_B\downarrow\rightarrow I_E\downarrow\rightarrow U_{CE}\uparrow\rightarrow U_O\downarrow$$

结果使电压维持稳定。基本稳压电路实际上相当于硅稳压管稳压电路的扩流电路。

2. 有放大环节的串联型稳压电路

1）电路组成

带有放大环节的串联型稳压电路由取样环节、基准电压、比较放大环节、调整环节 4 部分组成，其框图如图 3-5-5 所示。

2）电路各部分的作用

（1）取样环节。由 R_1、R_L、R_2 组成的分压电路构成，它将输出电压 U_O 分出一部分作为取样电压 U_F，送到比较放大环节。

（2）基准电压。由稳压二极管 VD_Z 和电阻 R_3 构成的稳压电路组成，它为电路提供一个稳定的基准电压 U_Z，作为调整、比较的标准。

（3）比较放大环节。由 VT_2 和 R_4 构成的直流放大器组成，其作用是将取样电压 U_F 与基准电压 U_Z 之差放大后去控制调整管 VT_1。

（4）调整环节。由工作在线性放大区的功率管 VT_1 组成，VT_1 的基极电流 I_{B1} 受比较放大电路输出的控制，它的改变又可使集电极电流 I_{C1} 和集、射电压 U_{CE1} 改变，从而达到自动调整稳定输出电压的目的。

有放大环节的串联型稳压电路如图 3-5-6 所示。

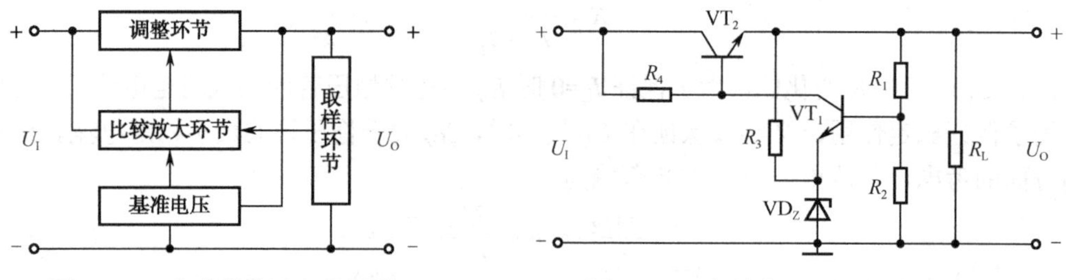

图 3-5-5　串联型稳压电路框图　　图 3-5-6　有放大环节的串联型稳压电路

3. 工作原理

电网电压波动或负载变动引起输出直流电压发生变化时，取样环节取出输出电压的一部分送入比较放大环节，并与基准电压进行比较，产生的误差信号经 VT_1 放大后送至调整管 VT_2 的基极，使调整管改变其管压降，以补偿输出电压的变化，从而达到稳定输出电压的目

的。稳压过程如下。

$$
\begin{array}{l}
U_I \uparrow \to U_O \uparrow \to U_{BE1} \uparrow \to I_{B1} \uparrow \to I_{C1} \uparrow \to U_{C1} \downarrow \\
U_O \downarrow \leftarrow U_{CE2} \downarrow \leftarrow I_{C2} \downarrow \leftarrow I_{B2} \downarrow \leftarrow U_{B2} \downarrow
\end{array}
$$

4. 输出电压

由图 3-5-6 所示的电路可知

$$U_{B1} = U_Z + U_{BE1} \approx U_O \frac{R_2}{R_1 + R_2}$$

所以电路的输出电压为

$$U_O \approx \frac{R_1 + R_2}{R_2}(U_Z + U_{BE1})$$

任务 3.6　集成稳压电源

集成稳压器又叫集成稳压电路，是将不稳定的直流电压转换成稳定的直流电压的集成电路。用分立元件组成的稳压电路，有输出功率大、适应性较广的优点，但因体积大、焊点多、可靠性差而使其应用范围受到限制。近年来，集成稳压电源已得到广泛应用，其中小功率的稳压电源以三端式串联型稳压器应用最为普遍。集成稳压器按出线端子多少和使用情况，大致可以分为三端固定式、三端可调式、多端可调式及单片开关式等几种。

3.6.1　三端集成稳压器

1. 三端固定式集成稳压器

三端固定式集成稳压器是将取样电阻、补偿电容、保护电路、大功率调整管等都集成在同一芯片上，使整个集成电路块只有输入、输出和公共 3 个引出端，使用非常方便，因此获得了广泛应用。典型产品有 78××正电压输出系列和 79××负电压输出系列。三端固定输出集成稳压器的封装形式和引脚功能如图 3-6-1 所示。

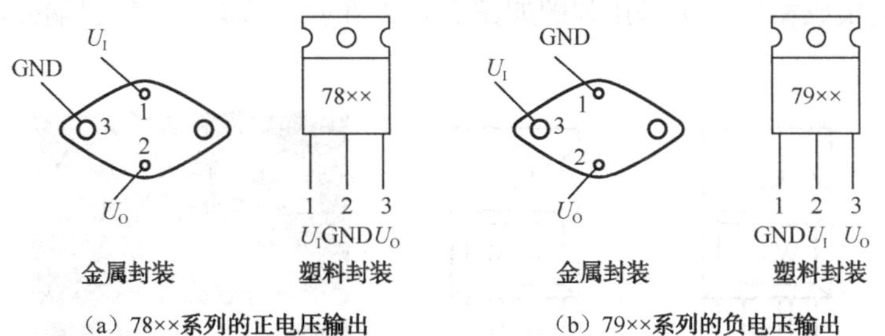

图 3-6-1　三端固定输出集成稳压器的封装形式和引脚功能

78××和 79××系列中的型号××表示集成稳压器的输出电压的数值，以 V 为单位。每类稳压器电路输出电压有 5 V、6 V、7 V、8 V、9 V、10 V、12 V、15 V、18 V、24 V 等，能满足大多数电子设备所需要的电源电压。中间的字母通常表示电流的等级，输出电流一般分为 3 个等级：100 mA（78L××/79L××）、500 mA（78M××/79M××）、1.5 A（78××/79××）。后缀英文字母表示输出电压容差与封装形式等。

三端固定式集成稳压器内部电路由恒流源、基准电压源、取样电阻、比较放大器、调整管、保护电路、温度补偿电路等组成。输出电压值取决于内部取样电阻的数值。最大输出电压为 40 V。

三端固定式集成稳压器因内部有过热过流保护电路，因此它的性能优良，可靠性高。又因为这种稳压器具有体积小、使用方便、价格低廉等优点，所以得到广泛应用。

2. 三端可调式集成稳压器

三端可调式集成稳压器输出电压可调，稳压精度高，输出纹波小，只需外接两只不同的电阻，即可获得各种输出电压。三端可调式集成稳压器可分为三端可调正电压集成稳压器和三端可调负电压集成稳压器。

三端可调式集成稳压器产品分类见表 3-6-1。

表 3-6-1　三端可调式集成稳压器产品分类

类　型	产品系列或型号	最大输出电流 I_{OM}（A）	输出电压 U_O（V）
正电压输出	LM117L/217L/317L	0.1	1.2～37
	LM117M/217M/317M	0.5	1.2～37
	LM117/217/317	1.5	1.2～37
	LM150/250/350	3	1.2～33
	LM138/238/338	5	1.2～32
	LM196/396	10	1.25～15
负电压输出	LM137L/237L/337L	0.1	-1.2～-37
	LM137M/237M/337M	0.5	-1.2～-37
	LM137/237/337	1.5	-1.2～-37

三端可调式集成稳压器引脚排列图如图 3-6-2 所示。除输入、输出端外，另一端称为调整端。

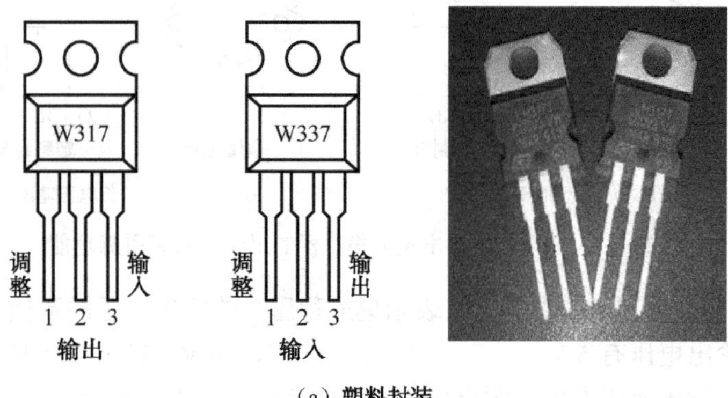

（a）塑料封装

图 3-6-2　三端可调式集成稳压器引脚排列图

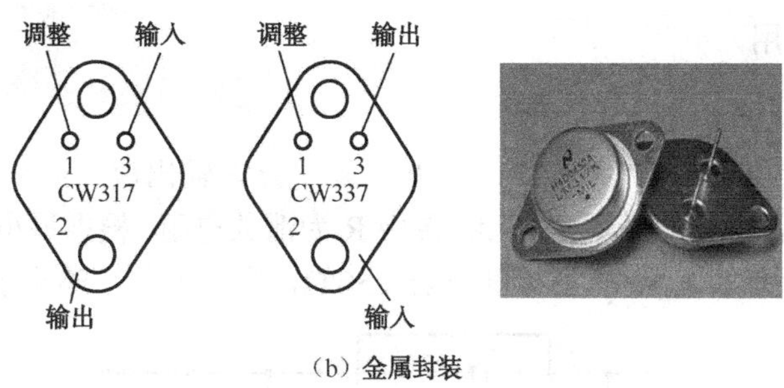

（b）金属封装

图 3-6-2　三端可调式集成稳压器引脚排列图（续）

3.6.2　集成稳压器的应用

1．W7800 的应用

1）基本应用电路

三端集成稳压器最基本的应用电路如图 3-6-3 所示。整流滤波后得到的直流输入电压 V_I 接在输入端和公共端之间，在输出端即可得到稳定的输出电压 V_O。为了改善纹波电压，常在输入端接入电容 C_1。同时，在输出端接上电容 C_O，以改善负载的瞬态响应。一般 C_1 容量为 0.33 μF，C_O 的容量为 0.1 μF。两个电容均应直接接在集成稳压器的引脚处。若输出电压比较高，应在输入端和输出端之间跨接一个保护二极管 VD，如图 3-6-3 中的虚线所示。其作用是在输入端短路时，使 C_O 通过二极管放电，以便保护集成稳压器内部的调整管。

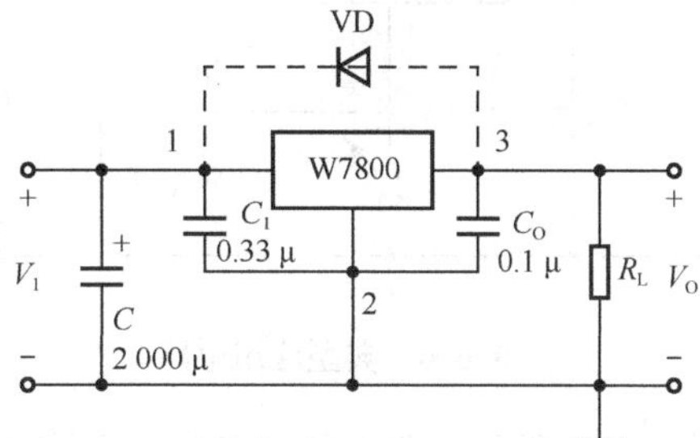

图 3-6-3　三端集成稳压器的基本应用

2）扩大输出电流

三端式集成稳压器的输出电流有一定限制，如 1.5 A、0.5 A 或 0.1 A 等。如果希望在此基础上进一步扩大输出电流，则可以通过外接大功率三极管的方法实现，电路接法如图 3-6-4 所示。

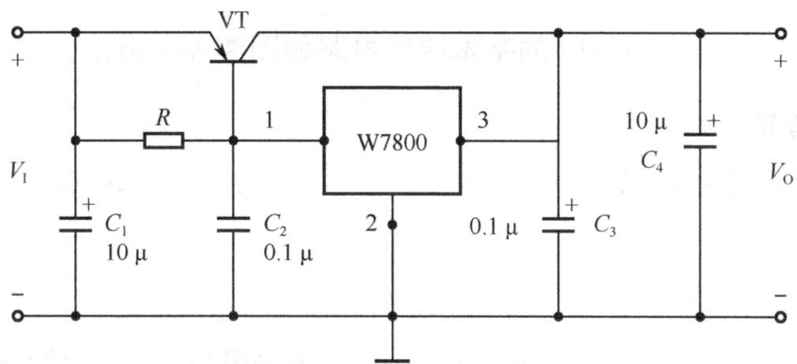

图 3-6-4　扩大集成三端稳压器的输出电流

2. LM117 的应用

1）基准电压源电路

图 3-6-5 所示是由 LM117 组成的基准电压源电路，输出端和调整端之间是非常稳定的电压，其值为 1.25 V。输出电流可达 1.5 A。图中 R 为泄放电阻，根据最小负载电流（取 5 mA）可以计算出 R 的最大值。R_{max}=(1.25/0.005) Ω=250 Ω，实际取值可略小于 250 Ω，如 240 Ω。

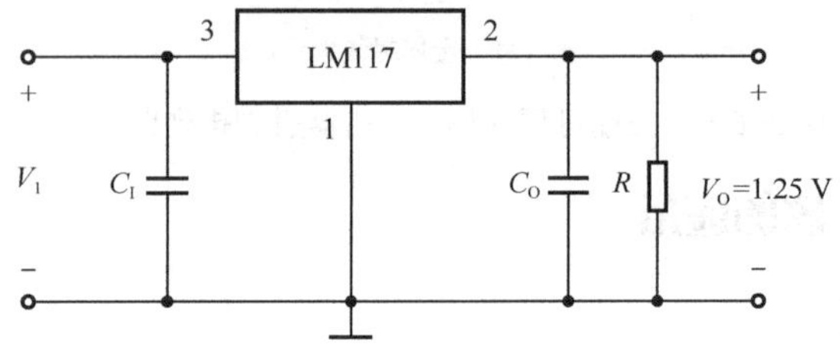

图 3-6-5 基准电压源电路

2）典型应用电路

可调式三端稳压器的主要应用是要实现输出电压可调的稳压电路。值得注意的是，可调式三端稳压器的外接采样电阻是稳压电路不可缺少的组成部分，其典型应用电路如图 3-6-6 所示。

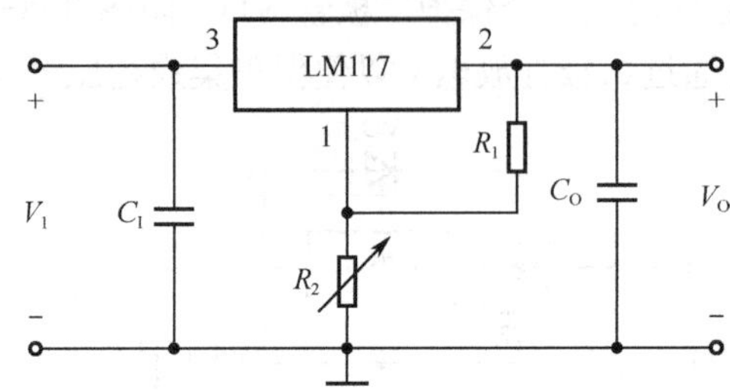

图 3-6-6 典型应用电路

图中 R_1 的取值原则与图 3-6-5 所示电路中的 R 相同，可取 240 Ω。由于调整端的电流可忽略不计，输出电压为

$$V_O = \left(1 + \frac{R_2}{R_1}\right) \times 1.25\ \text{V}$$

3. LM317 的应用

三端可调式集成稳压器 LM317 的基本应用电路如图 3-6-7 所示。

1）输出电压估算

电路如图 3-6-7 所示。U_O=1.2～37 V 连续可调。I_{OM}=1.5 A，I_{Omin}≥5 mA。U_O=1.2(1+R_2/R_1) V。

2）外接元器件的选取

为保证负载开路时 I_{Omin}≥5 mA，R_{1max}=U_{REF}/5 mA=240 Ω。U_{Omax}=37 V，R_2 为调节电阻，代入 U_O 表达式求得 R_2 为 7.16 kΩ左右，取 6.8 kΩ。

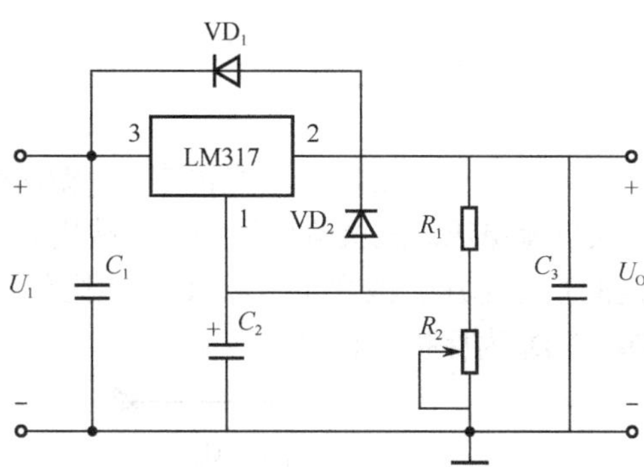

图 3-6-7　三端可调式集成稳压器 LM317 的基本应用电路

C_2是为了减小R_2两端纹波电压而设置的，一般取 10 μF。C_3是为了防止输出端负载呈感性时可能出现的阻尼振荡，取 1 μF。C_1为输入端滤波电容，可抵消电路的电感效应和滤除输入线窜入干扰脉冲，取 0.33 μF。VD_1、VD_2是保护二极管，可选整流二极管。

3）U_I的选取

U_I=28～40 V，$U_I-U_O \geq 3$ V。当$U_O=U_{Omax}$=37 V 时，U_I=40 V。

实训 3　直流稳压电源的制作

1．教学目标

（1）知道直流稳压电源电路的基本原理。

（2）会使用万用表对各类元器件进行识别与检测。

（3）会使用集成稳压器 LM317 制作一可调直流稳压电源，会用万用表测试电路。

2．器材准备

（1）指针式万用表。

（2）焊接及装接工具一套。

（3）PCB、单孔电路板或面包板。

（4）元器件清单如表 3-6-2 所示。

表 3-6-2　元器件清单

序号	符　号	名　称	规　格
1	R	电阻器	120 Ω
2	RP	电位器	5 kΩ
3	VD_1～VD_6	二极管	1N4007
4	C_1	电解电容器	1 000 μF/35 V
5	C_2	瓷片电容器	0.1 μF
6	C_3	电解电容器	10 μF/25 V
7	C_4	电解电容器	100 μF/25 V
8	U_1	集成稳压器 LM317	LM317
9	T	变压器	～12 V/10 W

3. 实操过程

1）电路原理图的识读

如图 3-6-8 所示电路，在输入端送入低压 12 V 交流电，经过整流二极管 VD_1～VD_4 整流，电容器 C_1 与 C_2 滤波后，变成直流电压。此直流电压加在三端集成稳压器 LM317 的输入端 3 脚，从输出端 2 脚输出稳定的直流电压。改变电位器 R_P 的电阻值，可改变输出电压的大小。C_3、C_4 为滤波电容器，VD_5、VD_6 为保护二极管。

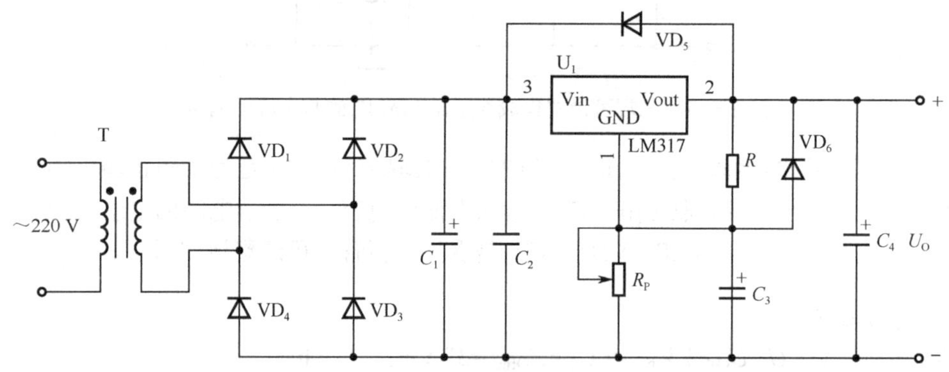

图 3-6-8　三端可调集成稳压电路原理图

2）元器件的识别与检测

（1）变压器。变压器是利用电磁感应原理来改变交流电压的装置，主要功能有电压变换、电流变换、阻抗变换、隔离、稳压等。变压器主要由初级线圈、次级线圈和铁芯组成，初级线圈接交流电源 220 V，次级线圈接桥式整流输入端，切不可接反。实物和电路符号参照图 3-6-9。

使用万用表电阻挡测量初级线圈和次级线圈电阻值，测量数据记录在表 3-6-3 中。

（2）二极管。二极管具有单向导电性，可以把方向交替变化的交流电变换成单一方向的脉动直流电。1N4007 是较为常用的整流二极管，其实物和电路符号参照图 3-6-10。

使用万用表电阻档测量二极管正反向电阻值，并判断其质量好坏，测量数据记录在表 3-6-3 中。

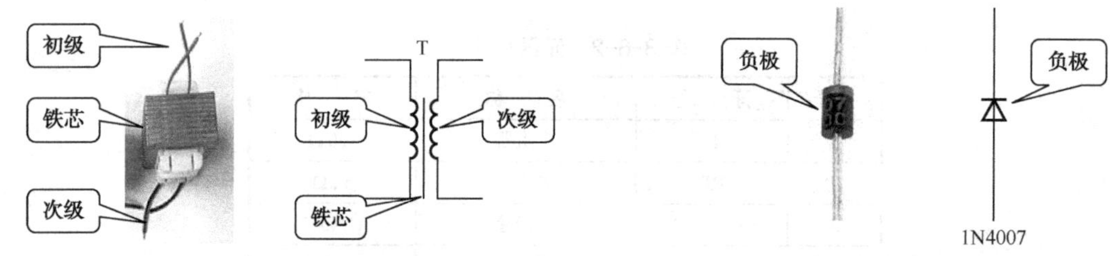

图 3-6-9　变压器实物和电路符号　　图 3-6-10　二极管

（3）电解电容器。电解电容器是在电路中使用频率较高的电子元器件之一。电解电容器引脚有极性之分，引脚长的为正极，短的为负极，其实物和电路符号参照图 3-6-11。

使用万用表电阻挡测量电解电容器的漏电阻，并判断其质量好坏，测量数据记录在表 3-6-3 中。

（4）三端稳压器 LM317。LM317 为正电压输出的三端可调式集成稳压器。将 LM317 引脚朝下，把标记有“LM317”的一面正对自己，从左边开始依次为：1 脚为调整端，2 脚为输出端，3 脚为输入端。三端稳压器 LM317 实物及引脚排列如图 3-6-12 所示。

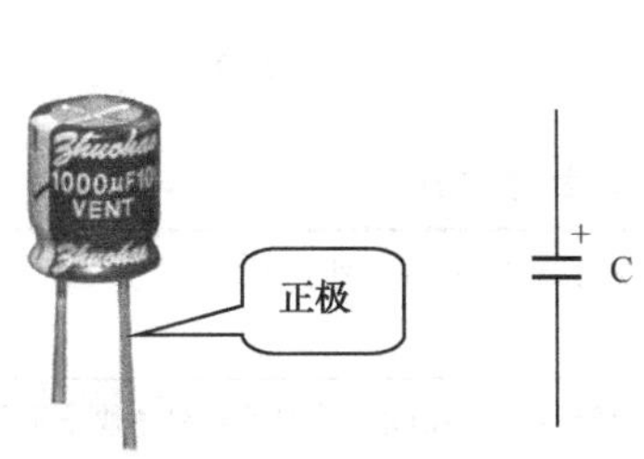

图 3-6-11 电解电容器实物和电路符号

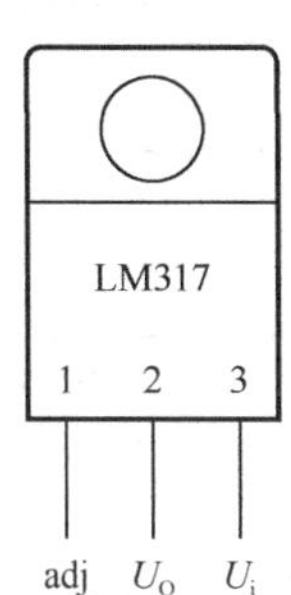

图 3-6-12 三端稳压器 LM317 实物及引脚排列

判断 LM317 三端稳压器质量好坏的检测方法是：将万用表拨至 R×10 k 挡，红表笔接散热片（带小圆孔），黑表笔依次接 1、2、3 脚，如果测量值都很小，则 LM317 已损坏，测量数据记录在表 3-6-3 中。

表 3-6-3 元器件识别与检测表

<table>
<tr><td rowspan="2">变压器
T</td><td colspan="3">初级线圈电阻值/测量挡位</td><td colspan="3">次级线圈电阻值/测量挡位</td><td>质量判断（好/坏）</td></tr>
<tr><td colspan="3"></td><td colspan="3"></td><td></td></tr>
<tr><td rowspan="2">二极管
1N4007</td><td colspan="3">正向电阻值/测量挡位</td><td colspan="3">反向电阻值/测量挡位</td><td>质量判断（好/坏）</td></tr>
<tr><td colspan="3"></td><td colspan="3"></td><td></td></tr>
<tr><td rowspan="2">电解电容器
1 000 μF/35 V</td><td colspan="6">漏电阻值/测量挡位</td><td>质量判断（好/坏）</td></tr>
<tr><td colspan="6"></td><td></td></tr>
<tr><td rowspan="2">三端稳压器
LM317</td><td colspan="2">红表笔接散热片
黑表笔接引脚 1</td><td colspan="2">红表笔接散热片
黑表笔接引脚 2</td><td colspan="2">红表笔接散热片
黑表笔接引脚 3</td><td>质量判断（好/坏）</td></tr>
<tr><td colspan="2"></td><td colspan="2"></td><td colspan="2"></td><td></td></tr>
</table>

3）电路制作

根据实际情况选择任一方案，方案二的技能检测时间为 120 min，方案一和三的检测时间为 90 min。

（1）方案一：在 PCB 电路板上装配制作电路，要求参照表 3-6-4。

表 3-6-4 PCB 电路板制作工艺评价表

A 级	焊点适中，无漏、假、虚、连焊，焊点光滑、圆润、干净，无毛刺，焊点基本一致；引脚加工尺寸及成形符合工艺要求；焊接安装无错漏，电路板插件位置正确，元器件极性正确，接插件、紧固件安装可靠
B 级	焊点适中，无漏、假、虚、连焊，但个别（1～2 个）元器件有下面现象：有毛刺，不光亮；元器件均已焊接在电路板上，1～2 个插件位置不正确或元器件极性不正确；或元器件、导线安装及字标方向未符合工艺要求；或 1～2 处出现烫伤和划伤处，有污物
C 级	3～6 个元器件有漏、假、虚、连焊，或有毛刺，不光亮，缺少（3～5 个）元器件或插件；3～5 个插件位置不正确或元器件极性不正确；或元器件、导线安装及字标方向未符合工艺要求；3～5 处出现烫伤和划伤处，有污物

续表

D级	有严重（超过7个元器件以上）漏、假、虚、连焊，或有毛刺，不光亮，缺少（3～5个）元器件或插件；3～5个插件位置不正确或元器件极性不正确；或元器件、导线安装及字标方向未符合工艺要求；3～5处出现烫伤和划伤处，有污物

（2）方案二：在单孔万能电路板上焊接制作电路，要求参照表3-6-5。

表3-6-5　单孔万能板制作工艺评价表

A级	充分利用单孔板尺寸，元器件整体布局合理；电路走线简洁明了；元器件引脚成形及安装规范；焊点适中，焊点光滑、圆润、干净，无毛刺，焊点基本一致
B级	能充分利用单孔板尺寸，元器件整体布局较为合理；电路走线思路清楚；个别元器件引脚成形及安装不符合规范；所焊接的元器件的焊点适中，但个别焊点有毛刺，不光亮
C级	元器件整体布局一般，电路走线较为复杂，多有绕弯；2～3个元器件引脚成形及安装不符合规范；多个焊点有毛刺，不光亮
D级	元器件整体布局较差；电路走线混乱；多个元件引脚成形及安装不符合规范；有严重的漏、假、虚焊，或有毛刺，不光亮

（3）方案三：在面包板上搭接制作电路，要求参照表3-6-6。

表3-6-6　面包板搭接制作工艺评价表

A级	充分利用面包板尺寸，元器件整体插接合理；能对于同个节点或相同功能区域使用同种颜色的连接导线；使用导线总数不能超过20根；元件插接牢固，无松动、掉落现象
B级	能充分利用面包板尺寸，元器件整体插接较为合理；能对于同个节点或相同功能区域使用同种颜色的连接导线；使用导线总数不能超过25根；元件插接基本牢固，无松动、掉落现象
C级	元器件整体插接一般；对于同个节点或相同功能区域连接时导线颜色没有区分；使用导线总数超过25根；元件插接不牢固，有松动、掉落现象
D级	元器件整体插接较差；导线较为混乱；使用导线总数不能超过30根；元件插接有明显松动、掉落现象

4）电路测试

电路制作完成后，接通电源。用万用表测量LM317的3脚电位，并记录在表3-6-7中；电路空载状态下，调节电位器R_P的阻值至最大和最小，测量输出电压U_O的变化范围，同时测出LM317的1脚电位，记录在表3-6-7中。

表3-6-7　电路测试表

测试项目（接通电源）	测量值（V）	
LM317的输入端3脚电位		
电位器R_P的状态	阻值最大	阻值最小
输出电压U_O		
LM317的调整端1脚电位		

考核评价见表3-6-8。

表3-6-8　考核评价表

项目内容	技术要求		配　分	评分细则	得　分
元器件检测	会使用万用表测量各类元器件特性		20	每项5分，共4项	
电路制作	参照电路制作工艺评价标准		20	A级 15～20 B级 10～15 C级 5～10 D级 5及以下	
功能实现	能实现整流、滤波、稳压功能		30	功能全部实现得满分，有错误酌情扣分	
数据测量	能实现关键点电压及电位的测量		20	电压、电位测量正确每空得4分	
安全生产	符合安全文明生产要求		10	根据学生实际操作情况，酌情扣分	
实训起止时间	开始时间	结束时间		本次成绩	
学生签字			教师签字		

习题3

一、判断题

1．直流电源是一种将正弦信号转换为直流信号的波形变换电路。　（　　）

2．直流电源是一种能量转换电路，它将交流能量转换为直流能量。　（　　）

3．在变压器副边电压和负载电阻相同的情况下，桥式整流电路的输出电流是半波整流电路输出电流的2倍。　（　　）

因此，它们的整流管的平均电流比值为2∶1。　（　　）

4．若U_2为电源变压器副边电压的有效值，则半波整流电容滤波电路和全波整流电容滤波电路在空载时的输出电压均为$\sqrt{2}U_2$。　（　　）

5．当输入电压U_I和负载电流I_L变化时，稳压电路的输出电压是绝对不变的。（　　）

6．一般情况下，开关型稳压电路比线性稳压电路效率高。　（　　）

7．整流电路可将正弦电压变为脉动的直流电压。　（　　）

8．电容滤波电路适用于小负载电流，而电感滤波电路适用于大负载电流。　（　　）

9．单相桥式整流电容滤波电路中，若有一只整流管断开，则输出电压平均值变为原来的一半。　（　　）

10．对于理想的稳压电路，$\Delta U_O/\Delta U_I=0$，$R_O=0$。　（　　）

11．线性直流电源中的调整管工作在放大状态，开关型直流电源中的调整管工作在开关状态。　（　　）

12．因为串联型稳压电路中引入了深度负反馈，因此也可能产生自激振荡。　（　　）

13．在稳压管稳压电路中，稳压管的最大稳定电流必须大于最大负载电流。　（　　）

14．稳压管的最大稳定电流与最小稳定电流之差应大于负载电流的变化范围。（　　）

二、选择题

1．在单相桥式整流滤波电路中，已知变压器副边电压有效值 U_2 为 10 V，$R_L C \geqslant \frac{3T}{2}$（$T$ 为电网电压的周期）。测得输出电压平均值 $U_{O(AV)}$可能的数值为______

A．14 V　　B．12 V　　C．9 V　　D．4.5 V

（1）正常情况 $U_{O(AV)} \approx$______；

（2）电容虚焊时 $U_{O(AV)} \approx$______；

（3）负载电阻开路时 $U_{O(AV)} \approx$______；

（4）一只整流管和滤波电容同时开路，$U_{O(AV)} \approx$______。

2．选择合适答案填入空内。

（1）整流的目的是______。

A．将交流变为直流　　B．将高频变为低频　　C．将正弦波变为方波

（2）在单相桥式整流电路中，若有一只整流管接反，则______。

A．输出电压约为 $2U_D$　　B．变为半波直流

C．整流管将因电流过大而烧坏

（3）直流稳压电源中滤波电路的目的是______。

A．将交流变为直流

B．将高频变为低频

C．将交、直流混合量中的交流成分滤掉

（4）滤波电路应选用______。

A．高通滤波电路　　B．低通滤波电路　　C．带通滤波电路

3．选择合适答案填入空内。

（1）若要组成输出电压可调、最大输出电流为 3 A 的直流稳压电源，则应采用______。

A．电容滤波稳压管稳压电路　　B．电感滤波稳压管稳压电路

C．电容滤波串联型稳压电路　　D．电感滤波串联型稳压电路

（2）串联型稳压电路中的放大环节所放大的对象是______。

A．基准电压

B．采样电压

C．基准电压与采样电压之差

（3）开关型直流电源比线性直流电源效率高的原因是 ____。

A．调整管工作在开关状态　　B．输出端有 LC 滤波电路

C．可以不用电源变压器

（4）在脉宽调制式串联型开关稳压电路中，为使输出电压增大，对调整管基极控制信号的要求是____。

A．周期不变，占空比增大　　B．频率增大，占空比不变

C．在一个周期内，高电平时间不变，周期增大

三、计算题

1. 在图 1 所示稳压电路中，已知稳压管的稳定电压 U_Z 为 6 V，最小稳定电流 I_{Zmin} 为 5 mA，

最大稳定电流 I_{Zmax} 为 40 mA；输入电压 U_I 为 15 V，波动范围为±10%；限流电阻 R 为 200 Ω。

（1）电路是否能空载？为什么？

（2）作为稳压电路的指标，负载电流 I_L 的范围为多少？

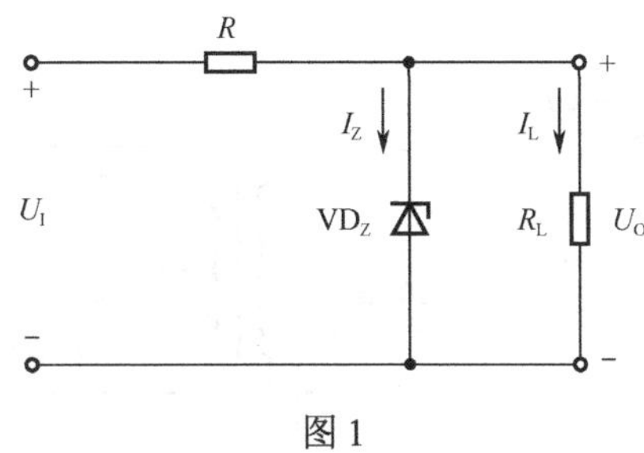

图 1

2．电路如图 2 所示。合理连线，构成 5 V 的直流电源。

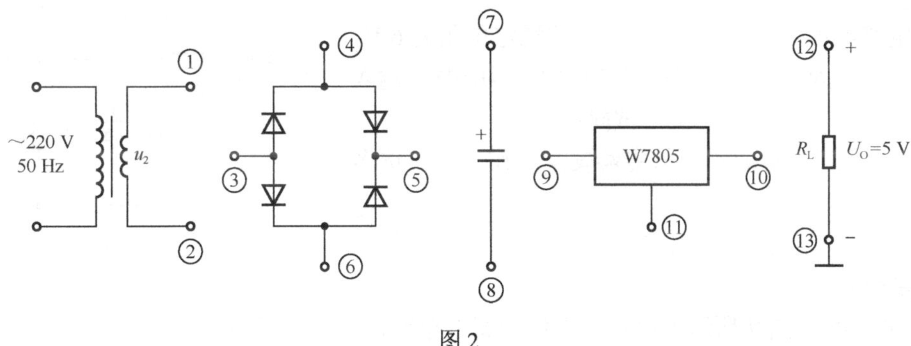

图 2

3．电路如图 3 所示，变压器副边电压有效值为 $2U_2$。

（1）画出 u_2、u_{D1} 和 u_O 的波形；

（2）求出输出电压平均值 $U_{O(AV)}$和输出电流平均值 $I_{L(AV)}$的表达式；

（3）写出二极管的平均电流 $I_{D(AV)}$和所承受的最大反向电压 U_{Rmax} 的表达式。

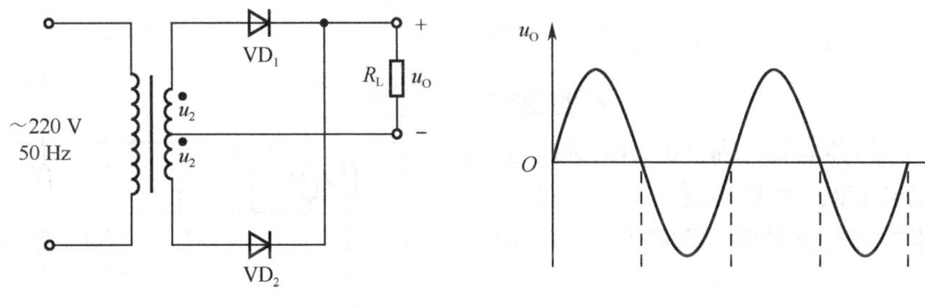

图 3

4．电路如图 4 所示，变压器副边电压有效值 U_{21}=50 V，U_{22}=20 V。试问：

（1）输出电压平均值 $U_{O1(AV)}$和 $U_{O2(AV)}$各为多少？

（2）各二极管承受的最大反向电压为多少？

5．电路如图 5 所示。

（1）分别标出 u_{O1} 和 u_{O2} 对地的极性；

（2）u_{O1}、u_{O2}分别是半波整流还是全波整流？

（3）当 $U_{21}=U_{22}=20$ V 时，$U_{O1(AV)}$和 $U_{O2(AV)}$各为多少？

（4）当 $U_{21}=18$ V，$U_{22}=22$ V 时，画出 u_{O1}、u_{O2} 的波形，并求出 $U_{O1(AV)}$和 $U_{O2(AV)}$各为多少。

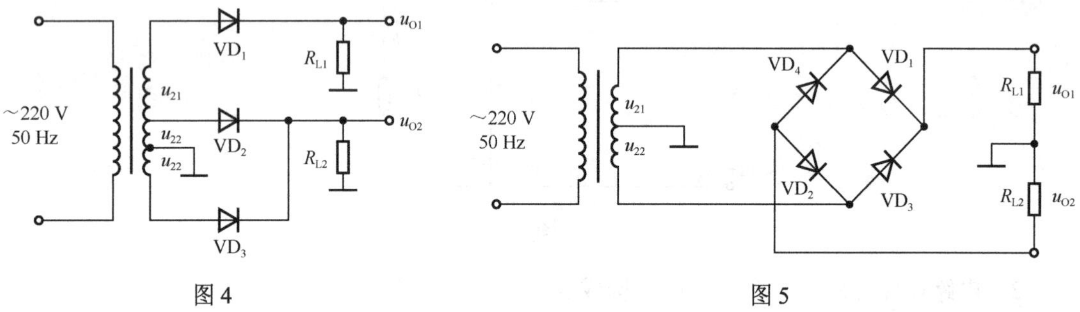

图 4　　　　图 5

6. 电路如图 6 所示，已知稳压管的稳定电压为 6 V，最小稳定电流为 5 mA，允许耗散功率为 240 mW，输入电压为 20～24 V，R_1=360 Ω。试问：

（1）为保证空载时稳压管能够安全工作，R_2 应选多大？

（2）当 R_2 按上面原则选定后，负载电阻允许的变化范围是多少？

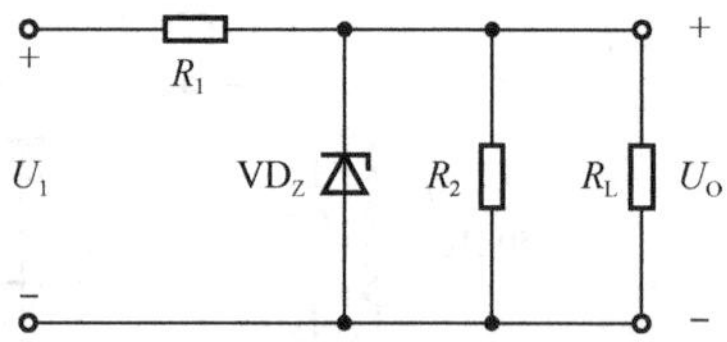

图 6

7．分别判断图 7 所示各电路能否作为滤波电路，并简述理由。

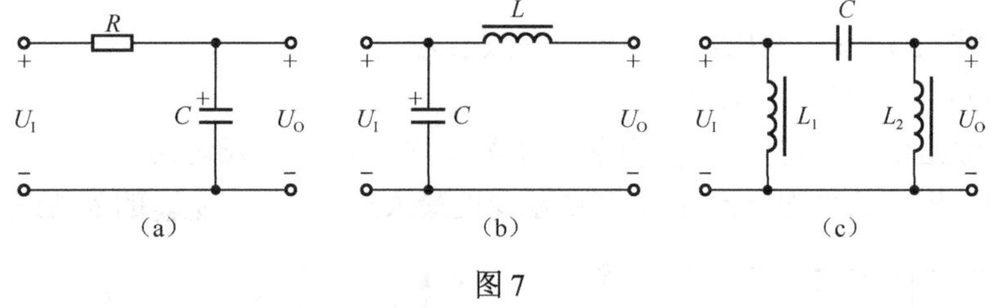

图 7

8．电路如图 8 所示，已知稳压管的稳定电压 U_Z=6 V，晶体管的 U_{BE}=0.7 V，R_1=R_2=R_3=300 Ω，U_I=24 V。判断出现下列现象时，分别因为电路产生什么故障（即哪个元件开路或短路）。

（1）U_O≈24 V；

（2）U_O≈23.3 V；

（3）U_O≈12 V 且不可调；

（4）U_O≈6 V 且不可调；

（5）U_O 可调范围变为 6～12 V。

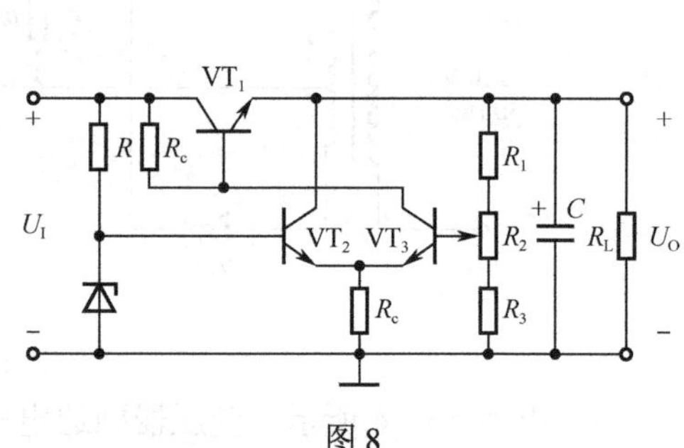

图 8

9. 电路如图 9 所示，设 $I'_I \approx I'_O = 1.5$ A，晶体管 VT 的 $U_{EB} \approx U_D$，R_1=1 Ω，R_2=2 Ω，I_D>>I_B。求解负载电流 I_L 与 I'_O 的关系式。

10. 在图10所示电路中，R_1=240 Ω，R_2=3 kΩ；W117输入端和输出端电压允许范围为3～40 V，输出端和调整端之间的电压U_R为1.25 V。试求解：

（1）输出电压的调节范围；

（2）输入电压允许的范围。

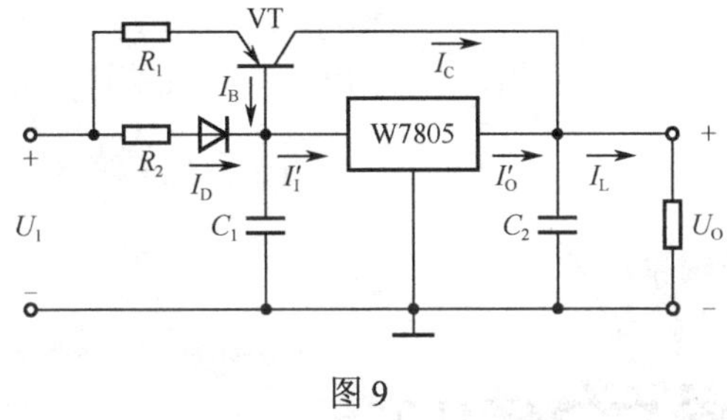

图9

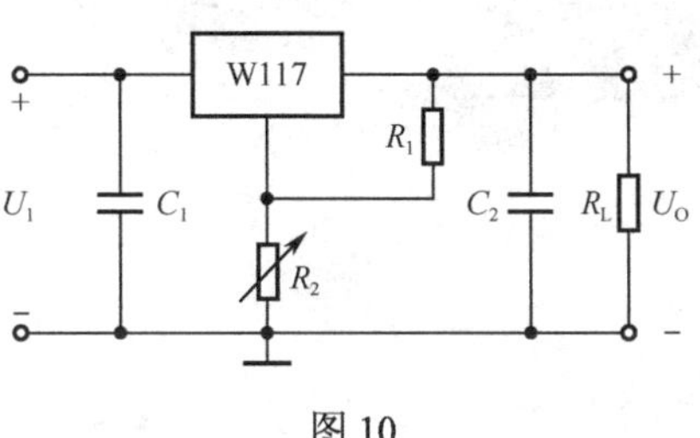

图10

11. 两个恒流源电路分别如图11（a）、（b）所示。

（1）求解各电路负载电流的表达式；

（2）设输入电压为20 V，晶体管饱和压降为3 V，B-E间电压数值$|U_{BE}|$=0.7 V，W7805输入端和输出端间的电压最小值为3 V，稳压管的稳定电压U_Z=5 V，R_1=R=50 Ω，分别求出两电路负载电阻的最大值。

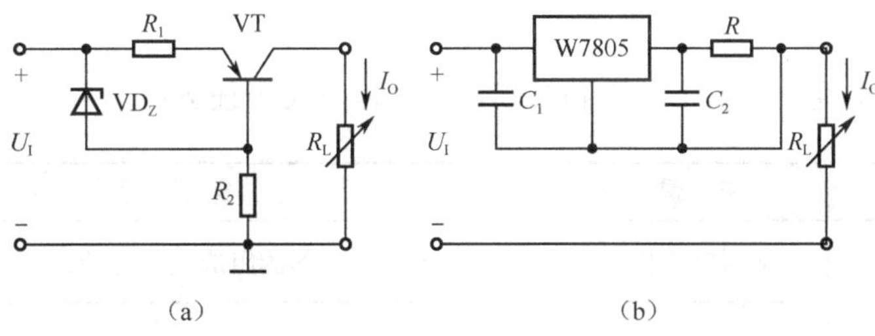

（a）　　（b）

图11

12. 试分别求出图12所示各电路输出电压的表达式。

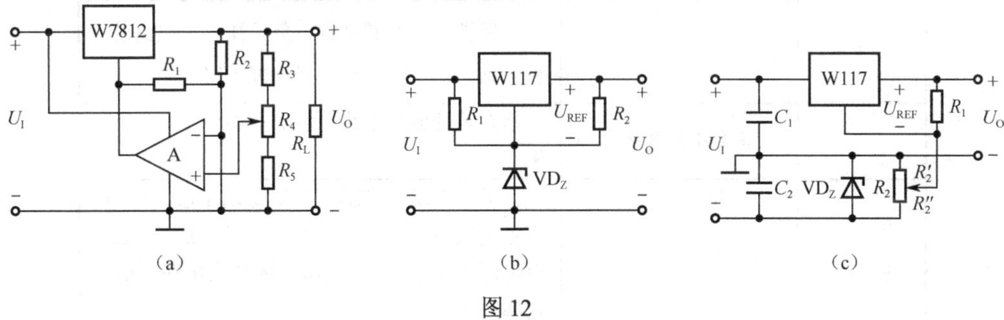

（a）　　（b）　　（c）

图12

项目4 电子扩音器的制作

通过本项目将主要学习以下知识和技能，完成以下实训任务：

序号	知 识 点	主 要 技 能
1	认识电子扩音器	电子扩音器的组成及工作原理
2	基本放大电路	基本共射放大电路、分压偏置式共发射极放大电路、共集电极放大电路、共基极放大电路、多级放大电路的级间耦合
3	放大电路中的负反馈	反馈类型及其判定、负反馈放大电路的4种组态、负反馈对放大器性能的影响
4	差动放大电路	基本差动放大电路、差放电路的工作原理分析
5	低频功率放大器	乙类双电源（OCL）互补对称功率放大电路、甲乙类双电源（OCL）互补对称功率放大电路、单电源（OTL）互补对称功率放大电路、集成功率放大器
6	实训4　电子扩音器的制作	

任务 4.1　认识电子扩音器

4.1.1　电子扩音器的组成

扩音器是将声音转换成电信号，再由内部电路将小信号放大后由扬声器播放出来。简易扩音器的示意图如图 4-1-1 所示。

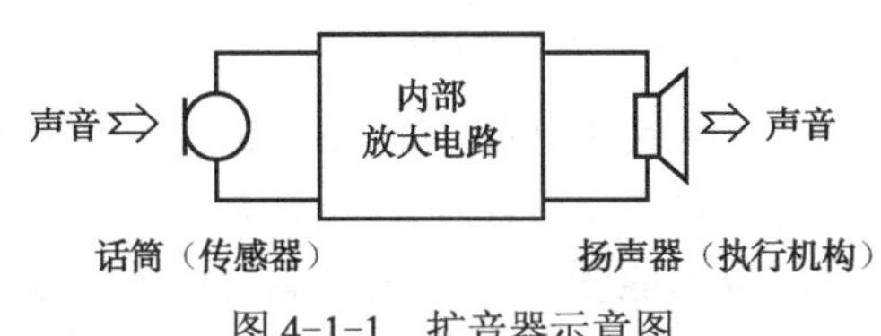

图 4-1-1　扩音器示意图

从图 4-1-1 可知，简易扩音器主要由 3 部分组成：话筒、内部放大电路和简易扬声器。

4.1.2　电子扩音器的工作原理

扩音设备的作用通常是把从话筒等音频设备输出的微弱的信号放大成能推动扬声器发声的大功率信号，故主要用到基本放大器和功率放大器。因此扩音器由前置放大器、音调控制器、功率放大器几部分组成，如图 4-1-2 所示。

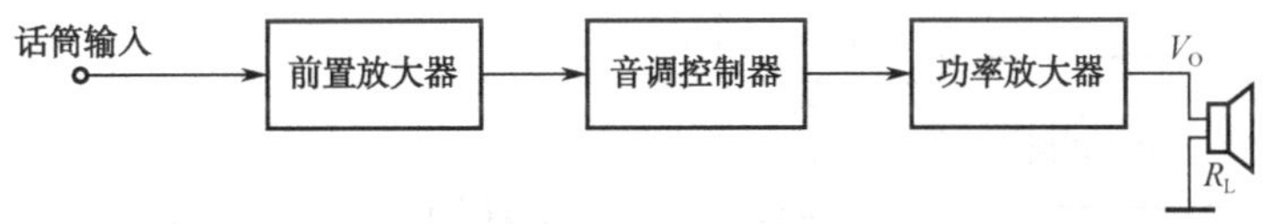

图 4-1-2　扩音器组成框图

前置放大器对输入信号进行适当的放大，放大后的信号送入音调网络，信号经过音调网络，其幅度有所减小。一般音调网络的特性是：中音（1 000 Hz）时变化小于 3 dB，低音（100 Hz）时调节的范围为±12 dB，高音（20 kHz）时的调节范围为±14 dB，根据放音节目的不同，可以用“音调选择器”选择不同的位置。最后将经功率放大器进行功率放大后的信号送入扬声器，在扬声器上得到了放大后的音调信号。

音频功率放大器的作用是将声音源输入的信号进行放大，然后输出驱动扬声器。声音的种类有多种，如传声器（话筒）、电唱机、录音机（放音磁头）、CD 唱机及线路传输等，这些声音源的输出信号的电压差别很大，从零点几毫伏到几百毫伏。一般功率放大器的输入灵敏度是一定的，这些不同的声音源信号如果直接输入到功率放大器中的话，对于输入过低的信号，功率放大器输出功率不足，不能充分发挥功放的作用；假如输入信号的幅值过大，功率放大器的输出信号将严重过载失真，这样将失去了音频放大的意义。所以一个实用的音频功率放大系统必须设置前置放大器，以便使放大器适应不同的输入信号，或放大，或衰减，或进行阻抗变换，使其与功率放大器的输入灵敏度相匹配。另外，在各种声音源中，除了信号的幅度差别外，它们的频率特性有的也不同，如电唱机输出信号和磁带放音的输出信号频率特性曲线呈上翘形，即低音被衰减，高音被提升。对于这样的输入信号，在进行功率放大之前，需要进行频率补偿，使其频率特性曲线恢复到接近平坦的状态，即加入频率均衡网络放大器。

任务 4.2 基本放大电路

4.2.1 放大电路的概念与主要指标

1. 放大电路的概念

基本放大电路一般是指由一个三极管组成的 3 种基本组态放大电路。放大电路主要用于放大微弱信号，输出电压或电流在幅度上得到了放大，输出信号的能量得到了加强。输出信号的能量实际上是由直流电源提供的，只是经过三极管的控制，使之转换成信号能量，提供给负载。放大电路的结构示意图如图 4-2-1 所示。

2. 放大电路的主要技术指标

1）放大倍数

输出信号的电压和电流幅度得到了放大，所以输出功率也会有所放大。对放大电路而言，有电压放大倍数、电流放大倍数和功率放大倍数，它们通常都是按正弦量定义的。放大倍数定义式中各有关量如图 4-2-2 所示。

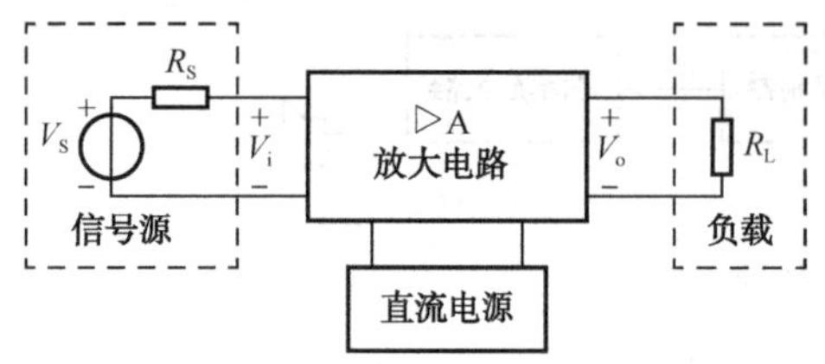

图 4-2-1 放大电路的结构示意图

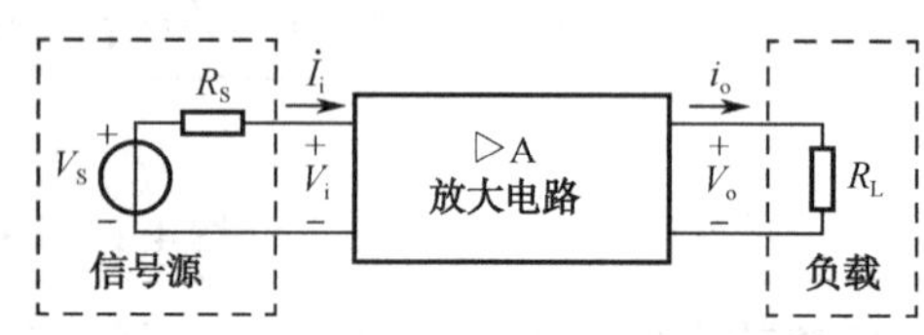

图 4-2-2 放大倍数的定义

电压放大倍数定义为

$$\dot{A}_v = \dot{V}_o / \dot{V}_i$$

电流放大倍数定义为

$$\dot{A}_I = \dot{I}_o / \dot{I}_i$$

功率放大倍数定义为

$$A_P = P_o / P_i = \dot{V}_o \dot{I}_o / \dot{V}_i \dot{I}_i$$

2）输入电阻 R_i

输入电阻是表明放大电路从信号源吸取电流大小的参数，R_i 大，放大电路从信号源吸取的电流则小，反之则大，如图 4-2-3 所示。

$$R_i = \dot{V}_i / \dot{I}_i$$

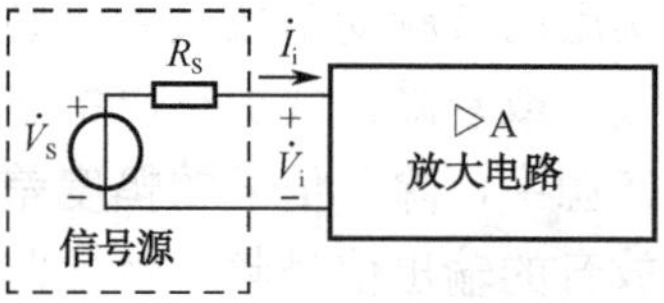

图 4-2-3 输入电阻的定义

3）输出电阻 R_o

输出电阻表明放大电路带负载的能力，R_o 大，表明放大电路带负载的能力差，反之则强。

$$R_o = \Delta \dot{V}_o / \Delta \dot{I}_o$$

如图 4-2-4（a）所示是从输出端加假想电源求 R_o，图 4-2-4（b）所示是通过放大电路负载特性曲线求 R_o。

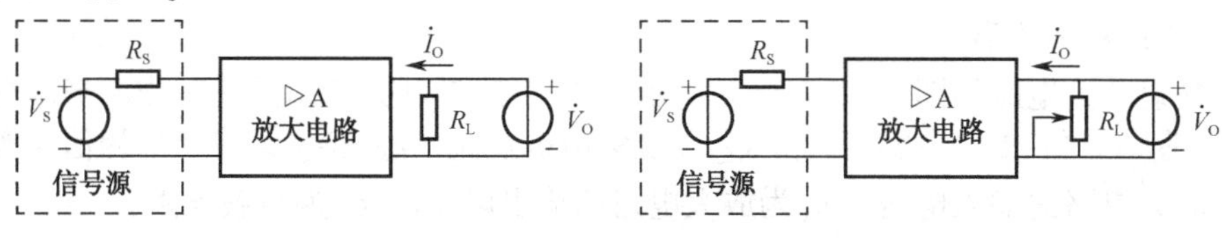

（a）从输出端求R_O　　（b）从负载特性曲线求R_O

图 4-2-4　输出电阻的定义

注意：放大倍数、输入电阻、输出电阻通常都是在正弦信号下的交流参数，只有在放大电路处于放大状态且输出不失真的条件下才有意义。

4）通频带

放大电路的增益 $A(f)$是频率的函数。在低频段和高频段放大倍数通常都要下降。当 $A(f)$下降到中频电压放大倍数 A_0 的$1/\sqrt{2}$ 时，即

$$A(f_L) = A(f_H) = \frac{A_0}{\sqrt{2}} \approx 0.7A_0$$

相应的频率 f_L 称为下限频率，f_H 称为上限频率，如图 4-2-5 所示。

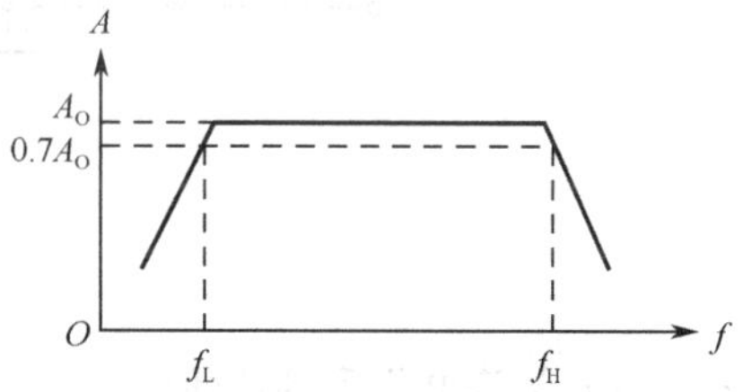

图 4-2-5　通频带的定义

4.2.2　三极管放大电路的 3 种组态

由 NPN 型三极管构成的放大电路也有 3 种组态：共发射极放大电路、共集电极放大电路和共基极放大电路，如 4-2-6 所示。

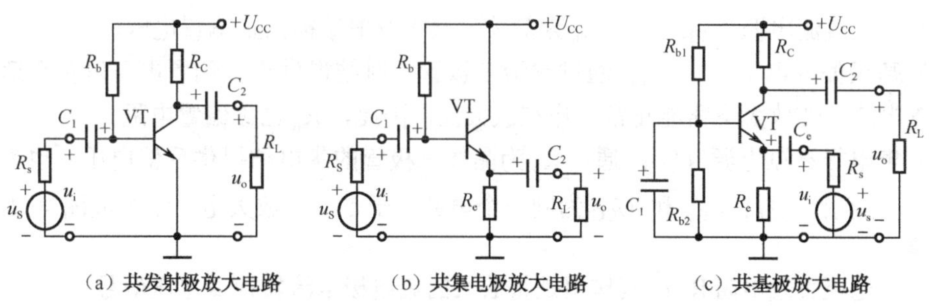

（a）共发射极放大电路　　（b）共集电极放大电路　　（c）共基极放大电路

图 4-2-6　放大电路的 3 种组态

对于共发射极放大电流，交流信号由基极输入，输出电压取自集电极；而共集电极放大电路，交流信号也是由基极输入，输出电压取自发射极，故又称为射极输出器；共基极放大电路的交流信号由发射极输入，输出电压取自集电极。每个放大电路各有自己的特点，应用的场合也不同。一般共发射极放大电路作为多级放大电路的中间级，提供较大的电压放大倍数；共集电极放大电路可以作为多级放大电路的输入级、中间级和输出级，主要作为阻抗匹配；而共基极放大电路用在高频电路。

4.2.3 基本共射放大电路

1. 基本共射放大电路的组成

1）电流组成及波形

基本共射放大电路如图 4-2-7（a）所示，图 4-2-7（b）所示是其工作波形。它由三极管 VT、电阻 R_b 和 R_c、电容 C_1 和 C_2 以及集电极直流电源 U_{CC} 组成。u_i 为信号源的端电压，也是放大电路的输入电压，u_o 为放大电路的输出电压，R_L 为负载电阻。

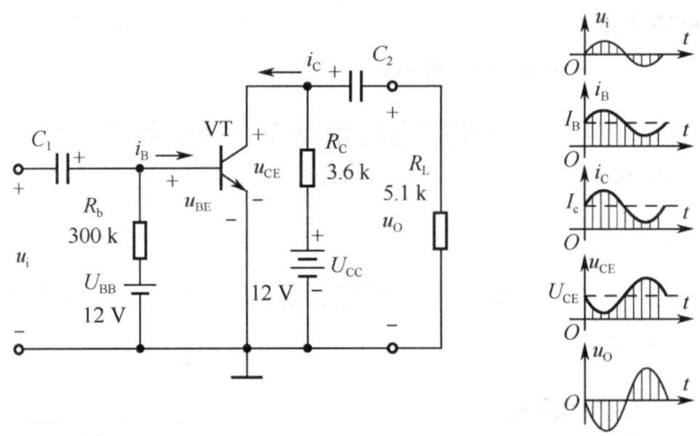

（a）基本共射放大电路　　（b）基本共射放大电路工作波形

图 4-2-7　基本共射放大电路及波形

2）电路中各元器件的作用

（1）三极管 VT：是放大电路的核心器件，其作用是利用输入信号产生微弱的电流 i_b，控制集电极电流 i_c 变化，i_c 由直流电源 U_{CC} 提供并通过电阻 R_c（或带负载 R_L 时的 $R'_L = R_c // R_L$）转换成交流输出电压。

（2）基极直流电源 U_{BB}：通过 R_b 为晶体三极管发射结提供正偏置电压。

（3）基极偏置电阻 R_b：U_{BB} 通过它给三极管发射结提供正向偏置电压以及合适的基极直流偏置电流，使放大电路能正常工作在放大区，因此，R_b 也称偏置电阻。

（4）集电极直流电源 U_{CC}：通过 R_c 为晶体三极管的集电结提供反偏电压，也为整个放大电路提供能量。通常 U_{BB} 和 U_{CC} 为同一个电源，于是，该放大电路常画成图 4-2-9（a）所示电路。

（5）集电极负载电阻 R_c：其作用是将放大的集电极电流转换成电压信号。

（6）耦合电容 C_1 和 C_2：对于直流信号起到隔直作用，视为开路。C_1 是防止直流电流进入信号源，C_2 是防止直流电流流到负载中。而对于交流信号，起到耦合作用，对于中频段的输入信号，视为短路，即交流信号可以顺利通过 C_1 和 C_2，耦合电容一般取电容量较大的电解电容。对于 NPN 管和 PNP 管，要注意电容极性的正确连接，应该将电容的正极连在直流电位较高的一端。

3）基本放大电路中电压和电流的表示方法

由于放大电路中既有需要放大的交流信号 u_i，又有为放大电路提供能量的直流电源

U_{CC}，所以三极管的各极电压和电流中都是直流分量与交流分量共存，如图 4-2-8 所示。

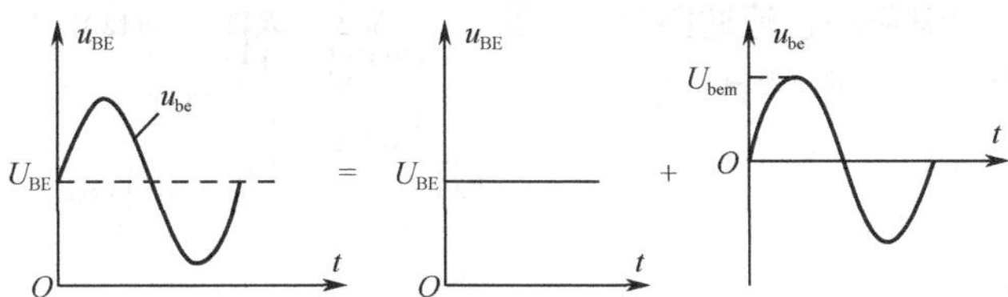

图 4-2-8　发射结电压波形

以 $u_{BE}=U_{BE}+u_{be}$ 为例，画出了 u_{BE} 的组成，其中：

u_{BE}——发射结电压的瞬时值，它既包含直流分量也包含交流分量；

U_{BE}——发射结的直流电压，也是 u_{BE} 中的直流分量，它是由直流电源 U_{CC} 产生的；

u_{be}——发射结的交流电压，也是 u_{BE} 中的交流分量，它是由输入电压 u_i 产生的；

U_{bem}——发射结交流电压的幅值；

U_{be}——发射结交流电压的有效值。

同理，对于基极电流 $i_B=I_B+i_b$，集电极电流 $i_C=I_C+i_c$ 和集射极电压 $u_{CE}=U_{CE}+u_{ce}$ 是表示它们的瞬时值，既包含直流值，也包含交流值。而 I_B、I_C 和 U_{CE} 表示直流分量，i_b、i_c 和 u_{ce} 表示交流分量。

2. 基本共射放大电路的分析

三极管放大电路的分析包括直流（静态）分析和交流 （动态）分析，其分析方法有图解法和微变等效分析法。图解法主要用于大信号放大器分析，微变等效分析法用于低频小信号放大器的动态分析。

1）图解法

当放大器在大信号条件下工作时，难以用电路分析的方法对放大器进行分析，通常采用图解法分析。

用图解法分析应先画出电路对应的直流通路和交流通路，如前所示，三极管的各极电压和电流中都是直流分量与交流分量共存，因此，三极管放大电路中的电流通路也分为直流通路和交流通路。

当 $u_i=0$ 时，放大电路处于静态，直流电路流经的通路称为放大电路的直流通路。通过直流通路为放大电路提供直流偏置，建立合适的静态工作点。画直流通路时应令交流信号源为零（交流电压源短路，交流电流源开路），保留其内阻；相关电容开路，电感短路。

当 $u_i\neq0$ 时，放大电路处于动态工作状态，交流电流流经的通路称为放大器的交流通路。画交流通路时，令直流电源为零（直流电压源短路，直流电流源开路），保留其内阻；令电抗很小的大容量电容和小电感短路；令电抗很大的小容量电容和大电感开路；保留电抗不可忽略的电容或电感。

（1）静态分析。对于图 4-2-9（a）所示的共发射极放大电路，由于三极管 VT 的各极间的电压和各极电流都是交流量与直流量叠加。在 $u_i=0$ 时，放大电路只有直流电源作用，放大电路的这种状态称为静态，对直流通路的分析称为静态分析。

由于三极管是非线性组件，所以可用作图的方法求得 Q 点的值。其步骤为：

第一步：给定晶体三极管的输入特性和输出特性，由放大电路的直流通路求得 I_B 和 U_{BE} 的方程，并在输入特性上作出这条直线。根据图 4-2-9（b），由 KVL 得

$$U_{CC}=I_BR_b+U_{BE}$$

则

$$I_B=-\frac{U_{BE}}{R_b}+\frac{U_{CC}}{R_b}$$

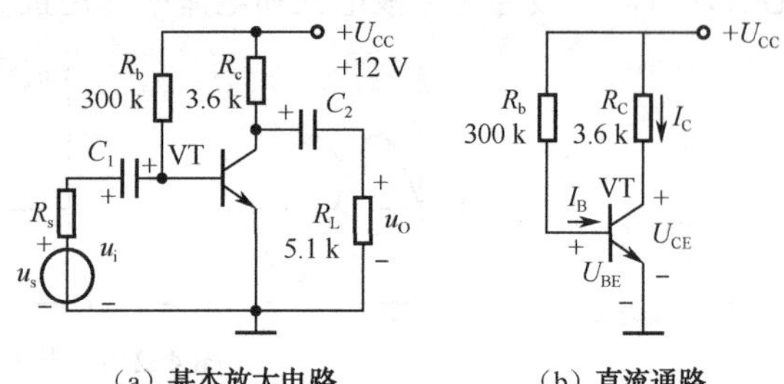

（a）基本放大电路　（b）直流通路

图 4-2-9　基本共射放大电路及其直流通路

这是一条直线，令 U_{BE}=0，求得 $I_B=\frac{U_{CC}}{R_b}$，在纵轴上得到一点 A，如图 4-2-10（a）所示；令 I_B=0，求得 U_{BE}=U_{CC}，则在横轴上得到一点 B（B 点未画出）。连接 A、B 两点，与晶体管输入特性相交于 Q 点，求得对应的 I_B 和 U_{BE}。

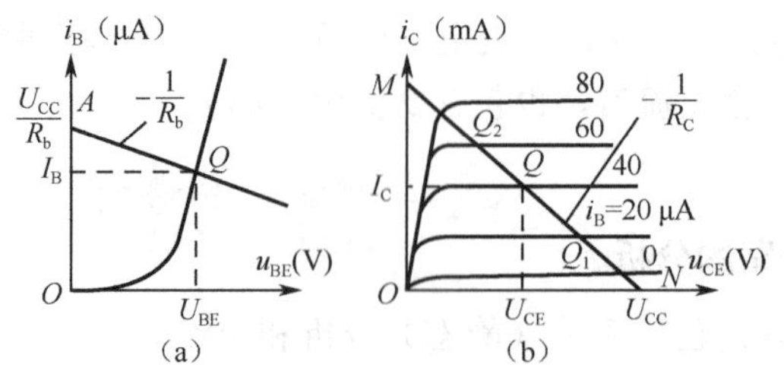

图 4-2-10　图解法分析静态工作点

第二步：由直流通路得到直流负载线 $I_C=f$（U_{CE}），并在晶体管的输出特性上作出这条直线。根据图 4-2-9（b），由 KVL 得

$$U_{CE}=U_{CC}-I_CR_c$$

则

$$I_C=-\frac{U_{CE}}{R_c}+\frac{U_{CC}}{R_c}$$

这也是一条直线，令 U_{CE}=0，求得 $I_C=\frac{U_{CC}}{R_c}$，与纵轴相交于 M 点；令 I_C=0，求得 U_{CE}=U_{CC}，则在横轴上得到 N 点。连接 M、N 两点，与三极管输出特性相交于多点，其中与 I_B 对应的点就是所求放大电路的静态工作点 Q（I_B，U_{CE}，I_C），如图 4-2-10（b）所示，则可求得相应的 I_C 和 U_{CE} 的值。这条直线的斜率为 $1/R_c$，故称为直流负载线。

由图 4-2-10（b）可以看出，I_B 的大小不同，Q 点在直流负载线上的位置也不同，也就是说基极电流 I_B 决定了静态工作点 Q 的位置，故 I_B 称为偏置电流。而 I_B 的改变是通过 R_b 实现的，故 R_b 称为偏置电阻。当 R_b 增大时，I_B 减小，静态工作点下移，如图 4-2-10（b）中的 Q_1。当 R_b 减小时，I_B 增大，静态工作点上移，如图 4-2-10（b）中的 Q_2，通常是在 R_b 支路中串入一可调电阻，以便调节静态工作点在合适的位置。

（2）动态分析。在 $u_i\neq 0$ 的情况下对放大电路进行分析，称为放大电路的动态分析。

只考虑交流信号通过放大电路时的等效电路称为放大电路交流通路。画放大器的交流

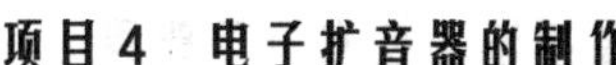

通路时，令直流电源为零，令耦合电容 C_1 和 C_2、交流旁路电容和滤波电容（如果有）交流短路。图 4-2-9（a）所示的放大电路的交流通路如图 4-2-11 所示。从图中可以看出，输入交流信号 u_i 和三极管的发射结电压的交流分量 u_{be} 相等，三极管集射结电压的交流分量 u_{ce} 和输出电压 u_o 相等，即 $u_i = u_{be}$，$u_o = u_{ce}$，该放大电路输出回路的瞬时电流为

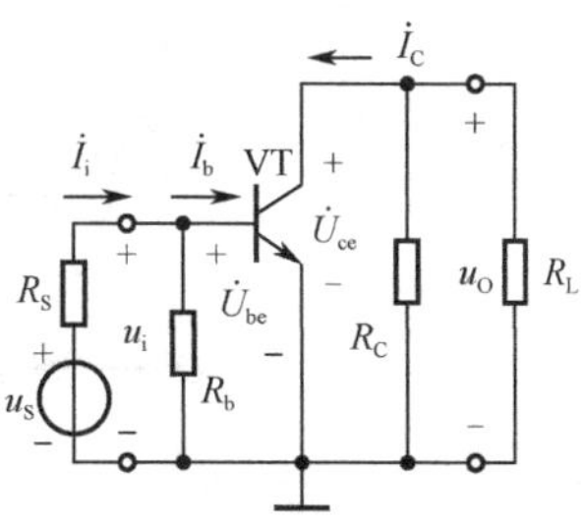

图 4-2-11　基本共射放大电路交流通路

$$i_C = I_C + i_c = I_C - \frac{u_{ce}}{R'_L}$$

输出回路的瞬时电压为

$$u_{CE} = U_{CE} + u_{ce}$$

于是有

$$i_C = I_C - \frac{u_{ce}}{R'_L} = I_C - \frac{u_{CE} - U_{CE}}{R'_L}$$

式中，$R'_L = R_c \mathbin{/\!/} R_L$。上式表明集电极电流的瞬时值 i_C 与集射极回路瞬时电压 u_{CE} 以及 R'_L 之间的关系。利用 i_C 表示的交流负载线方程，可以在三极管输出特性坐标系中画出输出回路的交流负载线。具体做法如下。

从 i_C 的表达式可以看到，当 $u_{CE} = U_{CE}$ 时，$i_C = I_C$，这表明交流负载线一定通过静态工作点 Q；利用求截距的方法，令 $i_C = 0$，可得到 $u_{CE} = U_{CE} + I_C R'_L$，可在 u_{CE} 轴上得到 D 点，D 点的坐标为（0，$U_{CE} + I_C R'_L$），连接 Q、D 两点并延长到 M 点的直线即为输出回路的交流负载线，其斜率为 $-1/R'_L$ 而不是 $-1/R_c$，如图 4-2-12 所示。

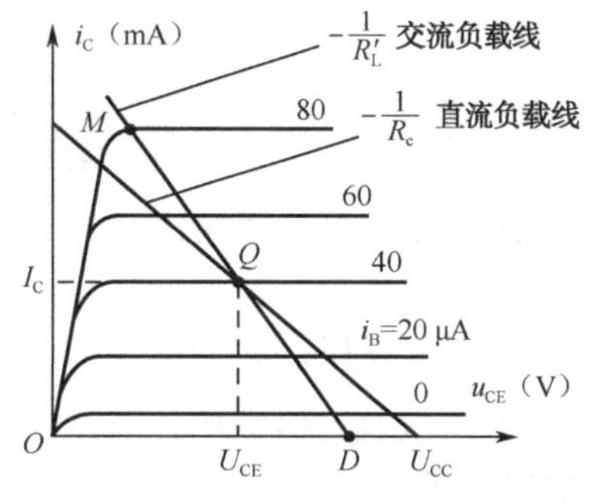

图 4-2-12　放大电路的交流、直流负载线

应该指出，当 $R_L = \infty$，即负载开路情况下，交、直流负载线重合。

由输入电压 u_i 求得基极电流 i_b，设 $u_i = U_{im} \sin \omega t$，当它加到图 4-2-9（a）所示的放大电路时，三极管发射结电压是在直流电压 U_{BE} 的基础上叠加了一个交流量 u_{be}。根据放大电路的交流通路可知，$u_{be} = u_i = U_{im} \sin \omega t$，此时发射结的电压 u_{BE} 的波形如图 4-2-13 所示。由 u_{BE} 的波形和三极管的输入特性可以作出基极电流 i_B 的波形，如图 4-2-13 所示。输入电压 u_i 的变化将产生基极电流的交流分量 i_b，由于输入电压 u_i 幅度很小，其动态变化范围小，在 Q_1～Q_2 段可以看成是线性的，基极电流的交流分量 i_b 也是按正弦规律变化的，即 $i_b = I_{bm} \sin \omega t$。

由 i_b 求得 i_c 和 $u_{ce}(u_o)$，当三极管工作在放大区时，集电极电流 $i_c = \beta i_b$，基极电流的交流分量 i_b 在直流分量 I_B 的基础上按正弦规律变化时，集电极电流的交流分量 i_c 也是在直流分

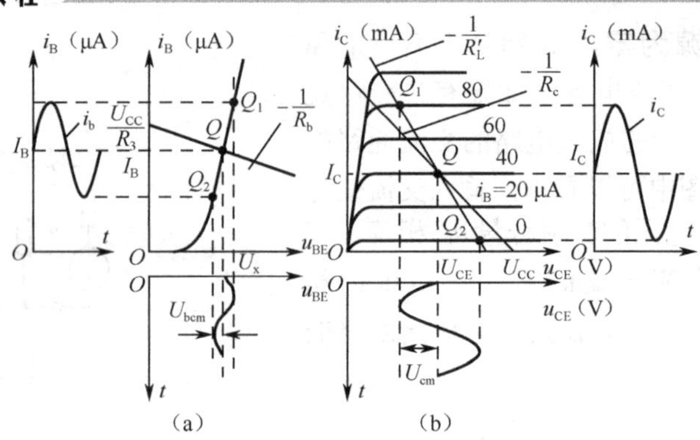

图 4-2-13　图解法分析共射放大电路的工作波形

量 I_C 的基础上按正弦规律变化。由于集射极电压的交流分量为 $u_{ce}=-i_cR'_L$，u_{ce} 也会在直流分量 U_{CE} 的基础上按正弦规律变化。很显然动态工作点将在交流负载线上的 Q_1 和 Q_2 之间移动，根据动态工作点移动的轨迹可画出 i_c 和 u_{ce} 的波形，如图 4-2-13 所示。由图中可以看到集电极电流和集射极电压的交流分量为

$$i_c = I_{cm}\sin\omega t$$

$$u_{ce} = u_o = -i_cR'_L = -U_{cem}\sin\omega t = -U_{om}\sin\omega t$$

① 晶体三极管各极间的电压和电流均为直流和交流分量，即

$$u_{BE} = U_{BE} + u_{be} = U_{BE} + u_i = U_{BE} + U_{im}\sin\omega t$$

$$i_B = I_B + i_b = I_B + I_{bm}\sin\omega t$$

$$i_C = I_C + i_c = I_C + I_{cm}\sin\omega t$$

$$u_{CE} = U_{CE} + u_{ce} = U_{CE} + u_o = U_{CE} - U_{om}\sin\omega t$$

② 交流信号的传递过程。由上面的分析可以得出输入交流信号的传递过程为

$$u_i \to i_b \to i_c \to u_{ce}(u_o)$$

③ 输入电压 u_i 和输出电压 u_o 是反相位的，即 $\varphi_a = 180°$。

④ 电压放大倍数的计算。放大电路的电压放大倍数等于输出电压相量与输入电压相量的比值，即

$$\dot{A}_u = \frac{\dot{U}_o}{\dot{U}_i} = \frac{U_o}{U_i}\angle\varphi_a$$

$$\left|\dot{A}_u\right| = \frac{U_o}{U_i} = \frac{U_{om}}{U_{im}}$$

故通过作图的方法得到放大电路的电压放大倍数的模。

（3）非线性失真。若放大电路的输出电压波形和输入波形形状不同，则放大电路产生了失真。如果放大电路的静态工作点设置得不合适（偏低或偏高），出现了在正弦输入信号 u_i 作用下，静态三极管进入截止区或饱和区，使得输出电压不是正弦波，这种失真称为非线性失真。它包括饱和失真和截止失真两种。

① 饱和失真。当放大器输入信号幅度足够大时，若静态工作点 Q 偏高到 Q_1 处，i_b 不失真，但 i_c 和 $u_{ce}(u_o)$ 失真，i_c 的正半周削顶，而 $u_{ce}(u_o)$ 的负半周削顶，如图 4-2-14 中波形（1）所示，这种失真为饱和失真。为了消除饱和失真，对于图 4-2-9（a）所示共发射极放

大电路，应该增大电阻 R_b，使 I_B 减小，从而使静态工作点下移放大区域中心。

② 截止失真。当放大器输入信号幅度足够大时，若静态工作点 Q 偏低到 Q_2 处，i_b、i_c 和 $u_{ce}(u_o)$ 都失真，i_b、i_c 的负半周削顶，而 $u_{ce}(u_o)$ 的正半周削顶，如图 4-2-14 中波形（2）所示，这种失真为截止失真。为了消除截止失真，对于图 4-2-9（a）所示共发射极放大电路，应该减小电阻 R_b，使 I_B 增大，从而使静态工作点上移到放大区域中心。

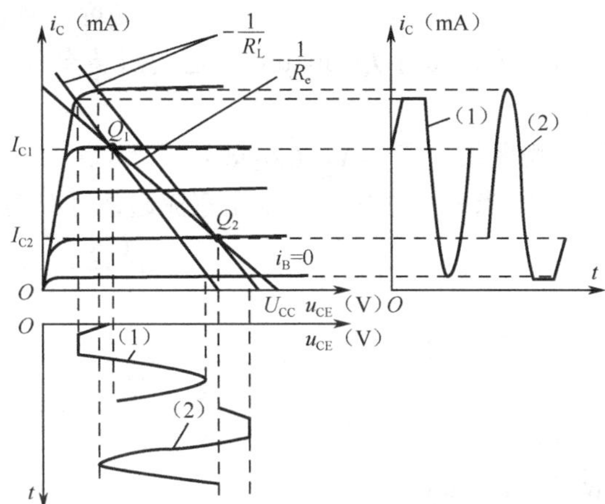

图 4-2-14 静态工作点对波形的影响

③ 双向失真。当静态工作点合适但输入信号幅度过大时，在输入信号的正半周三极管会进入饱和区；而在负半周，三极管进入截止区，于是在输入信号的一个周期内，输出波形正、负半周都被切削，输出电压波形近似梯形波，这种情况为双向失真。为了消除双向失真，应减小输入信号的幅度。

（4）输出电压不失真的最大幅度。通常所指放大器的动态范围是指不失真时，输出电压 u_o 的峰-峰值 $U_{o(p-p)}$。由图 4-2-13 可知，当静态工作点合适时，若忽略晶体管的 I_{CEO}，那么为使输出不产生截止失真，应满足 $U_{cem1} \leqslant I_C R'_L$；而为了使输出不产生饱和失真，应满足 $U_{cem2} \leqslant U_{CE} - U_{CES}$。由于三极管饱和电压 U_{CES} 很小，故可以忽略其影响，有 $U_{cem2} \leqslant U_{CE}$，则输出电压不失真最大幅度的取值为 $U_{om(max)} = \min\{U_{cem1}, U_{cem2}\}$。

例 4-1 在图 4-2-9（a）所示的共发射极放大电路中，已知 U_{CC}=12 V，R_b=240 kΩ，R_c=3 kΩ，β=40，U_{BE}=0.7 V，其三极管的输出特性如图 4-2-15 所示，①用图解法确定静态工作点，并求 I_B、I_C 和 U_{CE} 的值；②若使 U_{CE}=3 V，试计算 R_b 的大小；③若使 I_C=1.5 mA，R_b 又应该为多大？

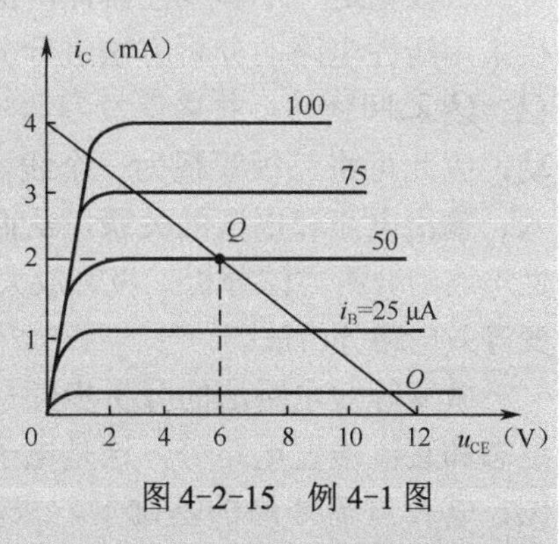

图 4-2-15 例 4-1 图

解：①由图 4-2-9（b）的直流通路可得直流负载线为

$$I_C = -\frac{U_{CE}}{R_c} + \frac{U_{CC}}{R_c} = -\frac{U_{CE}}{3} + \frac{12}{3}$$

当 U_{CE}=0 时，I_C=4 mA；当 I_C=0 时，U_{CE}=12 V，在图 4-2-15 的输出特性上作出这条直线。

再由直流通路得

$$I_B = \frac{U_{CC} - U_{BE}}{R_b} = \frac{12 - 0.7}{240 \times 10^3} \approx 50\ \mu A$$

故直流负载线与 I_B=50 μA 对应的那条输出特性的交点即为静态工作点 Q，如图 4-2-15 所示。

由图得 I_C=2 mA，U_{CE}=6 V。

② 当 U_{CE}=3 V 时，则由直流通路可得集电极电流为

$$I_C = \frac{U_{CC} - U_{CE}}{R_c} = \frac{12 - 3}{3} = 3\ mA$$

那么基极电流为

$$I_B = \frac{U_{CC} - U_{BE}}{R_b} = \frac{I_C}{\bar{\beta}} = \frac{3}{40} = 75\ \mu A$$

故

$$R_b = \frac{U_{CC} - U_{BE}}{I_B} = \frac{12 - 0.7}{0.075} = 160\ k\Omega$$

可采用150 kΩ和10 kΩ标称电阻串联。

③ 若使 I_C=1.5 mA，则

$$I_B = \frac{U_{CC} - U_{BE}}{R_b} = \frac{I_C}{\beta} = \frac{1.5}{40} = 37.5\ \mu A$$

故

$$R_b = \frac{U_{CC} - U_{BE}}{I_B} = \frac{12 - 0.7}{0.037\,5} = 320\ k\Omega$$

2）微变等效电路法

三极管是一个非线性器件，由三极管组成的放大电路属于非线性电路，不能简单地直接采用线性电路的分析方法进行分析。由图 4-2-14 可见，当输入交流信号时，工作点在 Q_1～Q_2 之间移动，若该信号为低频小信号，则 Q_1～Q_2 将在三极管特性曲线的线性范围内移动，因此可将三极管视为一个线性二端口网络，并采用线性网络的 H 参数表示三极管输入、输出电流和电压的关系，从而把包含三极管的非线性电路变成线性电路，然后采用线性电路的分析方法分析三极管放大电路。这种方法称为 H 参数等效电路分析法，又称为微变等效电路分析法。

微变等效电路法的分析步骤是：①认识电路，包括电路中各元器件的作用、放大器的组态和直流偏置电路等，这是电子线路读图的基础；②正确画出放大器的交流、直流通路图；③在直流通路的基础上，求静态工作点；④在交流通路的基础上，画出小信号等效（如 H 参数）电路图；⑤根据定义计算电路的动态性能参数，其中关键在于用电路中的已知量表示待求量。

（1）估算法计算静态值。如前所述，在 $u_i = 0$ 时，放大电路只有直流电源作用，电容相当于开路，放大电路的这种状态称为静态，对应的电路称为直流通路，对直流通路的分析称为静态分析。

静态工作点的 I_B、I_C 及 U_{CE} 值可以用上述图解法求得，但图解法画图比较麻烦，误差

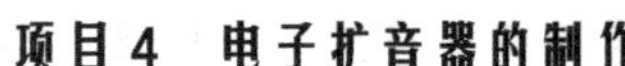

较大，而且需要测量出三极管的输出和输入特性，在此，介绍常用的估算法。为了方便，将图4-2-9重绘于图4-2-16中。

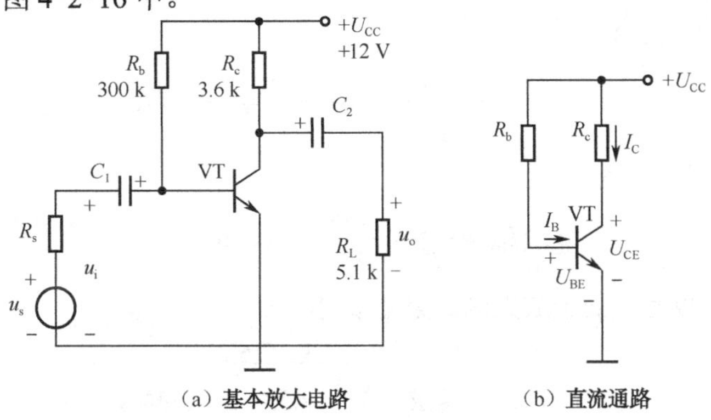

图4-2-16 基本共射放大电路及其直流通路

由图4-2-16（b）的直流通路可得

$$U_{CC} = I_B R_b + U_{BE}$$

$$I_B = \frac{U_{CC} - U_{BE}}{R_b}$$

由上式可见，当 U_{CC} 和 R_b 选定后，I_B 的值就近似为一定值，由于 I_B 被称为直流偏置电流，故根据三极管的电流分配原则，放大电路的集电极电流为

$$I_C = \bar{\beta} I_B$$

集射极之间的电压为

$$U_{CE} = U_{CC} - I_C R_c$$

例 4-2 在图4-2-16（a）所示的共发射极放大电路中，已知 U_{CC}=12 V，R_b=370 kΩ，R_C=2 kΩ，β=100，U_{BE}=0.7 V，试由直流通路求出电路的静态工作点。

解：由图4-2-16（b）的直流通路得

$$I_B = \frac{U_{CC} - U_{BE}}{R_b} = \frac{12 - 0.7}{370 \times 10^3} \approx 30\ \mu A$$

$$I_C = \bar{\beta} I_B = 100 \times 0.03 = 3\ mA$$

$$U_{CE} = U_{CC} - I_C R_C = 12 - 3 \times 10^{-3} \times 2 \times 10^3 = 6\ V$$

例 4-3 如图4-2-17所示放大电路中，已知 U_{CC}=12 V，R_c=2 kΩ，R_L=2 kΩ，R_{b1}=180 kΩ，电位器 R_P=2 MΩ，三极管的 β=40，U_{BE}=0.6 V。调节到 R_p=0 时：①求静态工作点的值，并判定三极管工作在什么区域；②当 R_p 调到最大时，求静态工作点的值，并判定三极管工作在什么区域；③若 U_{CE}=6 V，问 R_p 应调到多大？

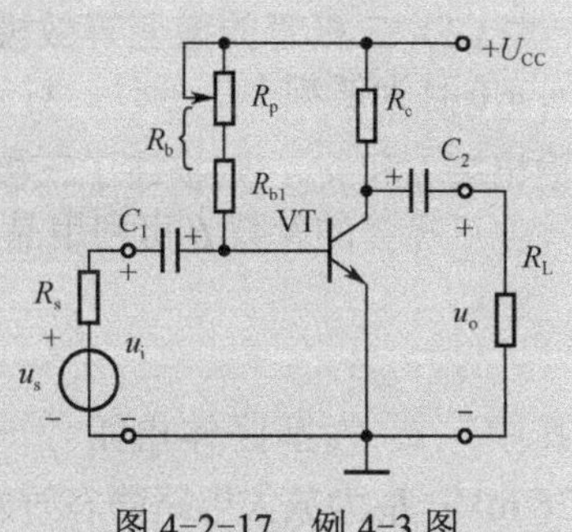

图4-2-17 例4-3图

解：①当调到 R_p=0 时，R_b=R_{b1}=180 kΩ，则基极电流为

$$I_B = \frac{U_{CC} - U_{BE}}{R_b} = \frac{12 - 0.6}{180} = 63.3\ \mu A$$

临界饱和时集电极电流为

$$I_{CS} = \frac{U_{CC} - U_{ces}}{R_c} = \frac{12 - 0.3}{2} = 5.85\ mA$$

临界饱和时基极电流为

$$I_{BS} = \frac{I_{CS}}{\beta} = \frac{5.85}{40} \approx 0.15\ mA$$

由于 $I_B < I_{BS}$，故管子处于放大区，集电极电流为

$$I_C = \beta I_B = 40 \times 63.3 = 2.53\ mA$$

$$U_{CE} = U_{CC} - I_C R_c = 12 - 2.53 \times 2 = 6.94\ V$$

可见，三极管工作于放大区。

② 当 R_P 调到最大时，$R_b=R_{b1}+R_P=180+2\,000=2\,180$ kΩ，则基极电流为

$$I_B = \frac{U_{CC} - U_{BE}}{R_b} = \frac{12 - 0.6}{2180} \approx 5.23\ \mu A$$

集电极电流为

$$I_C = \beta I_B = 40 \times 5.23 \approx 0.2\ mA$$

$$U_{CE} = U_{CC} - I_C R_c = 12 - 0.2 \times 2 = 11.6\ V \approx U_{CC}$$

故管子已接近截止区。

③ 若 U_{CE}=6 V，则集电极电流为

$$I_C = \frac{U_{CC} - U_{CE}}{R_c} = \frac{12 - 6}{2} = 3\ mA$$

基极电流为

$$I_B = \frac{I_C}{\beta} = \frac{3}{50} = 60\ \mu A$$

偏置电阻为

$$R_b = \frac{U_{CC} - U_{BE}}{I_B} = \frac{12 - 0.6}{60 \times 10^{-6}} \approx 190\ k\Omega$$

此时，$R_p = 10\ k\Omega$。

（2）三极管的微变等效模型。如图 4-2-18（a）所示，将三极管视为二端口网络，当 $u_i \neq 0$ 且为低频小信号时，对于输入端 u_{be} 和 i_b 的关系，描述了三极管的输入特性；而对于输出端 i_c 和 u_{ce}，则描述了三极管的输出特性。

三极管的参数 β 可利用晶体管特性图示仪测得，r_{be} 也可利用下面公式进行估算：

$$r_{be} = r_{bb'} + (1+\beta)\frac{U_T}{I_E} = r_{bb'} + (1+\beta)\frac{26\ (mV)}{I_E\ (mA)}$$

其中，$r_{bb'}$ 为基区体电阻，一般为 20～300 Ω；U_T 为绝对温度下的电压当量，一般取 26 mV；I_E 为放大电路静态时发射极电流。因此，对于小功率三极管，r_{be} 通常用以下经验值公式进行估算：

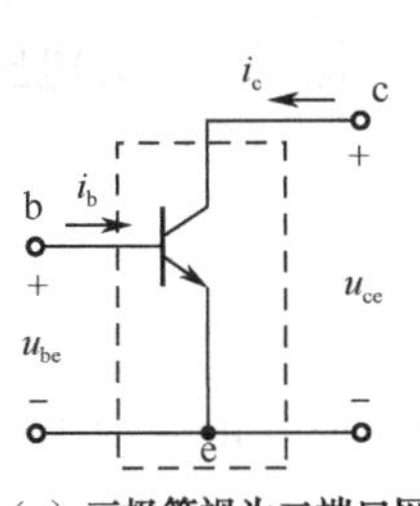

（a）三极管视为二端口网络

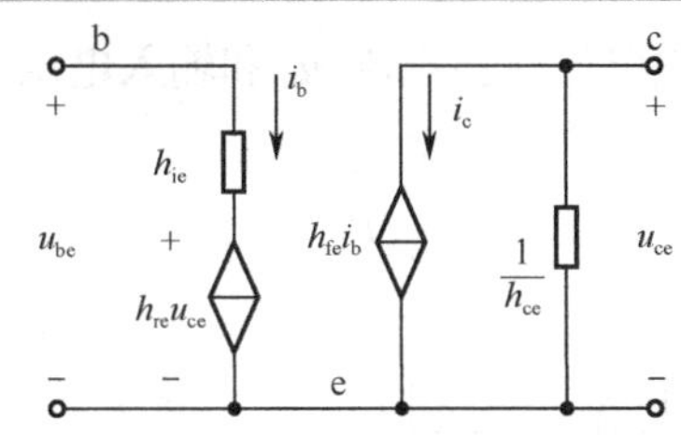

（b）三极管的H参数等效模型

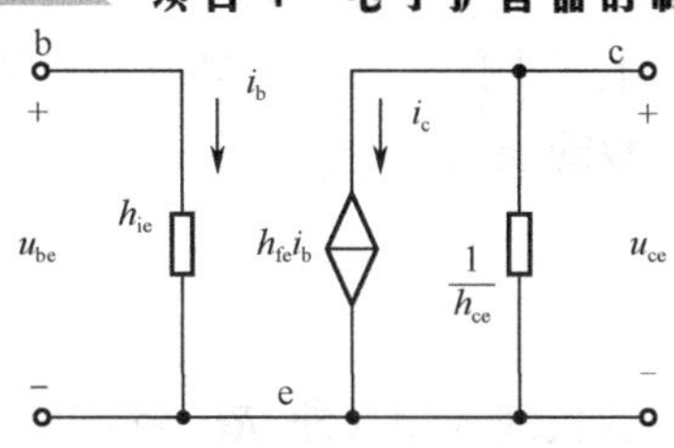

（c）三极管的简化H参数等效模型

图 4-2-18　三极管及其微变等效电路

$$r_{be} \approx 200 + (1+\beta)\frac{26}{I_E}$$

值得注意的是，r_{be} 是三极管的交流参数，但它的值与静态工作点和温度等参数有关。

（3）放大电路的微变等效电路。在画放大电路的微变等效电路时，首先令图 4-2-16（a）所示放大电路中的耦合电容、交流旁路电容交流短路，令其直流电压源交流接地，得到如图 4-2-19（a）所示的放大器的交流通路，然后将三极管用图 4-2-18（c）所示的 H 参数等效电路来代替三极管符号，即可得到如图 4-2-19（b）所示的放大电路的微变等效电路。

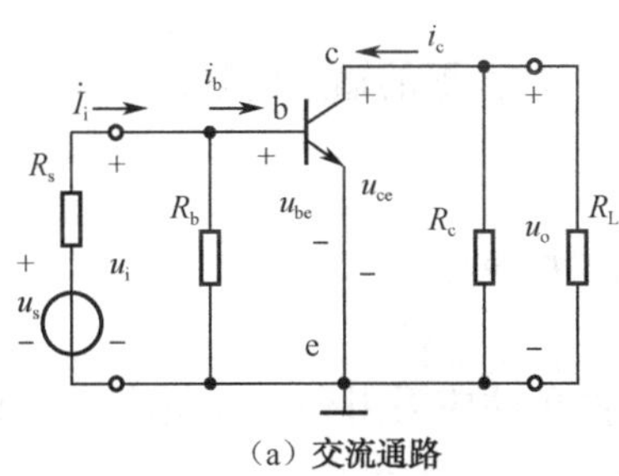

（a）交流通路

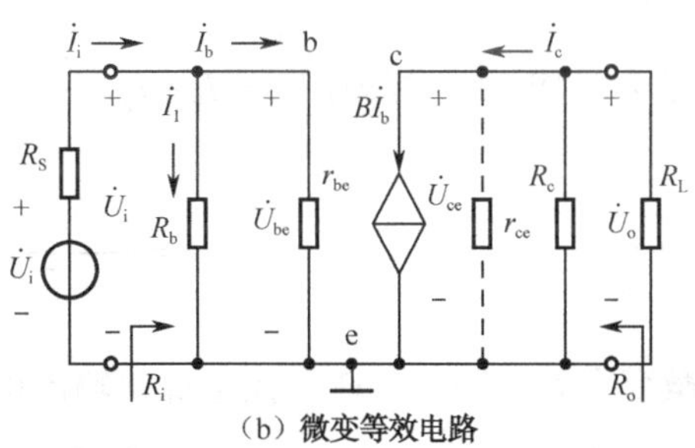

（b）微变等效电路

图 4-2-19　共射放大电路的微变等效电路

由于被放大的交流输入信号 u_i 为正弦量，若已选择了合适的静态工作点，则三极管工作在线性区域，各电极交流电压和电流均为同频率的正弦信号，且用相量表示。

（4）放大电路动态性能参数的计算。

放大电路的电压放大倍数 $\dot{A}_u$ 为输出电压 $\dot{U}_o$ 和输入电压 $\dot{U}_i$ 的比值，即

$$\dot{A}_u = \frac{\dot{U}_o}{\dot{U}_i}$$

用电路中的已知量表示待求量 $\dot{U}_o$ 和 $\dot{U}_i$，即可求得 $\dot{A}_u$。由图 4-2-19（b）可得输出电压为

$$\dot{U}_o = -\dot{I}_c(R_c // R_L) = -\beta \dot{I}_b R'_L \qquad (R'_L = R_c // R_L)$$

输入电压为

$$\dot{U}_i = \dot{I}_b r_{be}$$

故电压放大倍数为

$$\dot{A}_u = \frac{\dot{U}_o}{\dot{U}_i} = \frac{-\beta \dot{I}_b R'_L}{\dot{I}_b r_{be}} = -\beta \frac{R'_L}{r_{be}}$$

上式中的负号表明共发射极放大电路的输出电压 u_o 和输入电压 u_i 相位相反。其电压放大倍数的模为

$$\left|\dot{A}_u\right| = \left|\frac{\dot{U}_o}{\dot{U}_i}\right| = \beta \frac{R'_L}{r_{be}}$$

当负载开路（即 $R_L=\infty$）时，放大倍数为$\left|\dot{A}_u\right| = \beta \frac{R_c}{r_{be}}$。接入负载 R_L 后，电压放大倍数也随 R_L 变化。

此外，电压放大倍数的大小也与三极管的电流放大系数 β 值、输入电阻 r_{be} 有关。β 越大，r_{be} 越小，则电压放大倍数越高。若使 r_{be} 减小，则要增加静态发射极电流 I_E。β 和 I_E 的增大，会使管子进入到饱和区，反而使电压放大倍数降低，所以在提高放大电路的电压放大倍数时，要综合考虑上面的因素。

在图 4-2-19（b）所示的电路中，放大电路相对于信号源而言相当于负载，可用电阻 R_i 代替，即放大电路的输入电阻。放大电路相对于负载而言相当于信号源，可用戴维南（或诺顿）定理等效为电压源和内阻串联（或电流源和内阻并联）的形式，其内阻即为放大电路的输出电阻。

则由图 4-2-19（b）可知，$\dot{I}_i = \dot{I}_1 + \dot{I}_b = \frac{\dot{U}_i}{R_b} + \frac{\dot{U}_i}{r_{be}}$，放大器的输入电阻为

$$R_i = \frac{\dot{U}_i}{\dot{I}_i} = \frac{\dot{U}_i}{\dot{I}_1 + \dot{I}_b} = R_b \ // r_{be} \approx r_{be}$$

由于微变等效电路中存在受控电源，输出电阻的求法应采用外加电压法。即图 4-2-19（b）所示电路中在令负载开路（$R_L = \infty$）和信号源为零（$\dot{U}_s = 0$，保留内阻）情况下，在输出端外加一电压$\dot{U}$，产生电流$\dot{I}$，则可得输出电阻为

$$R_o = \left.\frac{\dot{U}}{\dot{I}}\right|_{\substack{\dot{U}_s=0 \\ R_L=\infty}} = r_{ce} \ // R_c \approx R_c$$

对于一个放大电路来说，输入电阻越高越好，输出电阻越低越好。因为输入电阻越高，一是减小信号源的负担，放大电路从信号源取用电流小；二是减小信号源内阻对放大电路的影响，使得信号源电压在内阻上的损耗减少；三是若作为多级放大电路的后级，后一级的输入电阻大，对前级的放大倍数影响小。而输出电阻低意味着负载变动时，输出电压变化较小，即带负载能力较强。共发射极放大电路的输入电阻（$R_i \approx r_{be}$）较低；而集电极负载电阻 R_c 为几千欧，故输出电阻比较高。一般共发射放大电路用在多级放大电路的中间级。

例 4-4 在图 4-2-20 所示放大电路中，已知 R_b=200 kΩ，R_c=2 kΩ，R_L=8 kΩ，U_{CC}=12 V，β=50。①试近似估算静态工作点；②求电压放大倍数、输入电阻和输出电阻；③若负载开路，求电压放大倍数；④若 R_s=50 Ω 和 R_s=500 Ω，R_L=8 kΩ，求 $\dot{A}_{us} = \dot{U}_o / \dot{U}_s$。

解：①由直流通路可得

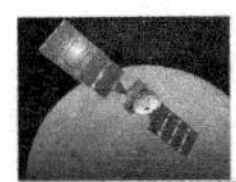

$$I_{\mathrm{B}}=\frac{U_{\mathrm{CC}}-U_{\mathrm{BE}}}{R_{\mathrm{b}}}\approx\frac{U_{\mathrm{CC}}}{R_{\mathrm{b}}}=\frac{12}{200\times10^{3}}=60\ \mu\mathrm{A}$$

$$I_{\mathrm{C}}=\beta I_{\mathrm{B}}=50\times60=3\ \mathrm{mA}$$

$$U_{\mathrm{CE}}=U_{\mathrm{CC}}-I_{\mathrm{C}}R_{\mathrm{c}}=12-3\times2=6\ \mathrm{V}$$

② 晶体管的输入电阻为

$$r_{\mathrm{be}}=r_{\mathrm{bb'}}+(1+\beta)\frac{U_{\mathrm{T}}}{I_{\mathrm{E}}}=200+(1+50)\times\frac{26}{2}=0.863\ \mathrm{k\Omega}$$

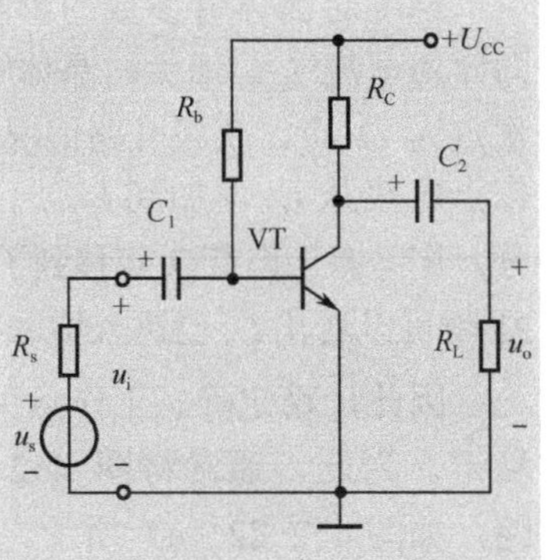

根据图 4-2-19（b）所示的微变等效电路，可得

图 4-2-20　例 4-4 图

$$\dot{A}_{\mathrm{u}}=\frac{\dot{U}_{\mathrm{o}}}{\dot{U}_{\mathrm{i}}}=-\beta\frac{R_{\mathrm{L}}'}{r_{\mathrm{be}}}=-50\frac{2\ //\ 8}{0.963}=-83.07$$

$$R_{\mathrm{i}}=\frac{\dot{U}_{\mathrm{i}}}{\dot{I}_{\mathrm{i}}}=R_{\mathrm{b}}\ //\ r_{\mathrm{be}}=120\ //\ 0.863\approx0.863\ \mathrm{k\Omega}$$

$$R_{\mathrm{o}}\approx R_{\mathrm{c}}=2\ \mathrm{k\Omega}$$

③ 若负载开路，则

$$\dot{A}_{\mathrm{u}}=\frac{\dot{U}_{\mathrm{o}}}{\dot{U}_{\mathrm{i}}}=-\beta\frac{R_{\mathrm{c}}}{r_{\mathrm{be}}}=-50\times\frac{2}{0.963}=-103.84$$

由此可见，放大电路接上负载电阻 R_L 后，电压放大倍数要下降。而在实际应用中尽可能使放大倍数稳定，故应采取一定措施。

④ 当 R_s=50 Ω，R_L=8 kΩ 时，

$$\dot{A}_{\mathrm{us}}=\frac{\dot{U}_{\mathrm{o}}}{\dot{U}_{\mathrm{s}}}=\frac{\dot{U}_{\mathrm{o}}}{\dot{U}_{\mathrm{i}}}\cdot\frac{\dot{U}_{\mathrm{i}}}{\dot{U}_{\mathrm{s}}}=\dot{A}_{\mathrm{u}}\cdot\frac{R_{\mathrm{i}}}{R_{\mathrm{s}}+R_{\mathrm{i}}}=-83.07\times\frac{0.963}{0.05+0.963}=-78.97$$

若 R_s=500 Ω，R_L=8 kΩ，则

$$\dot{A}_{\mathrm{us}}=\frac{\dot{U}_{\mathrm{o}}}{\dot{U}_{\mathrm{s}}}=\frac{\dot{U}_{\mathrm{o}}}{\dot{U}_{\mathrm{i}}}\cdot\frac{\dot{U}_{\mathrm{i}}}{\dot{U}_{\mathrm{s}}}=\dot{A}_{\mathrm{u}}\cdot\frac{R_{\mathrm{i}}}{R_{\mathrm{s}}+R_{\mathrm{i}}}=-83.07\times\frac{0.963}{0.5+0.963}=-54.68$$

$\dot{A}_{\mathrm{us}}$ 称为源电压放大倍数。由上述计算可见，信号内阻的存在将使源电压放大倍数下降，而且输入电阻越小，源电压放大倍数下降得越多。因此，当信号源为电压源时，要求电压源内阻（或电流源内电导）尽量小。

3. 放大电路静态工作点的稳定

对于图 4-2-9（a）所示的共发射极放大电路，电路的优点是电路组件少，电路简单，易于调整。但由于 $I_{\mathrm{B}}=\frac{U_{\mathrm{CC}}-U_{\mathrm{BE}}}{R_{\mathrm{b}}}$，当电源电压 U_{CC} 和偏置电阻 R_{b} 确定后，基极电流 I_{B} 就为某一常数。因此，当环境温度变化、电源电压波动或组件参数变化时，静态工作点将不稳定，尤其是温度变化引起 Q 点漂移。这是由于晶体三极管的一些参数如集射极反向穿透电流 I_{CEO}、电流放大系数 β 和发射结电压 U_{BE} 都会随着环境温度变化而变化，使静态工作点随之漂移，放大电路就可能进入非线性区，产生非线性失真。

温度对晶体管参数的影响最终表现为使集电极电流增大。当温度升高时，使集射极反向穿透电流 I_{CEO} 增大，晶体管的输出特性曲线上移，如图 4-2-21 所示。在常温下，静态工作点为 Q 点，负载开路情况下，交直流负载线重合。若环境温度升高，使得 I_{CEO} 增大，工作点电流从 I_{C1} 增加到 I_{C2}，工作点电压从 U_{CE1} 减小到 U_{CE2}，晶体管输出特性曲线为虚线部分，则静态工作点 Q_1 点移到了 Q_2 点，则动态范围由原来的 $Q_1' \sim Q_2''$ 变化到 $Q_2' \sim Q_2''$。从图 4-2-21 中可以看出 Q_2' 已进入饱和区，将产生饱和失真。

因此，稳定静态工作点关键是稳定集电极电流 I_C，使 I_C 尽可能不受温度的影响而保持稳定。为此，通常将图 4-2-9（a）所示的共发射极放大电路改成分压偏置式共射放大电路，如图 4-2-22（a）所示。

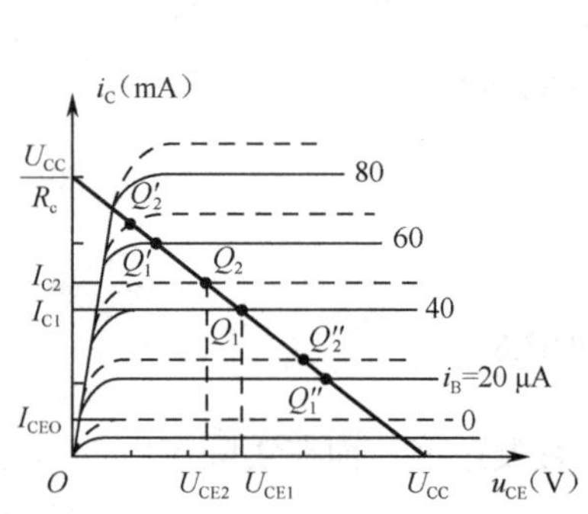

图 4-2-21　温度对静态工作点的影响

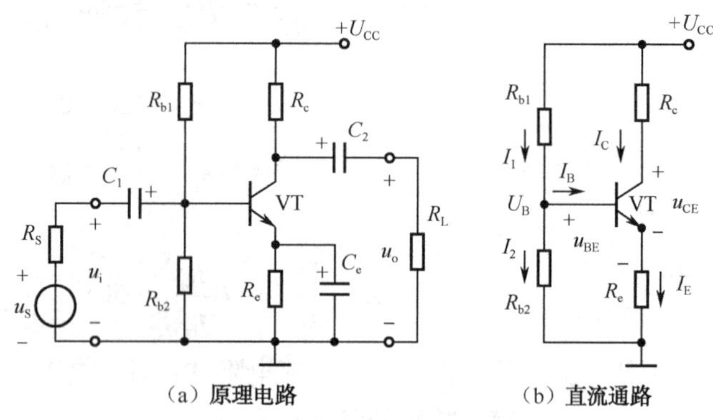

图 4-2-22　分压偏置式共射放大电路

4.2.4　分压偏置式共发射极放大电路

图 4-2-22 所示电路是在图 4-2-9（a）所示的共发射极放大电路基础上，引入发射极电阻 R_e 和基极偏置电阻 R_{b2}，构成分压偏置式共发射极放大电路。电容 C_e 为交流旁路电容，其容量应选得足够大。它对直流量相当于开路，而对于交流信号相当于短路，以免 R_e 对交流信号产生压降使电压放大倍数下降。

1. 静态工作点的估算

图 4-2-22（a）所示分压偏置式共发射极放大电路的直流通路如图 4-2-22（b）所示。根据 KCL 可得： $I_1 = I_2 + I_B$，若合理选择电路参数，使得 $I_1 \approx I_2 \gg I_B$，则有

$$I_1 \approx I_2 = \frac{U_{CC}}{R_{b1} + R_{b2}}$$

基极电位为

$$U_B \approx I_2 R_{b2} = \frac{R_{b2}}{R_{b1} + R_{b2}} U_{CC}$$

上式表明，只要选择 $I_1 \approx I_2 \gg I_B$，则基极电位 U_B 近似由电源电压 U_{CC}、分压电阻 R_{b1} 和 R_{b2} 决定，而与晶体管的参数无关，即基本不随温度变化而变化。若使 $I_1 \approx I_2 \gg I_B$，则要减小 R_{b1} 和 R_{b2}，这必然使得放大电路的输入电阻下降而影响放大电路的性能，工程应用中各电极电流和电压的选择如下。

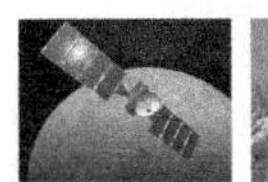

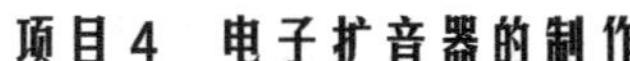

$$\begin{cases} I_1 \approx I_2 = (5\sim10)I_B & （硅管）\\ I_1 \approx I_2 = (10\sim20)I_B & （锗管）\\ U_E = \left(\dfrac{1}{5}\sim\dfrac{1}{3}\right)U_{CC} \end{cases}$$

由直流通路可知

$$I_C \approx I_E = \frac{U_B - U_{BE}}{R_e}$$

式中，U_B 和 R_e 为固定值，当 $U_B \gg U_{BE}$ 时，则有 $I_C \approx I_E \approx \dfrac{U_B}{R_e}$ 不随温度而变，可以近似认为集电极电流 I_C 与温度无关，放大电路的静态工作点得以稳定。若使 I_C 固定不变，要满足 $U_B \gg U_{BE}$。但 U_B 太高，会使发射极电位 U_E 也随之增大，这样使得 U_{CE} 下降，从而减小输出电压的线性动态范围，一般对于硅管取 U_B=（3～5）U_{BE}，锗管取 U_B=（1～3）U_{BE}。若 $(1+\beta)R_e \gg R_{b1} /\!/ R_{b2}$，图 4-2-22 所示放大电路的静态工作点稳定的效果较好，通常需要满足 $\beta R_e \geqslant 10(R_{b1} /\!/ R_{b2})$。

根据三极管电流分配原理，可得基极电流为

$$I_B = \frac{I_C}{\beta}$$

集射极电压为

$$U_{CE} \approx U_{CC} - I_C(R_c + R_e)$$

2．动态参数的计算

图 4-2-22（a）分压偏置式放大电路的交流通路及微变等效电路如图 4-2-23 所示。

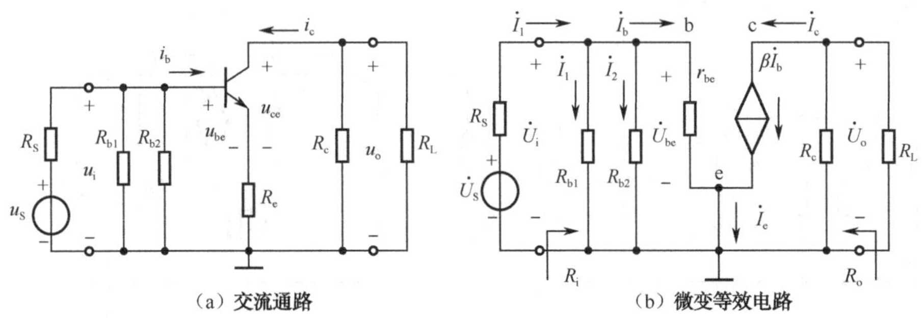

（a）交流通路 （b）微变等效电路

图 4-2-23 分压式射极偏置电路的等效电路

1）电压放大倍数

先根据定义：$\dot{A}_u = \dfrac{\dot{U}_o}{\dot{U}_i}$，用电路中的已知量表示待求量 $\dot{U}_o$ 和 $\dot{U}_i$，即可求得 $\dot{A}_u$。

由图 4-2-23（b）得

$$\dot{U}_o = -\dot{I}_c(R_c /\!/ R_L) = -\beta\dot{I}_c R'_L$$
$$\dot{U}_i = \dot{I}_b r_{be}$$

$$\dot{A}_u = \frac{\dot{U}_o}{\dot{U}_i} = \frac{-\beta \dot{I}_b R'_L}{\dot{I}_b r_{be}} = -\beta \frac{R'_L}{r_{be}}$$

2）输入电阻

由 KCL 得

$$\dot{I}_i = \dot{I}_1 + \dot{I}_2 + \dot{I}_b = \frac{\dot{U}_i}{R_{b1}} + \frac{\dot{U}_i}{R_{b2}} + \frac{\dot{U}_i}{r_{be}}$$

于是

$$R_i = \frac{\dot{U}_i}{\dot{I}_i} = \frac{\dot{U}_i}{\dot{I}_1 + \dot{I}_2 + \dot{I}_b} = R_{b1} \mathbin{//} R_{b2} \mathbin{//} r_{be}$$

3）输出电阻

$$R_o = \left.\frac{\dot{U}}{\dot{I}}\right|_{\substack{\dot{U}_s=0 \\ R_L=\infty}} = r_{ce} \mathbin{//} R_c \approx R_c$$

4）旁路电容 C_e 的影响

如果将图 4-2-22（a）的电容断开，其直流通路没有变化，交流通路和微变等效电路如图 4-2-24 所示。电路的电压放大倍数为

$$\dot{A}_u = \frac{\dot{U}_o}{\dot{U}_i} = \frac{-\beta \cdot \dot{I}_b R'_L}{\dot{I}_b r_{be} + (1+\beta)\dot{I}_b R_e} = -\frac{\beta \cdot R'_L}{r_{be} + (1+\beta)R_e}$$

式中，$\dot{U}_i = \dot{I}_b r_{be} + \dot{I}_e R_e$。由上式可见，发射极电阻 R_e 的存在使得电压放大倍数下降，可通过旁路电容 C_e 将 R_e 交流短路。

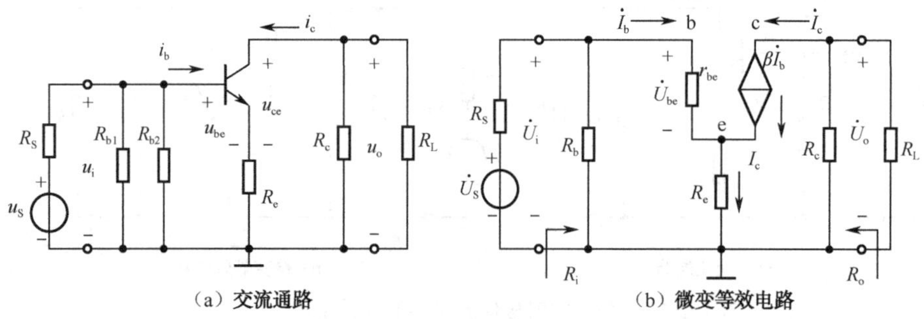

图 4-2-24　共射极无旁路电容的等效电路

由图 4-2-24（b）可得无旁路电容时分压偏置放大电路的输入电阻为

$$R_i = \frac{\dot{U}_i}{\dot{I}_i} = R_{b1} \mathbin{//} R_{b2} \mathbin{//} [r_{be} + (1+\beta)R_e]$$

由此可见，发射极电阻 R_e 的存在可以提高放大电路的输入电阻，因此通常将 R_e 分成两部分，如图 4-2-25 所示电路中 R'_e+R_e，其中 R_e 的数值比较小，目的是提高放大电路的输入电阻，同时也是为了减小对电压放大倍数的影响。R'_e 比 R_e 大得多，其作用是稳定静态工作点。

例 4-5　图 4-2-25 所示是一个典型的分压式射极偏置放大电路。已知 U_{CC}=12 V，R_c=6 kΩ，R_e=300 Ω，R'_e=2.7 kΩ，R_{b1}=60 kΩ，R_{b2}=20 kΩ，R_L=6 kΩ，β=50，U_{BE}=0.6 V。试求：①静态工作点 I_B、I_C 和 U_{CE}；②电压放大倍数 $\dot{A}_u$、输入电阻 R_i 和输出电阻 R_o。

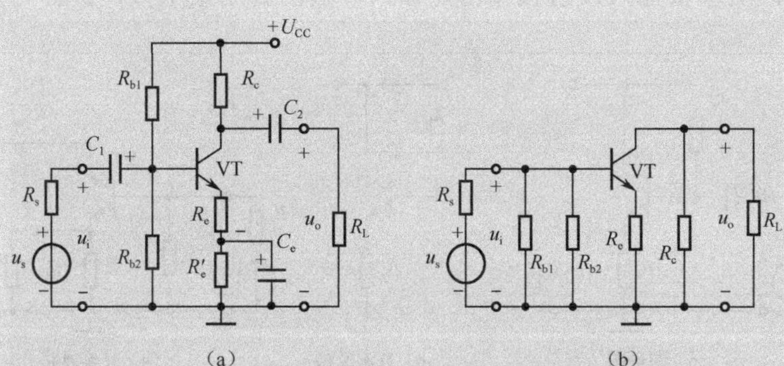

图 4-2-25　例 4-5 图

解：①根据静态工作点估算公式可得

$$U_B=\frac{R_{b2}}{R_{b1}+R_{b2}}U_{CC}=\frac{20}{60+20}\times 12=3\text{ V}$$

$$I_C\approx\frac{U_B-U_{BE}}{R'_e+R_e}=\frac{3-0.6}{0.3+2.7}=0.8\text{ mA}$$

$$I_B=\frac{I_C}{\beta}=\frac{0.8}{50}=16\ \mu\text{A}$$

$$\begin{aligned}U_{CE}&\approx U_{CC}-I_C(R_c+R'_e+R_e)\\&=12-0.8\times(6+0.3+2.7)=4.8\text{ V}\end{aligned}$$

② 三极管的输入电阻为

$$r_{be}\approx 200+(1+\beta)\frac{26}{I_E}=200+(1+50)\times\frac{26}{0.8}=1.85\text{ k}\Omega$$

电压放大倍数为

$$\dot{A}_u=\frac{\dot{U}_o}{\dot{U}_i}=-\frac{\beta\cdot R'_L}{r_{be}+(1+\beta)R_e}=-\frac{50\times 6\,//\,6}{1.85+(1+50)\times 0.3}=-8.6$$

若旁路电容同时使 R'_e=0，R_e=0，则电压放大倍数为

$$\dot{A}_u=\frac{\dot{U}_o}{\dot{U}_i}=-\frac{\beta\cdot R'_L}{r_{be}}=-\frac{50\times 6\,//\,6}{1.85}\approx -81$$

由此可见 R_e 的存在使放大倍数下降很多。

放大电路的输入电阻为

$$R_i=R_{b1}\,//\,R_{b2}\,//\,[r_{be}+(1+\beta)R_e]=60\,//\,20\,//\,[1.85+(1+50)\times 0.3]\approx 8\text{ k}\Omega$$

若无 R_e，放大电路的输入电阻 $R_i=R_{b1}\,//\,R_{b2}\,//\,r_{be}\approx r_{be}=1.85$ kΩ，故 R_e 的存在提高了放大电路的输入电阻。放大电路的输出电阻为

$$R_o\approx R_c=6\text{ k}\Omega$$

4.2.5 共集电极放大电路

共集电极放大电路如图 4-2-26 所示，由于输出取自集电极，故也称射极输出器。由其交流通路来看，从基极输入发射极输出，输入、输出公用集电极，故称为共集电极放大电路。

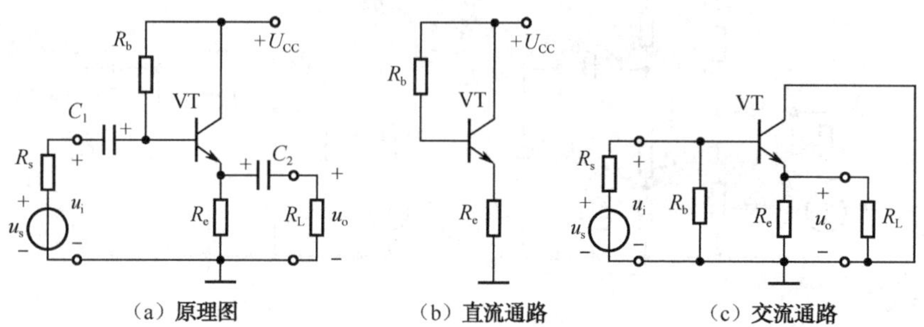

（a）原理图　　（b）直流通路　　（c）交流通路

图 4-2-26　共集电极放大电路

1．静态分析

由图 4-2-26（b）可得

$$U_{CC} = I_B R_b + U_{BE} + I_E R_e$$

由于

$$I_E = (1+\beta) I_B$$

故

$$I_B = \frac{U_{CC} - U_{BE}}{R_b + (1+\beta) R_e}$$

$$U_{CE} = U_{CC} - I_E R_e$$

至此，可确定放大电路的静态工作点。

2．动态分析

1）电压放大倍数

由图 4-2-26（c）所示交流通路可得放大电路的微变等效电路如图 4-2-27 所示。

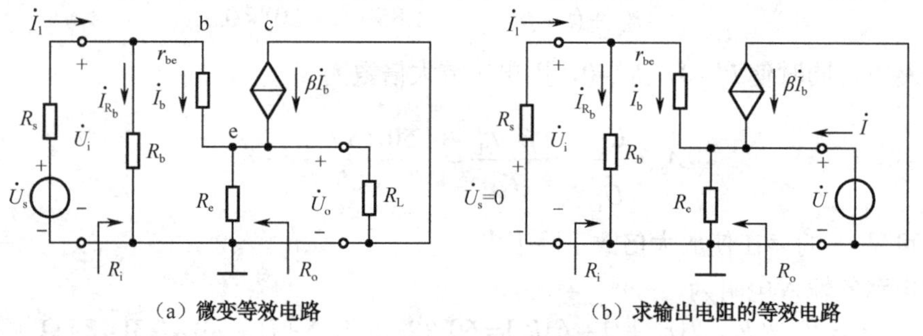

（a）微变等效电路　　（b）求输出电阻的等效电路

图 4-2-27　共集电极放大电路等效电路

由微变等效电路可求得输出电压为

$$\dot{U}_o = \dot{I}_e (R_e \,//\, R_L) = (1+\beta)\dot{I}_b R'_L \qquad (R'_L = R_e \,//\, R_L)$$

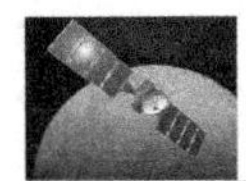

输入电压为

$$\dot{U}_i = \dot{I}_b r_{be} + \dot{U}_o = \dot{I}_b r_{be} + \dot{I}_e (R_e \ // \ R_L) = \dot{I}_b r_{be} + (1+\beta)\dot{I}_b R_L'$$

则电压放大倍数为

$$\dot{A}_u = \frac{\dot{U}_o}{\dot{U}_i} = \frac{(1+\beta)\dot{I}_b R_L'}{\dot{I}_b r_{be} + (1+\beta)\dot{I}_b R_L'} = \frac{(1+\beta)R_L'}{r_{be} + (1+\beta)R_L'}$$

由上式可以看出，共集电极放大电路的输出电压和输入电压同相位，并且由于 $(1+\beta)R_L' \gg r_{be}$，其电压放大倍数近似等于 1，所以称之为电压跟随器。虽然共集电极放大电路的电压放大倍数小于 1，不具有电压放大能力，但输出电流 $i_e=(1+\beta)i_b$，可见该放大电路仍具有电流放大和功率放大能力。

2）输入电阻

根据定义，有 $R_i = \dfrac{\dot{U}_i}{\dot{I}_i}$，其中由图 4-2-27（b）可得

$$\dot{I}_i = \dot{I}_{R_b} + \dot{I}_b = \frac{\dot{U}_i}{R_b} + \frac{\dot{U}_i}{r_{be} + (1+\beta)R_L'} = [\frac{1}{R_b} + \frac{1}{r_{be} + (1+\beta)R_L'}]\dot{U}_i$$

于是

$$R_i = \frac{\dot{U}_i}{\dot{I}_i} = \frac{1}{\dfrac{1}{R_b} + \dfrac{1}{r_{be} + (1+\beta)R_L'}} = R_b \ // [r_{be} + (1+\beta)R_L']$$

一般 R_b 为几十千欧到几百千欧，R_L' 为几千欧，故共集电极放大电路的输入电阻为几十千欧甚至上百千欧，要比共发射极放大电路的输入电阻（$R_i \approx r_{be}$）大得多。

3）输出电阻

令图 4-2-27（a）所示交流通路中 $\dot{U}_s = 0$ 并保留其内阻，同时将负载开路，然后在输出的两端加一电压 $\dot{U}$，则产生一电流 $\dot{I}$，如图 4-2-27（b）所示，则由 KCL 得

$$\dot{I} + \dot{I}_b + \dot{I}_c = \dot{I}_{R_e}$$

其中

$$\dot{I}_{R_e} = \frac{\dot{U}}{R_e}, \quad \dot{I}_b = -\frac{\dot{U}}{R_s \ // R_b + r_{be}}$$

于是有

$$\begin{aligned}\dot{I} &= \dot{I}_{R_e} - (\dot{I}_b + \dot{I}_c) = \dot{I}_{R_e} - (1+\beta)\dot{I}_b \\ &= \frac{\dot{U}}{R_e} - (1+\beta)\left(-\frac{\dot{U}}{R_s \ // R_b + r_{be}}\right) = \left[\frac{1}{R_e} + (1+\beta)\left(-\frac{1}{R_s \ // R_b + r_{be}}\right)\right]\dot{U}\end{aligned}$$

共集电极放大电路的输出电阻为

$$R_o = \frac{\dot{U}}{\dot{I}} = \frac{1}{\dfrac{1}{R_e} + (1+\beta)\left(-\dfrac{1}{R_s \ // R_b + r_{be}}\right)} = R_e \ // \ \frac{R_s \ // R_b + r_{be}}{(1+\beta)}$$

通常 $R_b \gg R_s$，所以

$$R_o \approx R_e // \frac{R_s + r_{be}}{(1+\beta)}$$

在上式中，r_{be}的数值在 1 kΩ 左右，R_s为几百欧姆，$\beta \gg 1$，故共集电极放大电路的输出电阻很低，为几十欧姆到几百欧姆。

3．共集电极放大电路的应用

由于共集电极放大电路具有输入电阻高、输出电阻低的特点，它常被用于多级放大电路的输入级和输出级。为了消除共发射极放大电路的相互影响，实现阻抗匹配，共集电极放大电路也常用在多级放大电路的中间级。

4．提高输入电阻和降低输出电阻的方法

由输入电阻和输出电阻的计算公式可知，若增大 β 值，可以提高输入电阻，降低输出电阻。通常三极管的 β 值为 10～100，β 值过大时三极管的性能变差。因此增大 β 值的方法多采用复合管。

如图 4-2-28 所示为几种复合管，其等效电流放大系数和输入电阻为

$$\begin{cases} \beta \approx \beta_1 \beta_2 \\ r_{be} \approx r_{be1} + \beta_1 r_{be2} \end{cases}$$

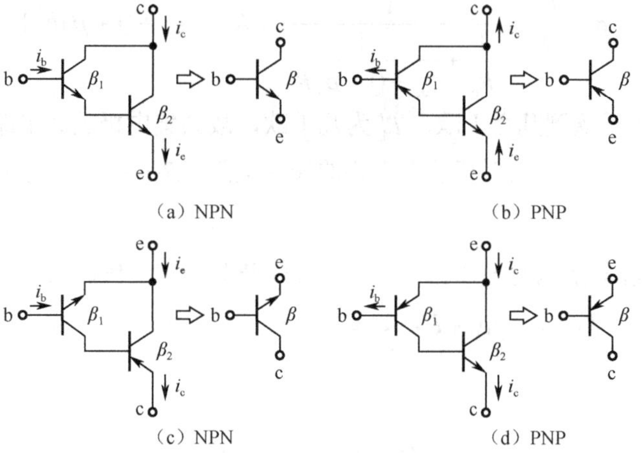

（a）NPN

（b）PNP

（c）NPN

（d）PNP

图 4-2-28　几种复合三极管

在图 4-2-28 中，（a）和（b）属于同类管子构成的复合管，其等效的管型和构成的管型相同；而（c）和（d）是由不同的管子构成的复合管，其等效的管型取决于第一管的管型。复合管由于等效输入电阻高，电流放大系数大，故应用很广泛，现已制成集成器件，称为达林顿管（Darlington）。

4.2.6　共基极放大电路

共基极放大电路如图 4-2-29（a）所示，其输入信号由发射极输入，输出电压取自集电极。由图 4-2-30（a）所示交流通路可见，输入回路和输出回路共用基极，故称为共基极放大电路。

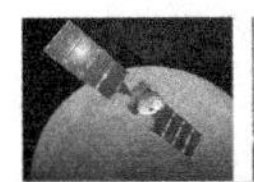

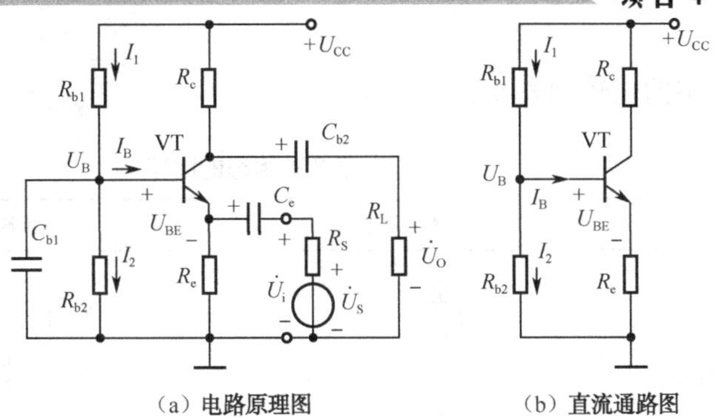

图 4-2-29　共基极放大电路

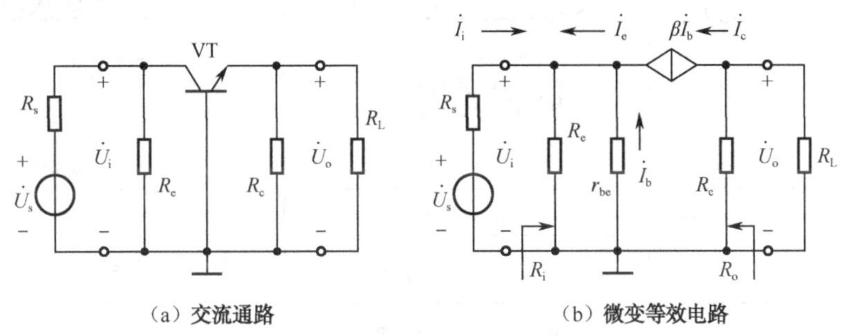

图 4-2-30　共基极等效电路

1. 静态分析

共基极放大电路的直流通路如图 4-2-29（b）所示，与分压偏置式共发射极放大电路是相同的，可用估算法求得静态点。

2. 动态分析

共基极放大电路的微变等效电路如图 4-2-30（b）所示。

1）电压放大倍数

$$\dot{A}_u=\frac{\dot{U}_o}{\dot{U}_i}=\frac{-\dot{I}_c R_c}{-\dot{I}_b r_{be}}=\frac{\beta\dot{I}_b R_c}{\dot{I}_b r_{be}}=\frac{\beta R_c}{r_{be}}$$

由上式可以看出，输出和输入同相位，大小和共射极放大电路的放大倍数相同。

2）输入电阻

$$R_i=\frac{\dot{U}_i}{\dot{I}_i}=\frac{\dot{U}_i}{\dot{I}_e-\dot{I}_b-\beta\dot{I}_b}=\frac{\dot{U}_i}{\dfrac{\dot{U}_i}{R_e}-(1+\beta)\left(-\dfrac{\dot{U}_i}{r_{be}}\right)}=\frac{1}{\dfrac{1}{R_e}+\dfrac{1}{\dfrac{r_{be}}{1+\beta}}}=R_e\ //\ \frac{r_{be}}{1+\beta}$$

由此可见，共基极放大电路的输入电阻很小。

3）输出电阻

$$R_o\approx R_c$$

总之共基极放大电路的电压放大倍数较高，输入电阻低，输出电阻高，主要用于高频电路和恒流源电路。

放大电路 3 种组态的比较如表 4-2-1 所示。

表 4-2-1 放大电路 3 种组态的比较

共射极电路	共集电极电路	共基极电路
$\dot{A}_u = -\frac{-\beta(R_c // R_L)}{r_{be}}$	$\dot{A}_u = \frac{(1+\beta)R_e // R_L}{r_{be}+(1+\beta)R_e // R_L}$	$\dot{A}_u = \frac{\beta(R_c // R_L)}{r_{be}}$
u_o 与 u_i 反相	u_o 与 u_i 同相	u_o 与 u_i 同相
$\dot{A}_I \approx \beta$	$\dot{A}_I \approx 1+\beta$	$\dot{A}_I \approx \alpha$
$R_i = R_b / / r_{be}$	$R_i = R_b // [r_{be}+(1+\beta)R_L']$	$R_i \approx R_e // \frac{r_{be}}{1+\beta}$
$R_o \approx R_c$	$R_o = \frac{r_{be}+R_s // R_b}{1+\beta} // R_e$	$R_o \approx R_c$
多级放大电路的中间级	输入级、中间级、输出级	高频或宽频带电路及恒流源电路

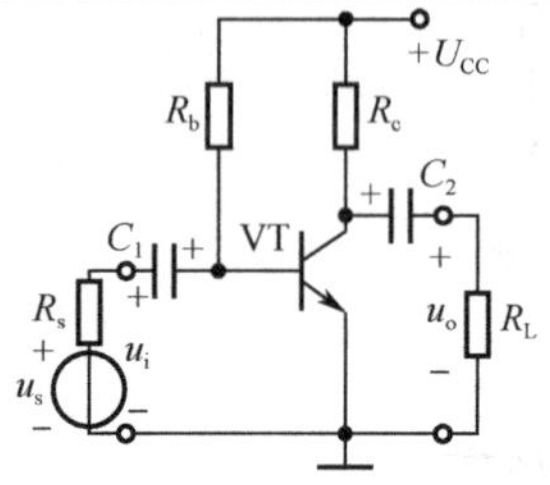

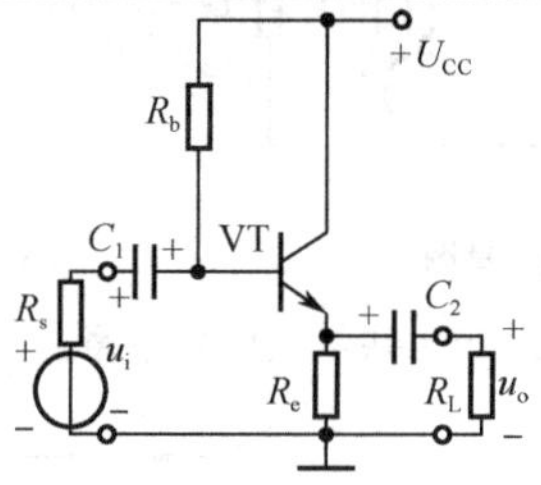

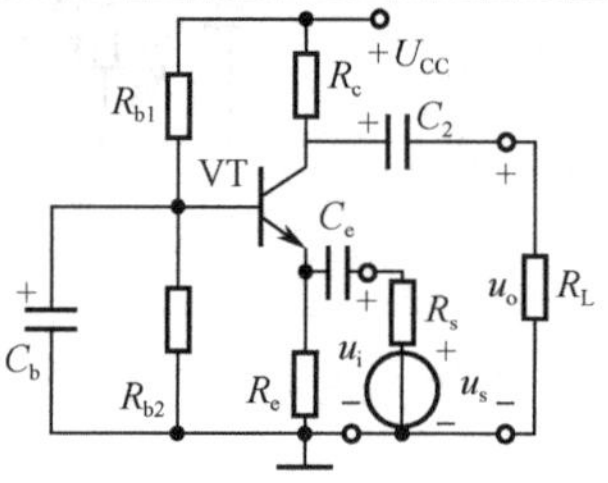

4.2.7 多级放大电路的级间耦合

1. 多级放大电路的组成

多级放大电路的组成可用图 4-2-31 所示的框图来表示。其中，输入级与中间级的主要作用是实现电压放大，输出级的主要作用是功率放大，以推动负载工作。

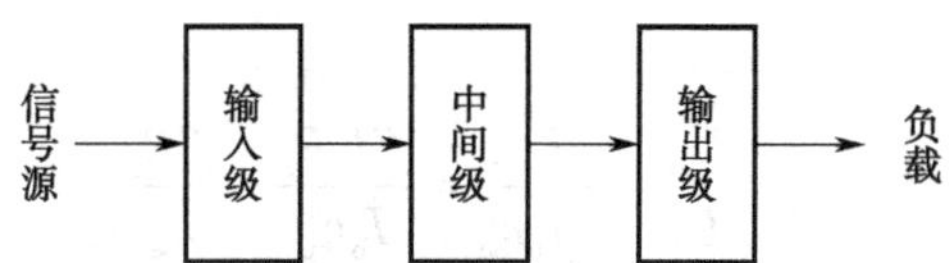

图 4-2-31 多级放大电路的组成框图

2. 多级放大电路的耦合方式

多级放大电路是由两级或两级以上的单级放大电路级联而成。在多级放大电路中，将级与级之间的连接方式称为耦合方式，而级与级之间耦合时，必须满足耦合后各级电路仍具有合适的静态工作点；保证信号在级与级之间能够顺利地传输；耦合后多级放大电路的性能指标必须满足实际的要求。

为了满足上述要求，一般常用的耦合方式有：阻容耦合、直接耦合、变压器耦合、光电耦合。

1）阻容耦合

放大器级与级之间通过电容连接的方式称为阻容耦合。其电路如图 4-2-32 所示。

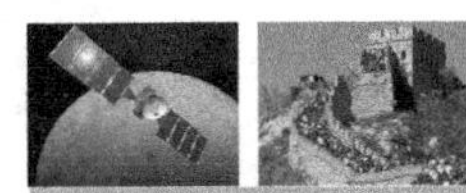

阻容耦合放大电路的特点是：

（1）因电容具有“隔直”作用，所以各级电路的静态工作点相互独立，互不影响。这给放大电路的分析、设计和调试带来了很大的方便。此外，还具有体积小、质量轻等优点。

（2）因电容对交流信号具有一定的容抗，若电容量不是足够大，则在信号传输过程中会受到一定的衰减。尤其不便于传输变化缓慢的信号。此外，在集成电路中制造大容量的电容很困难，所以这种耦合方式下的多级放大电路不便于集成。

2）直接耦合

为了避免在信号传输过程中，耦合电容对缓慢变化的信号带来不良影响，也可以把级与级之间直接用导线连接起来，这种连接方式称为直接耦合。

多级放大电路的直接耦合是指前一级放大电路的输出直接接在下一级放大电路的输入端，如图 4-2-33 所示为两级直接耦合放大电路。很显然，直接耦合放大电路的各级静态工作点相互影响，并且还存在零点漂移现象，即当输入电压 $u_i=0$ 时，受环境温度等因素的影响，输出电压 u_o 将在静态工作点的基础上漂移。若输入信号比较微弱，零点漂移信号有时会覆盖要放大的信号，使得电路无法正常工作，因此要抑制零点漂移，使漂移电压和有用信号相比可以忽略。抑制零点漂移常用的方法是采用差分放大电路，在后面的章节将具体介绍。

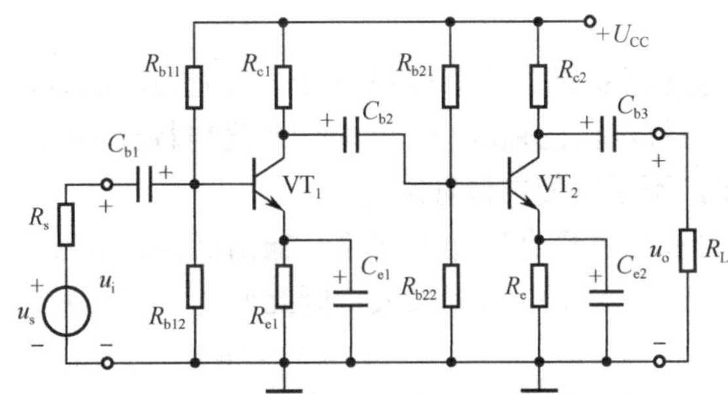

图 4-2-32 阻容耦合多级放大电路

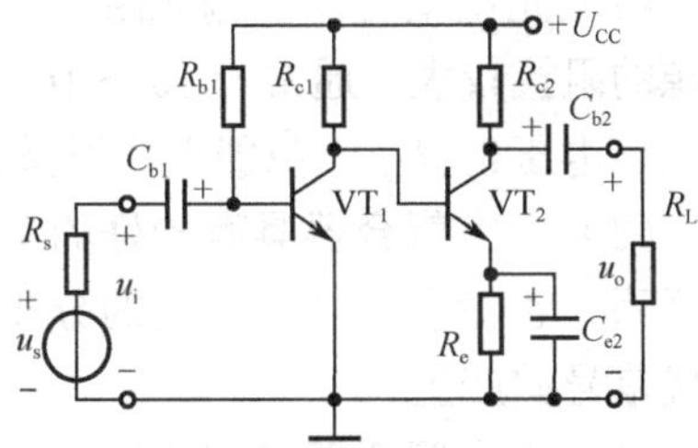

图 4-2-33 直接耦合多级放大电路

直接耦合的特点是：

（1）既可以放大交流信号，也可以放大直流和变化非常缓慢的信号；电路简单，便于集成，所以集成电路中多采用这种耦合方式。

（2）需要电位偏移电路，以满足各级静态工作点的需要。

（3）存在着各级静态工作点相互牵制和零点漂移这两个问题。

3）变压器耦合

放大器的级与级之间通过变压器连接的方式称为变压器耦合。其电路如图 4-2-34 所示。

变压器耦合电路多用于低频放大电路中，变压器可以通过电磁感应进行交流信号的传输，并且可以进行阻抗匹配，以使负载得到最大功率。由于变压器不能传输直流，故各级静态工作点互不影响，可分别计算和调整。另外，由于可以根据负载选择变压器的匝比，以实现阻抗匹配，故变压器耦合放大电路在大功率放大电路中得到了广泛的应用。但由于存在电磁干扰，也很难集成，且变压器的重量太大，所以在电压放大电路中现已很少采用

变压器耦合。

4）光电耦合

光电耦合器件是把发光器件（如发光二极管）和光敏器件（如光敏三极管）组装在一起，通过光线实现耦合构成电-光和光-电的转换器件。图 4-2-35（a）所示为常用的三极管型光电耦合器（4N25）原理图。

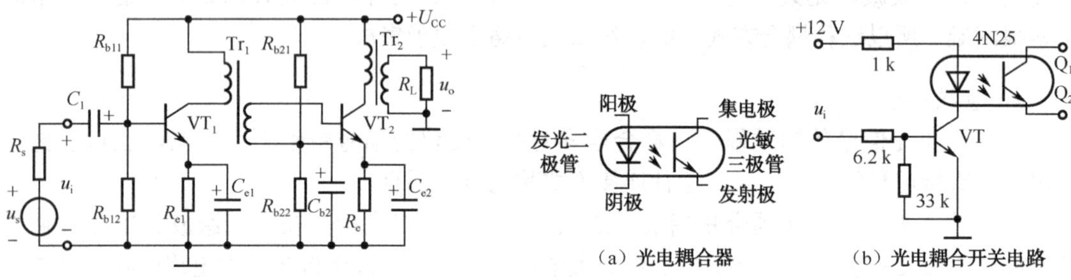

图 4-2-34　变压器耦合多级放大电路　　　图 4-2-35　光电耦合多级放大电路

当电信号施加到光电耦合器的输入端时，发光二极管通过电流而发光，光敏三极管受到光照后饱和导通，产生电流 i_C；当输入端无信号时，发光二极管不亮，光敏三极管截止。若基极有引出线则可满足温度补偿等要求。这种光耦合器性能较好，价格便宜，因而应用广泛。

光电耦合器主要有以下特点：

（1）光电耦合器的输入阻抗很小，只有几百欧姆，具有较强的抗干扰能力。因为，干扰源的阻抗较大，通常为 $10^5\sim10^6\ \Omega$。即使干扰电压的幅度较大，馈送到光电耦合器输入端的噪声电压也很小，只能形成很微弱的电流，不足以使二极管发光。

（2）光电耦合器具有较好的电隔离。由于光电耦合器输入回路与输出回路之间没有电气联系，也没有共地；之间的分布电容极小，而绝缘电阻又很大，因此避免了共阻抗耦合干扰信号的产生。

（3）光电耦合器可起到很好的安全保障作用，即使当外部设备出现故障，甚至输入信号线短接时，也不会损坏仪表。因为光耦合器件的输入回路和输出回路之间可以承受几千伏的高压。

（4）光电耦合器的响应速度极快，其响应延迟时间只有 10 μs 左右，适于对响应速度要求很高的场合。

此外，光电耦合器具有体积小、使用寿命长、工作温度范围宽、输入与输出在电气上完全隔离等特点，因而在各种电子设备上得到了广泛的应用。光电耦合器可用于隔离电路、负载接口及各种家用电器等电路中。

图 4-2-35（b）所示电路是一个光电耦合开关电路。当输入信号 u_i 为低电平时，三极管 VT 处于截止状态，光电耦合器 4N25 中发光二极管的电流近似为零，输出端 Q_1、Q_2 间的电阻值很大，相当于开关“断开”；当 u_i 为高电平时，VT 导通，4N25 中发光二极管发光，Q_1、Q_2 间的电阻值变小，相当于开关“接通”。该电路因 u_i 为低电平时，开关不通，故为高电平导通状态。

图 4-2-36 所示是由 A_1 和 VT_1 等组成的红外光耦合话筒电路。语音信号通过麦克风转

换成电信号，由 A_1 放大后送到三极管 VT_1 基极，VT_1 放大后使发光二极管 VD 随声音的强度变化而发光，通过光电耦合从光敏三极管集电极输出信号，再由前置放大器 A_2 放大，然后送给功率放大器。

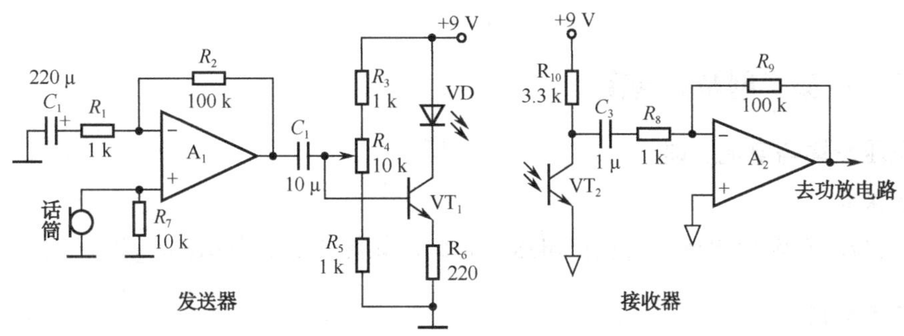

图 4-2-36　红外光耦合话筒电路

任务 4.3　放大电路中的负反馈

4.3.1　反馈的基本概念

在电子电路中，将输出量 x_o（v_o 或 i_o）的一部分或全部，通过一定网络（称为反馈网络），以一定方式（与输入信号串联或并联）返送到输入回路，来影响电路性能的技术称为反馈。反馈放大电路的框图如图 4-3-1 所示。

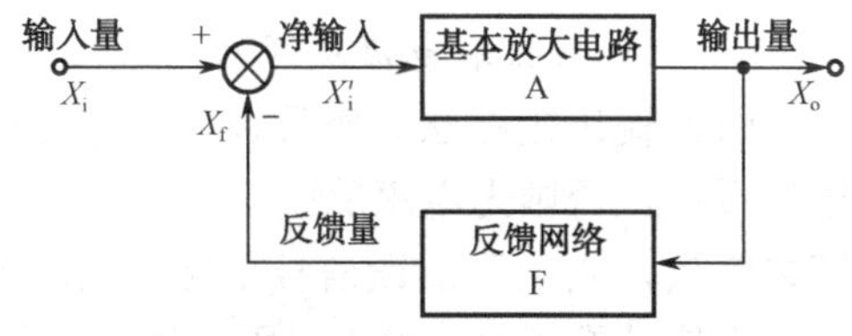

图 4-3-1　反馈放大电路的框图

由反馈放大电路的框图可知，反馈放大电路由基本放大电路和反馈网络两大部分组成。接入反馈后放大电路放大倍数的一般关系式如下。

开环放大倍数为

$$A = \frac{X_o}{X_i'}$$

反馈系数为

$$F = \frac{X_f}{X_o'}$$

闭环放大倍数为

$$A_f = \frac{X_o}{X_i}$$

反馈信号为

$$X_f = FX_o + FAX_i'$$

输入量为

$$X_i = X_i' + X_f = X_i' + FAX_i'$$

根据以上各式，可得负反馈放大电路放大倍数的一般关系式为

$$A_f = \frac{X_o}{X_i} = \frac{A}{1+FA}$$

4.3.2 反馈类型及其判定

1. 电压反馈与电流反馈

1）电压反馈

反馈信号取自输出电压，与输出电压成正比，如图 4-3-2 所示。

2）电流反馈

反馈信号取自输出电流，与输出电流成正比，如图 4-3-3 所示。

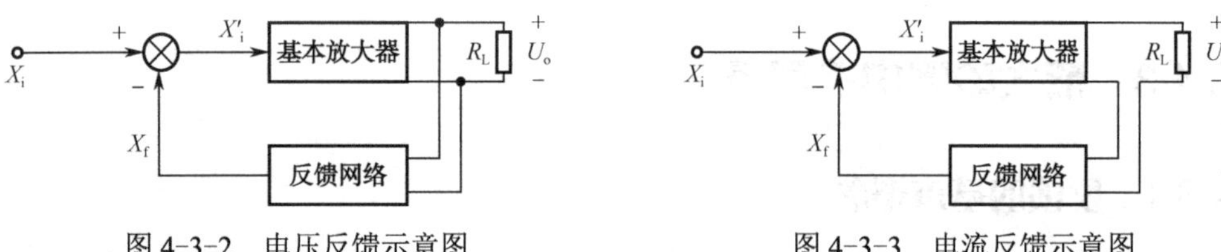

图 4-3-2　电压反馈示意图　　图 4-3-3　电流反馈示意图

3）电压反馈和电流反馈的判定

（1）输出短路法。将反馈放大器的输出端对交流短路，若其反馈信号随之消失，则为电压反馈，否则为电流反馈。 因为输出端对交流短路后，输出交变电压为零，若反馈信号随之消失，则说明反馈信号正比于输出电压，故为电压反馈。若反馈信号依然存在，则说明反馈信号不正比于输出电压，故不是电压反馈，而是电流反馈。

（2）按电路结构判定。在交流通路中，若放大器的输出端和反馈网络的取样端处在同一个放大器件的同一个电极上，则为电压反馈，否则是电流反馈。

按此方法可以判定，图 4-3-4（a）所示是电压反馈，图 4-3-4（b）所示是电流反馈。

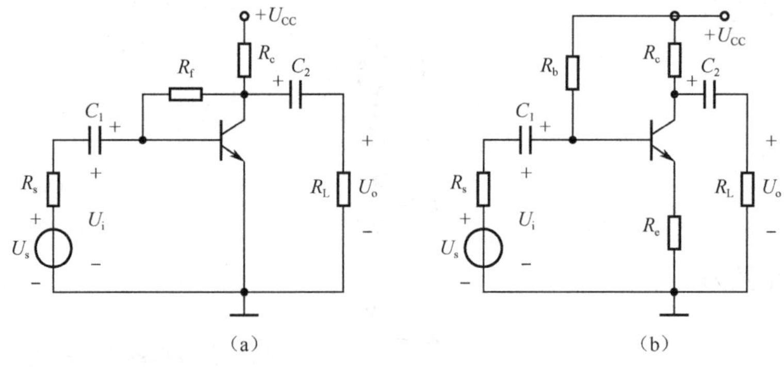

图 4-3-4　反馈电路举例

2. 串联反馈和并联反馈

（1）串联反馈。反馈信号与外加输入信号以电压的形式相叠加（比较），即反馈信号与外加输入信号二者相互串联，如图 4-3-5 所示。

由图可知

$$U_i' = U_i - U_f$$

（2）并联反馈。反馈信号与外加输入信号以电流的形式相叠加（比较），即两种信号在输入回路并联，如图4-3-6所示。

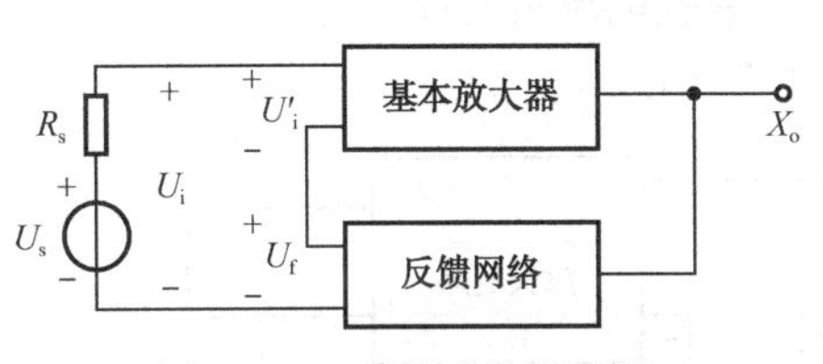

图4-3-5　串联反馈示意图

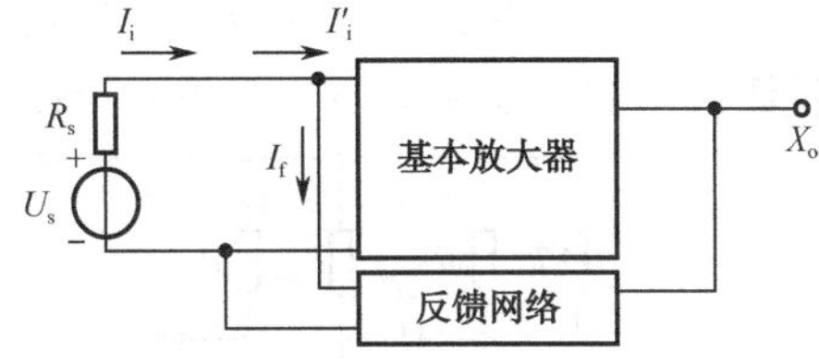

图4-3-6　并联反馈示意图

由图可知

$$I_i' = I_i - I_f$$

（3）串联反馈和并联反馈的判定方法。对于交变分量而言，若信号源的输出端和反馈网络的比较端接于同一个放大器件的同一个电极上，则为并联反馈；否则，为串联反馈。

按此方法可以判定，图4-3-4（a）所示是并联反馈，图4-3-4（b）所示是串联反馈。

3．直流反馈和交流反馈

（1）直流反馈。若反馈环路内，直流分量可以流通，则该反馈环可以产生直流反馈。直流负反馈主要用于稳定静态工作点。

（2）交流反馈。若反馈环路内，交流分量可以流通，则该反馈环可以产生交流反馈。交流负反馈主要用来改善放大器的性能；交流正反馈主要用来产生振荡。

（3）直流反馈和交流反馈的判定方法。若反馈环路内，直流分量和交流分量均可以流通，则该反馈环既可以产生直流反馈，又可以产生交流反馈。

图4-3-4（a）中的R_f既可以引入直流反馈，也可以引入交流反馈。

4．负反馈和正反馈

（1）负反馈。若反馈信号使净输入信号减弱，则为负反馈，负反馈多用于改善放大器的性能。

（2）正反馈。若反馈信号使净输入信号加强，则为正反馈，正反馈多用于振荡电路。

（3）反馈极性的判定多用瞬时极性法，其步骤如下。

① 首先在基本放大器输入端设定一个递增（或递减）的净输入信号，对并联反馈，设定一个电流信号；对串联反馈，设定一个电压信号。

② 在上述设定下，推演出反馈信号的变化极性。

③ 判定在反馈信号的影响下，净输入信号的变化极性。若该极性与前面设定的变化极性相反，则为负反馈；若相同，则为正反馈。

按上述方法可以判定图4-3-4（a）所示是负反馈。判定过程如下：因为是并联反馈，所以设定一个增大的i_B，则

$$i_B\uparrow \rightarrow i_C\uparrow \rightarrow U_C\downarrow \rightarrow i_f\uparrow \rightarrow i_B\downarrow$$

由于在i_f的影响下，i_B的变化极性与原设定的变化极性相反，表明反馈信号使净输入信

号减弱，所以是负反馈。

4.3.3 负反馈放大电路的 4 种组态

根据反馈网络在输出端采样方式的不同及与输入端连接方式的不同，负反馈放大电路有以下 4 种组态：串联电压负反馈（见图 4-3-7）、串联电流负反馈（见图 4-3-8）、并联电压负反馈（见图 4-3-9）、并联电流负反馈（见图 4-3-10）。

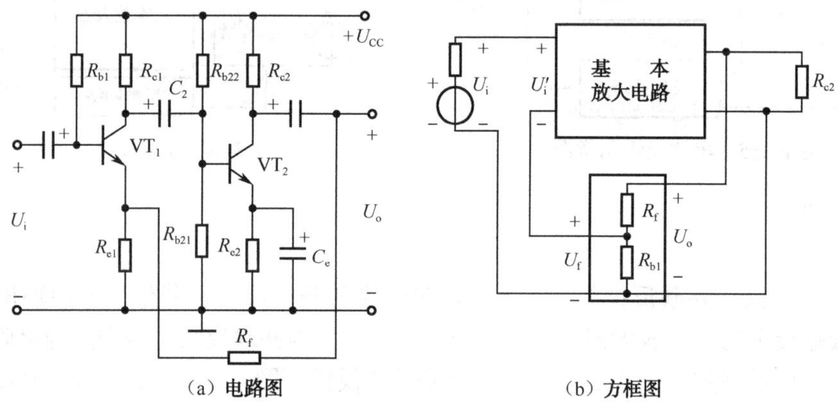

（a）电路图 （b）方框图

图 4-3-7 串联电压负反馈放大器

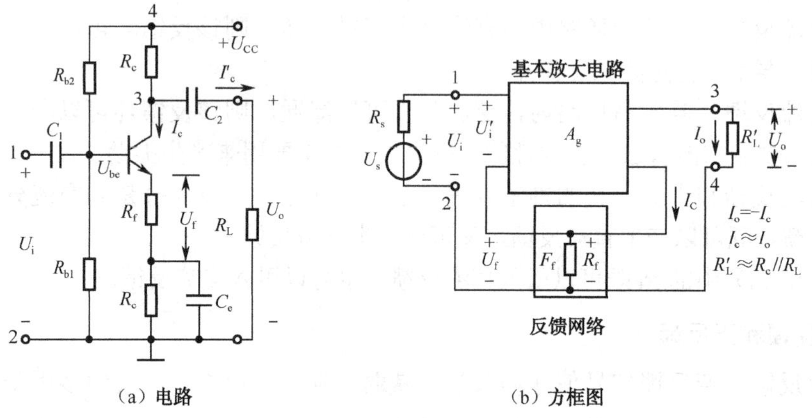

（a）电路 （b）方框图

图 4-3-8 串联电流负反馈放大器

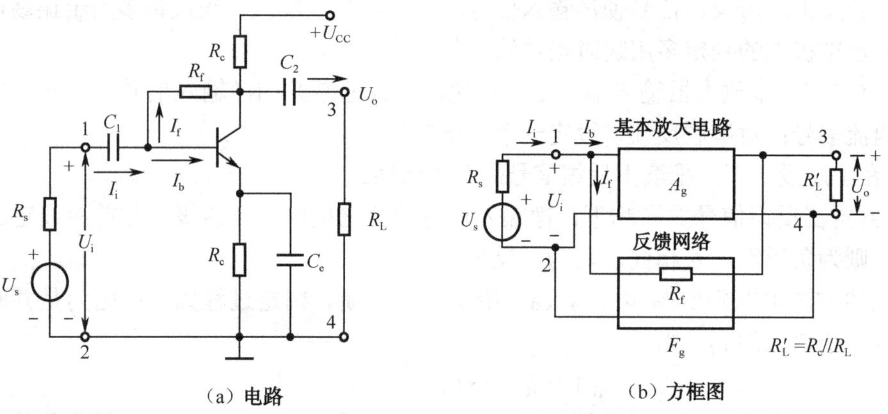

（a）电路 （b）方框图

图 4-3-9 并联电压负反馈放大器

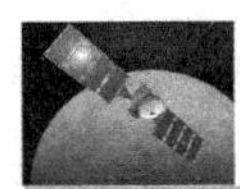

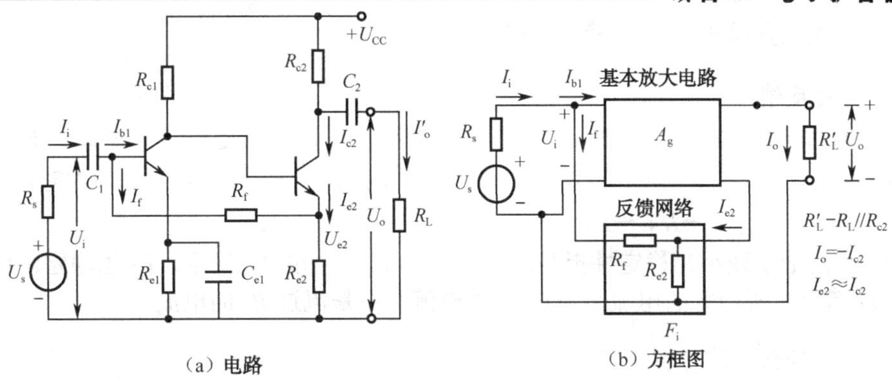

图 4-3-10　并联电流负反馈放大器

4 种反馈组态对 R_s 和 R_L 的要求如表 4-3-1 所示。

表 4-3-1　4 种反馈组态对 R_s 和 R_L 的要求

反 馈 方 式	串联电压型	并联电压型	串联电流型	并联电流型
被取样的输出信号 X_o	U_o	U_o	I_o	I_o
对 R_s 的要求	小	大	小	大
对 R_L 的要求	大	大	小	小

4.3.4　负反馈对放大器性能的影响

1．使放大器的放大倍数下降

根据负反馈的定义可知，负反馈总是使净输入信号减弱。所以，对于负反馈放大器而言，必有

$$X_i > X_i'$$

所以

$$\frac{X_o}{X_i} < \frac{X_o}{X_i'}$$

即

$$A_f < A, A_f = \frac{A}{1+FA}$$

可见，闭环放大倍数 A_f 仅是开环放大倍数 A 的 1/（1+FA）。

2．稳定被取样的输出信号

1）电压负反馈

对于图 4-3-7 所示的串联电压负反馈电路，当某一因素使 U_o 增大时，就会产生如下反馈过程：

$$U_o\uparrow \to U_{E1}\uparrow \to U_{BE1}\downarrow \to U_{C1}\uparrow \to U_{B2}\uparrow \to U_{C2}\downarrow \to U_o\downarrow$$

从而使 U_o 的变化量大大减小，U_o 的稳定性大大提高。

对于图 4-3-9 所示的并联电压负反馈电路，当某一因素使 U_o 增大时，则

$$U_o\uparrow \to I_f\downarrow \to I_B\uparrow \to I_C\uparrow \to U_C\downarrow \to U_o\downarrow$$

结果使 Uo 的变化量减小，U_o 的稳定性提高。

2）电流负反馈

因为电流负反馈被取样的输出信号是输出电流，所以，凡是电流负反馈，必然能稳定输出电流。对于图 4-3-10 所示的并联电流负反馈电路，当某一因素使 I_{e2} 增大时，则

$$I_{e2}\uparrow\rightarrow I_f\downarrow\rightarrow I_{b1}\uparrow\rightarrow I_{c1}\uparrow\rightarrow U_{c1}\downarrow\rightarrow U_{b2}\downarrow\rightarrow I_{b2}\downarrow\rightarrow I_{e2}\downarrow$$

结果使得 I_{e2} 的增量减小，稳定性提高；因为 $I_{c2}\approx I_{e2}$，所以 I_{e2} 稳定，I_{c2} 也稳定。值得说明的是，该反馈电路所稳定的电流是流过 R_L' 的电流，不是流过 R_L 的电流。

3．使放大倍数的稳定性提高

$$\Delta A_f = A_{f2} - A_{f1}$$

把 $A_{f2}=A_2/(1+FA_2)$ 和 $A_{f1}=A_1/(1+FA_1)$ 代入上式得

$$\Delta A_f = \frac{A_2 - A_1}{(1+FA_1)(1+FA_2)} = \frac{\Delta A}{(1+FA_1)(1+FA_2)}$$

用 $A_{f1}=A_1/(1+FA_1)$ 除以上式两边得

$$\frac{\Delta A_f}{A_{f1}} = \frac{1}{1+FA_2}\cdot\frac{\Delta A}{A_1}$$

当 ΔA 足够小时，$\Delta A_f\approx dAf$，并且 $A_1\approx A_2\approx A$，$A_{f1}\approx A_{f2}\approx A_f$。此种情况下，上式可写为

$$\frac{\Delta A_f}{A_1} = \frac{1}{1+FA}\cdot\frac{dA}{A}$$

4．可以展宽通频带

$$\dot{A}_f = \frac{\dot{A}}{1+F\dot{A}},\quad \dot{A}_h = \frac{A_m}{1+j\dfrac{f}{f_h}}$$

当反馈系数 F 不随频率变化时，引入负反馈后的高频特性为

$$\dot{A}_{hf} = \frac{\dot{A}}{1+F\dot{A}} = \frac{A_m/(1+jf/f_h)}{1+F[A_m/(1+jf/f_h)]} = \frac{A_m}{1+FA_m+jf/f_h}$$

$$= \frac{A_m/(1+FA_m)}{1+j[f/(1+FA_m)f_h]} = \frac{A_{mf}}{1+j[f/(1+FA_m)f_h]}$$

$$f_{hf} = (1+FA_m)f_h$$

$$f_{lf} = \frac{1}{1+FA_m}f_l$$

按照通频带的定义：

开环放大器的通频带为　　$f_{bw}=f_h-f_l$

闭环放大器的通频带为　　$f_{bwf}=f_{hf}-f_{lf}$

由于 $f_{hf}\gg f_h$，$f_{lf}\ll f_l$，所以，闭环通频带远远大于开环通频带。

当 $f_h\gg f_l$ 时，

$$f_{bw}=f_h-f_l\approx f_h$$

所以

$$f_{bwf}=f_{hf}-f_{lf}\approx f_{hf}\approx (1+FA_m)f_h\approx (1+FA_m)f_{bw}$$

5. 对输入电阻的影响

（1）串联负反馈使输入电阻提高，方框图如图4-3-11所示。

开环输入电阻：

$$r_i=\frac{U_i'}{I_i}$$

闭环输入电阻：

$$r_{if}=\frac{U_i}{I_i}=\frac{U_i'+U_f}{I_i}=\frac{U_i'+FAU_i'}{I_i}=(1+FA)\frac{U_i'}{I_i}=(1+FA)r_i$$

（2）并联负反馈使输入电阻减小，方框图如图4-3-12所示。

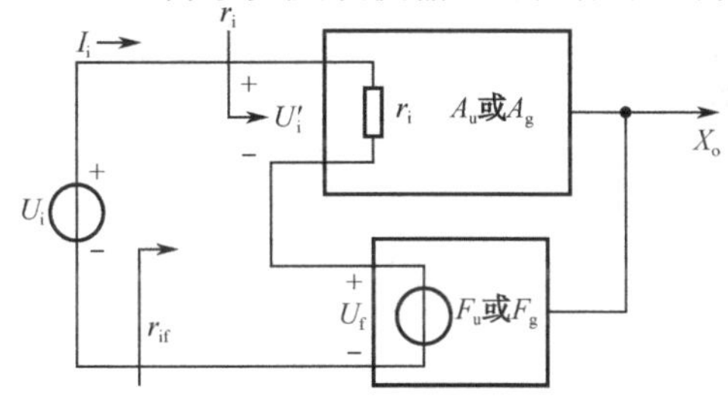

图4-3-11　串联负反馈方框图

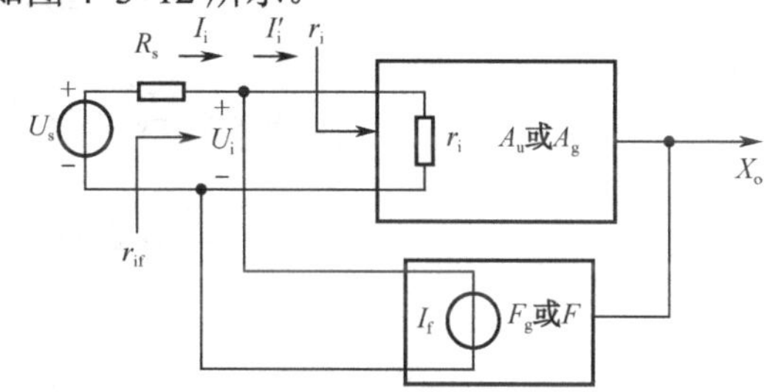

图4-3-12　并联负反馈方框图

开环输入电阻：

$$r_i=\frac{U_i}{I_i'}$$

闭环输入电阻：

$$r_{if}=\frac{U_i}{I_i}=\frac{U_i}{I_i'+I_f}=\frac{U_i}{I_i'+FAI_i'}$$

$$=\frac{1}{1+FA}\cdot\frac{U_i}{I_i'}=\frac{1}{1+FA}r_i$$

6. 对输出电阻的影响

（1）电压负反馈使输出电阻减小，方框图如图4-3-13所示。

$$A_oX_i'=-X_fA_o=-U_oFA_o$$

$$I_o'=\frac{U_o'-A_oX_i'}{r_o}=\frac{U_o'+U_o'A_oF}{r_o}=\frac{U_o'(1+A_oF)}{r_o}$$

$$r_{of}=\frac{U_o'}{I_o'}=\frac{r_o}{1+A_oF}$$

可见，引入电压负反馈后可使输出电阻减小到$r_o/(1+A_oF)$。不同的反馈形式，其A、F的含义不同。串联电压负反馈$F=F_u=U_f/U_o$，$A=A_u=U_o/U_i'$；并联电压负反馈$F=F_g=I_f/U_o$，$A=A_r=U_o/I_i'$。

（2）电流负反馈使输出电阻增大，方框图如图 4-3-14 所示。

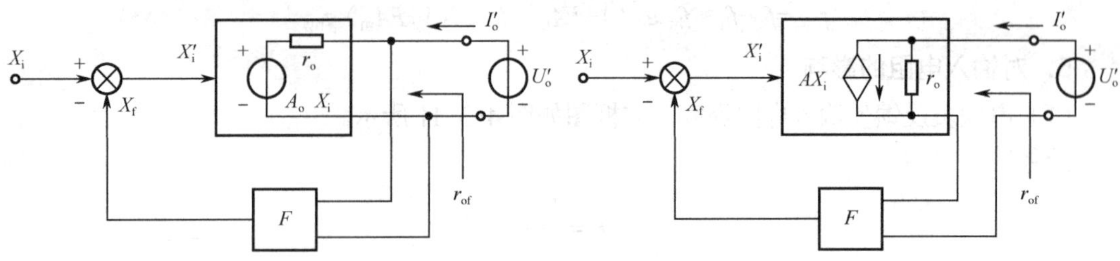

图 4-3-13　电压负反馈方框图　　　图 4-3-14　电流负反馈方框图

$$I_o' = AX_i' + \frac{U_o'}{r_o}$$

$$AX_i' = -AX_f = -FAI_o'$$

$$I_o' = -FAI_o' + \frac{U_o'}{r_o}$$

$$(1+AF)I_o' = \frac{U_o'}{r_o}$$

$$r_{of} = \frac{U_o'}{I_o'} = (1+AF)r_o$$

A 为 R_L=0 时的短路开环放大倍数。

7．减小非线性失真和抑制干扰、噪声

负反馈减小非线性失真如图 4-3-15 所示。

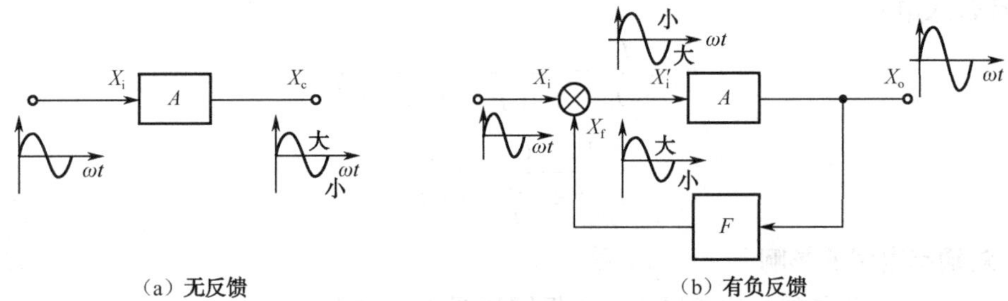

图 4-3-15　负反馈减小非线性失真

4.3.5　负反馈放大器的指标计算

1．等效电路法

把反馈放大器中的非线性器件用线性电路等效，然后根据电路理论来求解各项指标。其求解过程可借助计算机实现。

2．分离法

把负反馈放大器分离成基本放大器和反馈网络两部分，然后分别求出基本放大器的各项指标和反馈网络的反馈系数，再按上一节的有关公式，分别求得 A_f、r_{if}、r_{of}、f_{hf} 等。

3．强负反馈放大器的增益估算法

1）强负反馈的概念

若 $AF\gg1$，则称之为强负反馈。通常，只要是多级负反馈放大器，我们就可以认为是强负反馈电路。因为多级负反馈放大器，其开环增益很高，都能满足 $AF\gg1$ 的条件。

2）估算依据

对于强负反馈放大器来说，因为 $AF\gg1$，所以

$$A_f=\frac{A}{1+FA}\approx\frac{A}{AF}=\frac{1}{F}$$

强负反馈条件下：

$$A_f\approx\frac{1}{F}$$

把 $A_f=X_o/X_i$，$F=X_f/X_o$ 代入上式得

$$\frac{X_o}{X_i}\approx\frac{X_o}{X_f}$$

对于串联负反馈

$$U_i\approx U_f$$

对于并联负反馈

$$I_i\approx I_f$$

任务 4.4　差动放大电路

4.4.1　基本差动放大电路

1．直接耦合放大电路的零点漂移

如果将直接耦合放大电路的输入端短路，其输出端应有一固定的直流电压，即静态输出电压。但实际上输出电压将随着时间的推移，偏离初始值而缓慢地随机波动，这种现象称为零点漂移，简称零漂。零漂实际上就是静态工作点的漂移。抑制零漂的方法一般有如下几个方面。

（1）选用高质量的硅管。

（2）采用补偿的方法，用一个热敏元件，抵消 I_C 受温度影响的变化。

（3）采用差动放大电路。

本节详细讨论差动放大器的工作原理和基本性能，基本差动式放大器如图 4-4-1 所示。

VT_1、VT_2 是特性相同的晶体管。电路对称，参数也对称，如：

$$V_{BE1}=V_{BE2}=V_{BE}，R_{c1}=R_{c2}=R_c，$$
$$R_{b1}=R_{b2}=R_b，R_{s1}=R_{s2}=R_s，$$
$$\beta_1=\beta_2=\beta$$

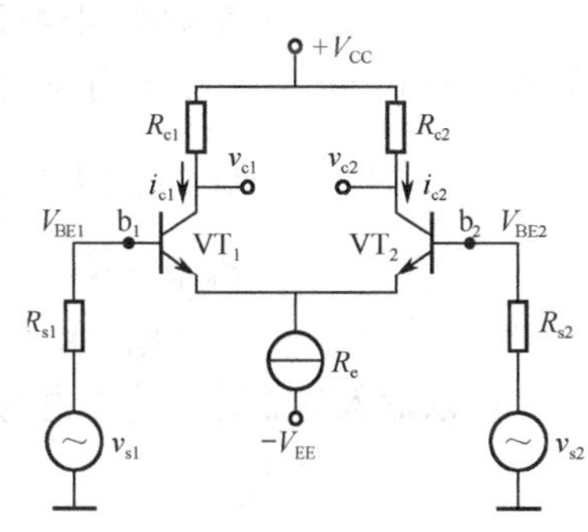

图 4-4-1　基本差动式放大器

电路有两个输入端：b_1 端、b_2 端；有两个输出端：v_{c1} 端、v_{c2} 端。

在分析电路特性之前，必须熟悉两个基本概念——共模信号和差模信号。

2．差放有两个输入端，可分别加上输入信号 v_{s1}、v_{s2}

若 $v_{s1}=-v_{s2}$——差模输入信号，大小相等，对共同端极性相反的两个信号，用 v_{sd} 表示。

若 $v_{s1}=v_{s2}$——共模输入信号，大小相等，对共同端的极性相同、按共同模式变化的信号，用 v_{sc} 表示。

实际上，对于任何输入信号和输出信号，都是差模信号和共模信号的合成，为分析简便，将它们分开讨论。

考虑到电路的对称性和两信号共同作用的效果有

$$v_{s1}\rightarrow v_{s1}\rightarrow\frac{1}{2}v_{s1}+\frac{1}{2}v_{s2}+\frac{1}{2}v_{s1}-\frac{1}{2}v_{s2}=v_{sc}+\frac{v_{sd}}{2}$$

$$v_{s2}\rightarrow v_{s2}\rightarrow\frac{1}{2}v_{s1}+\frac{1}{2}v_{s2}-\frac{1}{2}v_{s1}+\frac{1}{2}v_{s2}=v_{sc}-\frac{v_{sd}}{2}$$

于是，此时相应的差模输入信号为

$$v_{sd}=v_{s1}-v_{s2}$$

差模信号是两个输入信号之差，即 v_{s1}、v_{s2} 中含有大小相等、极性相反的一对信号。

共模信号：$$v_{sc}=(v_{s1}+v_{s2})/2$$

共模信号则是二者的算术平均值，即 v_{s1}、v_{s2} 中含有大小相等、极性相同的一对信号。

对于差放电路输入端的两个任意大小和极性的输入信号 v_{s1} 和 v_{s2}，均可分解为相应的差模信号和共模输入信号两部分。

3．差模信号和共模信号的放大倍数

放大电路对差模输入信号的放大倍数称为差模电压放大倍数 A_{VD}：$A_{VD}=v_o/v_{sd}$。

放大电路对共模输入信号的放大倍数称为共模电压放大倍数 A_{VC}：$A_{VC}=v_o/v_{sc}$。

在差、共模信号同存的情况下，在线性工作情况中，可利用叠加原理求放大电路总的输出电压 v_o：

$$v_o=A_{VD}v_{sd}+A_{VC}v_{sc}$$

4.4.2　差动放大电路的工作原理

1．静态分析

差动式放大电路如图 4-4-2 所示。因没有输入信号，即 $v_{s1}=v_{s2}=0$ 时，由于电路完全对称，有

$$i_{c1}=i_{c2}=i_c=\frac{i}{2}$$

$$R_{c1}i_{c1}=R_{c2}i_{c2}$$

$$v_o=v_{c1}-v_{c2}=0$$

所以输入为 0 时，输出也为 0。

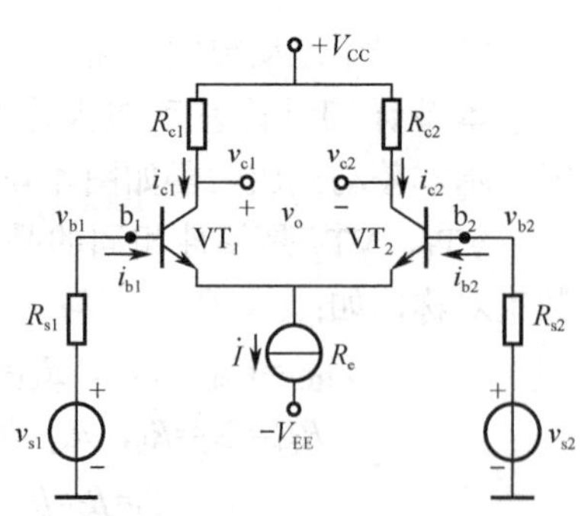

图 4-4-2　差动式放大电路

2．加入信号

加入差模信号时，即 $v_{s1}=-v_{s2}=\dfrac{v_{sd}}{2}$ 。

从电路看：v_{b1} 增大使得 i_{b1} 增大，i_{c1} 增大使得 v_{c1} 减小。v_{b2} 减小使得 i_{b2} 减小，又使 i_{c2} 减小，使得 v_{c2} 增大。

由此可推出：$v_o=v_{c1}-v_{c2}=2v$（v 为每管变化量）。若在输入端加共模信号，即 $v_{s1}=v_{s2}$。由于电路的对称性和恒流源偏置，在理想情况下，$v_o=0$，无输出。

这就是所谓“差动”的意思：两个输入端之间有差别，输出端才有变动。

在差动式电路中，无论是温度的变化，还是电流源的波动都会引起两个三极管的 i_c 及 v_c 的变化。这个效果相当于在两个输入端加入了共模信号，在理想情况下，v_o 不变从而抑制了零漂。当然在实际情况下，要做到两管完全对称和理想恒流源是比较困难的，但输出漂移电压将大为减小。

综上分析，放大差模信号，抑制共模信号是差放的基本特征。在通常情况下，我们感兴趣的是差模输入信号，对于这部分有用信号，希望得到尽可能大的放大倍数；而共模输入信号可能反映由于温度变化而产生的漂移信号或随输入信号一起进入放大电路的某种干扰信号，对于这样的共模输入信号我们希望尽量地加以抑制，不予放大传送。凡是对差放两管基极作用相同的信号都是共模信号。

常见的共模信号有：

（1）v_{i1} 不等于 $-v_{i2}$，信号中含有共模信号；

（2）干扰信号（通常是同时作用于输入端）；

（3）温漂。

3．静态估算

$$i_{c1}=i_{c2}=i_c=\frac{i}{2}$$

$$v_{c1}=v_{c2}=V_{CC}-i_cR_c$$

$$i_{b1}=i_{b2}-\frac{i_c}{\beta}=i_b=\frac{i}{2\beta}$$

$$v_{b1}=v_{b2}=-i_bR_s$$

4．差放电路的动态分析

差放电路有两个输入端和两个输出端。同样，输出也分双端输出和单端输出方式。组合起来，有 4 种连接方式：双入双出、双入单出、单入双出、单入单出。

1）双入双出

（1）输入为差模方式：$v_{S1}=-v_{S2}=\dfrac{v_{sd}}{2}$，若 i_{c1} 上升，而 i_{c2} 下降，电路完全对称时，则 $|\Delta i_{c1}|=|\Delta i_{c2}|$。因为 I 不变，因此 $\Delta v_e=0$（$v_{o1}=v_{c1}$，$v_{o2}=v_{c2}$）。

$$A_{VD}=\frac{v_o}{v_{sd}}=\frac{v_{o1}-v_{o2}}{v_{s1}-v_{s2}}=\frac{2v_{o1}}{2v_{s1}}=\frac{v_{o1}}{v_{s1}}=-\frac{\beta R_c}{R_s+r_{be}}$$

即 $A_{VC}=A_1$（共发射单管放大电路的放大倍数）。

当有负载 R_L 时

$$A'_{VD} = -\frac{\beta R'_L}{R_s + r_{be}}$$

$$(R'_L = R_c \,//\, R_L / 2)$$

因为 R_L 的中点是交流地电位，因此在其交流通路中，电路中线上各点均为交流接地，由此可画出信号的交流通路如图 4-4-3 所示，由上面的计算可见，负载在电路完全对称、双入双出的情况下，$A_{VD}=A_1$，可见该电路使用成倍的元器件换取抑制零漂的能力。

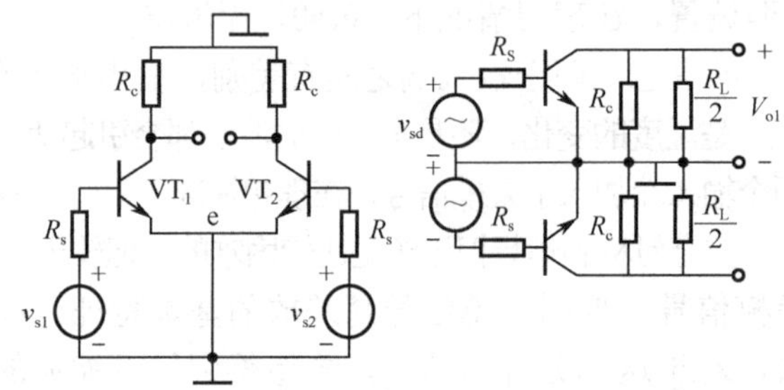

图 4-4-3　差动放大器共模输入交流通路及其等效电路

差模输入电阻 R_i——从两个输入端看进去的等效电阻 $R_i=2r_{be}$。

差模输出电阻 R_o 的值为 $R_o=2R_c$。

R_o、R_i 是单管的两倍。

（2）输入为共模方式：$v_{s1}=v_{s2}$，此时变化量相等，$v_{c1}=v_{c2}$。

$$A_{VC} = \frac{v_o}{v_{sc}} = \frac{v_{o1} - v_{o2}}{v_{sc}} = \frac{v_{c1} - v_{c2}}{v_{sc}} = 0$$

实际上，电路完全对称是不容易的，但即使这样，A_{VC} 也很小，放大电路的抑制共模能力还是很强的。

2）双入单出

对于差模信号，由于另一三极管的 c 极没有利用，因此 v_o 只有双出的一半。

$$A_{VD} = \frac{1}{2}A_1 = -\frac{1}{2}\frac{\beta R'_L}{R_s + r_{be}}$$

$$(R'_L = R_c \,//\, R_L)$$

差模输入电阻：由于输入回路没变，　　$R_i=2r_{be}$

差模输出电阻：　　　　　　　　　　　$R_o=R_{c1}$

对于共模信号，因为两边电流同时增大或同时减小，因此在 e 处得到的是两倍的 i_e。$v_e=2i_eR_e$，这相当于其交流通路中每个射极接 $2R_e$ 电阻（R_e——恒流源交流等效电阻），如图 4-4-4 所示。

$$A_{VC} = \frac{v_{o1}}{v_{sc}}$$

$$= -\frac{\beta R'_L}{R_s + r_{be} + (1+\beta)2R_e}$$

$$= -\frac{R'_L}{2R_e}$$

当 R_e 上升，即恒流源越接近理想的情况时，A_{VC} 越小，抑制共模信号的能力越强。

3）单入双出、单出

若 $v_{s1}=v_i>0$，则 i_{c1} 增大，使 i_{e1} 也增大，v_e 增大。由于 VT_2 的 b 极通过 R_s 接地，如图 4-4-5 所示，则 $v_{BE2}=0-v_e=-v_e$，所以有 v_{BE2} 减小，i_{c2} 也减小。整个过程，在单端输入 v_s 的作用下，两个三极管的电流为 i_{c1} 增加，i_{c2} 减小。所以当单端输入时，差动放大的 VT_1、VT_2 仍然工作在差动状态。

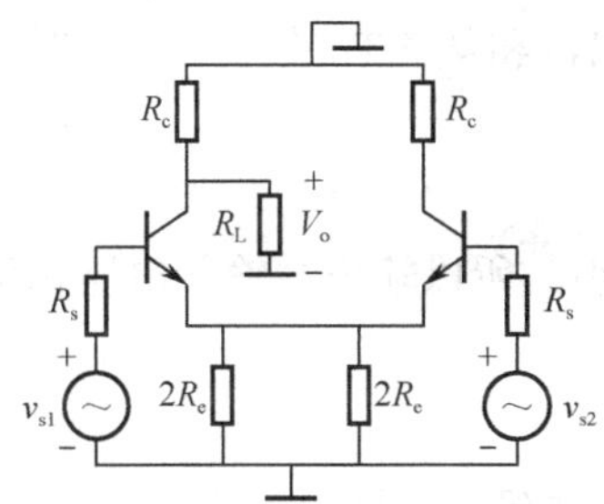

图 4-4-4　$2R_e$ 为等效电阻

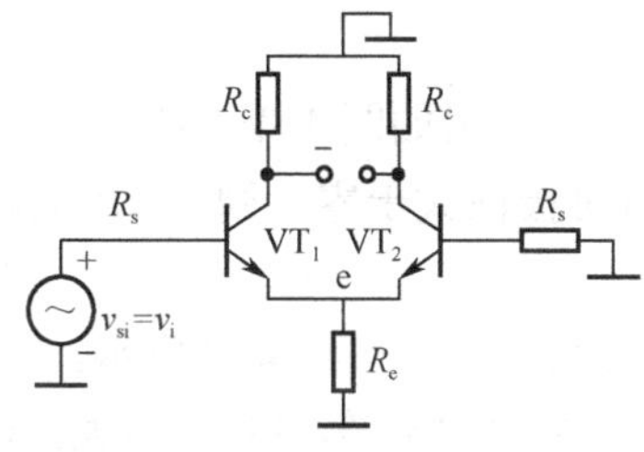

图 4-4-5　单端输入、双端输出电路

从另一方面理解：$v_{s1}=v_i$，$v_{s2}=0$ 将单端输入信号分解成为一个差模信号 v_{sd} 和共模信号 v_{sc} 。

$$v_{sd}=v_{s1}-v_{s2}=v_i$$

$$v_{sc}=\frac{(v_{s1}+v_{s2})}{2}=\frac{v_i}{2}$$

将两个输入端的信号看作由共模信号和差模信号叠加而成，即

$$v_{s1}=\frac{v_{sc}+v_{sd}}{2}=\frac{v_i}{2}+\frac{v_i}{2}$$

$$v_{s2}=\frac{v_{sc}-v_{sd}}{2}=\frac{v_i}{2}-\frac{v_i}{2}$$

电路输出端总电压为　　　　$v_o=A_{VC}v_{sc}+A_{VD}v_{sd}$

经过这样的变换后，电路便可按双入情况分析：

$$A_{VC}=0,\ A_{VD}=-\frac{\beta R_L}{R_s+r_{be}}$$

（1）如为双端输出，则似双入双出中的分析：

$$(R_L=R_c\ //0.5R_L)$$

$$v_o=A_{VD}v_{sd}=A_{VD}v_i$$

即可看为单入双出时的输出 v_o 与双入双出相同。

（2）如为单端输出（设从 VT_1 的 c 极输出），则似双入单出中的分析：

$$A_{VC}=-\frac{\beta R_L'}{R_s+r_{be}+(1+\beta)2R_e}\approx-\frac{R_L'}{2R_e}$$

$$(R_L'=R_c\ //\ R_L)$$

$$A_{VD}=-\frac{\beta R_L}{2(R_s+r_{be})}$$

$$v_o = A_{VD}v_{sd} + A_{VC}v_{sc} = \frac{A_{VD}v_i + A_{VC}v_i}{2}$$

（3）差模输入电阻：当 R_e 很大时（开路），可近似认为 R_i 与差动输入时相似。

$$R_i \approx 2r_{be}$$

（4）输出电阻：

双出：$R_o=2R_c$

单出：$R_o=R_c$

注：对于单入单出的情况，从 VT_1 的 c 极输出，和从 VT_2 的 c 极输出时输入、输出的相位关系是不同的。

从 VT_1 的 c 极输出如图 4-4-6 所示。

设 v_i 的瞬时极性大于零，则 i_{c1} 增大，v_{c1} 减小，所以输出与输入电压相位相反，所以 $A_{VD}<0$。

从 VT_2 的 c 极输出如图 4-4-7 所示。

设 v_i 的瞬时极性大于零，则 i_{c1} 增大，v_e 增大，使得 v_{BE2} 减小，所以 i_{c2} 减小，v_{c2} 增大，输入、输出相位相同，所以 $A_{VD}>0$。

由以上分析可知，在单入单出差放电路中，如果从某个三极管的 b 极输入，然后从同一个三极管的 c 极输出，则 v_o 和 v_i 反相；如果从另一个三极管的 c 极输出，则 v_o 和 v_i 同相。顺便提一下，在单出的情况下，常将不输出的三极管的 R_c 省去，而将三极管的 c 极直接接到电源 V_{CC} 上。

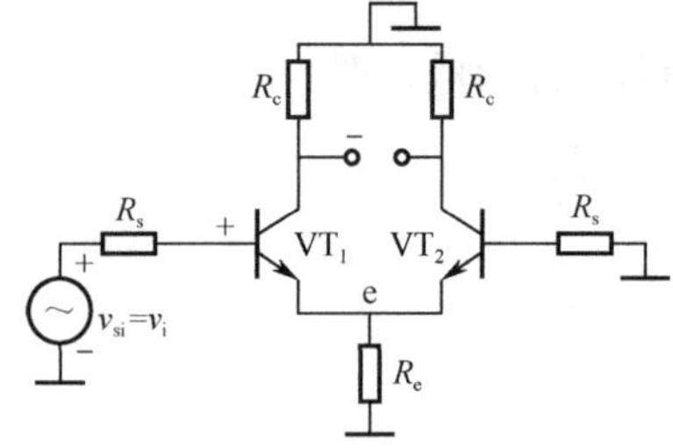

图 4-4-6　从 VT_1 的 c 极输出

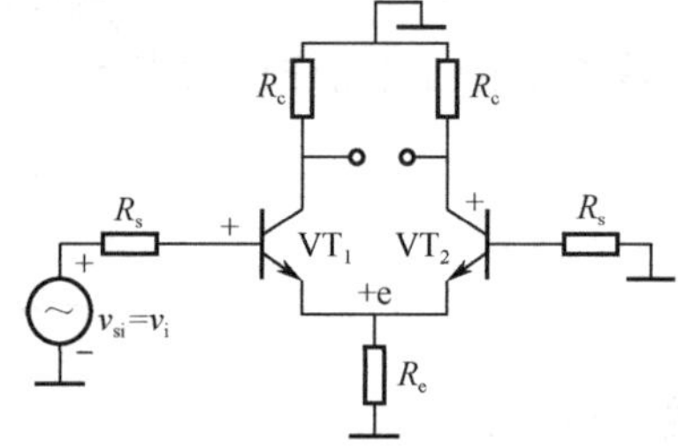

图 4-4-7　从 VT_2 的 c 极输出

4.4.3　差动放大电路的动态性能指标

（1）差模电压放大倍数 A_d：描述电路放大差模信号的能力。

（2）差模输入电阻 R_{id}：差模信号作用下的输入电阻。

（3）差模输出电阻 R_{od}：差模信号作用下的输出电阻。

（4）共模电压放大倍数 A_c：描述电路抑制共模信号的能力。

（5）共模抑制比：共模抑制比 K_{CMR} 是衡量差放抑制共模信号能力的一项技术指标。

$$K_{CMR} = \left|\frac{A_{VD}}{A_{VC}}\right|$$

有时用分贝数表示：

$$K_{CMR} = 20\lg\left|\frac{A_{VD}}{A_{VC}}\right|\text{dB}$$

A_{VD} 越大，A_{VC} 越小，则共模抑制能力越强，放大器的性能越优良，所以 K_{CMR} 越大越好。

在差放电路中，若电路完全对称，如图 4-4-8 所示，则有：

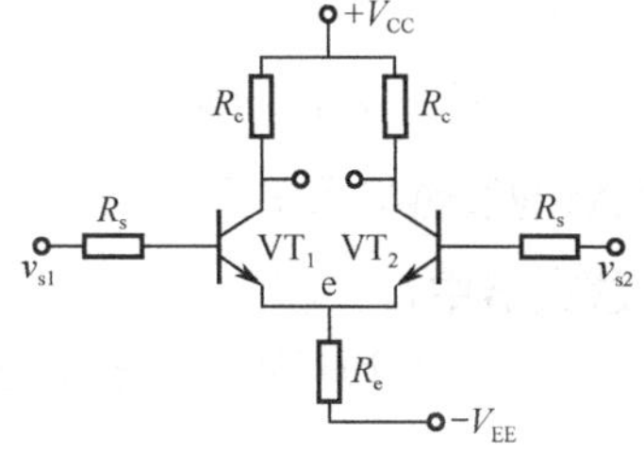

图 4-4-8　基本差动放大电路在共模输入时的交流通路

（1）当双端输出时，K_{CMR} 趋于无穷大（$A_{VC}\to 0$）。

（2）当单端输出时，$K_{CMR}=|\dfrac{A_{VD}}{A_{VC}}|\approx\dfrac{\beta R_e}{R_s+r_{be}}$。

由此得出，恒流源的交流电阻 R_e 越大，K_{CMR} 越大，抑制共模信号能力越强。

$$\begin{aligned}v_o&=A_{VD}v_{sd}+A_{VC}v_{sc}\\&=A_{VD}v_{sd}+\frac{A_{VD}}{K}v_{sc}\\&=A_{VD}v_{sd}\left(1+\frac{v_{sc}/v_{sd}}{K_{CMR}}\right)\end{aligned}$$

由此知，设计放大器时，必须至少使 $K_{CMR}>v_{sc}/v_{sd}$。例如，设 $K_{CMR}=1\,000$，$v_{sc}=1$ mV，$v_{sd}=1$ μV，则 $\dfrac{v_{sc}/v_{sd}}{K_{CMR}}=1$。

这就是说，当 $K=1\,000$ 时，两端输入信号差为 1 μV 时所得输出 v_o 与两端加同极性信号 1 mV 所得输出 v_o 相等。若 $K_{CMR}=10\,000$，则后项只有前项的 1/10，再一次说明 K_{CMR} 越大，抑制共模信号的能力越强。

任务 4.5　低频功率放大器

4.5.1　功率放大器的特点和主要研究对象

功率放大器的主要功能是在保证信号不失真（或失真较小）的前提下获得尽可能大的信号输出功率。由于通常工作在大信号状态下，所以常用图解法进行分析。在功率放大器研究中需要关注的主要问题有：

1. 要求输出功率 P_o 尽可能大

$$P_o=V_oI_o$$

为了获得大的功率输出，要求功放管的电压和电流都有足够大的输出幅度，因此，功放管往往在接近极限状态下工作。

2. 效率 η 要高

$$\eta=\frac{P_o}{P_V}\times 100\%$$

式中，P_o是交流输出功率，P_V是直流电源供给的功率。

3．正确处理输出功率与非线性失真之间的矛盾

同一功放管随着输出功率增大，非线性失真往往越严重，因此，应根据不同的应用场合，合理考虑对非线性失真的要求。

4．功放管的散热与保护问题

在功率放大器中，有相当大的功率消耗在管子的集电结上，使结温和管壳温度升高。为了充分利用允许的管耗而使管子输出足够大的功率，功放管的散热是一个很重要的问题。

此外，在功率放大器中，为了输出大的信号功率，管子承受的电压要高，通过的电流要大，功放管损坏的可能性也就比较大，所以，功放管的保护问题也不容忽视。

4.5.2 低频功率放大器的分类

通常在加入输入信号后，按照输出级晶体管集电极电流的导通情况，低频功率放大器可分为 3 类：甲类、乙类、甲乙类，如图 4-5-1 所示。

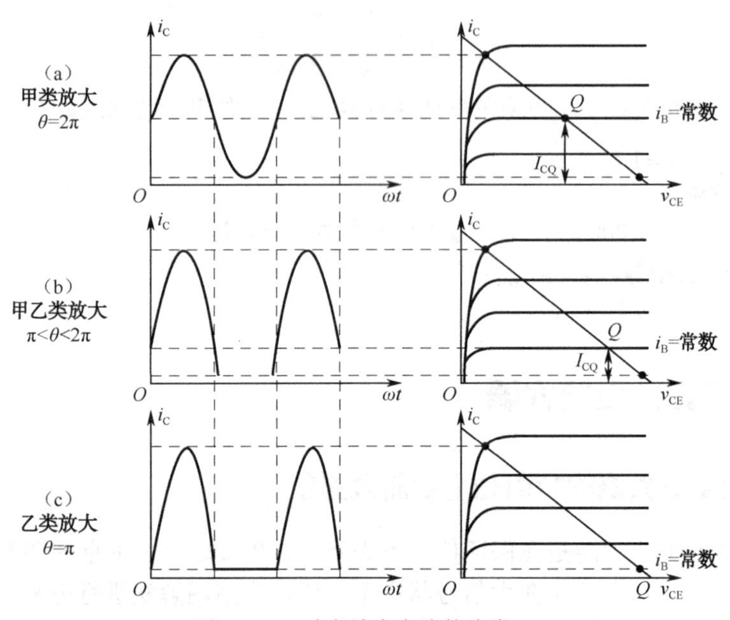

图 4-5-1 功率放大电路的分类

甲类：在信号的一个周期内，功放管始终导通，其导通角 θ=360°。该类电路的主要优点是输出信号的非线性失真较小。主要缺点是直流电源在静态时的功耗较大，效率 η 较低，在理想情况下，甲类功放的最高效率只能达到 50%。

乙类：在信号的一个周期内，功放管只有半个周期导通，其导通角 θ=180°。该类电路的主要优点是直流电源的静态功耗为零，效率 η 较高，在理想情况下，最高效率可达 78.5%。主要缺点是输出信号中会产生交越失真。

甲乙类：在信号的一个周期内，功放管导通的时间略大于半个周期，其导通角 180° < θ<360°。功放管的静态电流大于零，但非常小。这类电路保留了乙类功放的优点，且克服

了乙类功放的交越失真，是最常用的低频功率放大器类型。

4.5.3　乙类双电源（OCL）互补对称功率放大电路

1. 电路组成

乙类双电源（OCL）互补对称功率放大电路是由两射极输出器组成基本的互补对称电路。OCL 为 Output CapacitorLess（无输出电容器）的缩写。电路如图 4-5-2 所示。

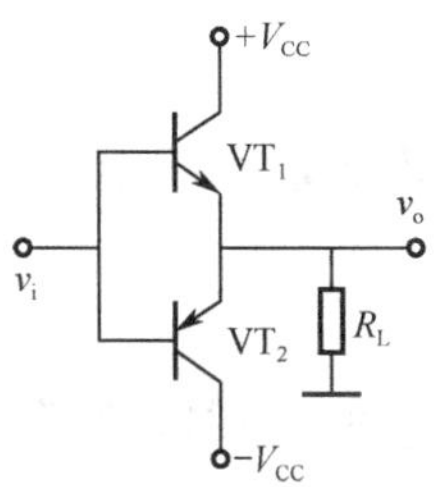

图 4-5-2　乙类互补对称功率放大电路

2. 工作原理

在输入信号 v_i 的整个周期内，VT_1、VT_2 轮流导通半个周期，使输出 v_o 的 i_L 是一个完整的信号波形，如图 4-5-3 所示。

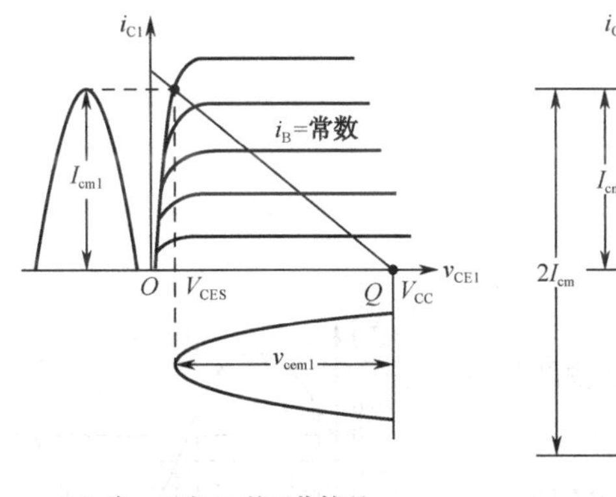

（a）当v_i>0时VT$_1$的工作情况

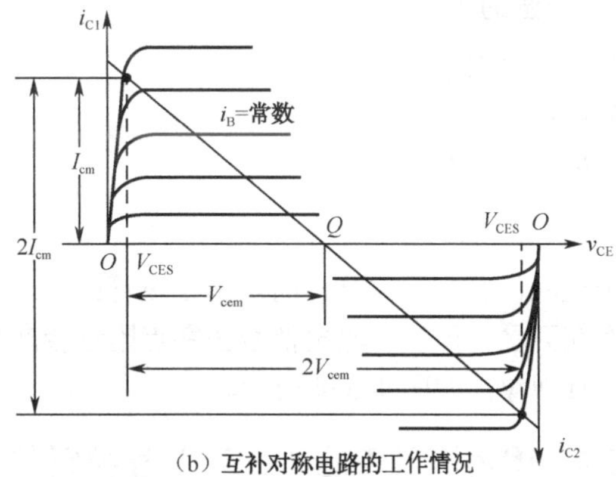

（b）互补对称电路的工作情况

图 4-5-3　乙类 OCL 电路的工作原理

3. 电路的性能分析

1）输出功率 P_o

$$P_o = V_o I_o = \frac{1}{2} \cdot \frac{V_{om}^{\ 2}}{R_L}$$

最大输出功率为

$$P_{om} = \frac{1}{2} \cdot \frac{V_{CC}^{\ 2}}{R_L}$$

2）晶体管管耗 P_T

$$P_T = P_{T1} + P_{T2} = \frac{2}{R_L}\left[\frac{V_{CC}V_{om}}{\pi} - \frac{V_{om}^{\ 2}}{4}\right]$$

当 $V_{om} \approx 0.6V_{CC}$ 时，具有最大管耗，最大管耗 P_{T1M} 为

$$P_{T1M} \approx 0.2P_{om}$$

3）直流电源供给的功率 P_V

$$P_V = P_o + P_T = \frac{2V_{CC}V_{om}}{\pi R_L}$$

电源供给的最大输出功率为

$$P_{Vm} = \frac{2V_{CC}}{\pi R_L}$$

4）效率 η

$$\eta = \frac{P_o}{P_V} = \frac{\pi V_{om}}{4V_{CC}}$$

当 $V_{om} \approx V_{CC}$ 时，效率最高，最大效率为

$$\eta = \frac{P_o}{P_V} = \frac{\pi}{4} \approx 78.5\%$$

4．功率管的选择

（1）$P_{CM} \geqslant 0.2P_{om}$。

（2）$V_{(BR)CEO} \geqslant 2V_{CC}$。

（3）$I_{CM} \geqslant V_{CC}/R_L$。

5．存在的问题

由于电路没有直流偏置，而功率三极管的输入特性又存在死区，所以，输出信号在零点附近会产生交越失真现象，如图 4-5-4 所示。

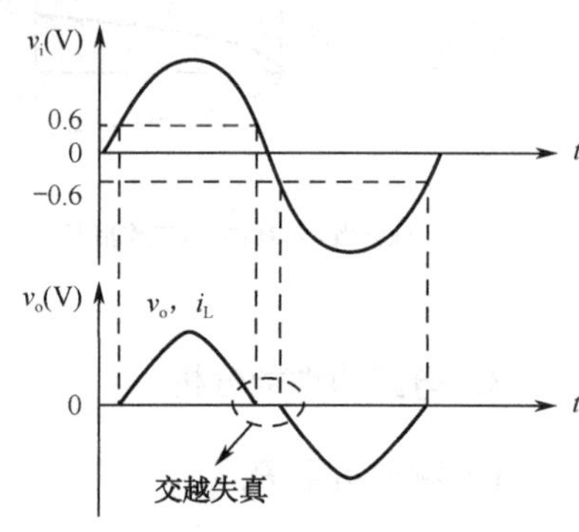

图 4-5-4　交越失真

4.5.4　甲乙类双电源（OCL）互补对称功率放大电路

1．引入思想

为了克服交越失真，在静态时，为输出管 VT_1、VT_2 提供适当的偏置电压，使之处于微导通，从而使电路工作在甲乙类状态。

2．甲乙类 OCL 电路静态点的设置方案

甲乙类 OCL 电路的静态偏置如图 4-5-5 所示。

图 4-5-5（b）所示的偏置方法在集成电路中常用到。可以证明：

$$V_{CE4} = \left(1 + \frac{R_1}{R_2}\right)V_{BE4}$$

适当调节 R_1、R_2 的比值，即可改变 VT_1、VT_2 的偏压值。

3．电路的性能指标

上述电路的静态工作电流虽不为零，但仍然很小，因此，其性能指标仍可用乙类互补对称电路的公式近似进行计算。

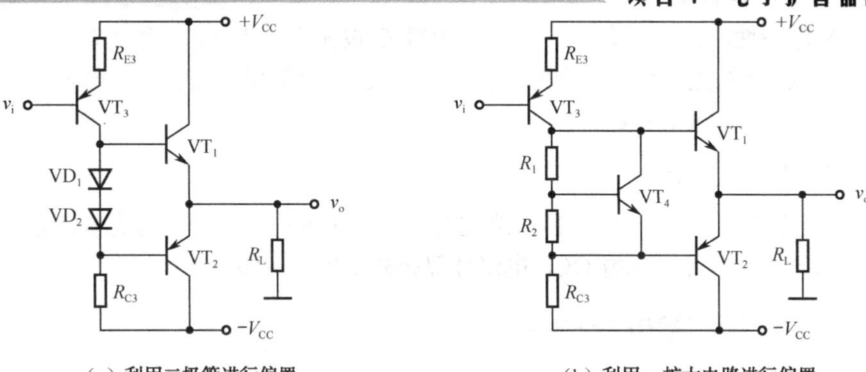

（a）利用二极管进行偏置　　（b）利用v_{BE}扩大电路进行偏置

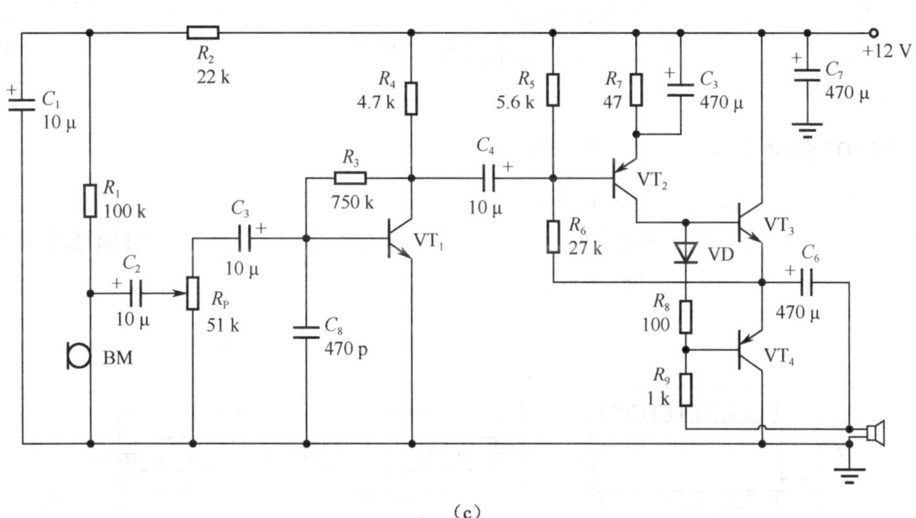

（c）

图 4-5-5　甲乙类 OCL 电路的静态偏置

4.5.5　单电源（OTL）互补对称功率放大电路

1. 电路原理图

单电源（OTL）互补对称功率放大电路原理如图 4-5-6（a）所示，图 4-5-6（b）所示是其等效电路。OTL 是 Output TransformerLess（无输出变压器）的缩写。

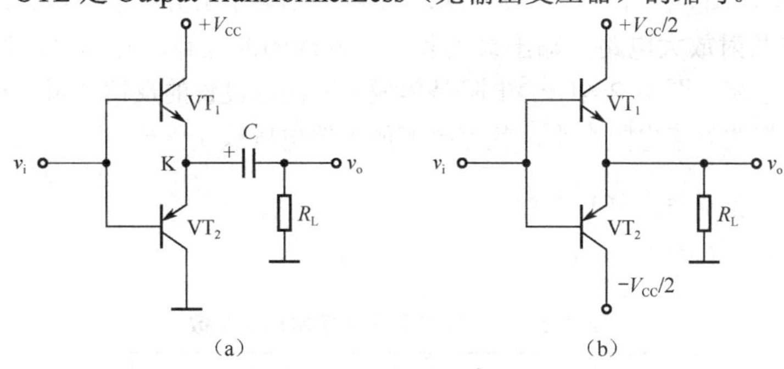

（a）　　（b）

图 4-5-6　单电源（OTL）互补对称功率放大电路

图 4-5-6（a）与图 4-5-2 的最大区别在于输出端接有大容量的电容 C。当 v_i=0 时，由

于 VT_1、VT_2 特性相同，即有 $V_K=V_{CC}/2$，电容 C 被充电到 $V_{CC}/2$。设 R_LC 远大于输入信号 v_i 的周期，则 C 上的电压可视为固定不变，电容 C 对交流信号而言可看作短路。因此，用单电源和 C 就可代替 OCL 电路的双电源。

2．电路的性能指标

OTL 电路的工作情况与 OCL 电路完全相同，偏置电路也可采用类似的方法处理。估算其性能指标时，用 $V_{CC}/2$ 代替 OCL 电路计算公式中的 V_{CC} 即可。

4.5.6 常见集成功率放大器的应用

随着线性集成电路的发展，集成功率放大器的应用也日益广泛。集成功率放大器有输出功率大、外围连接元件少、使用方便等优点，已经广泛应用于收音机、电视剧、通信设备方面，成为通用性较强的重要元件。集成功放的种类很多，下面介绍几种型号的集成功放及其应用。

1．LA4102 集成功率放大器及其应用

1）LA4102 的引脚排列、功用和内部框图

LA4102 封装外形如图 4-5-7（a）所示。它是带散热片的 14 脚双列直插式塑料封装，其引脚是从散热片顶部起按逆时针方向依次编号的。

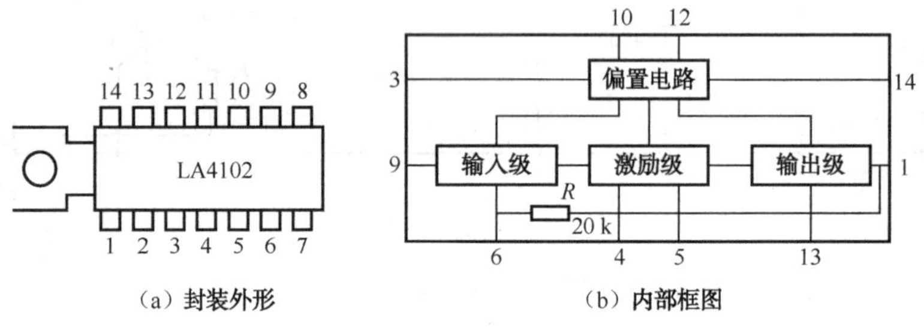

图 4-5-7 LA4102 封装外形与内部框图

各引脚功用如下。

1 输出端；3 接地；4、5 消振；6 反相输入端；8 公共射极电位；9 同相输入端；10、12 退耦滤波；13 接自举电容；14 正电源；2、7、11 悬空。

LA4102 内部框图如图 4-5-7（b）所示，主要包括以下部分：输入级为差动放大电路；激励级为高增益共射放大电路；输出级为复合管构成的准互补对称电路；偏置电路给各级提供稳定的偏置电流。图中 R=20 kΩ电阻是集成电路内部设置的反馈电阻，在实际应用中，通过改变接在 6 脚的外接电阻大小，就可改变放大器电压放大倍数。

2）LA4102 的主要技术指标参数

LA4102 主要技术指标参数见表 4-5-1。

表 4-5-1 LA4102 主要技术指标参数

参数名称	符号	单位	数值	测试条件
电源电压	V_{CC}	V	6～13	—

续表

参数名称	符号	单位	数值	测试条件
静态电流	I_{cco}	mA	15	V_{CC}=9 V
输出功率	P_o	W	2.1	V_{CC}=9 V R_L=4 Ω THD=10% f=1 kHz
输入阻抗	R_i	kΩ	20	f=1 kHz

3）LA4102 应用电路组成

LA4102 组成的 OTL 功率放大器如图 4-5-8 所示。

外围元件的作用如下。

C_1 为输入耦合电容；C_2、C_4 为滤波电容，用于消除偏置中的纹波电压；C_5 和 C_6 起相位补偿作用，以消除高频寄生振荡；C_7 用于防止高频自激振荡；C_8 为自举电容，以提高最大不失真输出功率；C_9 起电源退耦滤波作用；C_{10} 为 OTL 电路输出电容。C_3、R_f 与内部的 20 kΩ的电阻 R 组成交流电压串联负反馈电路。

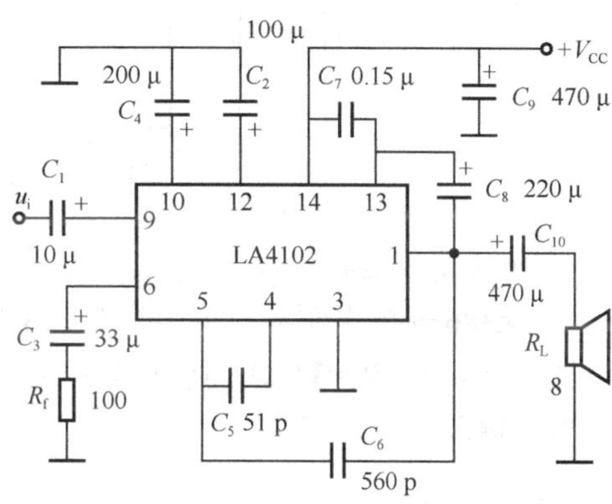

图 4-5-8 LA4102 典型应用电路

4）A_{uf} 估算

$$A_{uf} = \frac{(R + R_f)}{R_f}$$

若 C_3 取 33 μF，R_f 取 100 Ω，则 A_{uf}=201≈200。

2. LM386 集成功率放大器及其应用

1）外形、引脚排列及内电路

LM386 是一种低电压通用型音频集成功率放大器，广泛应用于收音机、对讲机和信号发生器中；LM386 的外形与引脚图如图 4-5-9 所示，它采用 8 脚双列直插式塑料封装。

LM386 有两个信号输入端，2 脚为反相输入端，3 脚为同相输入端；每个输入端的输入阻抗均为 50 kΩ，而且输入端对地的直流电位接近于零，即使输入端对地短路，输出端直流电平也不会产生大的偏离。

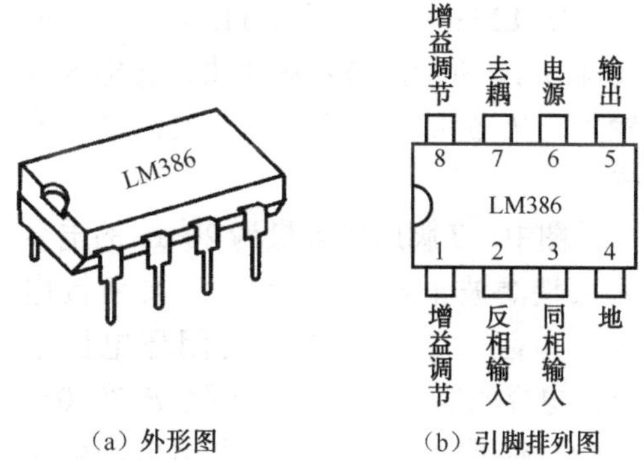

（a）外形图　（b）引脚排列图

图 4-5-9 LM386 外形与引脚排列

LM386 的内部电路如图 4-5-10 所示。

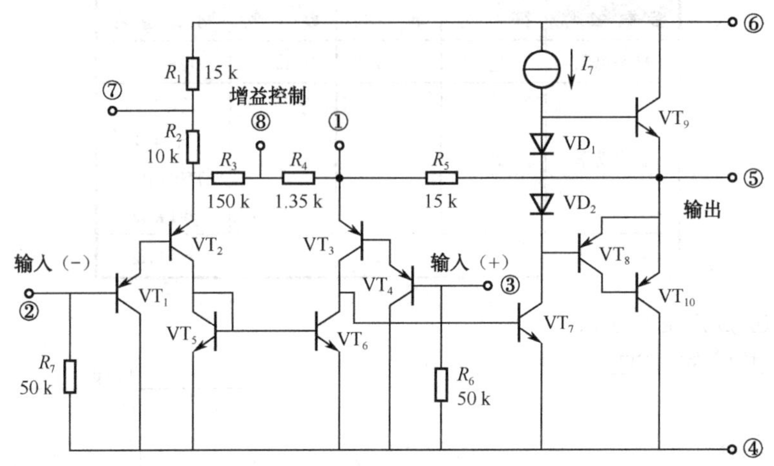

图 4-5-10　LM386 内部电路图

2）主要性能指标

LM386-4 的电源电压范围为 5～18 V。当电源电压为 6 V 时，静态工作电流为 4 mA。当 V_{CC}=16 V，R_L=32 Ω 时输出功率为 1 W。1、8 脚开路时带宽 300 kHz，总谐波失真为 0.2%，输入阻抗为 50 kΩ。

3）A_{uf} 估算

设引脚 1、8 间外接电阻 R，则

$$A_{uf} \approx \frac{2R_5}{R_3 + R_4 \mathbin{/\!/} R}$$

当引脚 1、8 之间对交流信号相当于短路时

$$A_{uf} \approx \frac{2R_5}{R_3} = 200$$

所以，当 1、8 脚外接不同阻值电阻时，A_u 的调节范围为 20～200（26～46 dB）。

4）LM386 应用电路

用 LM386 组成的 OTL 功放电路如图 4-5-11 所示，信号从 3 脚同相输入端输入，从 5 脚经耦合电容（220 μF）输出。

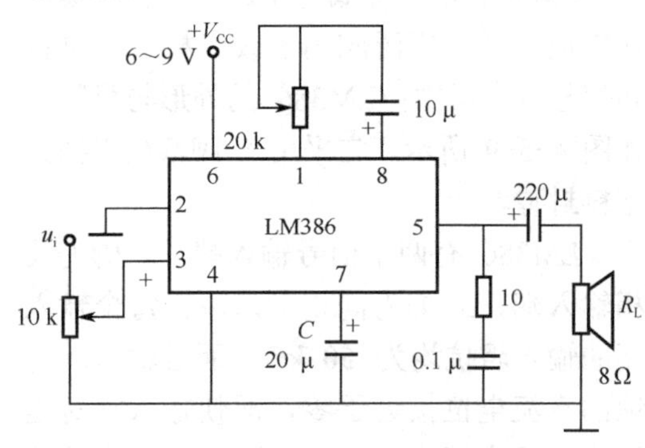

图 4-5-11　LM386 应用电路

图中，7 脚所接容量为 20 μF 的电容为去耦滤波电容。1 脚与 8 脚所接电容、电阻用于调节电路的闭环电压增益，电容取值为 10 μF，电阻 R 在 0～20 kΩ 范围内取值；改变电阻值，可使集成功放的电压放大倍数在 20～200 之间变化，R 值越小，电压增益越大。当

需要高增益时，可取 R=0，只将一只 10 μF 电容接在 1 脚与 8 脚之间即可。输出端 5 脚所接 10 Ω 电阻和 0.1 μF 电容组成阻抗校正网络，抵消负载中的感抗分量，防止电路自激，有时也可省去不用。该电路如用作收音机的功放电路，输入端接收音机检波电路的输出端即可。

3. 集成功放 TDA2030 及其应用

1）集成功放 TDA2030 主要技术指标及引脚排列

TDA2030 与性能类似的其他产品相比，具有引脚数最少、外接元件很少的优点。它的电气性能稳定、可靠，适应长时间连续工作，且芯片内部具有过载保护和热切断保护电路。该芯片适于在收录机及高保真立体扩音装置中作为音频功率放大器。

TDA2030 主要技术指标、参数见表 4-5-2。

表 4-5-2　TDA2030 主要技术指标、参数表

参　数	符号及单位	数　值	测 试 条 件
电源电压	V_{CC}（V）	±6～±18 V	—
静态电流	I_{CC}（mA）	$I_{CCO}<40$ mA	—
输出峰值电流		$I_{OM}=3.5$ A	
输出功率	P_O（W）	$P_O=14$ W	$V_{CC}=14$ V $R_L=4\ \Omega$ THD < 0.5% $f=1$ kHz
输入阻抗	R_i（kΩ）	140 kΩ	$A_u=30$ dB $R_L=4\ \Omega$ $P_O=14$ W
−3 dB 功率带宽		10 Hz～140 kHz	$P_O=14$ W，$R_L=4\ \Omega$
谐波失真 THD		<0.5%	$P_O=0.1$～14 W，$R_L=4\ \Omega$

TDA2030 引脚排列如图 4-5-12 所示。

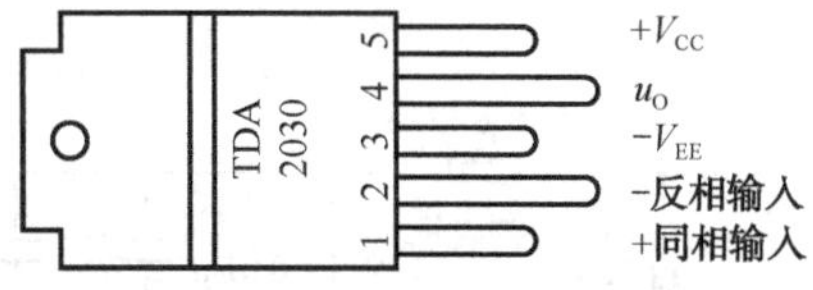

图 4-5-12　TDA2030 引脚排列

TDA2030 在市场上有一些伪品，可用以下方法判断芯片真伪及其性能参数是否正常。

（1）电阻法。正常情况下 TDA2030 各脚对 3 脚阻值见表 4-5-3。

表 4-5-3　TDA2030 各脚对 3 脚阻值

引　脚		1	2	3	4	5
阻值	黑表笔接 3 脚	4 kΩ	4 kΩ	0	3 kΩ	3 kΩ
	红表笔接 3 脚	∞	∞	0	18 kΩ	3 kΩ

以上数据是MF-500型万用表用R×1 k挡测得的，不同表阻值会有区别，但趋势会一致。

（2）电压法。将TDA2030接成OTL电路，去掉负载，1脚用电容对地交流短路，然后将电源电压从0～36 V逐渐升高，用万用表测电源电压和4脚对地电压，若TDA2030性能完好，4脚电压应始终为电源电压的一半。否则说明该芯片为伪品或残次品。说明电路内部对称性差，用作功率放大器将产生失真。

2）TDA2030实用电路

TDA2030接成OCL（双电源）典型应用电路如图4-5-13所示。

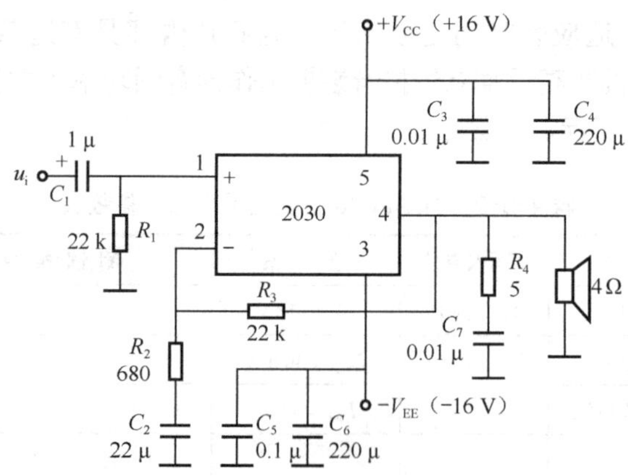

图4-5-13　TDA2030双电源典型应用电路

图中R_3、R_2、C_2使TDA2030接成交流电压串联负反馈电路。闭环增益由下式估算

$$A_{uf} = 1 + \frac{R_3}{R_2}$$

C_5、C_6为电源低频去耦电容，C_3、C_4为电源高频去耦电容。R_4与C_7组成阻容吸收网络，用以避免电感性负载产生过电压击穿芯片内功率管。为防止输出电压过大，可在输出端4脚与正、负电源接一反偏二极管组成输出电压限幅电路。

TDA2030接成OTL（单电源）典型应用电路如图4-5-14所示。电路各元器件作用，读者自行分析。

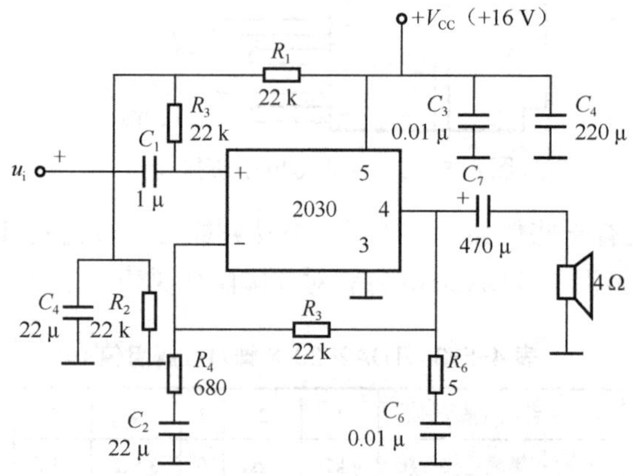

图4-5-14　TDA2030单电源典型应用电路

实训4 电子扩音器的制作

1．教学目标

（1）了解电子扩音器工作原理。

（2）学会识读电子扩音器原理图。

（3）掌握电子扩音器电路的安装工艺。

（4）掌握电子扩音器电路测量和调试技能。

2．器材准备

（1）指针式万用表。

（2）．焊接及装接工具一套。

（3）PCB、单孔电路板或面包板。

（4）电源。

（5）元器件清单，见表4-5-4。

表4-5-4 元器件清单

符号	名称	规格	数量	符号	名称	规格	数量
R_1	电阻	100 kΩ	1	R_9	电阻	1 kΩ	1
R_2	电阻	22 kΩ	1	RP_1	音量电位器	51 kΩ	1
R_3	电阻	750 kΩ	1	C_1、C_2、C_3、C_4	电解电容	10 μF	4
R_4	电阻	4.7 kΩ	1	C_5	电解电容	47 μF	1
R_5	电阻	5.6 kΩ	1	C_6、C_7	电解电容	470 μF	2
R_6	电阻	27 kΩ	1	C_8	瓷片电容	470 μF	1
R_7	电阻	47 Ω	1	VT_1	NPN型三极管	9 014	1
R_8	电阻	100 Ω	1	VT_2	PNP型三极管	9 015	1

3．实操过程

1）电路原理图识读

简易扩音器电路原理图如图4-5-15所示。

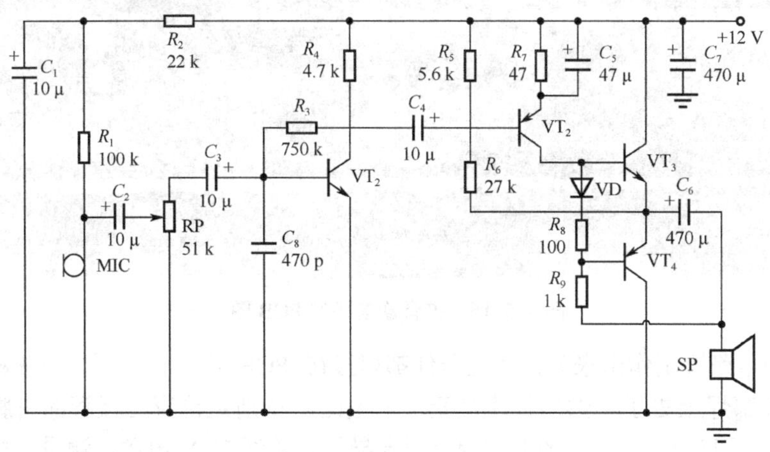

图4-5-15 简易扩音器电路原理图

2）工作原理

在扩音机电路里，SP 是驻极体话筒，电阻 R_1 为它提供了一个合适的工作电压。电阻 R_2 和电解电容 C_1 为滤波退耦电容，能避免自激，保证电路的稳定工作。电位器 R_P 可以调节输入放大器的信号强度，作为扩音器电路的音量调节器。

电解电容 C_2、C_3 和 C_4 是耦合电容，而电容 C_8 是为了滤除杂波所设置的。电容 C_5 是 VT_2 发射旁路电容，为交流信号提供通路，使交流信号不受反馈的影响。C_6 的作用是防止直流电压加到扬声器上而产生电流噪声。C_7 为电源滤波电容。

三极管 VT_1 和电阻 R_3、R_4 组成了一个电压并联负反馈电路。电阻 R_5 和 R_6 为三极管 VT_2 提供了一个稳定的工作电压。电阻 R_7 为 VT_2 发射极反馈电阻。它进一步保证了电路静态工作点的稳定。R_8、R_9 与二极管 VD 是三极管 VT_2 的集电极负载。调节 R_8 的大小，可以改变 VT_3 和 VT_4 的静态工作点。

扩音机放大的基本结构，它由前置放大——VT_1 和 VT_2 组成的两级放大器与功率放大——VT_3 和 VT_4 组成的乙类推挽功率放大器组成。

3）制作和调试

在完成对电路的原理性分析后便可以开始着手扩音器电路 PCB 的制作。图 4-5-16 为本次实验我们设计的扩音器电路的 PCB 图。

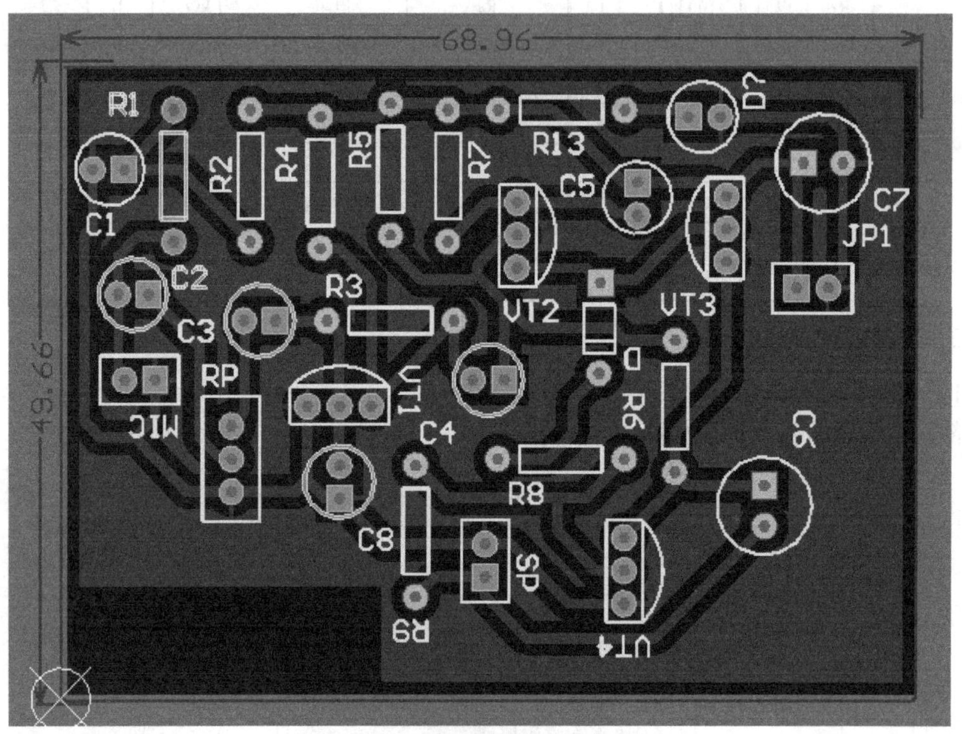

图 4-5-16　扩音器电路的 PCB 图

在把印制电路板制作出来后，把元器件都焊接在 PCB 电路板上后，首先检查是不是把所有的元器件都焊上去了。然后再次检查一遍电路，特别是检查三极管的引脚是否正确，为了安全起见，可先在电阻 R_8 的旁边焊上一条导线。接通 12 V 电源，测量三极管 VT_3 的发

射极电压。这个电压应该是电源电压的一半左右，如果不对，可以调整电阻 R_6 的阻值。然后测量一下电路的工作电流，在 5 mA 左右为宜。如果电流过大，应减小电阻 R_8 的阻值，否则加大。

调试成功后，对着话筒说话，在扬声器中就会听到经过放大了的声音信号。调节电位器 RP 能连续地对声音进行调整。这就说明我们的电路是正常的。但是使用时，我们应该尽可能地避免话筒和扬声器的朝向相同，因为在电路运行的情况下，话筒和扬声器有相同的朝向时会产生振荡而出现啸叫声。

习题 4

一、填空题

1．当 NPN 半导体三极管的____________正向偏置，____________反向偏置时，三极管具有放大作用，即__________极电流能控制__________极电流。

2．根据三极管放大电路的输入回路与输出回路公共端的不同，可将三极管放大电路分为________、______、______ 三种。

3．为了保证不失真放大，放大电路必须设置静态工作点。对 NPN 管组成的基本共射放大电路，如果静态工作点太低，将会产生__________________失真，应调 R_B，使其____________，则 I_B_______________，这样可克服失真。

4．共发射极放大电路电压放大倍数是________________与_________________的比值。

5．三极管的电流放大原理是_____________电流的微小变化控制_____________电流的较大变化。

6．共射组态既有_______________放大作用，又有_______________放大作用。

7．某三极管 3 个电极电位分别为 V_E=1 V，V_B=1.7 V，V_C=1.2 V。可判定该三极管是工作于________区的________型的三极管。

8．已知一放大电路中某三极管的 3 个引脚电位分别为①3.5 V，②2.8 V，③5 V，试判断：

（1）①脚是_______，②脚是_______，③脚是______（e， b，c）；

（2）管型是_______________（NPN，PNP）；

（3）材料是______________（硅，锗）。

9．画放大器交流通路时，____________和________应做短路处理。

10．两级放大电路第一级电压放大倍数为 100，第二级电压放大倍数为 60，则总的电压放大倍数为____________________。

11．多级放大电路常用的耦合方式有_________、________ 和 __________3 种形式。

12．判别反馈极性的方法是________________。

13．放大电路中，引入直流负反馈，可以稳定________________；引入交流负反馈，可以稳定_______。

14．为了提高电路的输入电阻，可以引入________________；为了在负载变化时，稳定输出电流，可以引入_______________；为了在负载变化时，稳定输出电压，可以引

入__________。

15．射极输出器的______极为输入回路和输出回路的公共端，所以它是一种_________放大电路。

16．射极输出器无__________放大作用，但有____________放大和______________放大作用。

17．为了放大缓慢变化的非周期信号或直流信号，放大器之间应采用 ________。

A．阻容耦合电路　　B．变压器耦合电路

C．二极管耦合电路

18．两级放大器中各级的电压增益分别是 20 dB 和 40 dB 时，总的电压增益应为______dB。

A．60 dB　　B．80 dB　　C．800 dB　　D．20 dB

19．如果输入信号的频率很低，最好采用__________耦合放大器。

A．变压器耦合　B．直接耦合　C．阻容耦合　D．电感耦合

20．在阻容耦合放大器中，耦合电容的作用是__________。

二、选择题

1．下列数据中，对 NPN 型三极管属于放大状态的是______。

A．$V_{BE}>0$，$V_{BE}<V_{CE}$ 时　　B．$V_{BE}<0$，$V_{BE}<V_{CE}$ 时

C．$V_{BE}>0$，$V_{BE}>V_{CE}$ 时　　D．$V_{BE}<0$，$V_{BE}>V_{CE}$ 时

2．工作在放大区域的某三极管，当 I_B 从 20 μA 增大到 40 μA 时，I_C 从 1 mA 变为 2 mA，则它的 β 值约为_______。

A．10　　B．50　　C．80　　D．100

3．NPN 型和 PNP 型晶体管的区别是______。

A．由两种不同的材料硅和锗制成　　B．掺入的杂质元素不同

C．P 区和 N 区的位置不同　　D．引脚排列方式不同

4．三极管各极对公共端电位如下所示，则处于放大状态的硅三极管是______。

A．−0.1 V　12 V　0 V　　B．0.5 V　5 V　0.3 V

C．−2.3 V　2 V　−3 V　　D．3.7 V　3.3 V　3 V

5．当晶体三极管的发射结和集电结都反偏时，则晶体三极管的集电极电流将______。

A．增大　　B．减小　　C．反向　　D．几乎为零

6．测得三极管 I_B=30 μA 时，I_C= 2.4 mA；I_B=40 μA 时，I_C=1 mA，则该管的交流电流放大系数为_______。

A．80　　B．60　　C．75　　D．100

7．用直流电压表测得放大电路中某晶体管电极 1、2、3 的电位各为 V_1=2 V，V_2=6 V，V_3=2.7 V，则 _______。

A．1 为 e，2 为 b，3 为 c　　B．1 为 e，3 为 b，2 为 c

C．2 为 e，1 为 b，3 为 c　　D．3 为 e，1 为 b，2 为 c

8．晶体管共发射极输出特性常用一簇曲线表示，其中每一条曲线对应一个特定的______。

A．i_C　　B．u_{CE}　　C．i_B　　D．i_E

9．某晶体管的发射极电流等于 1 mA，基极电流等于 20 μA，则它的集电极电流等于______。

A．0.98 mA　　B．1.02 mA　　C．0.8 mA　　D．1.2 mA

10．下列各种基本放大器中可作为电流跟随器的是______。

A．共射接法　　B．共基接法　　C．共集接法　　D．任何接法

11．下图所示为三极管的输出特性。该管在 U_{CE}=6 V，I_C=3 mA 处电流放大倍数 β 为______。

A．60　　B．80　　C．100　　D．10

12．放大电路的 3 种组态______。

A．都有电压放大作用　　B．都有电流放大作用

C．都有功率放大作用　　D．只有共射极电路有功率放大作用

13．晶体管构成的 3 种放大电路中，没有电压放大作用但有电流放大作用的是_____。

A．共集电极接法　　B．共基极接法

C．共发射极接法　　D．以上都不是

14．能使输出电阻降低的是______负反馈；能使输出电阻提高的是______负反馈。

A．电压　　B．电流　　C．串联　　D．并联

15．能使输入电阻提高的是______反馈；能使输入电阻降低的是______反馈。

A．电压负　　B．电流负　　C．串联负　　D．并联负

16．能使输出电压稳定的是______负反馈，能使输出电流稳定的是______负反馈。

A．电压　　B．电流　　C．串联　　D．并联

17．能提高放大倍数的是______反馈，能稳定放大器增益的是______反馈。

A．电压　　B．电流　　C．正　　D．负

18．能稳定静态工作点的是______反馈，能改善放大器性能的是______反馈。

A．直流负　　B．交流负　　C．直流电流负　　D．交流电压负

19．为了提高反馈效果，对串联负反馈应使信号源内阻 R_s______。

A．尽可能大　　B．尽可能小　　C．大小适中

20．对于电压负反馈要求负载电阻______。

A．尽可能大　　B．尽可能小　　C．大小适中

三、判断题

1．共集放大电路既能放大电压，也能放大电流。　　（　　）

2．阻容耦合放大器能放大交、直流信号。（　）

3．负反馈能改善放大电路的性能。所以，负反馈越强越好。（　）

4．为提高放大倍数，可适当引入正反馈。（　）

5．当放大器负载不变时，引入电压或电流负反馈均可稳定放大器的电压放大倍数。（　）

6．给放大电路加入负反馈，就一定能改善其性能。（　）

7．同一个放大电路中可以同时引入正反馈和负反馈。（　）

8．两个单级放大电路空载的放大倍数均为-50，将它们构成两级阻容耦合放大器后，总的放大倍数为2 500。（　）

9．电路中引入负反馈后，只能减小非线性失真，而不能消除失真。（　）

10．放大电路中的负反馈，对于在反馈环内产生的干扰、噪声和失真有抑制作用，但对输入信号中含有的干扰信号等没有抑制能力。（　）

四、计算题

1．电路如图 1 所示，已知 V_{CC}=12 V，R_C=2 kΩ，晶体管的 $\beta=60$，U_{BE}=0.3 V，I_{CEO}=0.1 mA，要求：

（1）如果欲将 I_C 调到 1.5 mA，试计算 R_B 应取多大值？（2）如果欲将 U_{CE} 调到 3 V，试问 R_B 应取多大值？

2．电路如图 2 所示，已知晶体管的 β=60，$r_{be}=1\,\text{k}\Omega$，U_{BE}=0.7 V。试求：（1）静态工作点 I_B、I_C、U_{CE}；（2）电压放大倍数；（3）若输入电压 $u_i=10\sqrt{2}\sin\omega t$（mV），则输出电压 U_o 的有效值为多少？

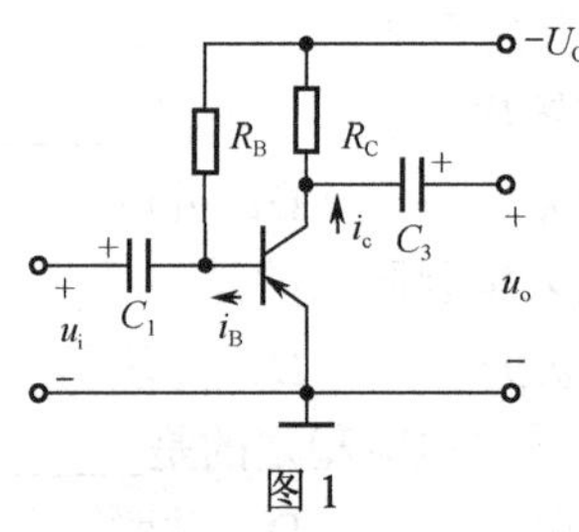

图 1

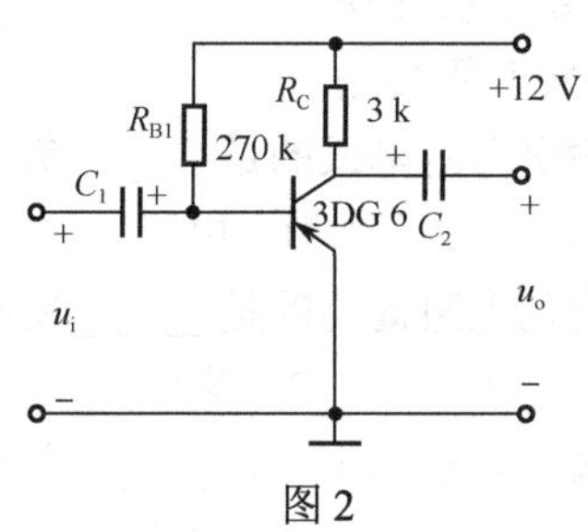

图 2

3．分别画出图 3 所示各电路的直流通路与交流通路。

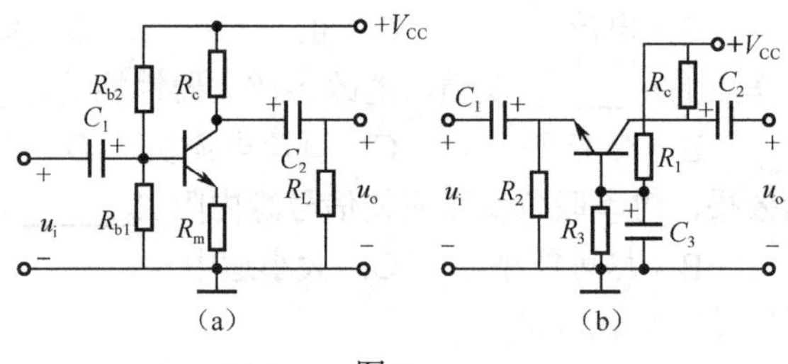

图 3

4．电路如图 4 所示，晶体管为硅管，元件参数已给出，V_{CC}=12 V，V_{BE}=0.7 V，β=50。试计算：（1）静态工作点；（2）电压放大倍 A_u、输入电阻 r_i、输出电阻 r_o；

（3）若保持 β=50 不变，将 R_L 由 3.9 kΩ变为 2 kΩ，则电压放大倍数将如何变化？

5．电路如图 5 所示，设 V_{CC}=15V，R_{b1}=60 kΩ，R_{b2}=20 kΩ，R_c=1 kΩ，R_e=5 kΩ，R_s=600 Ω，电容 C_1、C_2 和 C_e 都足够大，β=60，U_{BE}=0.7 V，R_L=3 kΩ。试求：（1）电路的静态工作点 I_{BQ}、I_{CQ}、U_{CEQ}；（2）电路的电压放大倍数 A_u、放大电路的输入电阻 r_i 和输出电阻 r_o；（3） 若信号源具有 R_s=600 Ω 的内阻，求源电压输入放大倍数 A_{us}；（4）若电路出现故障，且经测量得知 U_E=0，U_C=V_{CC}，请判明故障的原因。

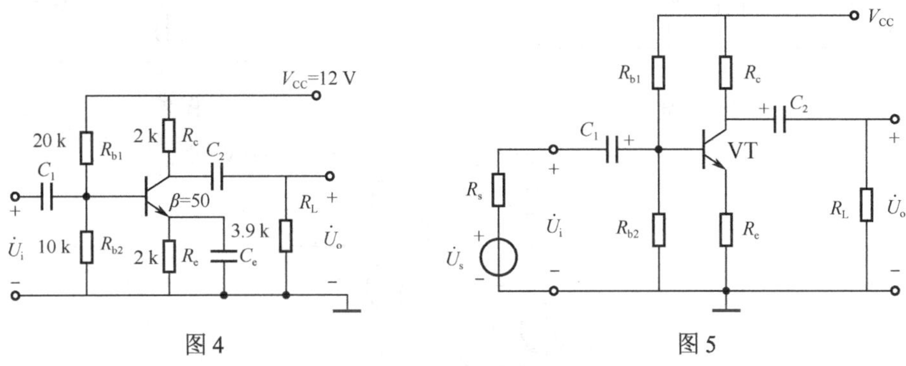

图 4　　　　　　　　　　图 5

6．图 6（a）所示为射极输出器，已知晶体管的 β=100，U_{BE}=0.6 V，信号源内阻 R_s=0。试求：（1）计算电路的放大倍数、输入电阻、输出电阻；（2）电路输出波形产生了如图 6（b）所示的失真，请问属饱和失真还是截止失真？消除该种失真最有效的方法是什么？如晶体管改为 PNP 管，若出现的仍为底部失真，上面的答案又怎样？若把电路的形式改为共发射极（原题为共集电极，共集电极即为射极输出器）放大电路，重新回答上面两个问题。

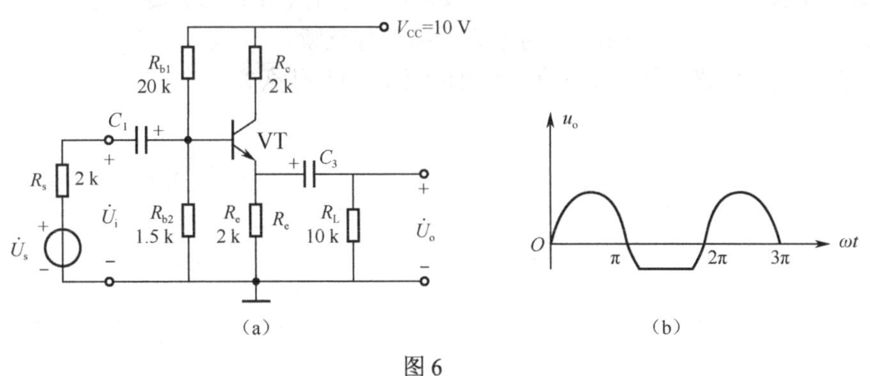

（a）　　　　　　　　　　（b）

图 6

7．共基放大电路如图 7 所示，已知 β=100，U_{BE}=0.7 V，试计算电路的放大倍数、输入电阻和输出电阻。

8．放大电路如图 8 所示，R_c=10 kΩ，R_E=270 Ω，晶体管为硅管，U_{BE}=0.6 V，β=45。试求：（1）若要求静态时 U_{CE}=5 V，R_B 的数值应该调到多少？（2）试计算电路的放大倍数、输入电阻和输出电阻。

五、分析题

1．图 9 所示为高输出电压音频放大电路，R_{E1}=4.7 kΩ，R_{F1}=150 kΩ，R_{F2}=47 kΩ。解答如

下问题：（1）R_{F1} 引入了何种反馈？其作用如何？（2）R_{F2} 引入了何种反馈？其作用如何？

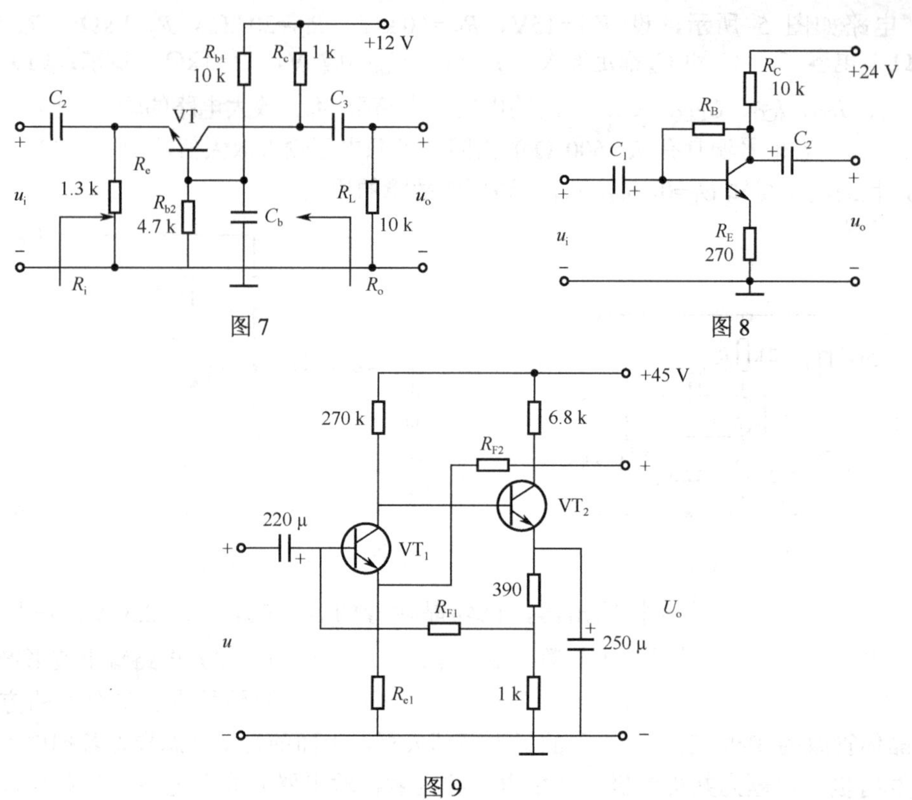

图 7　　图 8

图 9

2．如果要求：（1）稳定静态工作点；（2）稳定输出电压；（3）稳定输出电流；（4）提高输入电阻；（5）降低输出电阻，应分别选用哪 5 种反馈？

3．为改善放大电路性能，引入负反馈的基本法则是什么？

项目5 红外探测报警器的制作

通过本项目将主要学习以下知识和技能，完成以下实训任务：

序号	知识点	主要技能
1	认识红外探测报警器	红外探测报警器的组成、工作原理
2	集成运算放大器的简单介绍	集成运算放大器（简称集成运放）的结构与符号、主要参数及引脚功能
3	集成运放的线性应用	基本运算电路、有源滤波器
4	集成运放的非线性应用	
5	集成运放应用中要注意的问题	集成运放的使用常识、集成运放的保护措施、集成运放使用中可能出现的问题、集成运放的选择与检测
6	实训5　红外探测报警器的制作与调试	

任务 5.1 认识红外探测报警器

5.1.1 红外探测报警器的组成

随着电子技术的飞速发展和日益普及，电子报警器已经在各企业事业单位和人们的日常生活中得到广泛的应用。红外线报警器可监视几米到几十米范围内移动的人体，当有人在该范围内走动时，即发出报警。其电路的组成框图如图 5-1-1 所示。

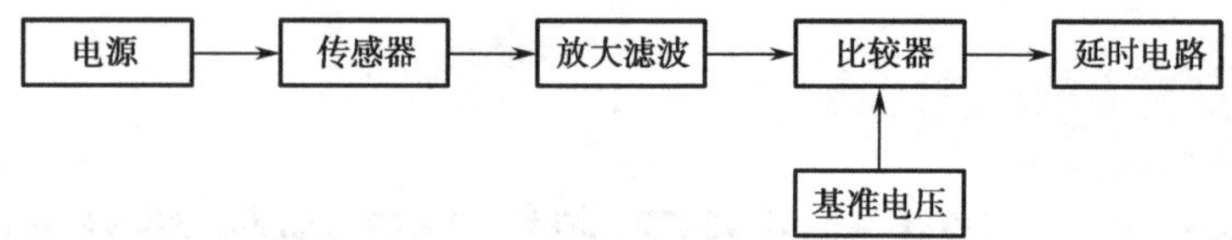

图 5-1-1 报警器电路的组成框图

（1）电源：通过交流电经变压器的变压、桥式二极管的整流、电容的滤波、稳压器的稳压得到 5V 的直流电压。

（2）传感器：传感器主要是用来采集人体的红外线信号并将该信号转换成电信号的器件。

（3）放大滤波：由集成运算放大器 LM358 和电容构成，对传感器的信号进行放大和滤波，供下一级电路使用。

（4）比较器：这里采用的是 LM393，把电路中的基准电压 U_1 和 U_2 作为参考电压（$U_1>U_2$）与比较器输出的电压进行比较，控制指示电路指示是否有人进入的情况。

5.1.2 红外探测报警器工作原理

1. 红外线传感器

红外线传感器 IC_1 采用进口器件 Q74，波长为 9～10 μm。一般人体都有恒定的体温，为 37 ℃，所以会发出特定波长 10 μm 左右的红外线。IC_1 探测到前方人体辐射出的红外线信号时，由 IC_1 的②脚输出微弱的电信号进入放大电路，经过放大比较之后可以通过蜂鸣器发出响声。该装置由红外线传感器、信号放大电路、电压比较电路、延时电路和音响报警电路等组成。

2. 信号放大电路

信号放大电路如图 5-1-2 所示。VT_1 和运算放大器 LM358 等组成放大电路，由 IC_1 的②脚输出微弱的电信号，经三极管 VT_1 等组成第一级放大电路放大，再通过 C_2 输入到运算放大器 IC_{2A} 中进行高增益、低噪声放大，此时由 IC_{2A}①脚输出的信号已足够强，输入电压比较电路。

3. 电压比较电路

电压比较电路如图 5-1-3 所示，IC_{2B} 和 VD_2 等作为电压比较器，IC_{2B} 的第⑤脚由 R_{10}、VD_1 提供基准电压，当 IC_{2A}①脚输出的信号电压到达 IC_{2B} 的⑥脚时，两个输入端的电压进行比较，此时 IC_{2B} 的⑦脚由原来的高电平变为低电平。

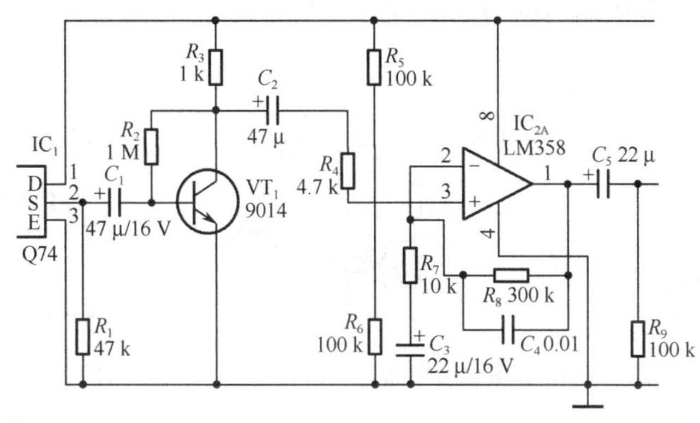

图 5-1-2 信号放大电路

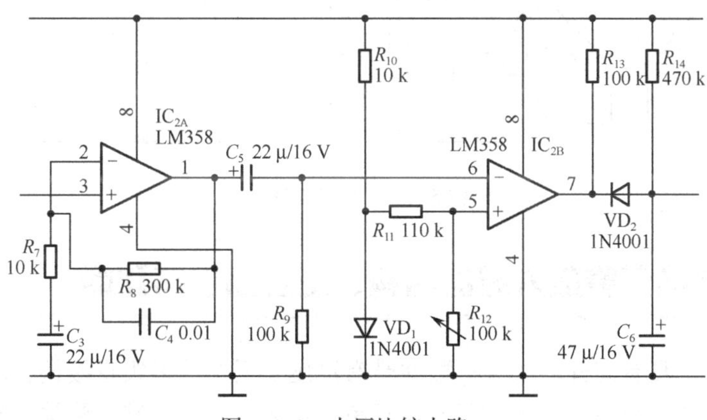

图 5-1-3 电压比较电路

4．报警延时电路

报警延时电路如图 5-1-4 所示，R_{14}和 C_6等组成延时电路，其时间约为 1 min。当 IC_{2B}的⑦脚变为低电平时，C_6通过 VD_2放电，此时 IC_{4A}的②脚变为低电平，它与 IC_{4A}的③脚基准电压进行比较，当它低于其基准电压时，IC_{4A}的①脚变为高电平，VT_2导通，讯响器 BL 通电发出报警声。人体的红外线信号消失后，IC_{2B}的⑦脚又恢复高电平输出，此时 VD_2截止。由于 C_6两端的电压不能突变， 故通过 R_{14}向 C_6缓慢充电，当 C_6两端的电压高于其基准电压时，IC_{4A}的①脚才变为低电平，时间约为 1 min，即持续 1 min 报警。

5．开机延时电路

开机延时电路如图 5-1-5 所示，由 VT_3、R_{20}、C_8组成开机延时电路，时间也约为 1 min，它的设置主要是防止使用者开机后立即报警，好让使用者有足够的时间离开监视现场，同时可防止停电后又来电时产生误报。该装置采用 9～12 V 直流电源供电，由 T 降压，全桥 U 整流，C_{10}滤波，检测电路采用 IC_3 78L06 供电。

6．电源电路

红外探测报警器采用 9～12 V 直流电源供电，电源电路如图 5-1-6 所示。由 T 降压，全桥 U 整流，C_{10}滤波，检测电路采用 IC_3 78L06 供电。

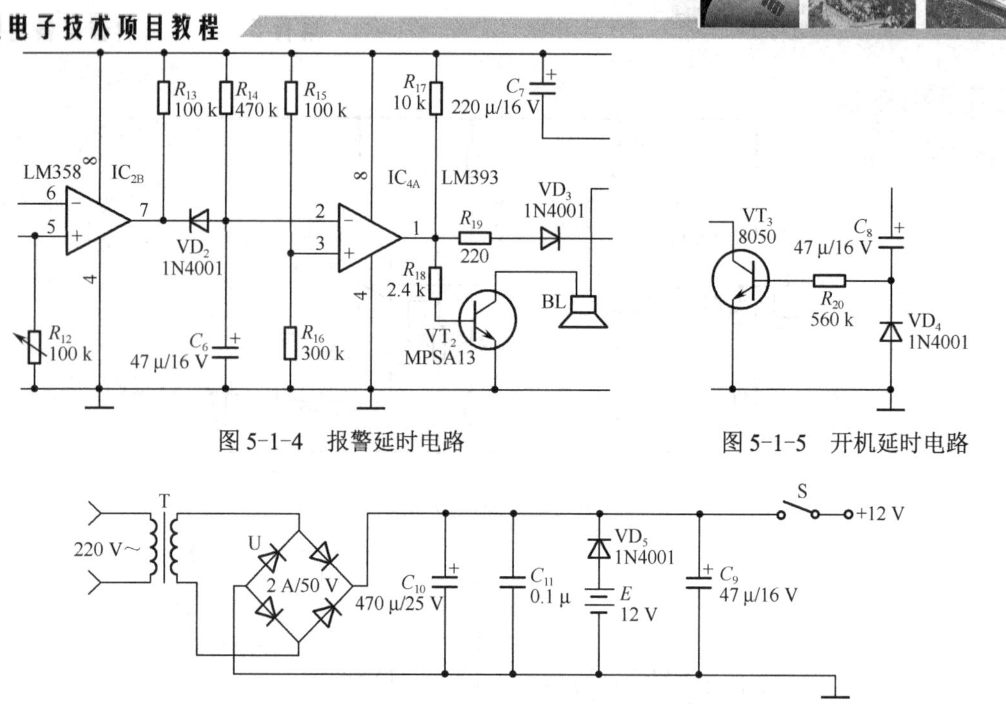

图 5-1-4　报警延时电路

图 5-1-5　开机延时电路

图 5-1-6　电源电路

任务 5.2　集成运算放大器的结构、主要参数与功能

运算放大器是具有高开环放大倍数并带有深度负反馈的多级直接耦合放大电路。它首先应用于电子模拟计算机上，作为基本运算单元，可以完成加减、乘除、积分和微分等数学运算。早期的运算放大器是用电子管组成的，后来被晶体管分立元件运算放大器取代。随着半导体集成工艺的发展，自从 20 世纪 60 年代初第一个集成运算放大器问世以来，才使运算放大器的应用远远地超出模拟计算机的界限，在信号运算、信号处理、信号测量及波形产生等方面获得广泛应用。

5.2.1　集成运算放大器的结构与符号

1. 集成运算放大器的组成

集成运算放大器的种类很多，电路也各不相同，但基本结构一般都是由输入级、中间级、输出级和偏置电路 4 个部分组成的，如图 5-2-1 所示。

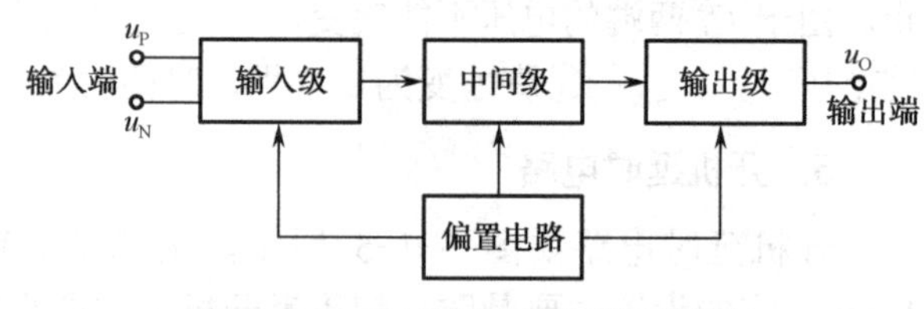

图 5-2-1　运算放大器的组成框图

输入级是提高运算放大器质量的关键部分，要求其输入电阻能减小零点漂移和抑制干扰信号。输入级大都采用差动放大。

中间级的主要作用是使集成运放具有较强的放大能力，通常由多级共射（或共源）放大器构成，并经常采用复合管做放大器。

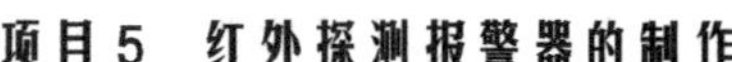

输出级与负载相接，要求其输出电阻低，带负载能力强，能输出足够大的电压和电流，一般由互补对称电路或射极输出器构成。

偏置电路的作用是为上述各级电路提供稳定和合适的偏置电流，决定各级的静态工作点，一般由各种恒流源电路构成。

图 5-2-2 所示为简单集成运放的原理图。VT_1、VT_2 对管组成差分式放大电路，信号双端输入、单端输出。复合管 VT_3、VT_4 组成共射极电路，形成电压放大级，以提高整个电路的电压增益。VT_5、VT_6 组成两级电压跟随器，构成电路的输出级可进一步使直流电位下降，以达到输入信号电压 $v_{id}=v_{i1}-v_{i2}$ 为零时，输出电压 $v_O=0$ 的目的。R_7 和 VD 组成低电压稳压电路以供给基准电压。运算放大器有两个输入端与一个输出端 3。在运算放大器的代表符号中，反相输入端用“−”表示，同相输入端用“+”表示。

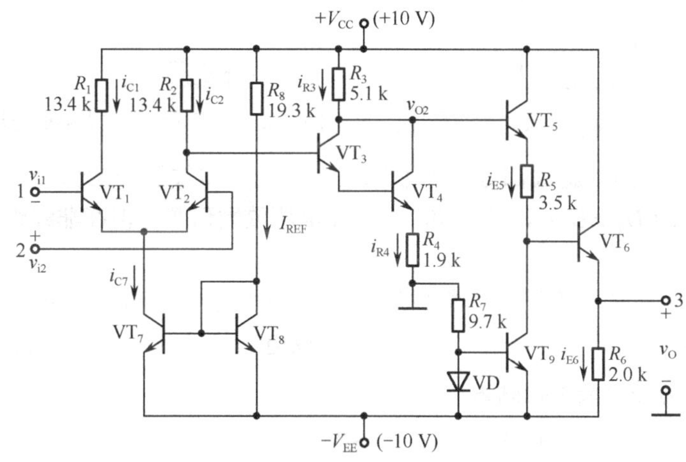

图 5-2-2 简单集成运放的原理图

2. 集成运放的外形和符号

集成电路是一种集成化的半导体器件，即以半导体单晶硅为芯片，采用专门的制造工艺，把晶体管、场效应管、二极管、电阻等元件及它们之间的连线所组成的完整电路制作在一起，然后封装在一个外壳内，成为一个不可分割的固定组件，使之具有特定功能。集成运放的外形及封装形式如图 5-2-3 所示。

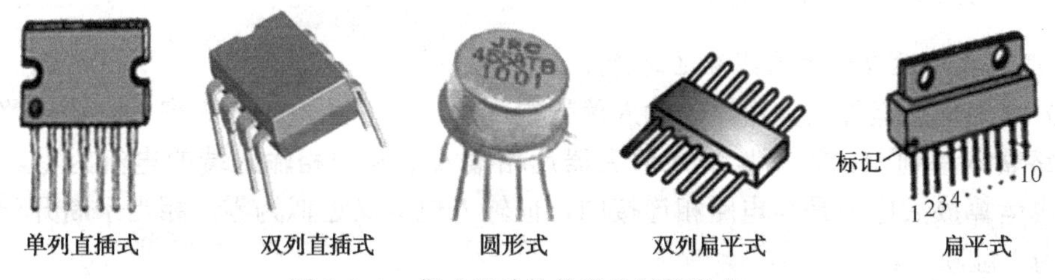

图 5-2-3 集成运放的外形及封装形式

集成运算放大器的符号如图 5-2-4 所示，图中“▷”表示放大器，三角形所指的方向为信号传输方向，“∞”表示开环增益极高。它有“+”和“−”两个输入端。当在“+”端输入信号 U_i 时，输出信号 U_o 与 U_i 的极性相同，故“+”端称为同相端。当在“−”端输入信号 U_i 时，输出信号 U_o 与 U_i 的极性相反，故“−”端称为反相端。

3. 集成运算放大器的电压传输特性

集成运放的输出电压与输入电压（即同相输入端与反相输入端之间的差值电压）之间的关系曲线称为电压传输特性。对于正、负两路电源供电的集成运放，其电压传输特性如图 5-2-5 所示。

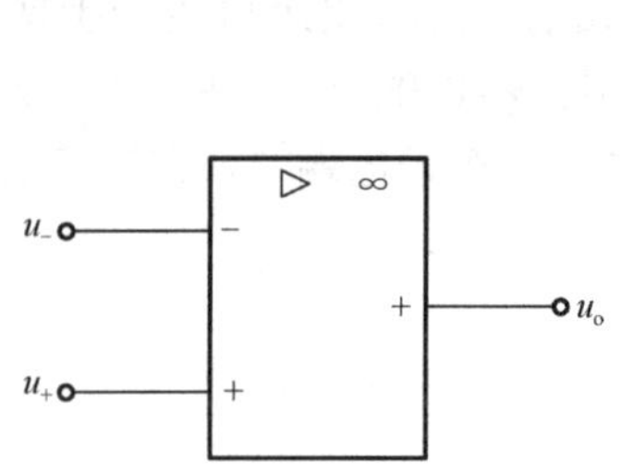

图 5-2-4　集成运算放大器的符号

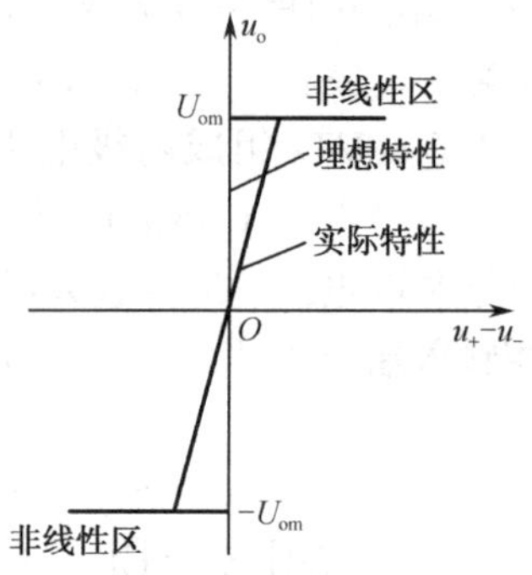

图 5-2-5　集成运算放大器的电压传输特性

曲线分线性区（图中斜线部分）和非线性区（图中斜线以外的部分）。在线性区，输出电压 u_o 等于 A_{uo}（U_+-U_-），其中 A_{uo} 为开环电压放大倍数。但在非线性区，u_o 等于 $\pm U_{om}$（最大输出电压）。

由于外电路没有引入负反馈，集成运放的开环增益非常高，只要加很微小的输入电压，输出电压就会达到最大值 $\pm U_{om}$，所以集成运放电压传输特性中的线性区非常窄。

4. 集成运算放大器的工作特点

1）集成运算放大器的理想特性

在分析运算放大器时，为了便于分析和计算，一般可将它视为一个理想运算放大器。其主要条件如下。

（1）开环差模电压放大倍数 $A_{uo}\to\infty$；

（2）差模输入电阻 $r_{id}\to\infty$；

（3）输出电阻 $r_o\to 0$；

（4）共模抑制比 $K_{CMR}\to\infty$；

（5）输入偏置电流 $I_{B1}=I_{B2}=0$。

2）理想集成运算放大器线性区的特点

（1）因为理想运算放大电路的输入偏置电流为零和输入电阻为无穷大，该电路不会向外部电路索取任何电流，所以流入放大器反相输入端和同相输入端的电流为零。也就是说，集成运算放大电路是与电路相连接的，但输入电流又近似为零，相当于断开一样，故通常称为“虚断”。

（2）因为开环差模电压放大倍数为无穷大，所以当输出电压为有限值时，差模输入电压 $U_+-U_-=U_o/A_{uo}=0$，即 $U_+=U_-$。也就是说，集成运算放大器两个输入端对地的电压总是相等的。二者不接地，但电位又总相等，相当于短路，通常称为“虚短”。如果同相输入端接地（或通过电阻接地），即 $U_+=0$，则反相输入端电位也为零，但又不接地，则称为“虚地”。

一般实际的集成运算放大器工作在线性区时，其参数很接近理想条件，因此工作在线性区的实际集成运算放大器，也基本上具备这两个特点。

5.2.2　集成运算放大器的主要参数

1. 输入失调电压 U_{IO}

理想的集成运放，当输入电压为零时，输出电压也应为零（不加调零装置）。但实际上它的差分输入级很难做到完全对称。在室温（25 ℃）及标准电源电压下，输入电压为零时，为了使集成运放的输出电压为零，在输入端加的补偿电压叫作失调电压 U_{IO}。即

$$U_{IO}=(U_O|_{U-O})/A_{UO}$$

U_{IO} 的大小反映了运放制造中电路的对称程度和电位配合情况。U_{IO} 值越大，说明电路的对称程度越差，一般约为±（1～10）mV。

2. 输入偏置电流 I_{IB}

集成运放的两个输入端是差分对管的基极，因此两个输入端总需要一定的输入电流 I_{BN} 和 I_{BP}。输入偏置电流是指集成运放输入电压为零时，两个输入端静态电流的平均值。当 u_i=0 时，偏置电流为

$$I_{IB}=(I_{BN}+I_{BP})/2$$

3. 最大输出电压 U_{OPP}

能使输出电压和输入电压保持不失真关系的最大输出电压，称为运算放大器的最大输出电压。F007 集成运算放大器的最大输出电压约为±13 V。

4. 输入失调电流 I_{IO}

集成电路运放中，输入失调电流 I_{IO} 是指当输入电压为零时流入放大器两输入端的静态基极电流之差，即

$$I_{IO}=|I_{BN}-I_{BP}|$$

由于信号源内阻的存在，I_{IO} 会引起一输入电压，破坏放大器的平衡，使放大器输出电压不为零。所以，希望 I_{IO} 越小越好，它反映了输入级有效差分对管的不对称程度，一般约为 1 nA～0.1 μA。

5. 开环电压放大倍数 A_{uo}

指集成运放工作在线性区，接入规定的负载，在无反馈情况下所测出的差模电压放大倍数。

6. 共模输入电压范围 U_{ICM}

这是指运放所能承受的最大共模输入电压。

7. 最大差模输入电压 U_{idmax}

集成运放的反相和同相输入端所能承受的最大电压值。

8. 最大输出电流 I_{omax}

指运放所能输出的正向或负向的峰值电流。通常给出输出端短路的电流。

9．温度漂移

放大器的温度漂移是漂移的主要来源，而它又是由输入失调电压和输入失调电流随温度的漂移所引起的，故常用两种方式表示。

（1）输入失调电压温漂$\Delta U_{IO}/\Delta T$：这是指在规定温度范围内 U_{IO} 的温度系数，也是衡量电路温漂的重要指标。$\Delta U_{IO}/\Delta T$ 不能用外接调零装置的办法来补偿。

（2）输入失调电流温漂$\Delta I_{IO}/\Delta T$：这是指在规定温度范围内 I_{IO} 的温度系数，也是对放大器电路漂移的量度。

10．开环带宽 BW（f_H）

开环带宽 BW 又称为–3 dB 带宽，是指开环差模电压增益下降 3 dB 时对应的频率 f_H。741 型集成运放的频率响应 A_{UO}（f），由于电路中补偿电容 C 的作用，它的 f_H 约为 7 Hz。

11．单位增益带宽 BW_G（f_T）

对应于开环电压增益 A_{UO} 频率响应曲线上其增益下降到 A_{UO}=1 时的频率，即 A_{UO} 为 0 dB 时的信号频率 f_T，它是集成运放的重要参数。

5.2.3 集成运算放大器的引脚功能

1．集成运算放大器的封装形式及引脚排列

集成运算放大器的封装形式主要为金属圆壳封装及双列直插式封装，如图 5-2-6 所示。金属圆壳封装的引脚有 8、10、12 三种形式，双列直插式封装的引脚有 8、14、16 三种形式。

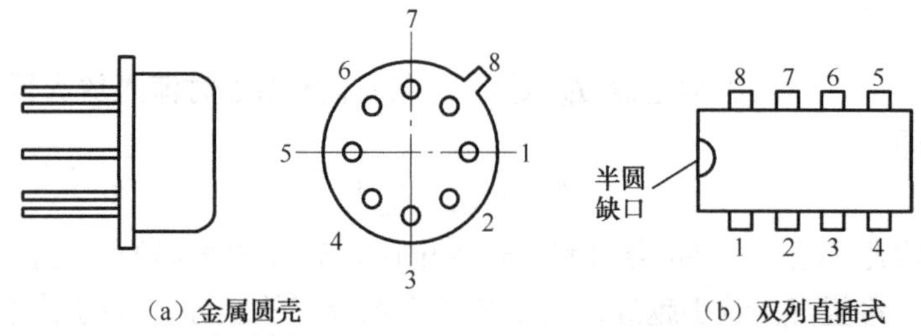

（a）金属圆壳　　（b）双列直插式

图 5-2-6　集成运算放大器封装形式

集成运放的引脚除输入、输出 3 个端子外，还有电源端、公共端 （地端）、调零端、相位补偿端、外接偏置电阻端等。这些引脚虽未在电路符号上标出，但在实际使用时必须了解各引脚的功能及外接线的方式。

2．集成运算放大器引脚功能代表符号

集成运算放大器引脚功能代表符号如表 5-2-1 所示。

表 5-2-1　集成运算放大器引脚功能代表符号

符　号	功　能	符　号	功　能
IN_-	反相输入端	BI	偏置电流输入端
IN_+	同相输入端	C_X	外接电容端

续表

符　号	功　能	符　号	功　能
OUT	输出端	C_R	外接电阻及电容的公共端
V_+	正电源输入端	OSC	振荡信号输出端
V_-	负电源输入端	NC	空闲的引线端（空脚）
V_S	表示供电电压	GND	接地端
COMP	补偿端	GNDS	信号接地端
OA	调零端	GNGD	功率接地端

任务 5.3　集成运放的线性应用

5.3.1　基本运算电路

运算放大器能完成比例、加减、积分与微分、对数与反对数以及乘除等运算，下面介绍比例运算、加减运算。

1．比例运算电路

将输入信号按比例放大的电路，称为比例运算放大电路。按输入信号加入不同的输入端的方式不同，可分为反相输入比例运算放大电路和同相输入比例运算放大电路。

1）反相输入比例运算放大电路

反相输入比例运算放大电路如图 5-3-1 所示。输入信号 U_i 从反相端输入，所以 U_o 与 U_i 相位相反。输出电压经过 R_f 反馈到反相输入端，构成电压并联负反馈电路。因为输出信号与输入信号的相位相反，因此该电路也称为反相放大器。R_f 称为反馈电阻，R_1 称为输入电阻，R' 称为输入平衡电阻。选择参数时应使 $R' = R_1 // R_f$，让集成运算放大器两个输入端的外接电阻相等，确保其处于平衡对称的工作状态。

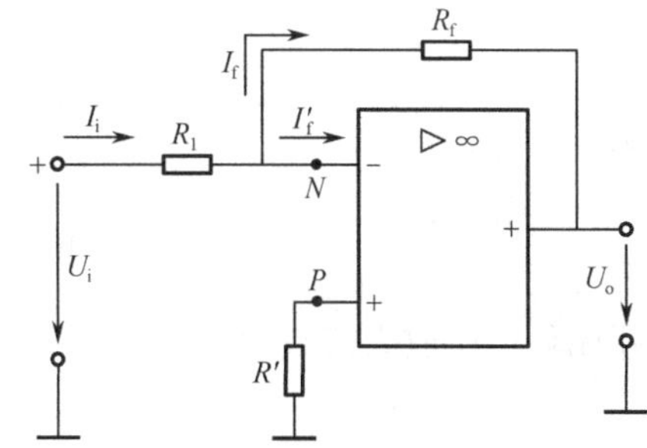

图 5-3-1　反相输入比例运算放大电路

根据集成运算放大电路的两个重要特点（“虚短”、“虚断”）可知：

因为 $U_+ = U_- = 0$（因为 $U_+ = 0$，所以“虚地”），$I_+ = I_- = 0$，所以

$$I_i = \frac{U_i - U_N}{R_1} = \frac{U_i}{R_1} = I_f$$

$$U_o = -I_f R_f = -\frac{R_f}{R_1} U_i$$

即闭环电压放大倍数为

$$A_{uf} = \frac{U_o}{U_i} = -\frac{R_f}{R_1}$$

可以看出：U_o 与 U_i 是比例关系，改变比例系数，即可改变 U_o 的数值。负号表示输出

电压与输入电压极性相反，即该电路实现了对反相端输入信号的反相输入比例运算功能，故称为反相输入比例运算放大电路。

在反相输入运算放大器中，如果 R_f=R_1，则 $A_{uf}=-R_f/R_1=-1$，即输出电压与输入电压大小相等、相位相反，这种电路称为反相器。

2）同相输入比例运算放大电路

同相输入比例运算放大电路如图 5-3-2 所示。输入信号 U_i 经R′加到同相输入端，输出信号经 R_f 和 R_1 分压后反馈到反相输入端。这是一个电压串联负反馈电路。因为输出信号与输入信号的相位相同，所以该电路也称为同相放大器。为保持输入端平衡，使平衡电阻 $R'=R_1 // R_f$，根据集成运算放大电路的两个重要特点（“虚短”、“虚断”）可知：

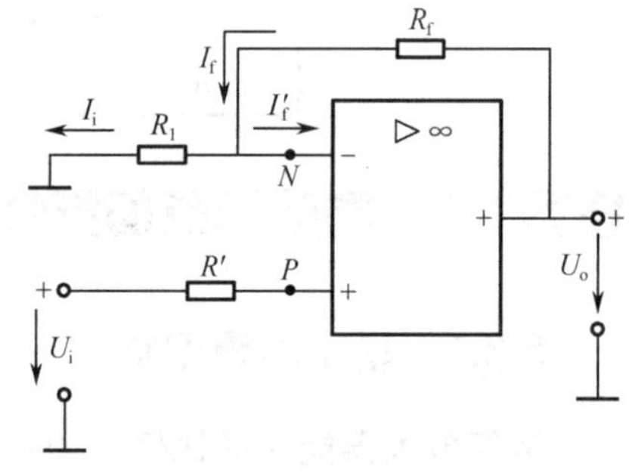

图 5-3-2　同相输入比例运算放大电路

因为 $U_+=U_-=U_i$（“虚短”，但不是“虚地”），$I_+=I_-=0$，所以

$$U_p=U_i=U_N$$

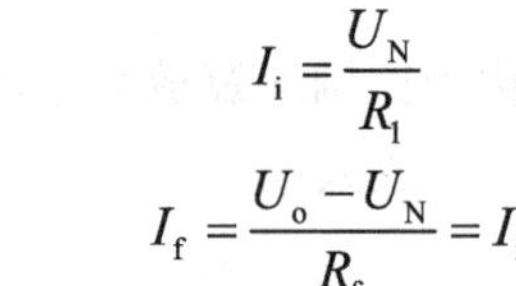
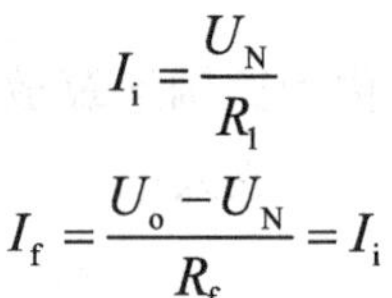

$$I_i=\frac{U_N}{R_1}$$

$$I_f=\frac{U_o-U_N}{R_f}=I_i$$

则

$$U_o=\left(1+\frac{R_f}{R_1}\right)U_i$$

即闭环电压放大倍数为

$$A_{uf}=\frac{U_o}{U_i}=1+\frac{R_f}{R_1}$$

可以看出：U_o 与 U_i 是比例关系，改变比例系数，即改变 R_f/R_1，即可改变 U_o 的值。由于输入、输出电压的极性相同且有比例关系，故称为同相输入比例运算放大电路。

同相输入运算放大器中，当 R_f=0 或 $R_1=\infty$时，$A_{uf}=1+(R_f/R_1)=1$，即输出电压与输入电压大小相等、相位相同，这种电路称为电压跟随器。

2. 加法与减法运算电路

1）加法运算电路

加法运算又叫求和运算，在反相比例运算放大器的基础上增加若干个输入支路便组成了反相加法运算电路，也称为反相加法器，如图 5-3-3 所示。

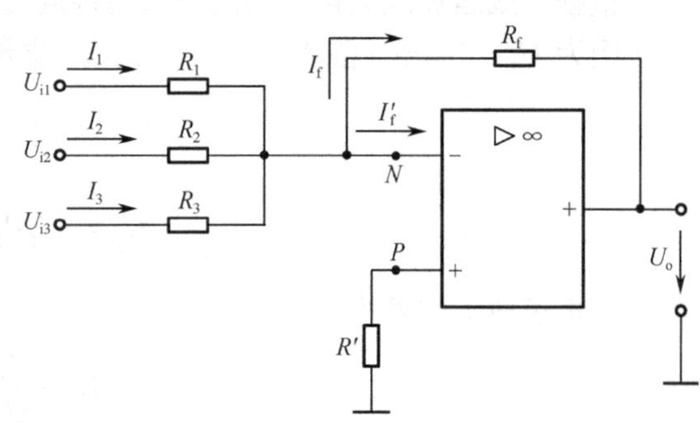

图 5-3-3　反相加法运算电路

根据集成运算放大电路的两个重要

特点（“虚短”、“虚断”）可知：

$$I_1 = \frac{U_{i1}}{R_1}, I_2 = \frac{U_{i2}}{R_2}, I_3 = \frac{U_{i3}}{R_3}$$

$$I_f = I_1 + I_2 + I_3$$

又因为反相输入端为虚地，故有

$$U_o = -I_f R_f$$

即

$$U_o = -\left(\frac{U_{i1}}{R_1} + \frac{U_{i2}}{R_2} + \frac{U_{i3}}{R_3}\right)R_f$$

可以看出，电路实现了反相加法运算，式中的负号表明输出电压与输入电压的相位相反。如果在图 5-3-3 所示的输出端再接一级反相器，则可消去负号，从而实现常规的加法运算。为保持输入端平衡，使得平衡电阻 $R' = R_1//R_2//R_3//R_f$。

2）减法运算电路

减法运算电路是实现若干个输入信号相减功能的电路，常用差动输入方式来实现，如图 5-3-4 所示。输入信号 U_{i1}、U_{i2} 分别加到运算放大器的反相输入端和同相输入端上。

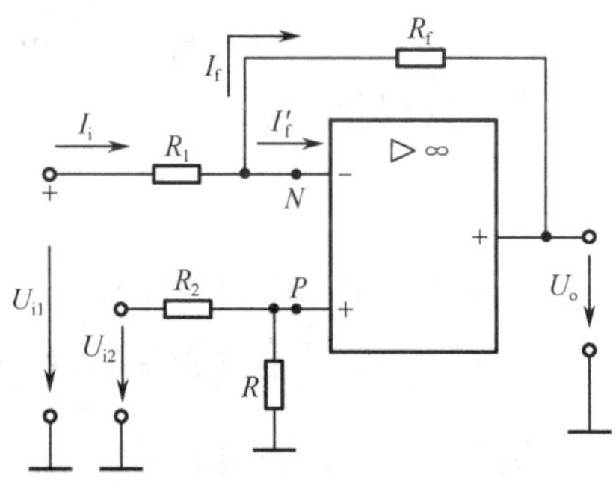

图 5-3-4 差动减法运算电路

下面利用叠加原理来进行分析。

当 U_{i1} 单独作用时

$$U_{o1} = -\frac{R_f}{R_1}U_{i1}$$

当 U_{i2} 单独作用时

$$U_{o2} = \left(1 + \frac{R_f}{R_1}\right)U_+ = \left(1 + \frac{R_f}{R_1}\right)\left(\frac{R}{R + R_2}\right)U_{i2}$$

所以

$$U_o = U_{o1} + U_{o2} = -\frac{R_f}{R_1}U_{i1} + \left(1 + \frac{R_f}{R_1}\right)\left(\frac{R}{R + R_2}\right)U_{i2}$$

当 $R_1 = R_2$，$R_f = R$ 时，则

$$U_o = \frac{R_f}{R_1}(U_{i2} - U_{i1})$$

此时，闭环电压放大倍数为

$$A_{uf} = \frac{R_f}{R_1}$$

由此可知，输出电压正比于两个输入电压之差。这种运算电路实现了差值运算，因此又称为差动输入比例运算电路。

如果取 $R_1 = R_f$，则

$$U_o = U_{i2} - U_{i1}$$

这时，此电路就称为减法运算电路。由于信号电压同时从反相输入端和同相输入端输入，电路存在共模电压，为了保证运算精度，要选用共模抑制比高的集成运放电路。

3．微分与积分运算电路

1）积分运算电路

将反向比例运算电路中的反馈电阻换成电容，即可构成基本积分运算电路，如图 5-3-5 所示。

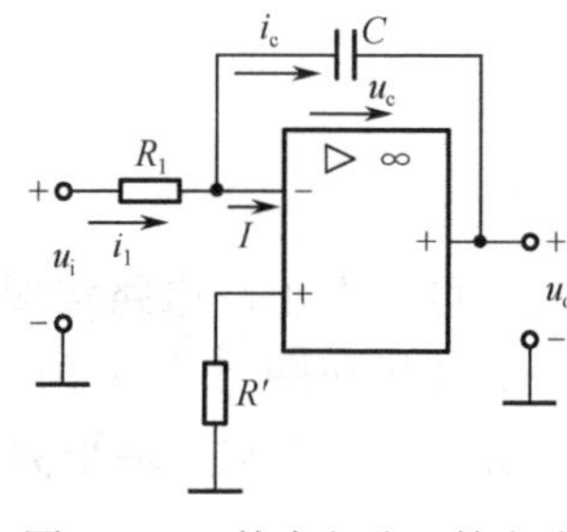

图 5-3-5　基本积分运算电路

电容 C 引入深度负反馈，在图示电路中，由“虚地”和 “虚断”有 $i_C=i_R$，即 $i_1=i_C$。

因为

$$i_1=\frac{u_i}{R_1},i_C=C\frac{du_c}{dt}=C\frac{d(0-u_o)}{dt}$$

所以

$$\frac{u_i}{R_1}=-C\frac{du_o}{dt}$$

对该式积分，有

$$u_o=-\frac{1}{RC}\int u_i dt$$

若设电容上电压初始值为 u_C（0），则

$$u_o=-u_C=-\frac{1}{C}\int_{-\infty}^{t}i_C dt=-\frac{1}{C}\int_{-\infty}^{0}i_C dt-\frac{1}{C}\int_{0}^{t}i_C dt=-u_C(0)-\frac{1}{RC}\int_0^t u_i dt=u_o(0)-\frac{1}{RC}\int_0^t u_i dt$$

例如：设积分电路中，u_C（0）=0，运放输出 U_{OM}=10 V。试求：

（1）当 C=1 μF，R 分别为 1 kΩ和 2 kΩ，输入为阶跃信号时，u_o 为多少？

（2）设 RC=10 ms，输入为矩形脉冲，u_o 为多少？

解：（1）当 R=1 kΩ 时，有

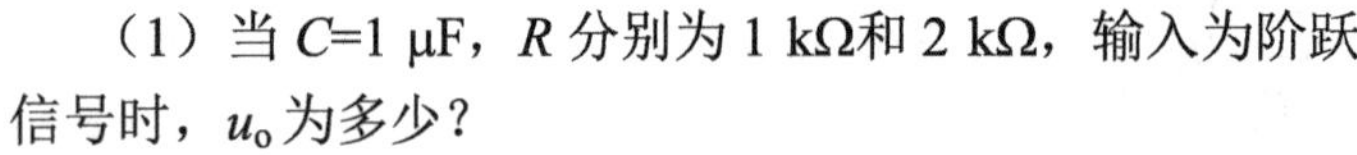

$$u_o=-u_C(0)-\frac{1}{RC}\int_0^t u_i dt=-\frac{1}{1\times10^3\times1\times10^{-6}}\int_0^t(-2)dt=2t$$

则

$$u_o=\begin{cases}2t & 0<t<5\text{ ms}\\10 & t\geqslant5\text{ ms}\end{cases}$$

当 R=2 kΩ时，同理有

$$u_o=\begin{cases}t & 0<t<10\text{ ms}\\10 & t\geqslant10\text{ ms}\end{cases}$$

（2）当输入为图 5-3-6（b）所示矩形脉冲时，可由公式进行分段积分如下。

① 当 $0\leqslant t\leqslant t_1$ 时，u_i=−2 V

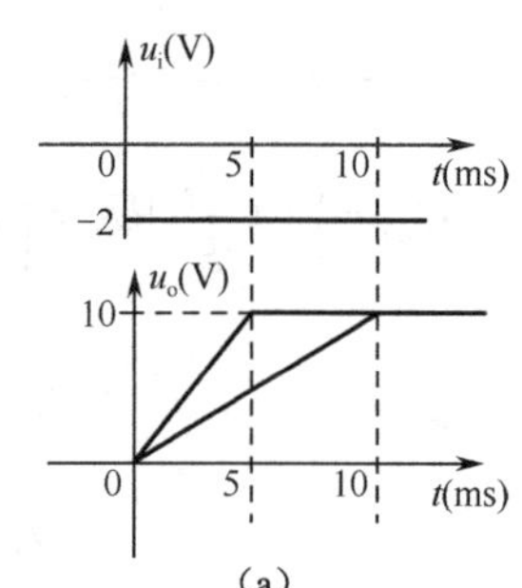

（a）

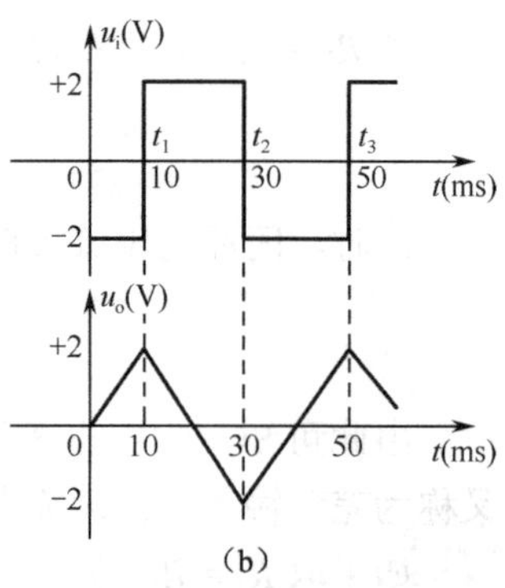

（b）

图 5-3-6　例题用图

$$u_o = -u_C(0) - \frac{1}{RC}\int_0^t u_i \mathrm{d}t = -\frac{1}{10\times10^{-3}}\int_0^t (-2)\mathrm{d}t = 0.2t$$

② 当 $t_1 \leqslant t \leqslant t_2$ 时，u_i=2 V

$$u_o = u_o(t_1) - \frac{1}{RC}\int_{t_1}^t u_i \mathrm{d}t = 0.2\times10 - \frac{1}{10\times10^{-3}}\int_{10}^t (2)\mathrm{d}t = 4 - 0.2t$$

当 $t_2 \leqslant t \leqslant t_3$ 时，u_i=−2 V，同理有

$$u_o = u_o(t_2) - \frac{1}{RC}\int_{t_2}^t u_i \mathrm{d}t = -8 + 0.2t$$

结论：*RC* 的大小决定积分的速度，称为时间常数。

实际积分电路中存在积分漂移现象，积分电路对集成运放中的失调与漂移同样进行积分，使输出达到饱和的现象。解决措施是尽可能选用失调与漂移小的运放，或者在积分电容两端并接电阻 R_f，如图 5-3-7 所示。

2）微分运算电路

微分运算是积分运算的逆运算，将积分运算电路中的电阻和电容位置互换，即构成微分运算电路，如图 5-3-8 所示。

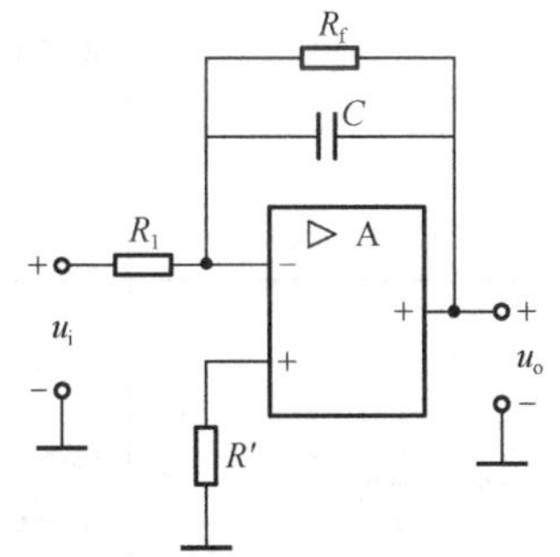

图 5-3-7　带反馈电阻的积分运算电路

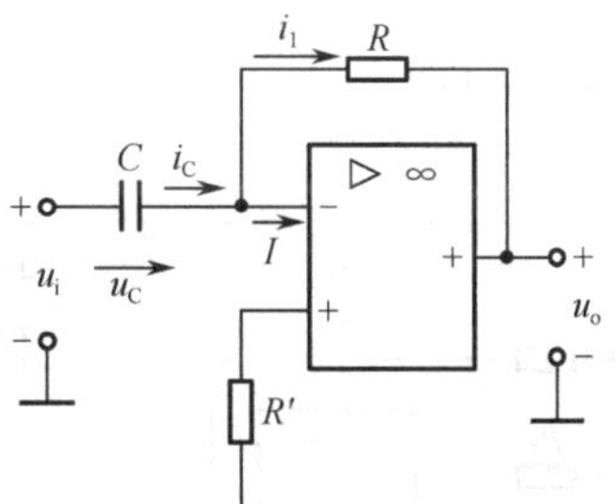

图 5-3-8　微分运算电路

同理，由“虚地”和“虚断”有 $i_1=i_C$。

因为

$$i_1 = \frac{-u_o}{R},\quad i_C = C\frac{\mathrm{d}u_C}{\mathrm{d}t} = C\frac{\mathrm{d}u_i}{\mathrm{d}t}$$

所以

$$u_o = -RC\frac{\mathrm{d}u_i}{\mathrm{d}t}$$

结论：微分电路输出只与电路输入变化率有关，*RC* 为时间常数。

4．集成运算放大器线性应用比较

线性应用是指运算放大器工作在线性状态，即输出电压与输入电压是线性关系，主要用以实现对各种模拟信号进行比例、求和、积分、微分等数学运算，以及有源滤波、采样保持等信号处理工作，分析方法是应用“虚断”和“虚短”这两条分析依据。线性应用的条件是必须引入深度负反馈。集成运算放大器线性应用的基本电路以及输出电压与输入电压的关系（电压传输关系）如表 5-3-1 所示。

表 5-3-1 集成运算放大器线性应用的基本电路以及输出电压与输入电压的关系

名称	电路	电压传输关系	说明
反相比例运算		$u_o=-\frac{R_f}{R_1}u_i$ $R_2=R_1 /\!/ R_f$	电压并联负反馈 $u_-=u_+=0$ R_2为平衡电阻
同相比例运算		$u_o=\left(1+\frac{R_f}{R_1}\right)u_i$ $R_2=R_1 /\!/ R_f$	电压串联负反馈 $u_-=u_+=u_i$ R_2为平衡电阻
电压跟随器		$u_o=u_i$	电压串联负反馈 $u_-=u_+=u_i$
反相加法运算		$u_o=-\left(\frac{R_f}{R_1}u_{i1}+\frac{R_f}{R_2}u_{i2}\right)$ $R_3=R_1 /\!/ R_2 /\!/ R_f$	电压并联负反馈 $u_-=u_+=0$ R_2为平衡电阻
减法运算		$u_o=-\frac{R_f}{R_1}u_{i1}+\left(1+\frac{R_f}{R_1}\right)\frac{R_3}{R_2+R_3}u_{i2}$ 当 $R_f=R_1$，$R_3=R_2$ 时 $u_o=\frac{R_f}{R_1}(u_{i2}-u_{i2})$ $R_2 /\!/ R_3=R_1 /\!/ R_f$	R_f对 u_{i1} 电压并联负反馈，对 u_{i2} 电压串联负反馈 $u_-=u_+=0$ 运用叠加定理分析
积分运算		$u_o=-\frac{1}{RC}\int u_i\mathrm{d}t$ $R_1=R$	电压并联负反馈 $u_-=u_+=0$ R_1为平衡电阻

续表

名称	电　路	电压传输关系	说　明
微分运算		$u_o = -RC\frac{du_i}{dt}$ $R_1 = R$	电压并联负反馈 $u_- = u_+ = 0$ R_1为平衡电阻
有源低通滤波器		$\frac{u_o}{u_i} = \frac{1+\frac{R_f}{R_1}}{\sqrt{1+\left(\frac{\omega}{\omega_c}\right)^2}}$	电压并联负反馈 $u_- = u_+ = 0$ $\omega_c = \frac{1}{RC}$
有源高通滤波器		$\frac{u_o}{u_i} = \frac{1+\frac{R_f}{R_1}}{\sqrt{1+\left(\frac{\omega_c}{\omega}\right)^2}}$	电压并联负反馈 $u_- = u_+ = 0$ $\omega_c = \frac{1}{RC}$

5.3.2　有源滤波器

滤波是保留信号中所需频段的成分，抑制其他频段的信号的过程。根据输出信号中所保留的信号频段的不同，可分为低通滤波器、高通滤波器、带通滤波器和带阻滤波器等，其幅频特性如图 5-3-9 所示。另外，滤波器可分为有源滤波和无源滤波两大类。利用运算放大器及 RC 网络可以构成有源滤波电路，无源滤波电路如图 5-3-10 所示。

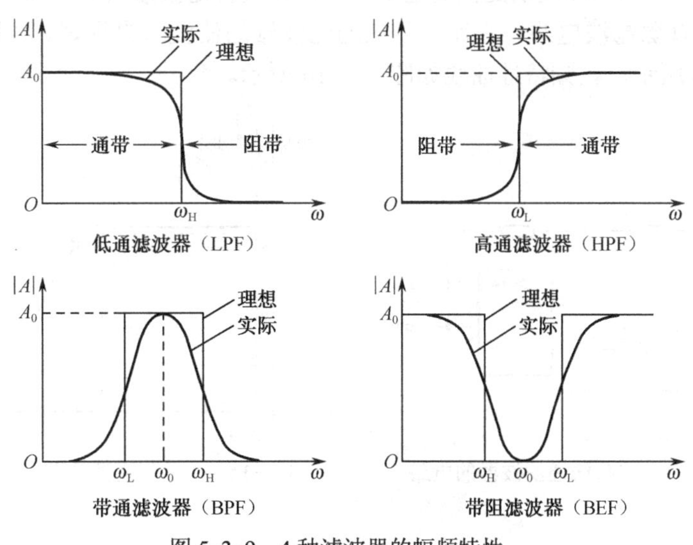

图 5-3-9　4 种滤波器的幅频特性

无源滤波电路的结构简单，但有较多缺点，如带负载能力差；过渡带较宽，幅频特性不理想；由于 R 及 C 上有信号压降，使输出信号幅值下降等。为克服无源滤波器的缺点，将 RC 无源滤波电路接到集成运放的同相输入端，得到有源滤波器。

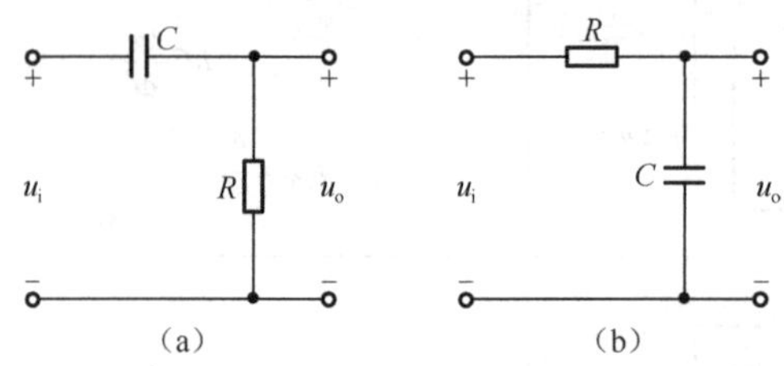

图 5-3-10　无源滤波电路

有源滤波器采用 RC 网络和运算放大器组成，其中运算放大器既可起到级间隔离作用，又可起到对信号的放大作用，而 RC 网络则通常作为运算放大器的负反馈网络。

1. 有源低通滤波器

有源低通滤波器又分为一阶有源低通滤波器和二阶有源低通滤波器。一阶低通滤波器的电路如图 5-3-11 所示，其幅频特性曲线如图 5-3-12 所示，图中虚线为理想的情况，实线为实际的情况。特点是电路简单，阻带衰减太慢，选择性较差。

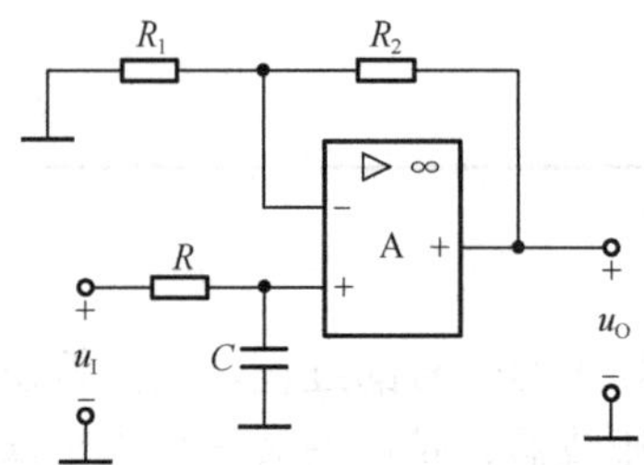

图 5-3-11　一阶低通滤波器的电路

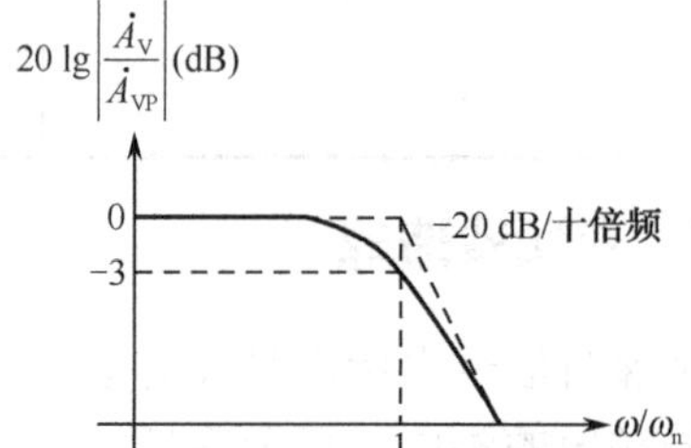

图 5-3-12　一阶低通滤波器的幅频特性曲线

为了使输出电压在高频段以更快的速率下降，以改善滤波效果，再加一节 RC 低通滤波环节，称为二阶有源滤波电路。它比一阶低通滤波器的滤波效果更好。二阶低通滤波器的电路如图 5-3-13 所示，幅频特性曲线如图 5-3-14 所示。

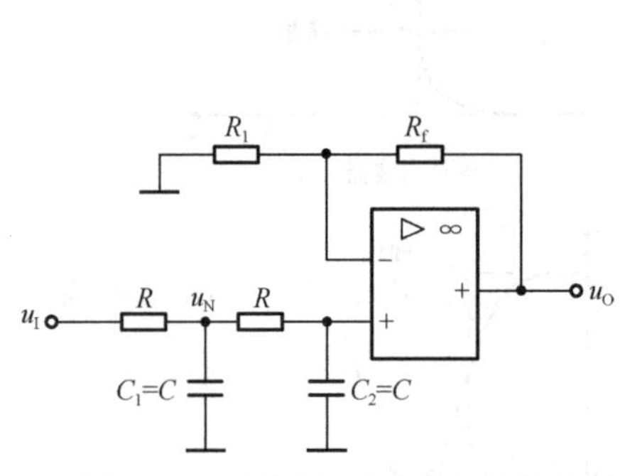

图 5-3-13　二阶低通滤波器的电路

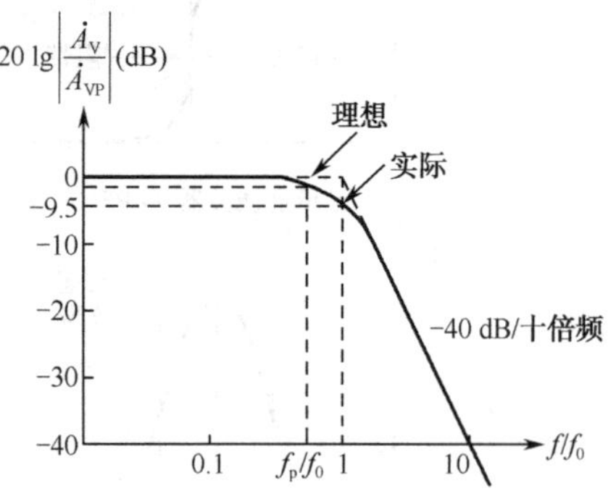

图 5-3-14　二阶低通滤波器的幅频特性曲线

2. 有源高通滤波器

高通滤波器和低通滤波器具有对偶关系。我们只需将图 5-3-11 所示电路中的 R 和 C 位置对换，就可得到一阶有源高通滤波电路，如图 5-3-15 所示。由于电容具有通高频阻低频的特性，因此将电容接在集成运放输入端，使低频信号在输入端被阻隔、衰减，同时让高频信号顺利通过。

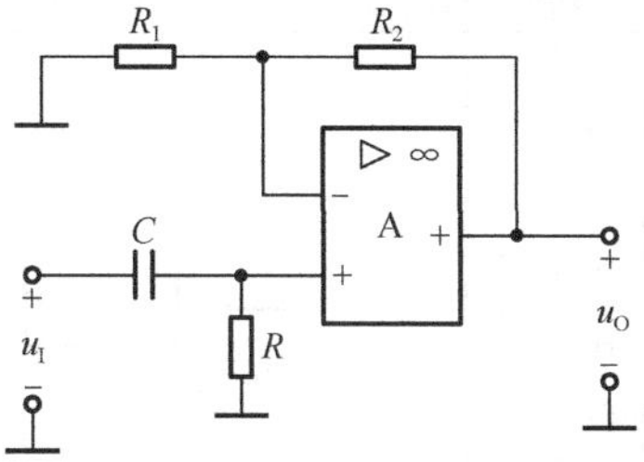

图 5-3-15　一阶有源高通滤波电路

任务 5.4　集成运放的非线性应用

非线性应用是指运算放大器工作在饱和（非线性）状态，输出为正的饱和电压或负的饱和电压，即输出电压与输入电压是非线性关系，主要用以实现电压比较、非正弦波发生等，分析依据是 $i_+ = i_- = 0$，$u_+ > u_-$ 时 $u_o = +U_{OM}$，$u_+ < u_-$ 时 $u_o = -U_{OM}$，其中 $u_+ = u_-$ 为转折点。线性应用的条件是工作在开环状态或引入正反馈。对集成运放的非线性应用本节不做详细介绍，只做对比说明。集成运算放大器非线性应用的基本电路以及输出电压与输入电压的关系如表 5-4-1 所示。

表 5-4-1　集成运算放大器非线性应用的基本电路以及输出电压与输入电压的关系

名称		电　路	电压传输关系	说　明
任意电压比较器	反相输入	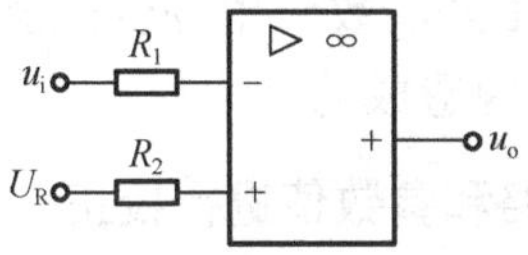	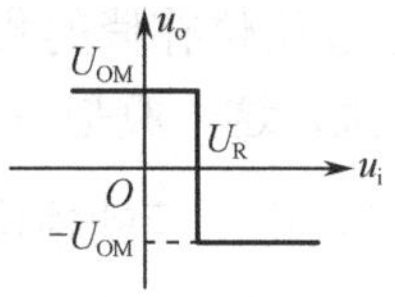	$u_- = u_i$，$u_+ = U_R$ $u_i < U_R$ 时，$u_o = U_{OM}$ $u_i > U_R$ 时，$u_o = -U_{OM}$ $U_R = 0$ 时为过零比较器
任意电压比较器	同相输入	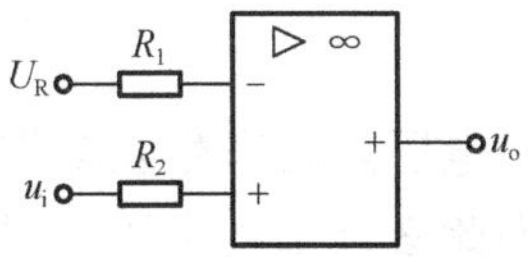	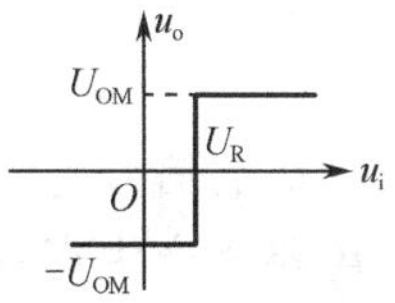	$u_+ = u_i$，$u_- = U_R$ $u_i > U_R$ 时，$u_o = U_{OM}$ $u_i < U_R$ 时，$u_o = -U_{OM}$ $U_R = 0$ 时为过零比较器
限幅电压比较器	反相输入	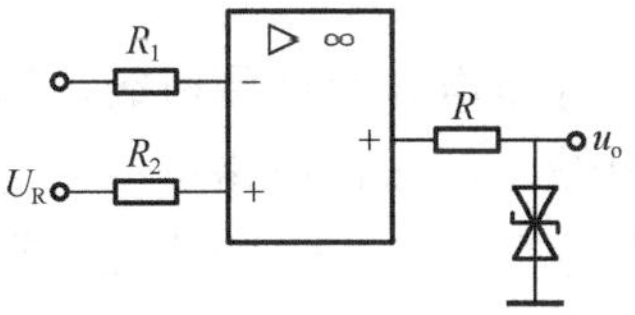	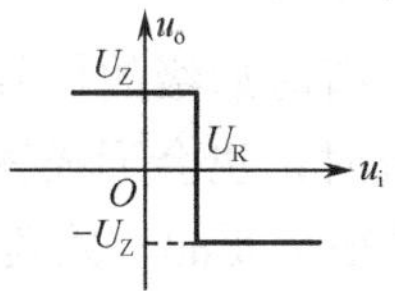	$u_- = u_i$，$u_+ = U_R$ $u_i < U_R$ 时，$u_o = U_Z$ $u_i > U_R$ 时，$u_o = -U_Z$ $U_R = 0$ 时为过零比较器

续表

名称		电　路	电压传输关系	说　明
限幅电压比较器	同相输入			$u_+ = u_i$，$u_- = U_R$ $u_i > U_R$ 时，$u_o = U_Z$ $u_i < U_R$ 时，$u_o = -U_Z$ $U_R = 0$ 时为过零比较器
滞回比较器				上门限电压 $u_{H1} = \frac{R_2}{R_2 + R_f} U_{OM}$ 下门限电压 $u_{H2} = -\frac{R_2}{R_2 + R_f} U_{OM}$ 回差电压 $u_H = u_{H1} - u_{H2} = \frac{2R_2}{R_2 + R_f} U_{OM}$

任务 5.5　集成运放应用中要注意的问题

5.5.1　集成运放的使用常识

在集成运放的应用中，经过相位补偿的集成运放在大多数应用场合是能满足要求的。但在应用时，有时还会出现自激，这一般是由于下述原因造成的。

1．没有按集成运放使用说明中推荐的相位校正电路和参数值进行校正

说明书中推荐的补偿方法和参数是通过产品设计和大量实验得出的，对大多数应用是有效的，它考虑了温度、电源电压变化等因素引起的频响特性的变化，并保证具有一定的稳定裕度。

2．电源退耦不好

当电源退耦不好时，各放大级的信号电流内阻上的电压降将产生互耦作用，若耦合信号与某级输入信号是同相位，电路将产生寄生振荡。为此必须重视电源退耦。退耦时除在电源端加接大电容外，还应并接瓷片小电容，因为大电容如电解电容，它本身的分布电感较大，影响退耦效果。

3．电路连接时的分布电容影响

由于电路存在分布电容，有时后级的信号会通过分布电容反馈到前级，当此反馈信号与该放大级原输入信号同相位时，也会形成寄生正反馈，从而使电路自激振荡。所以连接电路时，尽量减小分布电容是很重要的，尤其应注意使集成运放的“+”输入端远离它的输出端。

4. 集成运放负载电容过大的影响

当集成运放负载电容过大时，整个运放电路的开环频响曲线将发生变化，使电路的相位余量减小，甚至引起自激。若在运放的输出端与外接负载电容之间加接一个小电阻（如数百欧以内），使运放电路与负载电容之间相隔离，则可减轻负载电容的影响。但有时这种改进的效果是有限的。为消除自激振荡，就应减小负载电容，或在集成运放输出端外加输出功率更大的、高频响应更好的输出级电路。

5. 集成运放同相输入端接地电阻太大

当同相端对地接入很大的电阻时，它与运放差模输入端的电容形成一个新的极点，尽管输入端的电容不大，但同相端对地外接电阻较大，则新产生的极点可能接近于或低于交接频率，而使闭环电路自激或电路动态特性变差。解决的简便方法是在同相端对地电阻上并接电容，以形成高频旁路。

6. 集成运放输出端与同相端和调零端之间存在寄生电容

在设计印制电路板，或做电路实验时，由于引线布置不适当或过长、过近，会带来寄生电容而引起自激。通常在低频电路中不易出现自激，而在宽带放大器中，应注意消除寄生电容耦合。

5.5.2　集成运放的保护措施

1. 集成运放的零点调整方法

由于集成运放的输入失调电压和输入失调电流的影响，当运算放大器组成的线性电路输入信号为零时，输出往往不等于零。为了提高电路的运算精度，要求对失调电压和失调电流造成的误差进行补偿，这就是运算放大器的调零。常用的调零方法有内部调零和外部调零，对于没有内部调零端子的集成运放，只有采用外部调零方法。以μA741 为例，集成运放的外部调零电路如图 5-5-1 所示。

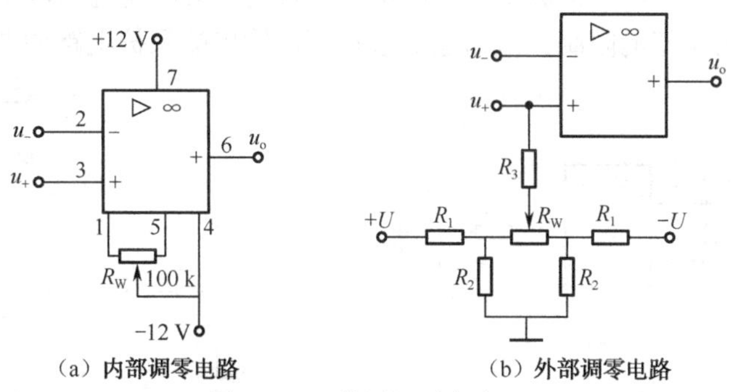

（a）内部调零电路　　（b）外部调零电路

图 5-5-1　常用调零电路

2. 消除自激振荡的方法

运算放大器是一个高放大倍数的多级放大器，在接成深度负反馈条件下，很容易产生自激振荡。自激振荡使放大器的工作不稳定。为了消除自激振荡，有些集成运放内部已设置了消除自激的补偿网络，有些则引出消振端子，采用外接一定的频率补偿网络进行消振，如接 RC 补偿网络。另外，防止通过电源内阻造成低频振荡或高频振荡的措施是在集成

运放的正、负供电电源的输入端对地之间并接入一电解电容（10 μF）和一高频滤波电容（0.01～0.1 μF）。具体参数和接法可查阅使用说明书。目前，由于大部分集成运放内部电路的改进，已不需要外加补偿网络。

3．电源极性保护

利用二极管的单向导电特性防止由于电源极性接反而造成的损坏。当电源极性错接成上负下正时，两二极管均不导通，等于电源断路，从而起到保护作用。电源极性保护电路如图 5-5-2 所示。

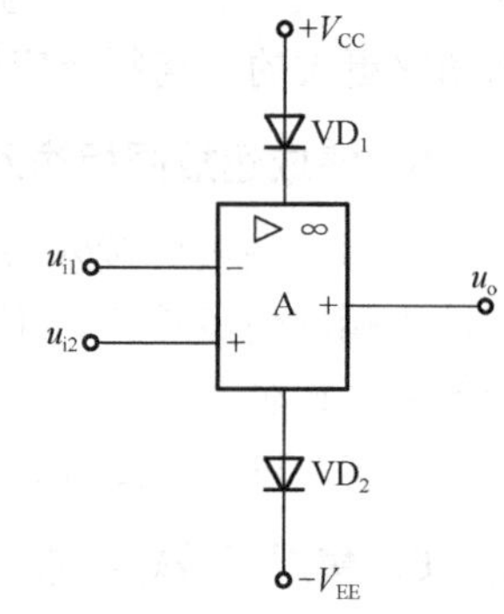

图 5-5-2　电源极性保护电路

4．输入保护

利用二极管的限幅作用对输入信号幅度加以限制，以免输入信号超过额定值损坏集成运放的内部结构。无论是输入信号的正向电压还是负向电压超过二极管导通电压，则 VD_1 或 VD_2 中就会有一个导通，从而限制了输入信号的幅度，起到了保护作用。输入端保护电路如图 5-5-3 所示。

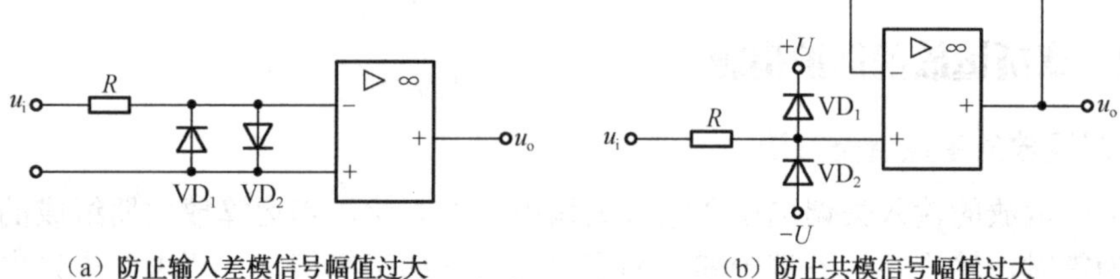

（a）防止输入差模信号幅值过大　（b）防止共模信号幅值过大

图 5-5-3　输入极性保护电路

5．输出保护

利用稳压管 VD1 和 VD2 接成反向串联电路。若输出端出现过高电压，集成运放输出端电压将受到稳压管稳压值的限制，从而避免了损坏。输出端保护电路如图 5-5-4 所示。

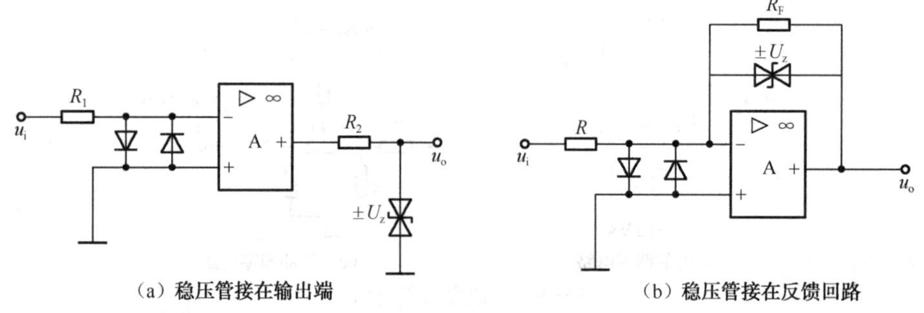

（a）稳压管接在输出端　（b）稳压管接在反馈回路

图 5-5-4　输出端保护电路

5.5.3　集成运放使用中可能出现的问题

1．不能调零

为提高运算精度，在运算前，应首先对直流输出电位进行调零，即保证输入为零时，输出也为零。当运放有外接调零端子时，可按组件要求接入调零电位器 R_W，调零时，将输

入端接地，调零端接入电位器 R_W，用直流电压表测量输出电压 U_o，细心调节 R_W，使 U_o 为零（即失调电压为零）。

一个运放如不能调零，原因可能是调零电位器不起作用；应用电路接线有误或有虚焊点；反馈极性接错或负反馈开环；集成运放内部已损坏等。如组件正常，但由于它所允许的共模输入电压太低，可能出现自锁现象，因而不能调零。为此可将电源断开后，再重新接通，如能恢复正常，则属于这种情况。这种由于运放输入端信号幅度过大而造成的“堵塞”现象，可在运放输入端采取保护措施加以预防。

2. 漂移现象严重

造成漂移过于严重的原因可能是存在虚焊点；运放产生自激振荡或受到强电磁场的干扰；集成运放靠近发热元件；输入回路的保护二极管受到光的照射；调零电位器滑动端接触不良；集成运放本身已损坏或质量不合格等。

3. 产生自激振荡

一个集成运放自激时，表现为即使输入信号为零，也会有输出，使各种运算功能无法实现，严重时还会损坏器件。在实验中，可用示波器监视输出波形。为消除运放的自激，常采用如下措施。

（1）若运放有相位补偿端子，可利用外接 RC 补偿电路，产品手册中有补偿电路及元件参数提供。

（2）电路布线、元器件布局应尽量减少分布电容。

（3）在正、负电源进线与地之间接上几十微法的电解电容和 0.01～0.1 μF 的陶瓷电容相并联以减小电源引线的影响。

5.5.4 集成运放的选择与检测

1. 集成运放的识读

拿到集成运放后，首先观察其外形，正确区分集成运放的各引脚，了解集成运放各引脚的功能及用途。

2. 集成运放的选择

在没有特殊要求的场合，尽量选用通用型集成运放，这样既可降低成本，又容易保证货源。 当一个系统中使用多个运放时，尽可能选用多运放集成电路，如 LM324、LF347 等都是将 4 个运放封装在一起的集成电路。

实际选择集成运放时，除性能参数要考虑之外，还应考虑其他因素。例如信号源的性质，是电压源还是电流源；负载的性质，集成运放输出电压和电流是否满足要求；环境条件，集成运放的允许工作范围、工作电压范围、功耗与体积等因素是否满足要求等。

3. 集成运放参数的测试

1）好坏检测

给集成运算放大器同时接正、负直流电源（注意用万用表分别测量两路电源为±12 V，经检查无误方可接通±12 V 电源）。分别将同相输入端或反相输入端接地，检测输出电压 U_o

是否为 U_{om} 值（电源电压为±12 V 时），若是，则该器件基本良好，否则说明器件已损坏。将运放的两个输入端短路接地，测量运放的输出端对地电位应为零，对正电源端电压应为−12 V，对负电源端电压应为+12 V，若数值偏差大，则说明该集成运放已不能正常工作或已损坏。

2）估测放大能力

以μA741 为例，其引脚排列如图 5-5-5（a）所示。其中 2 脚为反相输入端，3 脚为同相输入端，7 脚接正电源 15 V，4 脚接负电源−15 V，6 脚为输出端，1 脚和 5 脚之间应接调零电位器。μA741 的开环电压增益 A_{ud} 约为 94 dB（5×10^4 倍）。用万用表估测μA741 的放大能力时，需接上±15 V 电源。万用表拨至 50 V 挡测量。测试电路如图 5-5-5（b）所示。

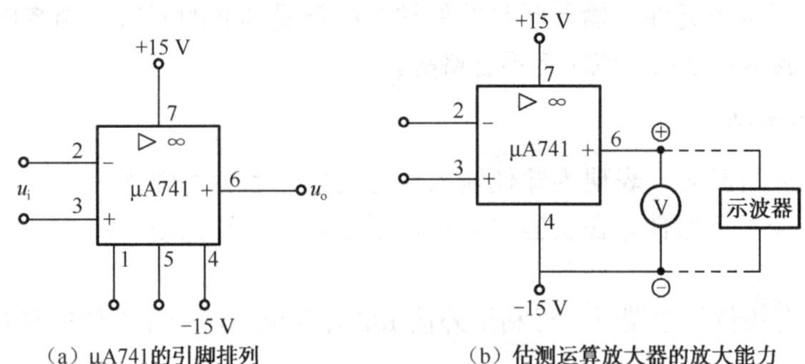

（a）μA741的引脚排列　　（b）估测运算放大器的放大能力

图 5-5-5　μA741 引脚排列及估算放大能力

实训 5　红外探测报警器的制作与调试

1．教学目标

（1）知道直流稳压电源电路的基本原理。

（2）会使用万用表对各类元器件进行识别与检测。

（3）会使用集成稳压器 LM317 制作一可调直流稳压电源，会用万用表测试电路。

2．器材准备

（1）指针式万用表。

（2）焊接及装接工具一套。

（3）PCB、单孔电路板或面包板。

（4）元器件清单如表 5-5-1 所示。

表 5-5-1　元器件清单

编　号	名　称	型　号	数量	编　号	名　称	型　号	数量
R_1	电阻	47 kΩ	1	R_2	电阻	1 MΩ	1
R_3	电阻	1 kΩ		C_{10}	电解电容	470 μF /25 V	1
R_4	电阻	4.7 kΩ	1	C_{11}	涤纶电容	0.1 μF	1
R_5、R_6、R_9、R_{12}、R_{13}、R_{15}	电阻	100 kΩ	1	VD_1～VD_5	整流二极管	1N4001	5

续表

编　号	名　称	型　号	数量	编　号	名　称	型　号	数量
R_7、R_{10}、R_{11}、R_{17}	电阻	10 kΩ	6	U	全桥	2 A/50 V	1
R_8、R_{16}	电阻	300 kΩ	4	VT_1	晶体三极管	9014	1
R_{14}	电阻	470 kΩ	2	VT_2	晶体三极管	MPSA13	1
R_{18}	电阻	2.4 kΩ	1	VT_3	晶体三极管	8050	1
R_{19}	电阻	220 Ω	1	IC_1	红外线传感器	Q74	1
R_{20}	电阻	560 kΩ	1	IC_2	运算放大器	LM358	1
C_1、C_2、C_6、C_8、C_9	电解电容	47 μF/16 V	1	IC_3	比较器	LM393	1
C_3、C_5	电解电容	22 μF/16 V	5	IC_4	三端稳压器	78L06	1
C_4	涤纶电容	0.01 μF	2	BL	电磁讯响器	U=12 V	1
C_7	电解电容	220 μF/16 V	1	T	电源变压器	12 V/5 W	1
			1	S	钮子开关		1

3. 实操过程

1）电路原理图识读

整机电路的总体设计原理图如图 5-5-6 所示。其中包括电源部分和报警电路部分，电源部分主要通过对交流电的变压、整流、滤波、稳压输出一个+5V 的直流电压为后面的报警电路的正常工作提供电压；报警电路主要由热释电红外传感器、LM358 集成运算放大器、发光二极管、电阻电容构成。传感器主要的工作就是把采集到的人体红外线转换成电压信号，由于此时的电压比较微弱，所以要经过 LM358 放大后输入到电压比较器进行比较，来控制相应的发光二极管指示灯工作。

2）电路工作原理

在电路中采用 KP506B（IC_1）型热释电人体红外线传感器，当人进入报警器的监视区域内，即可发出报警声，适用于家庭、办公室、仓库、实验室等比较重要场合的防盗报警。该装置由红外线传感器、信号放大电路、电压比较器、延时电路和音响报警电路等组成。红外线探测传感器 IC_1 探测到前方人体辐射出的红外线信号时，由 IC_1 的②脚输出微弱的电信号，经三极管 VT_1 等组成第一级放大电路放大，再通过 C_2 输入到运算放大器 IC_{2A} 中进行高增益、低噪声放大，此时由 IC_{2A}①脚输出的信号已足够强。IC_{2B} 作为电压比较器，它的第⑤脚由 R_{10}、VD_1 提供基准电压，当 IC_{2A}①脚输出的信号电压到达 IC_{2B} 的⑥脚时，两个输入端的电压进行比较，此时 IC_{2B} 的⑦脚由原来的高电平变为低电平。IC_{4A} 为报警延时电路，R_{14} 和 C_6 组成延时电路，其时间约为 1 min。当 IC_{2B} 的⑦脚变为低电平时，C_6 通过 VD_2 放电，此时 IC_{4A} 的②脚变为低电平，它与 IC_{4A} 的③脚基准电压进行比较，当它低于其基准电压时，IC_{4A} 的①脚变为高电平，VT_2 导通，讯响器 BL 通电发出报警声。人体的红外线信号消失后。IC_{2B} 的⑦脚又恢复高电平输出，此时 VD_2 截止。由于 C_6 两端的电压不能突变，故通过 R_{14} 向 C_6 缓慢充电，当 C_6 两端的电压高于其基准电压时，IC_{4A} 的①脚才变为低电平，时间约为 1 min，即持续 1 min 报警。由 VT_3、R_{20}、C_8 组成开机延时电路，时间也约为 1 min，它的设置主要是防止使用者开机后立即报警，好让使用者有足够的时间离开监视现场，同时可防止停电后又来电时产生误报。该装置采用 9～12 V 直流电源供电，由 T 降压，全桥 U 整流，C_{10} 滤波，检测电路采用 78L06（IC3）供电，交直流两用，自动无间断转换。

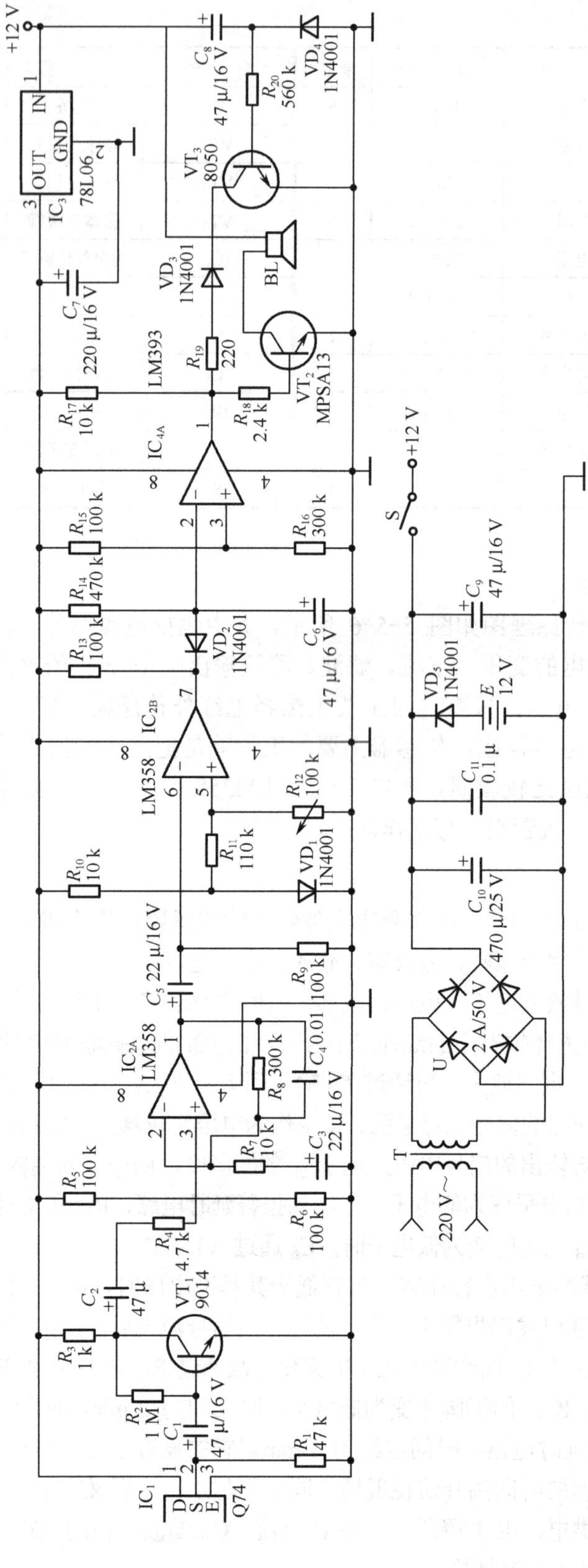

图5-5-6　红外线报警器的电路原理图

3）元器件识别与检测

（1）KP506B 红外传感器。KP506B 红外传感器实物如图 5-5-7 所示。红外传感器对人体的敏感程度还和人的运动方向关系很大。红外传感器对于径向移动反应最不敏感,而对于横切方向（即与半径垂直的方向）移动则最为敏感。在现场选择合适的安装位置是避免红外探头误报、求得最佳检测灵敏度极为重要的一环，如图 5-5-8 所示。

图 5-5-7　KP506B 红外传感器实物

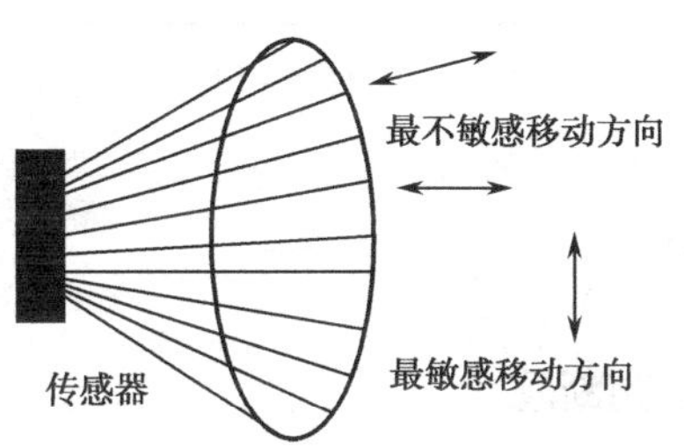

图 5-5-8　红外传感器感应方向

如果只看实物可能分不出红外传感器的引脚，常用的红外传感器是金属装封的，有个窗口，接地的引脚是和外壳相通的，这较好分别，另外两个引脚与地引脚电阻都很大，很难分别。如果是自己安装这个元件，安装时引脚要尽量短，远离其他发热元件，除了窗口，其他的元件最好用厚纸隔开，否则装好后误差也大，就是受干扰大，常被误触发。常见的引脚位置如图 5-5-9 所示。KP506B 内部功能图如图 5-5-10 所示。

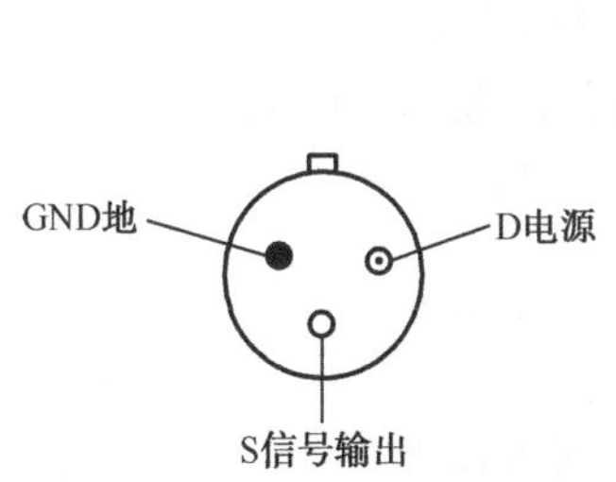

图 5-5-9　KP506B 引脚位置

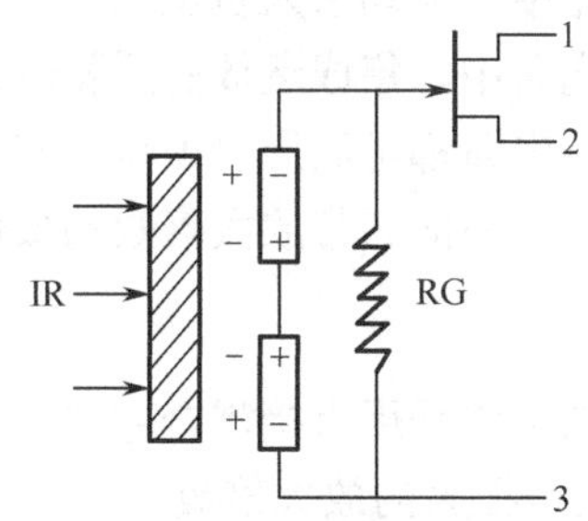

图 5-5-10　KP506B 内部功能图

2）LM358 集成运放。LM358 内部包括两个独立的、高增益、内部频率补偿的双运算放大器，适于电源电压范围很宽的单电源使用，也适用于双电源工作模式，在推荐的工作条件下，电源电流与电源电压无关。它的使用范围包括传感放大器、直流增益模块和其他所有可用单电源供电的使用运算放大器的场合。LM358 的封装形式有塑封 8 引线双列直插式和贴片式，LM358 引脚排列图如图 5-5-11 所示。

（3）LM393 电压比较器。LM393 为双电压比较器，LM393 系列由两个偏移电压指标低达 2.0 的独立精密电压比较器构成。该产品采用单电源操作设计，且适用电压范围广。该产品也可采用分离式电源，低电耗不受电源电压值影响。本品还有一个特点是，即使是在单电源操作时，其输入共模电压范围也包括接地。LM393 系列可直接与 TTL 及 CMOS 逻辑电路接口。无论是正电源还是负电源操作，当低电耗比标准比较器的优势明显时，LM393 系列便与 MOS 逻辑电路直接接口。LM393 引脚图如图 5-5-12 所示。

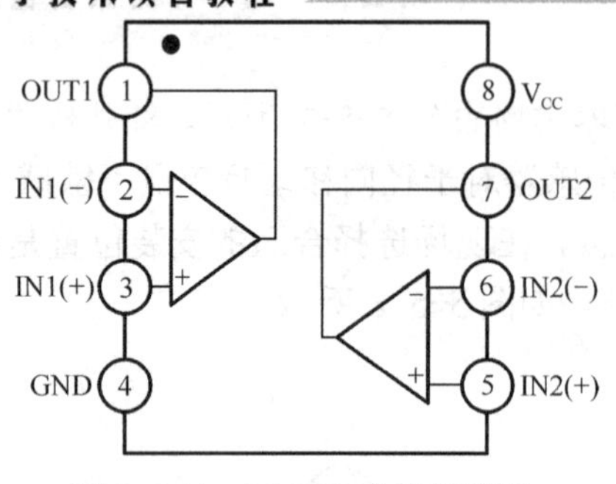

图 5-5-11 LM358 引脚排列图

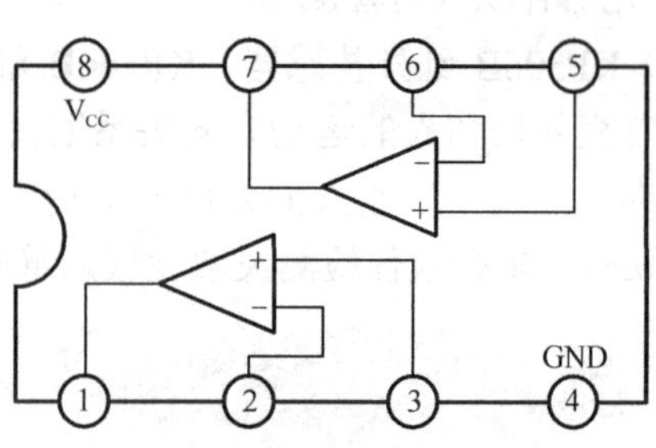

图 5-5-12 LM393 引脚图

习题 5

一、判断题

1．运放的输入失调电压 U_{IO} 是两输入端电位之差。（ ）

2．运放的输入失调电流 I_{IO} 是两端电流之差。（ ）

3．运放的共模抑制比 $K_{CMR}=\left|\frac{A_d}{A_c}\right|$。（ ）

4．有源负载可以增大放大电路的输出电流。（ ）

5．在输入信号作用时，偏置电路改变了各放大管的动态电流。（ ）

6．运算电路中一般均引入负反馈。（ ）

7．在运算电路中，集成运放的反相输入端均为虚地。（ ）

8．凡是运算电路都可利用“虚短”和“虚断”的概念求解运算关系。（ ）

9．各种滤波电路的通带放大倍数的数值均大于 1。（ ）

二、选择题

1．集成运放电路采用直接耦合方式是因为______。

A．可获得很大的放大倍数　　B．可使温漂小

C．集成工艺难于制造大容量电容

2．通用型集成运放适用于放大______。

A．高频信号　　B．低频信号　　C．任何频率信号

3．集成运放制造工艺使得同类半导体管的______。

A．指标参数准确　　B．参数不受温度影响　　C．参数一致性好

4．集成运放的输入级采用差分放大电路是因为可以______。

A．减小温漂　　B．增大放大倍数　　C．提高输入电阻

5．为增大电压放大倍数，集成运放的中间级多采用______。

A．共射放大电路　　B．共集放大电路　　C．共基放大电路

6．现有电路：

A．反相比例运算电路　　B．同相比例运算电路

C．积分运算电路　　D．微分运算电路　　E．加法运算电路

选择一个合适的答案填入空内。

（1）欲将正弦波电压移相+90°，应选用______。

（2）欲将正弦波电压叠加上一个直流量，应选用______。

（3）欲实现 $A_u=-100$ 的放大电路，应选用______。

（4）欲将方波电压转换成三角波电压，应选用______。

（5）欲将方波电压转换成尖顶波电压，应选用______。

三、填空题

1．为了避免 50 Hz 电网电压的干扰进入放大器，应选用______滤波电路。

2．输入信号的频率为 10～12 kHz，为了防止干扰信号的混入，应选用______滤波电路。

3．为了获得输入电压中的低频信号，应选用______滤波电路。

4．为了使滤波电路的输出电阻足够小，保证负载电阻变化时滤波特性不变，应选用______滤波电路。

5．分别选择“反相”或“同相”填入下列各空内。

（1）_______ 比例运算电路中集成运放反相输入端为虚地，而_______ 比例运算电路中集成运放两个输入端的电位等于输入电压。

（2）_______ 比例运算电路的输入电阻大，而_______ 比例运算电路的输入电阻小。

（3）_______ 比例运算电路的输入电流等于零，而_______ 比例运算电路的输入电流等于流过反馈电阻中的电流。

（4）______ 比例运算电路的比例系数大于 1，而______ 比例运算电路的比例系数小于零。

6．填空：

（1）_______ 运算电路可实现 $A_u>1$ 的放大器。

（2）_______ 运算电路可实现 $A_u<0$ 的放大器。

（3）_______ 运算电路可将三角波电压转换成方波电压。

（4）_______ 运算电路可实现函数 $Y=aX_1+bX_2+cX_3$，a、b 和 c 均大于零。

（5）_______ 运算电路可实现函数 $Y=aX_1+bX_2+cX_3$，a、b 和 c 均小于零。

四、计算题

1．电路如图 1 所示，集成运放输出电压的最大幅值为±14 V，填表。

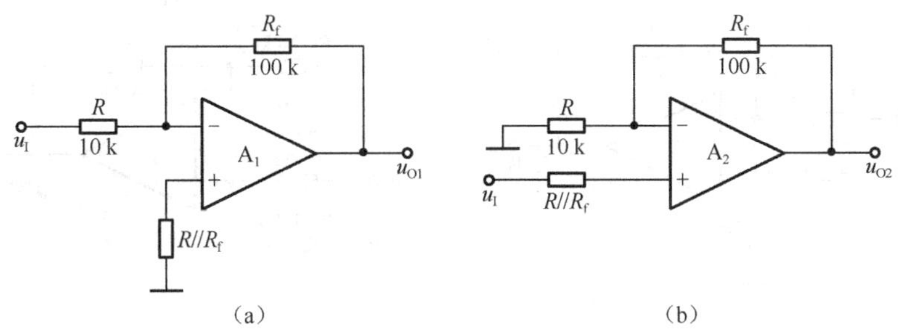

图 1

u_I（V）	0.1	0.5	1.0	1.5
u_{O1}（V）				
u_{O2}（V）				

2．电路如图 2 所示，试求：

（1）输入电阻；

（2）比例系数。

3．电路如图 2 所示，集成运放输出电压的最大幅值为±14 V，u_I 为 2 V 的直流信号。分别求出下列各种情况下的输出电压。

（1）R_2 短路；

（2）R_3 短路；

（3）R_4 短路；

（4）R_4 断路。

4．图 3 所示为恒流源电路，已知稳压管工作在稳压状态，试求负载电阻中的电流。

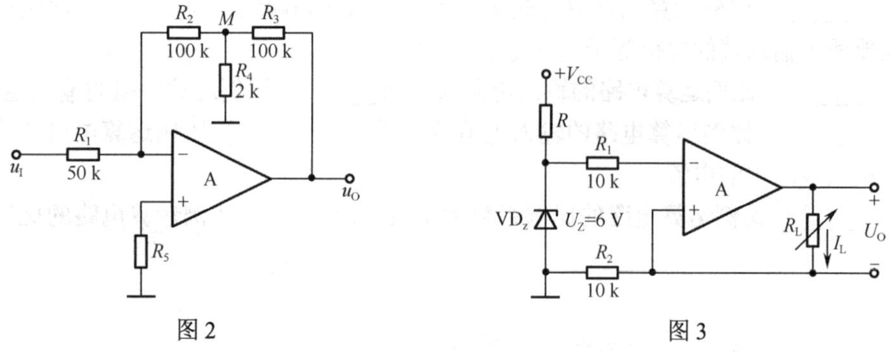

图 2　　图 3

5．试求图 4 所示各电路输出电压与输入电压的运算关系式。

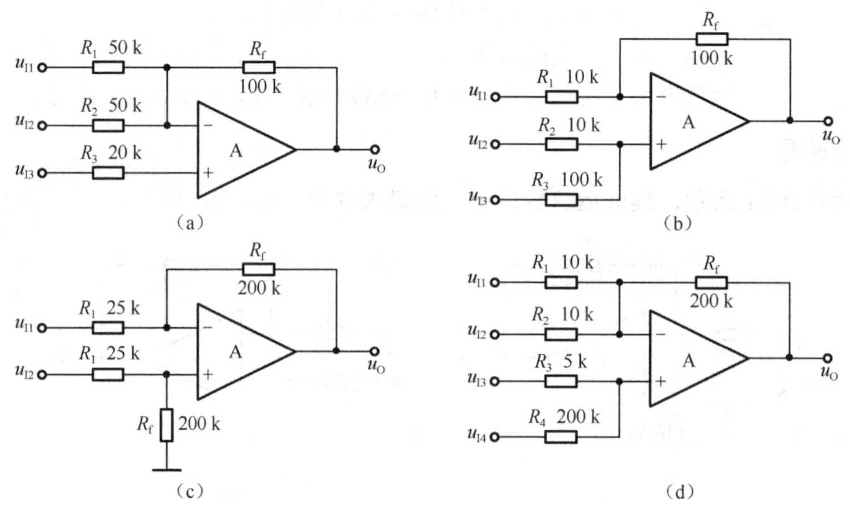

图 4

6．电路如图 5 所示。

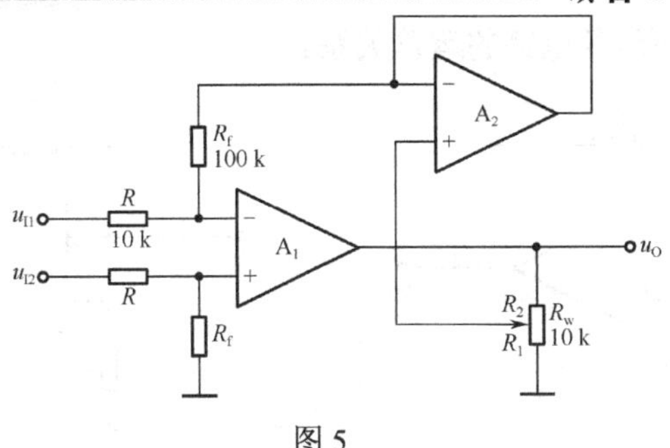

图 5

（1）写出 u_O 与 u_{I1}、u_{I2} 的运算关系式；

（2）当 R_W 的滑动端在最上端时，若 u_{I1}=10 mV，u_{I2}=20 mV，则 u_O 为多少？

（3）若 u_O 的最大幅值为±14 V，输入电压最大值 u_{I1max}=10 mV，u_{I2max}=20 mV，最小值均为 0 V，则为了保证集成运放工作在线性区，R_2 的最大值为多少？

7．分别求解图 6 所示各电路的运算关系。

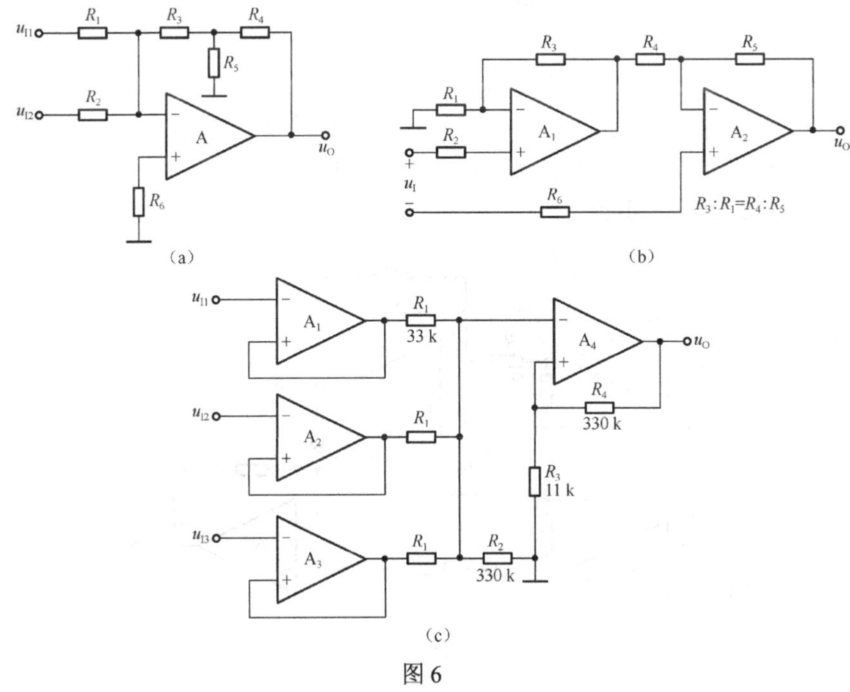

图 6

8．在图 7（a）所示电路中，已知输入电压 u_I 的波形如图 7（b）所示，当 t=0 时 u_O=0。试画出输出电压 u_O 的波形。

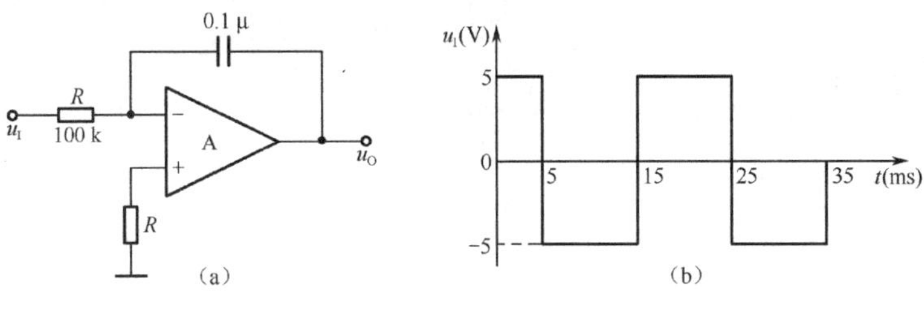

图 7

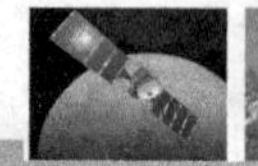

9．试分别求解图 8 所示各电路的运算关系。

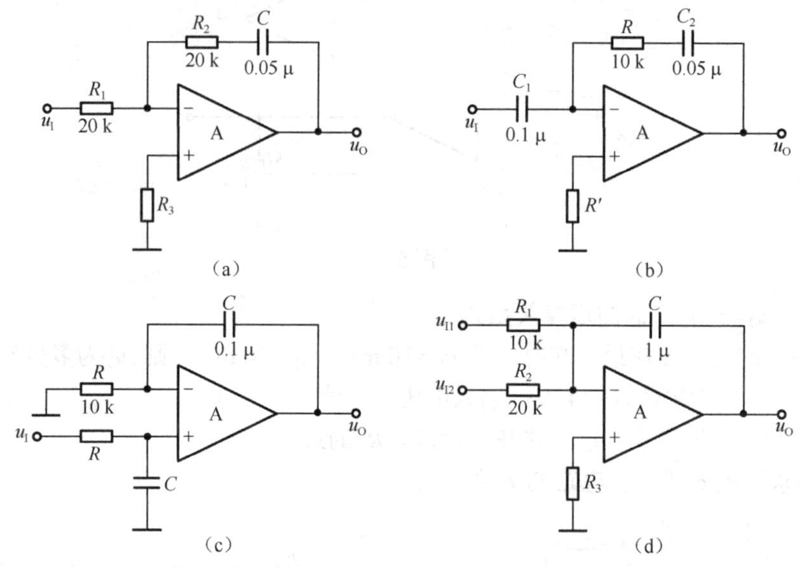

图 8

10．在图 9 所示电路中，已知 u_{I1}=4 V，u_{I2}=1 V。回答下列问题：

（1）当开关 S 闭合时，分别求解 A、B、C、D 点和 u_O 的电位；

（2）设 t=0 时 S 打开，问经过多长时间 u_O=0？

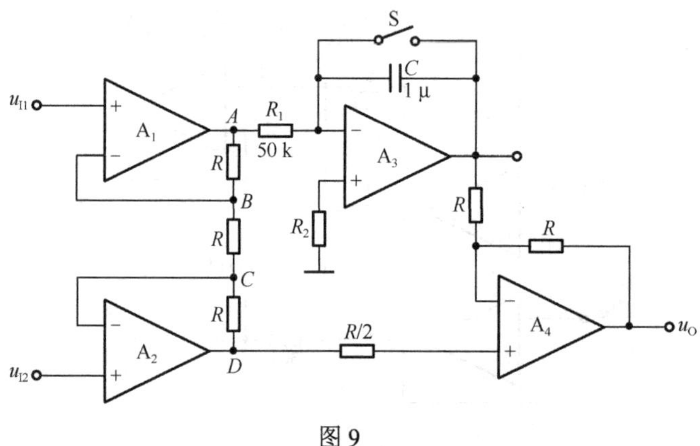

图 9

项目6 调光台灯的制作

通过本项目将主要学习以下知识和技能，完成以下实训任务：

序号	知 识 点	主 要 技 能	
1	直流调光电路	单向晶闸管	单向晶闸管的结构和工作原理、单向晶闸管的测试、晶闸管整流电路
		单结晶体管	单结晶体管的结构和工作原理、单结晶体管触发电路
		直流调光电路的实施	
2	交流调光电路	双向晶闸管	双向晶闸管的结构与符号、双向晶闸管的检测方法、大功率双向晶闸管触发能力的检测
		触发二极管	触发二极管结构和工作原理、触发二极管的检测、双向触发二极管应用
		交流调光电路的实施	
3	实训 6　直流调光电路的制作 实训 7　调光台灯的安装与调试		

任务 6.1 直流调光台灯电路

6.1.1 单向晶闸管的结构和工作原理

1. 单向晶闸管的结构与符号

晶体闸流管又名可控硅，简称晶闸管，是在晶体管基础上发展起来的一种大功率半导体器件。它的出现使半导体器件由弱电领域扩展到强电领域。晶闸管也像半导体二极管那样具有单向导电性，但它的导通时间是可控的，主要用于整流、逆变、调压及开关等方面。

晶闸管外形如图 6-1-1 所示，有小型塑封型（小功率）、平面型（中功率）和螺栓型（中、大功率）几种。单向晶闸管的内部结构如图 6-1-2（a）所示，它是由 PNPN 四层半导体材料构成的 3 端半导体器件，3 个引出端分别为阳极 A、阴极 K 和门极 G。单向晶闸管的阳极与阴极之间具有单向导电的性能，其内部可以等效为由一只 PNP 三极管和一只 NPN 三极管组成的复合管，如图 6-1-2（b）所示。图 6-1-2（c）是其电路图形符号。

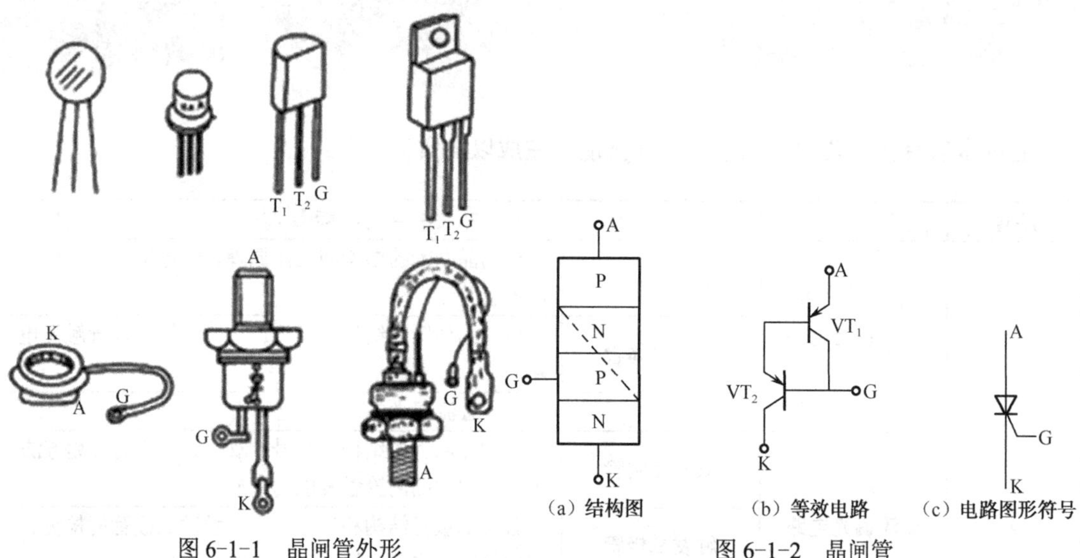

图 6-1-1 晶闸管外形　　图 6-1-2 晶闸管

2. 单向晶闸管的工作原理

单向晶闸管内有 3 个 PN 结，它们是由相互交叠的 4 层 P 区和 N 区所构成的，如图 6-1-3（a）所示。晶闸管的 3 个电极是从 P_1 引出阳极 A，从 N_2 引出阴极 K，从 P_2 引出控制极 G，因此可以说它是一个 4 层 3 端半导体器件。

当接上电源 E_a 后，VT_1 及 VT_2 均处于放大状态，若在 G、K 极同时加入一个正触发信号，就相当于在 VT_1 基极与发射极回路中有一个控制电流 I_G，它就是 VT_1 的基极电流 I_{B1}。经放大后，VT_1 产生集电极电流 I_{C1}。此电流流出 VT_2 的基极，成为 VT_2 的基极电流。于是，VT_2 产生了集电极电流 I_{C2}，I_{C2} 再流入 VT_1 的基极，再次得到放大。这样依次循环下去，一瞬间便可使 VT_1 和 VT_2 全部导通并达到饱和。所以，当晶闸管加上正电压后，一

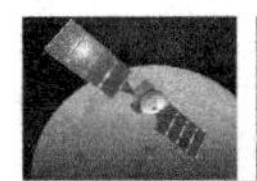

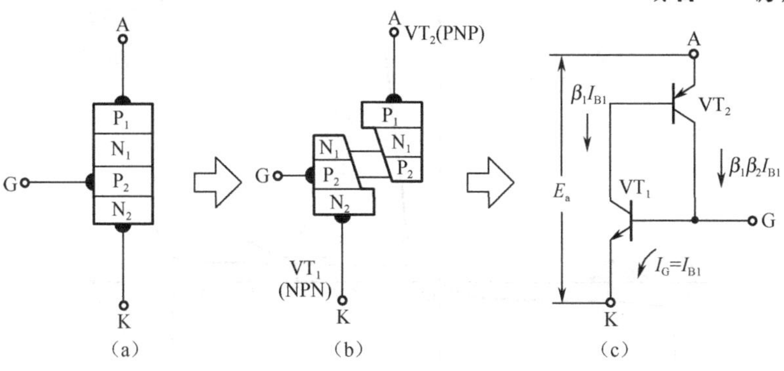

图 6-1-3　单向晶闸管结构原理图

输入触发信号，它就会立即导通。晶闸管一经导通后，由于导致 VT_1 基极上总是流过比控制极电流 I_C 大得多的电流，所以即使触发信号消失后，晶闸管仍旧能保持导通状态。只有降低电源电压 E_a，使 VT_1、VT_2 集电极电流小于某一维持导通的最小值，晶闸管才能转为关断状态。

如果把电源 E_a 反接，VT_1 和 VT_2 都不具备放大工作条件，即使有触发信号，晶闸管也无法工作而处于关断状态。同样，在没有输入触发信号或触发信号极性相反时，即使晶闸管加上正向电压，它也无法导通。上述的几种情况可参见图 6-1-4 所示。

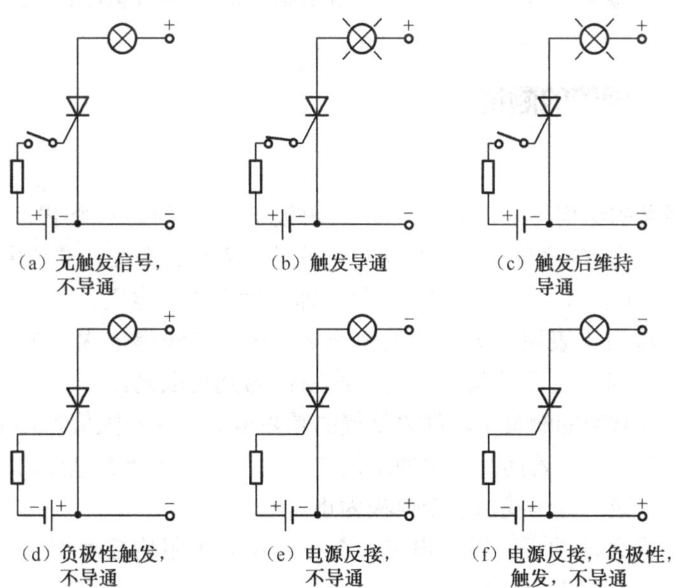

图 6-1-4　单向晶闸管的几种工作状态

3. 晶闸管的伏安特性曲线

晶闸管阳极与阴极间的电压和阳极电流的关系称为晶闸管的伏安特性。第一象限为正向伏安特性，第三象限为反向伏安特性。晶闸管的伏安特性曲线如图 6-1-5 所示。

图中 U_{DRM}、 U_{RRM} 分别为正、反向断态重复峰值电压；U_{DSM}、U_{RSM} 分别为正、反向断态不重复峰值电压；U_{BO} 为正向转折电压；U_{RO} 为反向击穿电压。

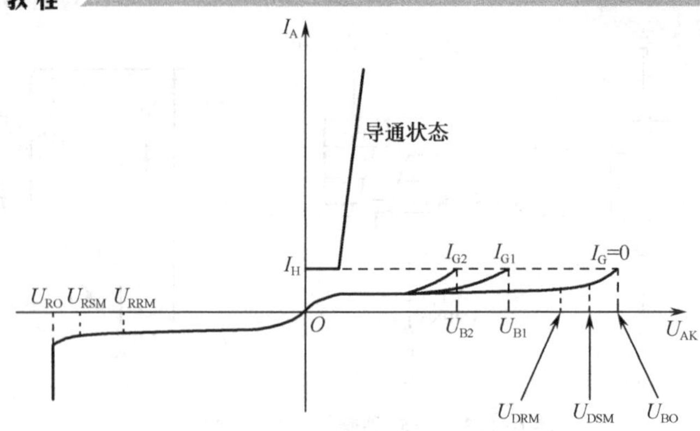

图 6-1-5 晶闸管的伏安特性曲线

1）正向特性

正向伏安特性分为阻断状态（断态）、导通状态（通态）。I_G=0 时，$U<U_{BO}$，断态；$U=U_{BO}$ 时正向转折电压雪崩，击穿导通，称为硬开通（正常情况下不允许）。$I_G>0$ 时，较小的电压降即可导通，导通压降小（为 1 V 左右）；导通后 I_A 取决于外部电路。

2）反向特性

反向特性类似二极管的反向特性。反向阻断状态时，只有极小的反向漏电流流过。当反向电压达到反向击穿电压后，可能导致晶闸管发热损坏。

6.1.2 单向晶闸管的测试

1. 判别各电极

根据普通晶闸管的结构可知，其门极 G 与阴极 K 极之间为一个 PN 结，具有单向导电特性，而阳极 A 与门极 G 之间有两个反极性串联的 PN 结。因此，通过用万用表 R×100 或 R×1 k 挡测量普通晶闸管各引脚之间的电阻值，即能确定 3 个电极。

具体方法是：将万用表黑表笔任接晶闸管某一极，红表笔依次去触碰另外两个电极。若测量结果有一次阻值为几千欧姆，而另一次阻值为几百欧姆，则可判定黑表笔接的是门极 G。在阻值为几百欧姆的测量中，红表笔接的是阴极 K，而在阻值为几千欧姆的那次测量中，红表笔接的是阳极 A。若两次测出的阻值均很大，则说明黑表笔接的不是门极 G，应用同样方法改测其他电极，直到找出 3 个电极为止。

也可以测任两脚之间的正、反向电阻，若正、反向电阻均接近无穷大，则两极即为阳极 A 和阴极 K，而另一脚即为门极 G。

普通晶闸管也可以根据其封装形式来判断出各电极。例如，螺栓型普通晶闸管的螺栓一端为阳极 A，较细的引线端为门极 G，较粗的引线端为阴极 K。平板型普通晶闸管的引出线端为门极 G，平面端为阳极 A，另一端为阴极 K。金属壳封装（TO–3）的普通晶闸管，其外壳为阳极 A。塑封（TO–220）的普通晶闸管的中间引脚为阳极 A，且多与自带散热片相连。

2. 判断其好坏

用万用表 R×1 k 挡测量普通晶闸管阳极 A 与阴极 K 之间的正、反向电阻，正常时均应为无穷大（∞）。若测得 A、K 之间的正、反向电阻值为零或阻值较小，则说明晶闸管内部

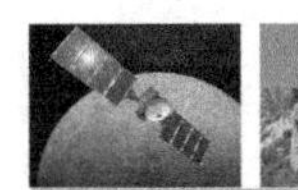

击穿短路或漏电。

测量门极 G 与阴极 K 之间的正、反向电阻值，正常时应有类似二极管的正、反向电阻值（实际测量结果较普通二极管的正、反向电阻值小一些），即正向电阻值较小（小于 2 kΩ），反向电阻值较大（大于80 kΩ）。若两次测量的电阻值均很大或均很小，则说明该晶闸管 G、K 极之间开路或短路。若正、反向电阻值均相等或接近，则说明该晶闸管已失效，其 G、K 极间 PN 结已失去单向导电作用。

测量阳极 A 与门极 G 之间的正、反向电阻，正常时两个阻值均应为几百千欧姆或无穷大，若出现正、反向电阻值不一样（有类似二极管的单向导电），则是 G、A 极之间反向串联的两个 PN 结中的一个已击穿短路。

3. 触发能力检测

对于小功率（工作电流为 5A 以下）的普通晶闸管，可用万用表 R×1 挡测量。测量时黑表笔接阳极 A，红表笔接阴极 K，此时表针不动，显示阻值为无穷大（∞）。用镊子或导线将晶闸管的阳极 A 与门极 G 短路，相当于给 G 极加上正向触发电压，此时若电阻值为几欧姆至几十欧姆（具体阻值根据晶闸管的型号不同会有所差异），则表明晶闸管因正向触发而导通。再断开 A 极与 G 极的连接（A、K 极上的表笔不动，只将 G 极的触发电压断掉），若表针示值仍保持在几欧姆至几十欧姆的位置不动，则说明此晶闸管的触发性能良好。

6.1.3　晶闸管整流电路

可控整流电路是利用晶闸管的单向导电可控特性，把交流电变成大小能控制的直流电的电路，通常称为主电路。在单相可控整流电路中，最简单的是单相半波可控整流电路，应用最广泛的是单相桥式半控整流电路。

1. 单相半波可控整流电路

1）电路结构

把单相半波整流电路中的二极管换成晶闸管，即成为单相半波可控整流电路，如图 6-1-6 所示。

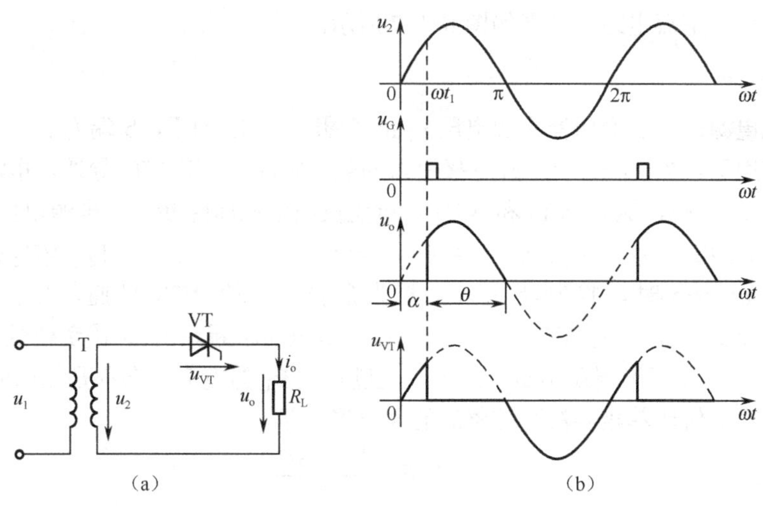

图 6-1-6　单相半波可控整流电路及波形

2）工作原理

接上电源，在电压 u_2 正半周开始时，对应在图 6-1-6（b）的 α 角范围内。此时晶闸管 VT 两端具有正向电压，但是由于晶闸管的控制极上没有触发电压 u_G，因此晶闸管不能导通。

经过 α 角度后，在晶闸管的控制极上，加上触发电压 u_G。晶闸管 VT 被触发导通，负载电阻中开始有电流通过，在负载两端出现电压 u_o。在 VT 导通期间，晶闸管压降近似为零。

此 α 角称为控制角（又称移相角），是晶闸管阳极从开始承受正向电压到出现触发电压 u_G 之间的角度。改变 α 角度，就能调节输出平均电压的大小。α 角的变化范围称为移相范围，通常要求移相范围越大越好。

经过 π 时刻以后，u_2 进入负半周，晶闸管 VT 两端承受反向电压而截止，所以 $i_o=0$，$u_o=0$。在第二个周期出现时，重复以上过程。晶闸管导通的角度称为导通角，用 θ 表示。$\theta=\pi-\alpha$。

3）输出平均电压

当变压器次级电压为 $u_2=\sqrt{2}V_2\sin\omega t$ 时，负载电阻 R 上的直流平均电压可以用控制角 α 表示，即

$$V_o=\frac{1}{2\pi}\int_0^{\pi}\sqrt{2}V_2\sin\omega t\mathrm{d}(\omega t)=\frac{\sqrt{2}}{2\pi}V_2(1+\cos\alpha)=0.45V_2\cdot\frac{1+\cos\alpha}{2}$$

当 $\alpha=0$（$\theta=\pi$）时，晶闸管在正半周全导通，$V_o=0.45V_2$，输出电压最高，相当于不可控二极管单相半波整流电压。若 $\alpha=\pi$，$V_o=0$，这时 $\theta=0$，晶闸管全关断。根据欧姆定律，负载电阻 R_L 中的直流平均电流为

$$I_o=\frac{V_o}{R_L}=0.45\frac{V_2}{R_L}\cdot\frac{1+\cos\alpha}{2}$$

此电流即为通过晶闸管的平均电流。

2. 单相桥式可控整流电路

1）电路组成

单相桥式可控整流电路及波形如图 6-1-7 所示。

2）工作原理

接上交流电源后，在变压器副边电压 u_2 正半周时（a 端为正，b 端为负），VT_1、VD_1 处于正向电压作用下，当 $\omega t=\alpha$ 时，控制极引入的触发脉冲 u_G 使 VT_1 导通，电流的通路为：a→VT_1→R_L→VD_1→b，这时 VT_2 和 VD_2 均承受反向电压而阻断。在电源电压 u_2 过零时，VT_1 阻断，电流为零。同理在 u_2 的负半周，a 端为负，b 端为正，VT_2、VD_2 处于正向电压作用下，当 $\omega t=\pi+\alpha$ 时，控制极引入的触发脉冲 u_G 使 VT_2 导通，电流的通路为：b→VT_2→R_L→VD_2→a，这时 VT_1、VD_1 承受反向电压而阻断。当 u_2 由负值过零时，VT_2 阻断。可见，无论 u_2 在正半周还是负半周内，流过负载 R_L 的电流方向都是相同的。

输出电压平均值比单相半波可控整流的大一倍，即

$$V_o=0.9V_2\cdot\frac{1+\cos\alpha}{2}$$

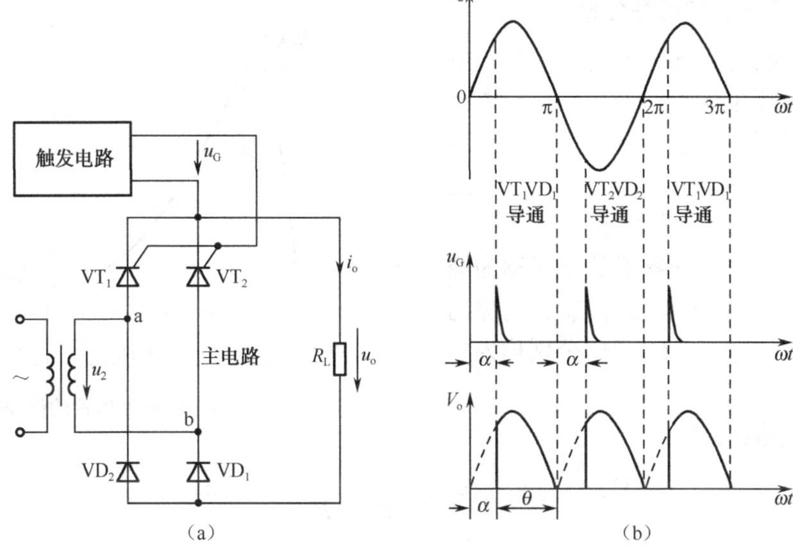

图 6-1-7 单相桥式可控整流电路及波形

当$\alpha=0$时（$\theta=\pi$），晶闸管在半周内全导通，$V_o=0.9V_2$，输出电压最高，相当于不可控二极管单相桥式整流电压。若$\alpha=\pi$，$V_o=0$，这时$\theta=0$，晶闸管全关断。

根据欧姆定律，负载电阻 R_L 中的直流平均电流为

$$I_o=\frac{V_o}{R_L}=0.9\frac{V_2}{R_L}\cdot\frac{1+\cos\alpha}{2}$$

流经晶闸管和二极管的平均电流为

$$I_T=I_D=\frac{1}{2}I_o$$

晶闸管和二极管承受的最高反向电压均为$\sqrt{2}V_2$。

综上所述，可控整流电路是通过改变控制角的大小实现调节输出电压大小的目的，因此，可控整流电路也称为相控整流电路。

6.1.4 单结晶体管触发电路

1. 单结晶体管

单结晶体管（简称 UJT）又称双基极二极管，它是一种只有一个 PN 结和两个电阻接触电极的半导体器件，它的基片为条状的高阻 N 型硅片，两端分别用欧姆接触引出两个基极 B_1 和 B_2。在硅片中间略偏 B_2 一侧用合金法制作一个 P 区作为发射极 E。其结构、符号和等效电路如图 6-1-8 所示。

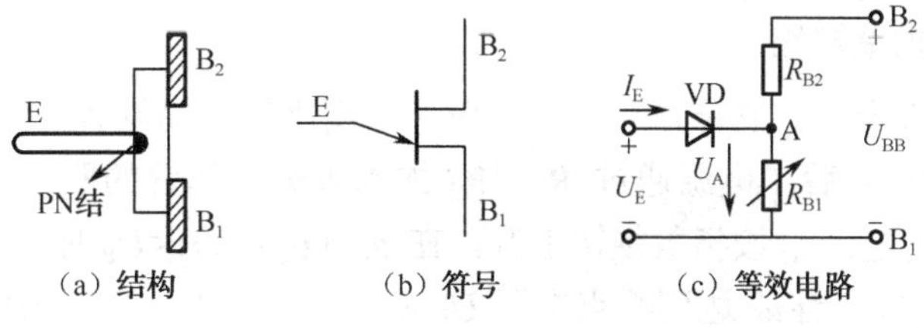

图 6-1-8 单结晶体管

2．单结晶体管的特性分析

（1）在基极电源电压 U_{BB} 一定时，单结晶体管的电压电流特性可用发射极电流 I_E 和发射极与第一基极 B_1 之间的电压 U_{BE1} 的关系曲线来表示，该曲线又称单结晶体管伏安特性曲线，如图 6-1-9 所示。

（2）3 个区域的分界点是 P（称为峰点）和 V（称为谷点）。U_P、I_P 分别称为峰点电压和峰点电流；U_V、I_V 分别称为谷点电压和谷点电流。

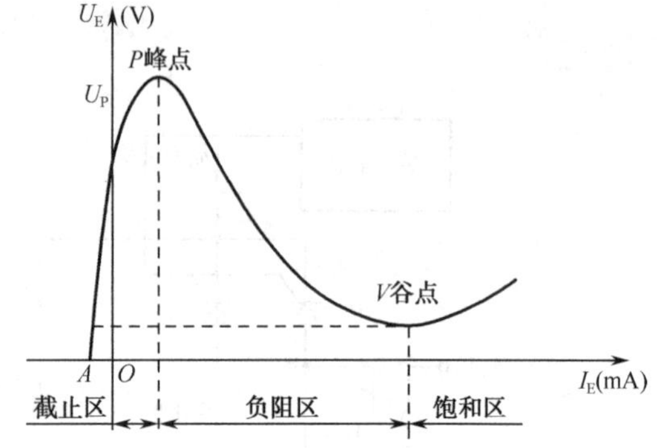

图 6-1-9　单结晶体管的伏安特性曲线

由等效电路图可知

$$U_P = U_D + U_A \approx V_A = \frac{R_{B1}}{R_{B1}+R_{B2}} U_{BB} = \eta U_B$$

式中

$$\eta = \frac{R_{B1}}{R_{B1}+R_{B2}}$$

称单结晶体管分压比，一般为 0.5～0.8。上式表明峰点电压随基极电压改变而改变，实用中应注意这一点。

（3）特性分析。

① 截止区。截止区对应曲线中的起始段（OP）。此段 $U_E<U_D+U_A$，电流极小，E 和 B_1 两电极间呈现高阻。

② 负阻区。负阻区对应曲线中的 PV 段。当 $U_E>U_D+U_A$ 后，等效二极管导通，使 R_{B1} 迅速减小，I_E 增大；又进一步促使 R_{B1} 减小。从 E、B_1 两端看，U_E 随 I_E 的增大而减小，即具有负阻特性，这是单结晶体管特有的。

③ 饱和区。饱和区对应曲线中的 V 点以后段，过 V 点后 I_E 再继续增大，R_{B1} 将变大，单结晶体管进入饱和导通状态，又呈现正阻特性，与二极管正向特性相似。

（4）综上所述，单结晶体管具有以下特点。

① 当发射极电压等于峰点电压 U_P 时，单结晶体管导通。导通之后，当发射电压减小到 $U_E<U_V$ 时，管子由导通变为截止。一般单结晶体管的谷点电压在 2～5 V。

② 单结晶体管的发射极与第一基极之间的 R_{B1} 是一个阻值随发射极电流增大而变小的电阻，R_{B2} 则是一个与发射极电流无关的电阻。

③ 不同的单结晶体管有不同的 U_P 和 U_V。同一个单结晶体管，若电源电压 U_{BB} 不同，它的 U_P 和 U_V 也有所不同。在触发电路中常选用 U_V 低一些或 I_V 大一些的单结晶体管。

3．单结晶体管振荡电路

（1）如图 6-1-10 所示，它能产生一系列脉冲，用来触发晶闸管。

（2）当合上开关 S 后，电源通过 R_1、R_2 加到单结晶体管的两个基极上，同时又通过 R、R_P 向电容器 C 充电，u_C 按指数规律上升。在 u_C（$u_C=u_E$）$<U_P$ 时，单结晶体管截止，R_1 两端输出电压近似为 0。当 u_C 达到峰点电压 U_P 时，单结晶体管的 E、B_1 极之间突然导通，

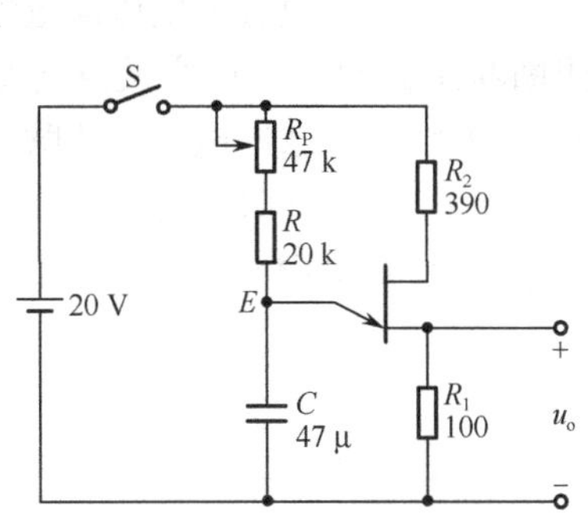

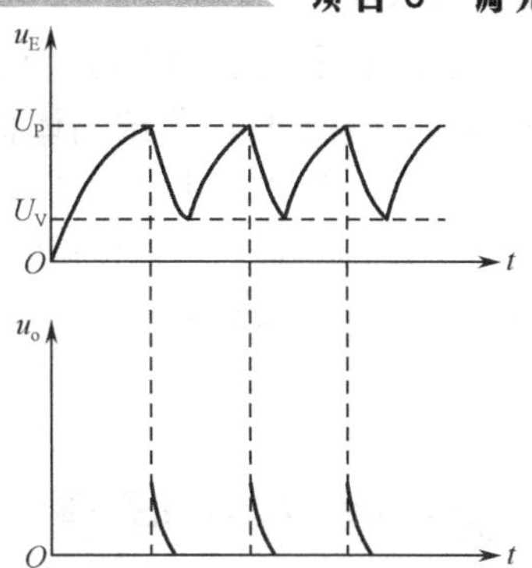

图 6-1-10　单结晶体管振荡电路及波形

电阻 R_{B1} 急剧减小，电容上的电压通过 R_{B1}、R_1 放电，由于 R_{B1}、R_1 都很小，放电很快，放电电流在 R_1 上形成一个脉冲电压 u_o。当 u_C 下降到谷点电压 U_V 时，E、B_1 极之间恢复阻断状态，单结晶体管从导通跳变到截止，输出电压 u_o 下降到零，完成一次振荡。

（3）当 E、B_1 极之间截止后，电源又对 C 充电，并重复上述过程，结果在 R_1 上得到一个周期性尖脉冲输出电压，如图 6-1-10 所示。

上述电路的工作过程是利用了单结晶体管负阻特性和 RC 充放电特性，如果改变 R_P，便可改变电容充放电的快慢，使输出的脉冲前移或后移，从而改变控制角α，控制了晶闸管触发导通的时刻。显然，充放电时间常数 $\tau=RC$ 大时，触发脉冲后移，α 大，晶闸管推迟导通；τ 小时，触发脉冲前移，α 小，晶闸管提前导通。

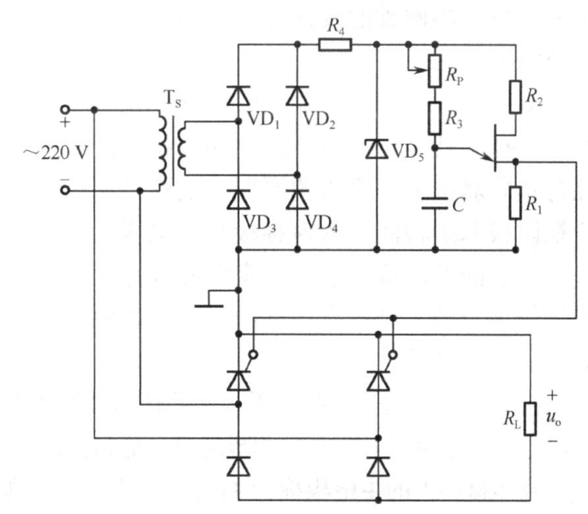

图 6-1-11　带稳压管的单结晶体管振荡电路

需要特别说明的是：实用中必须解决触发电路与主电路同步的问题，否则会产生失控现象。用单结晶体管振荡电路提供触发电压时，解决同步问题的具体办法可用稳压管对全波整流输出限幅后作为基极电源，如图 6-1-11 所示。图中 T_S 称为同步变压器，初级接主电源。

实训 6　直流调光电路的制作

家用调光台灯电路如图 6-1-12 所示。电路中，VT、R_1、R_2、R_3、R_4、R_P、C 组成单结晶体管张弛振荡器。接通电源前，电容器 C 上电压为零。接通电源后，电容经由 R_4、R_P

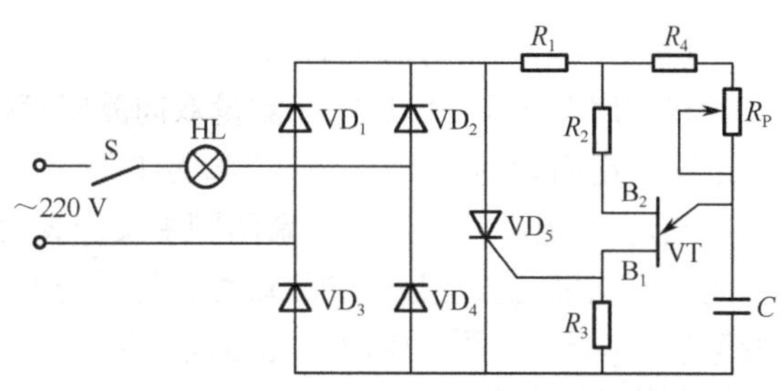

图 6-1-12　家用调光台灯电路

充电，电压 V_E 逐渐升高。当达到峰点电压时，E-B_1 间导通，电容上电压向电阻放电。当电容上的电压降到谷点电压时，单结晶体管恢复阻断状态。此后，电容又重新充电，重复上述过程，结果在电容上形成锯齿状电压，在电阻 R_3 上则形成脉冲电压。此脉冲电压作为晶闸管 V 的触发信号。在 VD_1～VD_4 桥式整流输出的每一个半波时间内，振荡器产生的第一个脉冲为有效触发信号。调节 R_P 的阻值，可改变触发脉冲的相位，控制晶闸管 VD_5 的导通角，调节灯泡亮度。

任务 6.2 交流调光台灯电路

6.2.1 双向晶闸管

1. 双向晶闸管的结构与符号

双向晶闸管是由 N-P-N-P-N 五层半导体材料制成的，对外也引出 3 个电极，其结构如图 6-2-1 所示。双向晶闸管相当于两个单向晶闸管的反向并联，但只有一个控制极。

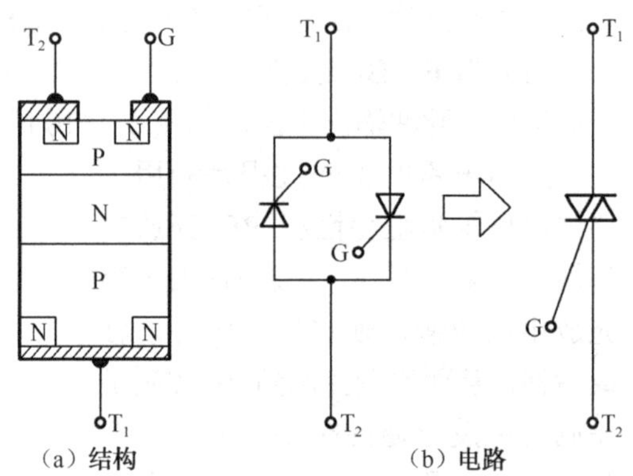

（a）结构　　（b）电路

图 6-2-1　双向晶闸管的结构及电路

双向晶闸管与单向晶闸管一样，也具有触发控制特性。不过，它的触发控制特性与单向晶闸管有很大的不同，这就是无论在阳极和阴极间接入何种极性的电压，只要在它的控制极上加上一个触发脉冲，也不管这个脉冲是什么极性的，都可以使双向晶闸管导通。

由于双向晶闸管在阳、阴极间接任何极性的工作电压都可以实现触发控制，因此双向晶闸管的主电极也就没有阳极、阴极之分，通常把这两个主电极称为 T_1 电极和 T_2 电极，将接在 P 型半导体材料上的主电极称为 T_1 电极，将接在 N 型半导体材料上的电极称为 T_2 电极。

由于双向晶闸管的两个主电极没有正、负之分，所以它的参数中也就没有正向峰值电压与反同峰值电压之分，而只用一个最大峰值电压，双向晶闸管的其他参数则和单向晶闸管相同。

2. 双向晶闸管的检测方法

1）电极的判断与触发特性测试

将万用表置于 R×1 挡，测量双向晶闸管任意两脚之间的阻值，如果测出某脚和其他两脚之间的电阻均为无穷大，则该脚为 T_2 极。

确定 T_2 极后，可假定其余两脚中某一脚为 T_1 电极，而另一脚为 G 极，然后采用触发导通测试方法确定假定极性的正确性。测试方法如图 6-2-2 所示。首先将黑表笔接 T_1 极，红表笔接 T_2 极，所测电阻应为无穷大。然后用导线将 T_2 极与 G 极短接，相当于给 G 极加上负触发信号，如图 6-2-2（a）所示。将 T_2 极与 G 极间的短接导线断开，电阻值若保持不

变，说明管子在 $T_1 \rightarrow T_2$ 方向上能维持导通状态。

再将红表笔接 T_1 极，黑表笔接 T_2 极，所测电阻也应为无穷大，然后用导线将 T_2 极与 G 极短接，相当于给 G 极加上正触发信号，此时所测 T_1-T_2 极间电阻应为 10 Ω 左右，如图 6-2-2（b）所示。若断开 T_2 极与 G 极间的短接导线，阻值保持不变，则说明管子经触发后，在 $T_2 \rightarrow T_1$ 方向上也能维持导通状态，且具有双向触发性能。上述试验也证明极性的假定是正确的，否则是假定与实际不符，需重新做出假定，重复上述测量过程。

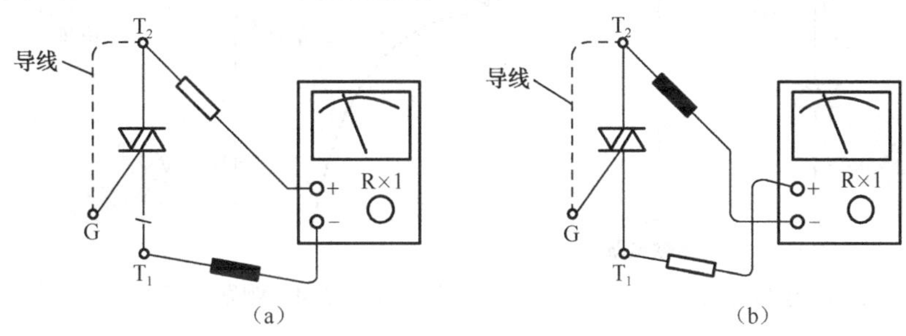

图 6-2-2 双向晶闸管测试方法

2）大功率双向晶闸管触发能力的检测

小功率双向晶闸管的触发电流较小，采用万用表 R×1 挡可以检查出管子的触发性能。大功率双向晶闸管的触发电流较大，再采用万用表 R×1 挡测量已无法使管子触发导通。为此可采用图 6-2-2（a）所示的方法进行测量，但测量中需要采用不同极性的电源，以确定管子的双向触发能力。

6.2.2 触发二极管

1．触发二极管结构

触发二极管又称双向触发二极管（DIAC），属 3 层结构，是具有对称性的二端半导体器件。双向触发二极管是与双向晶闸管同时问世的，常用来触发双向晶闸管，在电路中作过压保护等用途。双向触发二极管的结构、符号、等效电路如图 6-2-3 所示。

图 6-2-3（a）所示是它的构造示意图。图 6-2-3（b）、（c）分别是它的符号及等效电路，可等效于基极开路、发射极与集电极对称的 NPN 型晶体管。因此完全可用两只 NPN 晶体管如图连接来替代。

2．触发二极管的特性曲线

双向触发二极管特性曲线如图 6-2-4 所示。由结构图中可以看出 DIAC 相当于两个反方向并联的肖特基二极管连接而成的 5 层二极管。顾名思义，它是一种双方向皆可导通的二极管，也即不论外加电压极性，只要外加电压大于触发电压 V_{BO} 就可导通。一旦导通，要使它恢复断流，只有将电源切断或使其电流、电压降至保持电流、保持电压以下。

双向触发二极管正、反向伏安特性几乎完全对称。当器件两端所加电压 U 低于正向转折电压 V_{B0} 时，器件呈高阻态。当 $U > V_{B0}$ 时，管子击穿导通进入负阻区。同样当 U 大于反向转折电压 V_{BR} 时，管子同样能进入负阻区。转折电压的对称性用 ΔV_B 表示。$\Delta V_B = V_{B0} - V_{BR}$。一般 ΔV_B 应小于 2 V。

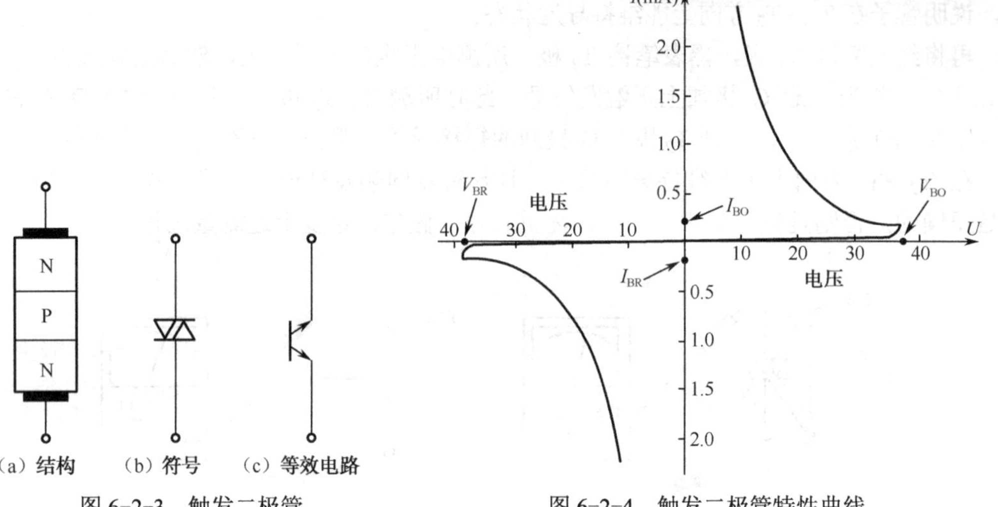

图 6-2-3　触发二极管　　　　图 6-2-4　触发二极管特性曲线

3．触发二极管的检测

1）好坏检测

用万用表 R×1k 或 R×10 k 挡，测量双向触发二极管正、反向电阻值。正常时其正、反向电阻值均应为无穷大。若测得正、反向电阻值均很小或为 0，则说明该二极管已击穿损坏。

2）对称性检测

双向触发二极管的正向转折电压值一般有 3 个等级：20～60 V、100～150 V、200～250 V。由于转折电压都大于 20 V，可以用万用表电阻挡正、反向测双向二极管，表针均应不动（R×10 k 挡），但还不能完全确定它就是好的。检测它的好坏，并能提供大于 250 V 的直流电压的电源，检测时通过管子的电流不要大于 5 mA。用晶体管耐压测试器检测十分方便。如没有，可用兆欧表按图 6-2-5 所示进行测量（正、反各一次），电压大的一次为 V_{BR}。例如，测一只 DB3 型二极管，第一次为 27.5 V，反向后再测为 28 V，则 $\Delta V_B=V_{BO}-V_{BR}$=28 V−27.5 V=0.5 V<2 V，表明该管对称性很好。

3）测量转折电压

测量双向触发二极管的转折电压有 3 种方法，如图 6-2-5 所示。

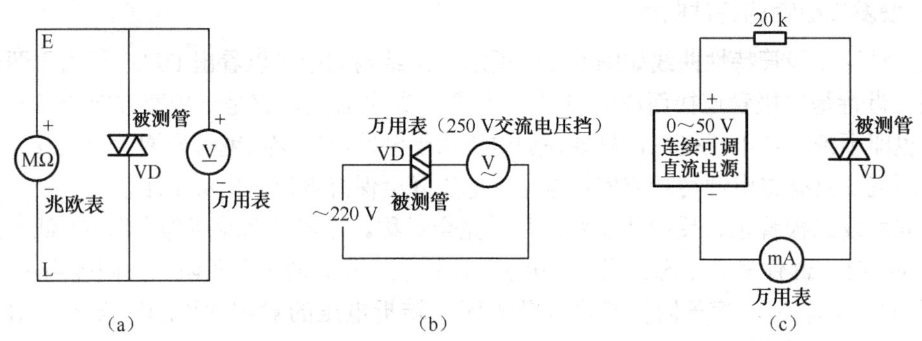

图 6-2-5　检测双向触发二极管的转折电压

（1）方法一，如图 6-2-5（a）所示。将兆欧表的正极（E）和负极（L）分别接双向触发二极管的两端，用兆欧表提供击穿电压，同时用万用表的直流电压挡测量出电压值，将双向触发二极管的两极对调后再测量一次。比较一下两次测量的电压值的偏差（一般为 3～6 V）。此偏差值越小，说明此二极管的性能越好。

（2）方法二，如图 6-2-5（b）所示。先用万用表测出市电电压 U，然后将被测双向触发二极管串入万用表的交流电压测量回路后，接入市电电压，读出电压值 U_1，再将双向触发二极管的两极对调连接后读出电压值 U_2。

若 U_1 与 U_2 的电压值相同，但与 U 的电压值不同，则说明该双向触发二极管的导通性能对称性良好。若 U_1 与 U_2 的电压值相差较大，则说明该双向触发二极管的导通性不对称。若 U_1、U_2 电压值均与市电 U 相同，则说明该双向触发二极管内部已短路损坏。若 U_1、U_2 的电压值均为 0 V，则说明该双向触发二极管内部已开路损坏。

（3）方法三，如图 6-2-5（c）所示。用 0～50 V 连续可调直流电源，将电源的正极串接 1 只 20 kΩ 电阻器后与双向触发二极管的一端相接，将电源的负极串接万用表电流挡（将其置于 1 mA 挡）后与双向触发二极管的另一端相接。逐渐增加电源电压，当电流表指针有较明显摆动时（几十微安以上），则说明此双向触发二极管已导通，此时电源的电压值即是双向触发二极管的转折电压。

4．双向触发二极管应用电路

（1）双向触发二极管触发双向晶闸管的调压电路如图 6-2-6 所示。

采用双向触发二极管触发双向晶闸管的调压电路是一种典型而常用的触发电路，图 6-2-6 所示就是采用这种电路构成的调压电路。在一般情况下，双向触发二极管呈高阻截止状态，只有当外加电压（不论正负）的幅值大于双向触发二极管的转折电压时，它才会击穿导通。

当电路接通交流市电后，交流市电便通过负载电阻 R_L 及 R_P、R_2 向电容器 C 充电。只要电容器 C 上的充电电压高于双向触发二极管的转折电压，电容器 C 便通过限流电阻 R_1 以及双向触发二极管 VD 向晶闸管 VS 的控制极放电，触发双向晶闸管 VS 导通。改变电位器 R_P 的阻值便可改变向 C 充电的速度，也就改变了双向晶闸管的导通角。由于双向触发二极管在正、反电压下均能工作，所以它能在交流电的正、负两个半周内工作。

（2）过压保护电路如图 6-2-7 所示。

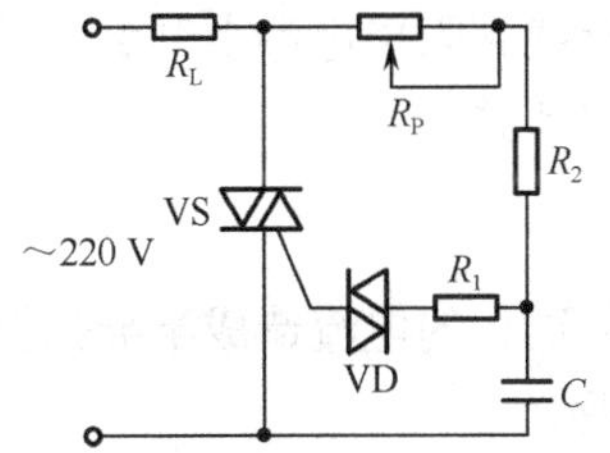

图 6-2-6　双向触发二极管触发双向晶闸管的调压电路

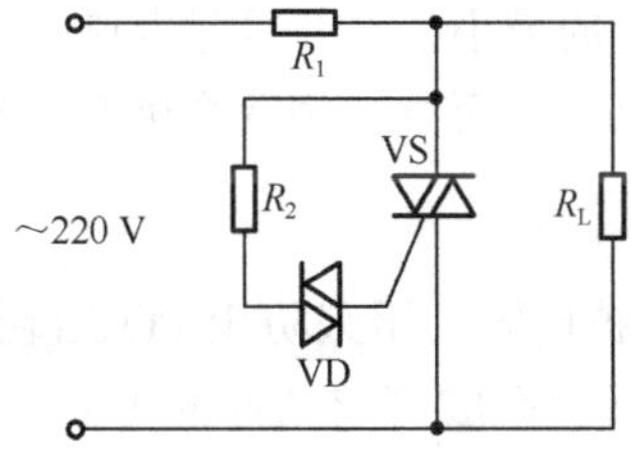

图 6-2-7　过压保护电路

图 6-2-7 所示是由双向触发二极管与双向晶闸管组成的过压保护电路。电压正常工作时加在双向触发二极管两端的电压小于转折电压，VD 不导通，双向晶闸管处于截止状态，负载 R_L 可得到正常的供电。当供电电源的瞬态电压过压时，加在双向触发二极管两端的电

压便会大于转折电压，VD 导通并触发双向晶闸管 VS，使其也导通，使负载 R_L 免受过压损害。

6.2.3 交流调光电路的实施

1．电路组成

双向晶闸管组成的简易调光电灯电路如图 6-2-8 所示。它由双向晶闸管 Q4008L4、双向触发二极管 DB3、移向电容 C、移向电阻 R 和调光电位器 POT、灯泡 LAMP 和开关 SW 及熔断器 FUSE 组成。

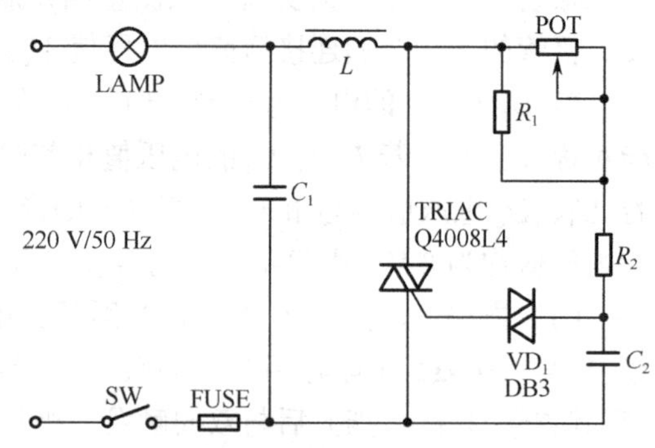

图 6-2-8 双向晶闸管调光器电路

2．基本工作原理

图 6-2-8 是一个典型的双向晶闸管调光器电路，电位器 POT 和电阻 R_1、R_2 与电容 C_2 构成移相触发网络，当 C_2 的端电压上升到双向触发二极管 VD_1 的阻断电压时，VD_1 击穿，双向晶闸管 TRIAC 被触发导通，灯泡点亮。调节 POT 可改变 C_2 的充电时间常数，TRAIC 的电压导通角随之改变，也就改变了流过灯泡的电流，结果使得白炽灯的亮度随着 POT 的调节而变化。POT 上的联动开关在亮度调到最暗时可以关断输入电源，实现调光器的开关控制。

3．元器件的选择

1）晶闸管

晶闸管一旦被触发导通后，将持续导通到交流电压过零时才会截止。晶闸管承担着流过白炽灯的工作电流，由于白炽灯在冷态时的电阻值非常低，再考虑到交流电压的峰值，为避免开机时的大电流冲击，选用晶闸管时要留有较大的电流余量。

2）触发电路

触发脉冲应该有足够的幅度和宽度才能使晶闸管完全导通，为了保证晶闸管在各种条件下均能可靠触发，触发电路所送出的触发电压和电流必须大于晶闸管的触发电压 U_{GT} 与触发电流 I_{GT} 的最小值，并且触发脉冲的最小宽度要持续到阳极电流上升到维持电流（即擎住电流 I_L）以上，否则晶闸管会因为没有完全导通而重新关断。

3）保护电阻

R2 是保护电阻，用来防止 POT 调整到零电阻时，过大的电流造成半导体器件的损坏。R_2 阻值太大又会造成可调光范围变小，所以应适当选择。

4）功率调整电阻

R1 决定白炽灯可调节到的最小功率，若不接入 R_1，则在 POT 调整到最大值时，白炽灯将完全熄灭，这在家庭应用中会造成一定不便。接入 R_1 后，当 POT 调整到最大值时，由于 R_1 的并联分流作用，仍有一定电流给 C_2 充电，实现白炽灯的最小功率可以调节。若将

R_1 换为可变电阻器，则可实现更精确的调节，以确保量产的一致性。同时，R_1 还有改善电位器线性的作用，使灯光变化更适合人眼的感光特性。

5）电位器

小功率调光器一般都选择带开关的电位器，在调光至最小时可以联动切断电源，这种电位器通常分为推动式（PUSH）和旋转式（ROTARY ）两种。对于功率较大的调光器，由于开关触点通过的电流太大，一般将电位器和开关分开安装，以节省材料成本。考虑到调光特性曲线的要求，一般都选择线性电位器，这种电位器的电阻带是均匀分布的，单位长度的阻值相等，其阻值变化与滑动距离或转角成直线关系。

6）滤波网络

由于被晶闸管斩波后的电压不再呈现正弦波形，由此产生大量谐波干扰，严重污染电网系统，所以要采取有效的滤波措施来降低谐波污染。图中 L 和 C_1 构成的滤波网络用来消除晶闸管工作时产生的这种干扰，以便使产品符合相关的电磁兼容要求，避免对电视机、收音机等设备的影响。

7）温度保险

对于大功率的调光器或用于组群安装的调光器，内部温升比平时要高，在电路中安装一只温度保险，可以在异常温升时切断电路，防止灾害事故的发生。

实训7　调光台灯的安装与调试

1．教学目的

（1）了解调光台灯的工作原理。

（2）学会识读调光台灯电路原理图、安装图。

（3）掌握调光台灯电路的安装工艺。

（4）掌握调光台灯电路测量和调试技能。

2．器材准备

（1）指针式万用表。

（2）焊接及装接工具一套。

（3）PCB、单孔电路板或面包板。

（4）示波器。

（5）电源。

3．元器件识别、筛选、检测

准确清点和检查全套装配材料数量和质量，进行元器件的识别与检测，筛选确定元器件，检测过程中填写表 6-2-1。

表 6-2-1　元器件识别与检测表

序号	符号	名称	检 测 结 果
1	VD_1	二极管	

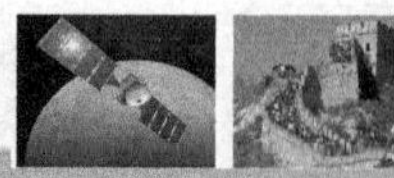

续表

序号	符号	名称	检 测 结 果
2	VD_2	二极管	
3	VD_3	二极管	
4	VD_4	二极管	
5	VT_2	晶闸管	
6	VT_1	单结晶体管	
7	R_1	电阻	
8	R_2	电阻	
9	R_3	电阻	
10	R_4	电阻	
11	R_P	带开关电位器	
12	C	涤纶电容	
13	HL	电灯	
每项 1 分		总得分	

4．绘制电路原理图及 PCB 图（见图 6-2-9）

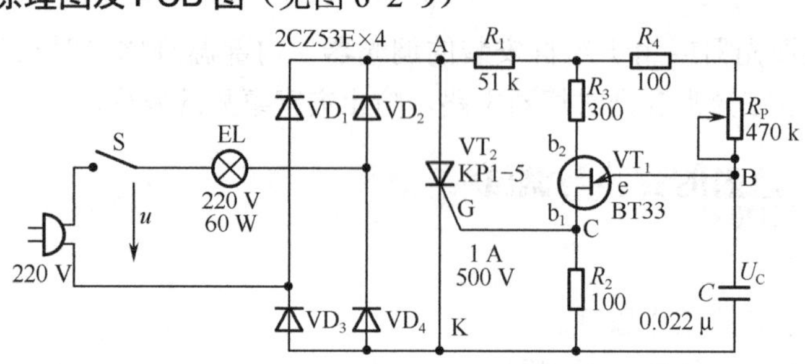

图 6-2-9　绘制电路原理图及 PCB 图

5．元器件安装工艺

1）根据要求填写表格

焊接次序	符　　号	元器件名称	安 装 要 求
1			
2			
3			
4			
5			
6			
7			

2）调光台灯电路焊接组装（25 分）

要求：元器件焊接焊点光滑、圆润、无毛刺、大小适中，无漏焊、虚焊、连焊；导线长度、剥头长度符合工艺要求，芯线完好，捻头镀锡。

不符合工艺要求：（1）焊点大小相差较大扣 3 分；（2）焊点不圆滑扣 3 分；（3）焊点有毛刺扣 4 分（扣完为止）。

6. 调光台灯电路技术参数调试（43 分）

注意：详细步骤及调试方法见教材说明，按照教材要求填写下表，并记录相应数据。

步骤 1：测试仪器准备（1 分）。

步骤 2：测试前的检查（1 分）。

步骤 3：调节 R_P，测量灯 HL 两端电压变化（2 分）。

R_P 接入电路阻值	灯发光程度（“亮”或“暗”）	万用表读数
最大时		
最小时		

步骤 4：测量电容器（*B* 点）电压波形（18 分）。

（1）灯最亮时，测量电容器（*B* 点）电压波形。（9 分）

<table>
<tr><th>输入波形绘制</th><th colspan="4">示波器</th></tr>
<tr><td rowspan="4"></td><td>幅度挡位</td><td>上下几格</td><td>峰-峰值</td><td>最大值（峰值）</td></tr>
<tr><td></td><td></td><td></td><td></td></tr>
<tr><td>时间挡位</td><td>左右几格</td><td>周期</td><td>有效值</td></tr>
<tr><td></td><td></td><td></td><td></td></tr>
</table>

（2）灯最暗时，测量电容器（*B* 点）电压波形。（9 分）

<table>
<tr><th>输入波形绘制</th><th colspan="4">示波器</th></tr>
<tr><td rowspan="4"></td><td>幅度挡位</td><td>上下几格</td><td>峰-峰值</td><td>最大值（峰值）</td></tr>
<tr><td></td><td></td><td></td><td></td></tr>
<tr><td>时间挡位</td><td>左右几格</td><td>周期</td><td>有效值</td></tr>
<tr><td></td><td></td><td></td><td></td></tr>
</table>

步骤 5：测量晶闸管控制极（C 点）电压波形。（18 分）

（1）灯最亮时，测量晶闸管控制极（C 点）电压波形。（9 分）

输入波形绘制	示波器			
	幅度挡位	上下几格	峰-峰值	最大值（峰值）
	时间挡位	左右几格	周期	有效值

（2）灯最暗时，测量晶闸管控制极（C 点）电压波形。（9 分）

输入波形绘制	示波器			
	幅度挡位	上下几格	峰-峰值	最大值（峰值）
	时间挡位	左右几格	周期	有效值

步骤 6：调光台灯常见故障排除。（3 分）

故 障 现 象	故 障 排 除

项目评分表

班级________姓名________学号

项　目	要　求	分值	扣 分 标 准	得分
元件识别筛选检测	准确清点和检查全套装配材料数量和质量，进行元器件的识别与检测，筛选确定元器件，检测结果填入表 6-1 中	13 分	具体见表 6-1 评分标准	
电路原理	绘图规范、清晰 分析正确、完整	4 分	1．不规范、不清晰扣 1 分/处 2．原理分析不完整，酌情扣 2～3 分	
元件安装工艺	在印制电路板上进行焊接，并学会组装套件	30 分	1．焊点大小相差较大扣 5 分 2．焊点不圆滑扣 5 分 3．焊点有毛刺扣 5 分 4．导线引出线芯线完好，捻头镀锡 5 分 5．套件外壳组装正确 10 分 6．工艺表填写正确 5 分	
电路调试	1．按照说明进行技术调试 2．根据实际情况进行故障排除，并利用示波器等仪器，对必要参数测量记录	43 分	具体见试题配分标准	
安全文明生产	1．工作台上工具摆放整齐 2．严格遵守安全操作规程	10 分	违反安全操作规程，酌情扣 3～10 分	
合计				

习题 6

一、填空题

1．单相晶闸管的管芯是由____层半导体和_____个 PN 结、3 个电极组成，3 个电极是______、_______、_______，分别用字母______、_____、_____表示。

2．晶闸管一旦导通后，特性曲线与普通二极管相似，管压降在______左右。

用万用表_______挡测量普通晶体管阳极 A 与阴极 K 之间的正、反向电阻，正常时均应为______。若测得 A、K 之间的正、反向电阻值为零或阻值较小，则说明晶闸管内部______或______。

3．单结晶体管又称为________，有_______PN 结，它的 3 个电极分别为__________、__________、_________。

4．晶闸管和二极管一样具有_______能力，同时具有_________能力，晶闸管导通后_______极将失去控制作用。

5．单结晶体管振荡电路的工作过程是利用了单结晶体管的___________特性和___________特性。

6．单结晶体管产生的触发脉冲是____脉冲；主要用于驱动____功率的晶闸管；锯齿波同步触发电路产生的脉冲为____脉冲；可以触发____功率的晶闸管。

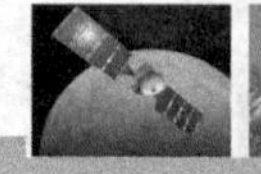

7．双向晶闸管是由________层半导体材料制成的，对外引出______个电极，它的 3 个电极分别为________、________、_______。

8．晶闸管一旦被触发导通后，将持续导通到______才会截止。

二、选择题

1．晶闸管整流电路输出值的改变是通过______实现的。

A．调节控制角　　B．调节触发电压大小　　C．调节阳极电压大小

2．当晶闸管承受反向阳极电压时，不论门极加何种极性触发电压，管子都将工作在______。

A．导通状态　　B．关断状态　　C．饱和状态　　D．不定

3．晶闸管触发电路中，若改变______的大小，则输出脉冲产生相位移动，达到移相控制的目的。

A．同步电压，　　B．控制电压，　　C．脉冲变压器变比　　D．控制电流

4．单结晶体管振荡电路是利用单结晶体管发射特性中的______。

A．截止区　　B．饱和区　　C．负阻区

5．晶闸管导通后，通过晶闸管的电流取决于______。

A．电路的负载　　B．晶闸管的电流容量　　C．晶闸管的阳极电压

6．在单结晶体管振荡电路中，当电阻 R 减小时，输出的触发信号将______。

A．变小　　B．变大　　C．不变

7．三相半波可控整流电路中每一个晶闸管的最大导通角是______。

A．90°　　B．180°　　C．120°　　D．150°

8．三相半波可控整流电路的自然换相点是______。

A．交流相电压的过零点

B．本相相电压与相邻相电压正、负半周的交点处

C．比三相不控整流电路的自然换相点超前 30°

D．比三相不控整流电路的自然换相点滞后 60°

三、判断题

1．给晶闸管加上正向阳极电压它就会导通。（　）

2．在单相全控桥整流电路中，晶闸管的额定电压应取 U_2。（　）

3．在三相半波可控整流电路中，电路输出电压波形的脉动频率为 300 Hz。（　）

4．触发普通晶闸管的触发脉冲，也能触发可关断晶闸管。（　）

5．三相半波可控整流电路，不需要用大于 60° 小于 120° 的宽脉冲触发，也不需要相隔 60° 的双脉冲触发，只用符合要求的相隔 120° 的 3 组脉冲触发就能正常工作。（　）

6．双向晶闸管额定电流的定义，与普通晶闸管的定义相同。（　）

7．给晶闸管加上正向阳极电压它就会导通。（　）

8．大功率晶体管的放大倍数β 都比较低。（　）

四、简答题

1．晶闸管导通的条件是什么？导通后流过晶闸管的电流由什么决定？负载上的电压由

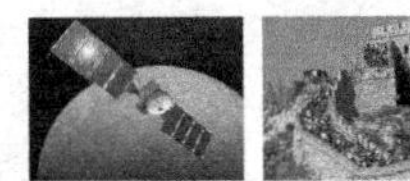

什么决定？晶闸管关断的条件是什么？如何实现？晶闸管处于阻断状态时，其两端的电压由什么决定？

2．如何判断晶闸管的好坏？

3．如何判断单结晶体管的好坏？

项目 7 波形发生电路的制作

通过本项目将主要学习以下知识和技能，完成以下实训任务：

序号	知 识 点	主 要 内 容
1	波形发生器	波形发生器的功能、分类及发展
2	电容三点式正弦波振荡电路	正弦波振荡电路的基础知识、LC 正弦波振荡电路、电容三点式正弦波振荡电路的实施、改进型电容三点式正弦波振荡电路、改进型电容三点式正弦波振荡电路的实施
3	RC 正弦波振荡电路	RC 正弦波振荡电路、RC 正弦波振荡电路的实施
4	石英晶体正弦波振荡电路	石英晶体振荡器的特点、石英晶体振荡电路、石英晶体正弦波振荡电路的实施
5	方波和三角波发生器电路的制作	集成运放的非线性应用、电压比较器、方波发生器、三角波发生器、波形发生器的制作
6	实训 8　电容三点式正弦波振荡电路的制作 实训 9　改进型电容三点式正弦波振荡电路的制作 实训 10　RC 桥式正弦波振荡电路的制作 实训 11　石英晶体正弦波振荡电路的制作 实训 12　波形发生器的制作	

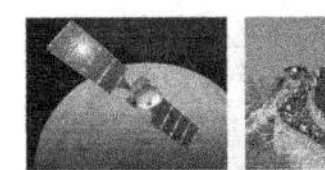

波形发生电路也称自激振荡电路，是一种不需要输入信号就能够产生特定频率的交流输出信号的电路。按照输出信号波形特征的不同，波形发生电路可分为正弦波发生电路和非正弦波发生电路。正弦波发生电路按选频网络的不同又可分为 RC 振荡电路、LC 振荡电路和石英晶体振荡电路等；非正弦波发生电路按信号形式又分为矩形波、三角波和锯齿波振荡电路等。本项目主要阐述正弦波发生电路和非正弦波发生电路的相关知识，并完成相应电路的制作、调试与检测。

任务 7.1　认识波形发生器

7.1.1　波形发生器的功能

波形发生器可为后续电路或电子测量提供符合一定技术要求的电信号设备，是电子技术中最基本、应用最广泛的电路（设备）之一。其功能主要有以下 3 个方面。

（1）作为激励源。即作为某些电气设备的激励信号源，这是最基本的功能。

（2）作为仿真信号源。在设备测试中，常需要产生模拟实际环境特性的信号，称为仿真信号，如对干扰信号进行仿真等。

（3）作为校准信号源。即产生一些标准信号，用于对一般信号源进行校准。

7.1.2　波形发生器的分类及发展

1. 波形发生器的分类

波形发生器的分类标准较多，下面仅介绍几种常见标准的分类。

1）按波形发生器的输出波形分类

（1）正弦波发生器。主要输出正弦波或受调制的正弦波信号。

（2）脉冲波发生器。主要输出脉宽可调的重复脉冲波信号。

（3）函数信号发生器。主要输出幅度与时间成一定函数关系的电信号，如正弦波、三角波、方波以及调制波等各种电信号。

2）按波形发生器的输出频率范围分类

（1）超低频信号发生器。其频率范围为 0.001 Hz～1 kHz，主要用于电声学、声呐学、地震测量等领域。

（2）低频信号发生器。其频率范围为 1 Hz～1 MHz，主要用于音频、电报通信、家用电器等领域。

（3）视频信号发生器。其频率范围为 20 Hz～10 MHz，主要用于电视设备、无线电广播等领域。

（4）高频信号发生器。其频率范围为 200 kHz～30 MHz，主要用于广播、电报等领域。

（5）甚高频信号发生器。其频率范围为 30～300 MHz，主要用于电视、调频广播、导航等领域。

（6）超高频信号发生器。其频率范围为 300 MHz 以上，主要用于雷达、导航、气象等领域。

3）按波形发生器的性能指标分类

（1）一般波形发生器。是指对其输出信号的频率、幅度的准确度和稳定度及波形失真等要求不高的一类信号发生器。

（2）标准波形发生器。是指输出信号的频率、幅度、调制系数等在一定范围内连续可调，并且读数准确、稳定，屏蔽性良好的中、高档信号发生器。

此外，还有其他的一些分类方法。例如，按作用范围，可分为通用信号发生器和专用信号发生器（如调频立体声信号发生器、电视信号发生器及矢量信号发生器等）；按调节方式，可分为普通信号发生器、扫频信号发生器和程控信号发生器等；按频率产生方法，又可分为谐振信号发生器、锁相信号发生器及合成信号发生器等。

2．波形发生器的发展趋势

由于电子技术的迅速发展，促使波形发生器种类日益增多，性能日益增强。特别是随着微处理器的发展，更促进波形发生器向着自动化、智能化方向发展。现在的许多波形发生器都带有微处理器，具有自校、自检、自动故障诊断和自动波形形成和修正等功能。当前，波形发生器总的趋势是向着宽频率覆盖、高精度、多功能、自动化和智能化方向发展。

任务 7.2 电容三点式正弦波振荡电路

7.2.1 正弦波振荡电路的起振与组成

正弦波振荡电路是指在没有外加输入信号的情况下，依靠电路自激振荡，独立地输出具有一定频率和幅度的正弦波信号的电子线路。

1．自激振荡的条件

如图 7-2-1 所示为正弦波振荡电路原理框图，图中 $\dot{A}$ 为放大电路的放大倍数，$\dot{F}$ 为反馈系数。

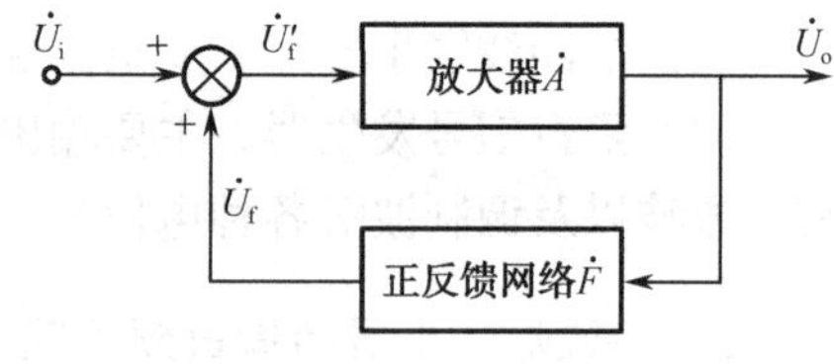

图 7-2-1 正弦波振荡电路原理框图

设输入信号 $\dot{U}_i$ 为正弦波，输出信号为 $\dot{U}_o$，反馈信号为 $\dot{U}_f$。如果使 $\dot{U}_f$ 的相位和幅度都和 $\dot{U}_i$ 相同，即 $\dot{U}_f=\dot{U}_i$，即使去掉输入信号，电路仍能维持输出正弦波 $\dot{U}_o$，从而形成振荡。

由图 7-2-1 可知

$$\dot{A}=\frac{\dot{U}_o}{\dot{U}_i}，\quad \dot{F}=\frac{\dot{U}_f}{\dot{U}_o}$$

则有

$$\dot{U}_f=\dot{F}\dot{U}_o=\dot{F}\dot{A}\dot{U}_i，且\,\dot{U}_f=\dot{U}_i$$

可得

$$\dot{A}\dot{F}=1 \tag{7.2.1}$$

上式分解为幅值平衡条件和相位平衡条件。

（1）幅值平衡条件：

$$|\dot{A}\dot{F}|=1 \tag{7.2.2}$$

式（7.2.2）表明，放大电路的开环放大倍数与正反馈网络的反馈系数的乘积应等于 1，即反馈电压的大小必须和输入电压相等。

（2）相位平衡条件：

$$\varphi_A+\varphi_F=2n\pi \tag{7.2.3}$$

式（7.2.3）中，φ_A 是基本放大电路输出信号和输入信号的相位差；φ_F 为反馈网络输出信号和输入信号的相位差。基本放大电路的相位移与反馈网络的相位移之和等于 0 或 2π的整数倍，即电路必须引入正反馈。

需要指出的是，自激振荡的频率必须是一定的，也就是说，在放大或反馈回路中应该存在选频网络，将不必要的频率抑制掉，使得输出信号为单一频率的正弦波。

2．起振条件

1）起振过程

在电源打开的瞬间，电路中不可避免地存在一种扰动，电路正是利用这个扰动作为振荡的起源。该扰动包含非常丰富的频率成分，其中必然有一个频率与选频网络的谐振频率相同，则选频网络对这个频率信号的输出幅度为最大；其他频率的信号与选频网络的频率不同，会迅速衰减，直到消失。尽管选出的谐振频率信号最初也是很微弱，但通过对选频后信号的“放大→反馈→放大→……”这一过程的多次循环，振荡信号的幅度逐渐增大起来。在图 7-2-2 中，*ab* 段为起振波形。当振荡电路的输出达到一定幅值后，稳幅环节使输出减小，维持一个相对稳定的稳幅振荡，如图 7-2-2 中的 *bc* 段。

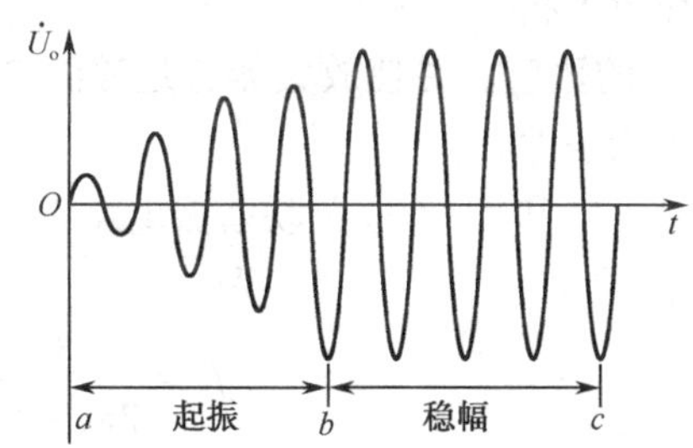

图 7-2-2　振荡的起振波形

2）起振条件

在振荡建立的初期，必须使反馈信号大于原输入信号。反馈信号一次比一次大，才能使振荡幅度逐渐增大。振荡建立后，还必须使反馈信号等于输入信号，才能使振荡维持下去。

由以上分析可知，起振条件为 $|\dot{A}\dot{F}|>1$，稳幅后的幅度平衡条件为 $|\dot{A}\dot{F}|=1$。

3．振荡电路的组成

正弦波振荡电路一般由以下 4 部分组成。

（1）放大电路：作用是保证电路能够从起振到动态平衡的过程，使电路获得一定幅值的输出量，实现能量控制，把直流电源的能量转换为振荡信号的交流能量。

（2）正反馈网络：作用是使电路满足相位平衡条件。

（3）选频网络：作用是保证电路只产生单一频率的正弦波振荡，常和正反馈网络合二为一。选频网络可以是 RC 选频网络、LC 谐振回路或石英晶体振荡电路。

（4）稳幅环节：使输出信号幅值稳定。对于分立元件的放大电路，是依靠晶体管的非线性和引入负反馈来实现稳幅作用的。

7.2.2 LC 正弦波振荡电路

LC 正弦波振荡电路利用 LC 并联回路作为正反馈选频网络。由于 LC 正弦波振荡电路的振荡频率较高，所以放大电路多采用分立元件电路。LC 正弦波振荡电路通常分为变压器反馈式、电感三点式、电容三点式等几种类型。

1．变压器反馈式正弦波振荡电路

1）电路组成

变压器反馈式 LC 振荡电路如图 7-2-3 所示，由 VT 及外围元件构成共射放大电路。变压器一次侧绕组 L_1 和 C_1 既是集电极的负载，又是选频网络；变压器二次侧绕组 L_2 为正反馈绕组；C_2 为耦合电容；C_3 为旁路电容。

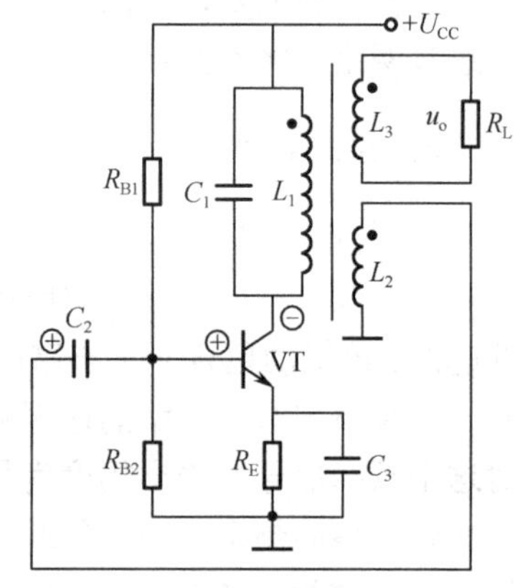

图 7-2-3 变压器反馈式 LC 振荡电路

2）工作原理

由 R_{B1}、R_{B2}、R_E 组成的偏置电路使三极管 VT 工作在放大状态。由于反馈信号取自 L_2，所以适当选择 L_1 和 L_2 的数值，并使放大器有足够的放大量，即可满足幅度平衡条件。

L_1 和 C_1 构成并联谐振电路作为选频网络，谐振频率 f_o（即电路振荡频率）为

$$f_o = \frac{1}{2\pi\sqrt{L_1C_1}} \tag{7.2.4}$$

反馈信号通过变压器绕组 L_1 和 L_2 间的互感耦合，由反馈绕组 L_2 送到输入端。用瞬时极性法可以判断出反馈为正反馈（结合图 7-2-3，设输入信号瞬时极性为“+”，则 VT 的集电极为“-”，变压器一次侧绕组为上“+”和下“-”。根据同名端的概念，二次侧绕组 L_2 的上端为“+”，则反馈到输入端的信号为“+”），满足相位平衡条件。

综上所述，电路能够起振，其振荡频率为

$$f = f_o = \frac{1}{2\pi\sqrt{L_1C_1}} \tag{7.2.5}$$

3）电路特点

（1）易起振，输出电压较大，易满足阻抗匹配的要求。

（2）调频方便。通常在 LC 回路中采用接入可变电容器的方法来实现调频，调频范围较宽，工作频率通常在几兆赫兹左右。

（3）输出波形不理想。由于反馈电压取自电感两端，它对高次谐波的阻抗大，反馈也强，因此在输出波形中含有较多高次谐波成分，输出波形不理想。

2．电感三点式正弦波振荡电路

1）电路组成

图 7-2-4 所示为电感三点式振荡电路。三极管 VT 及外围元件构成共射放大电路；L_1、

L_2、C 构成选频网络；L_2 为反馈绕组。

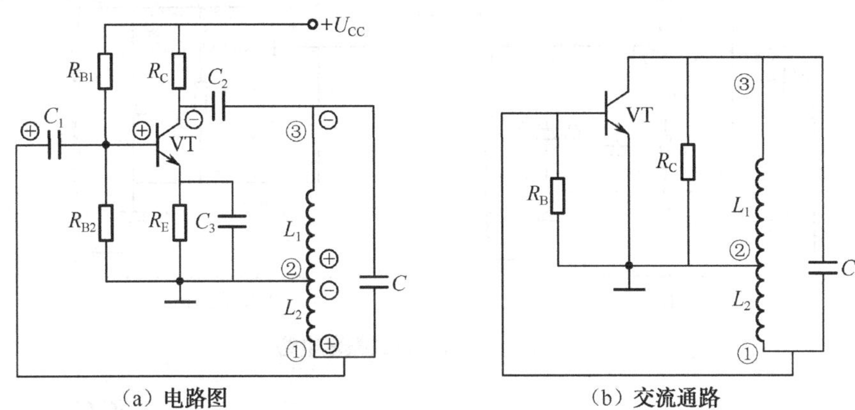

（a）电路图　　（b）交流通路

图 7-2-4　电感三点式振荡电路

2）工作原理

由 R_{B1}、R_{B2}、R_C、R_E 组成的偏置电路使三极管工作在放大状态。由于反馈信号取自 L_2，所以适当选择 L_1 和 L_2 的数值，并使放大器有足够的放大量，即可满足幅度平衡条件。

L_1、L_2 和 C 构成并联谐振电路，若 L_1、L_2 之间的互感系数为 M，谐振频率（即电路振荡频率）为 $f_o=\dfrac{1}{2\pi\sqrt{(L_1+L_2+2M)C}}$。用瞬时极性法可以判断出反馈为正反馈（结合图 7-2-4，设输入信号瞬时极性为“+”，则 VT 的集电极为“−”，L_1、L_2 分别为上“−”下“+”，L_2 的下端反馈到输入端的信号为“+”），满足相位平衡条件。

综上所述，电路能够起振。其振荡频率为

$$f=f_o=\frac{1}{2\pi\sqrt{(L_1+L_2+2M)C}} \tag{7.2.6}$$

式中，M 为线圈 L_1 与 L_2 的互感系数。

3）电路特点

（1）电路易起振，输出幅度大。

（2）调频方便。电容 C 若采用可变电容器，就能获得较大的频率调节范围。

（3）输出波形不理想。由于反馈电压取自电感 L_2 两端，它对高次谐波阻抗大，反馈也强，因此在输出波形中含有高次谐波成分，输出波形不理想。

3. 电容三点式正弦波振荡电路

1）电路组成

图 7-2-5 所示为电容三点式振荡电路。三极管 VT 及外围元件构成共射放大电路，L、C_1 和 C_2 构成选频网络，C_2 为反馈电容。

2）工作原理

由 R_{B1}、R_{B2}、R_C、R_E 组成的偏置电路使三极管工作在放大状态。由于反馈信号取自 C_2，所以适当选择 C_1、C_2 的数值，并使放大器有足够的放大量，即可满足幅度平衡条件。

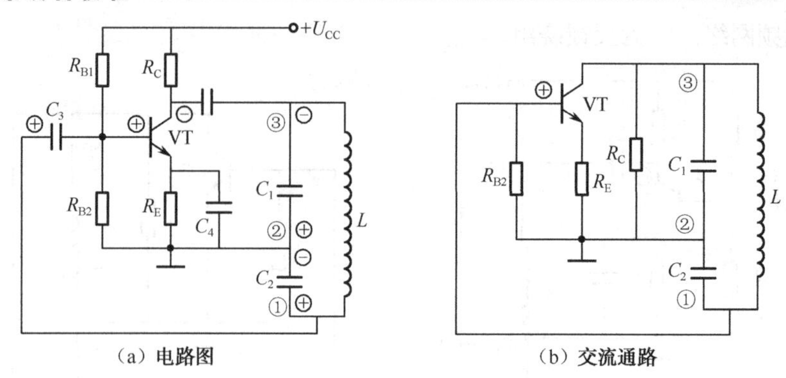

图 7-2-5　电容三点式振荡电路

L、C_1 和 C_2 构成并联谐振电路。若 C_1、C_2 串联用电容 C 等效$\left(C=\dfrac{C_1C_2}{C_1+C_2}\right)$，则电路振荡频率（谐振频率）为 $f_o=\dfrac{1}{2\pi\sqrt{LC}}$。用瞬时极性法可以判断出反馈为正反馈（结合图 7-2-5，设输入信号瞬时极性为“+”，则 VT 的集电极为“−”，C_1、C_2 分别为上“−”下“+”，C_2 的下端反馈到输入端的信号为“+”），满足相位平衡条件。

综上所述，电路能够起振。其振荡频率为

$$f=f_o=\frac{1}{2\pi\sqrt{LC}} \tag{7.2.7}$$

式中，$C=\dfrac{C_1C_2}{C_1+C_2}$。

3）电路特点

（1）电路容易起振。

（2）输出波形较好。电路的反馈电压取自 C_2 的两端，高次谐波分量小，振荡输出波形较好。

（3）频率调节不方便。由于 C_1、C_2 的大小既与振荡频率有关，又与反馈量有关，改变 C_1 或 C_2 时会影响反馈系数，从而影响反馈电压的大小，调节频率不方便。

因此，该电路适用于波形要求较高而振荡频率固定的场合。

实训 8　电容三点式正弦波振荡电路的制作

1．器材和设备

所需器件包括万用表、示波器、频率计、毫伏表、电桥、电烙铁等。电容三点式正弦波振荡电路所需的元器件（材）如表 7-2-1 所示。

表 7-2-1　电容三点式正弦波振荡电路元器件（材）明细表

序　号	材料名称	电路标号	型号规格	数　量
1	三极管	VT	9018	1
2	金属膜电阻器	R_1、R_3	2 kΩ，1/4 W	2

续表

序　号	材料名称	电路标号	型号规格	数　量
3	金属膜电阻器	R_2	1 kΩ，1/4 W	1
4	电感线圈	L_1	1 mH	1
5	电容器	C_1、C_2	0.01 μF	2
6	电容器	C_3	510 pF	1
7	万能板（或印制板）	—	—	1

2．电路分析

所装配的电路如图 7-2-6 所示。R_1、R_2、R_3 构成的直流偏置电路使三极管 VT 工作在放大状态，L_1、C_1、C_2 构成谐振网络，反馈信号从 C_2 上取得。振荡频率由谐振网络频率决定。

3．实施过程

1）电路分析、计算

（1）画出图 7-2-6 的交流通路。

（2）分析电路的振荡工作条件。

（3）计算电路的振荡频率。

2）电路仿真

参照图 7-2-7，绘制电容三点式振荡电路的仿真图。因电路图 7-2-6 中的三极管 9018 在仿真软件 Multisim 中没有这一型号，用参数相近的型号为 2N2369 的三极管代替。

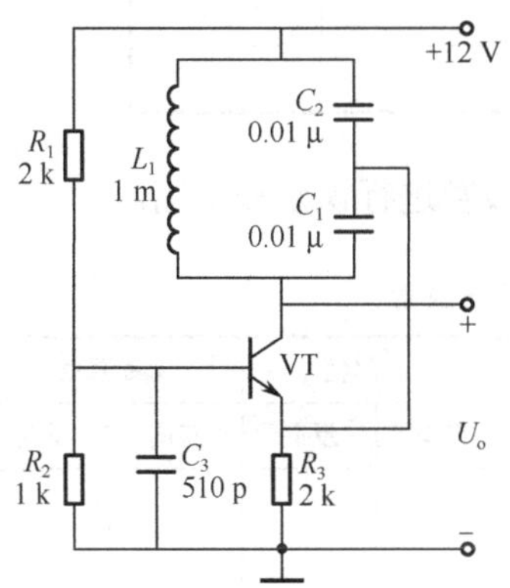

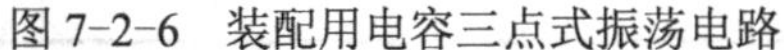

图 7-2-6　装配用电容三点式振荡电路

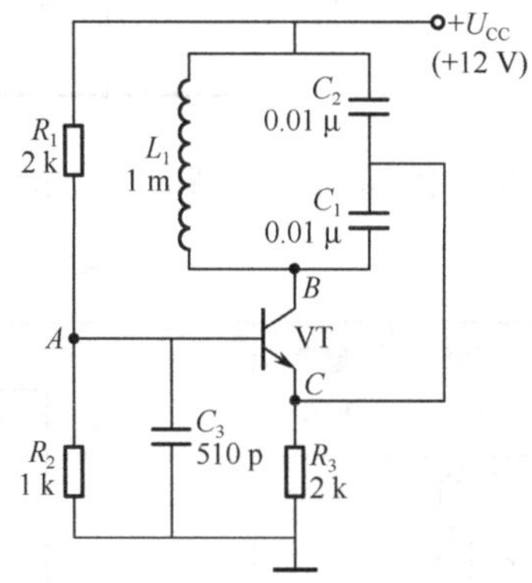

图 7-2-7　电容三点式振荡电路仿真图

结合图 7-2-7，按照表 7-2-2，用虚拟电压表或测量探针测量电源电压和三极管各电极对地的电位大小。

表 7-2-2　电容三点式振荡器各点电压的测量

测量点	$+U_{CC}$	A 点	B 点	C 点
测量结果				

结合图 7-2-7，用虚拟示波器观测振荡器的输出（B 点）波形、幅度及频率，并完成

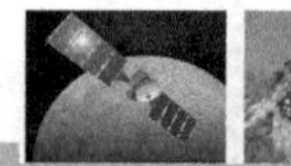

表 7-2-3。

表 7-2-3　电容三点式振荡器输出信号（B 点）的测量

波形（绘制）	电压参数		时间参数	
	峰-峰值（U_{P-P}）	有效值（U_{VRM}）	周期（T）	频率（f）

3）元器件的识别、检测

（1）色环电阻的识别、检测。结合表 7-2-4，对色环电阻进行识别和检测。

表 7-2-4　色环电阻的识别和检测

元器件	色环顺序	标称值	标称误差	万用表测量值	是否满足要求
R_1					
R_2					
R_3					

（2）电容器的识别、检测。结合表 7-2-5，对电容器进行识别和检测。

表 7-2-5　电容器的识别和检测

元器件	型号	电容值	耐压值	漏电电阻	质量判断
C_1					
C_2					
C_3					

（3）三极管的识别、检测。结合表 7-2-6，对三极管进行识别和检测。

表 7-2-6　用万用表测量三极管

元器件	引脚判断	型号材料	NPN/PNP	b-c 阻值		b-e 阻值		c-e 阻值		质量判断
				正向	反向	正向	反向	正向	反向	
VT										

（4）电感器的识别、检测。结合表 7-2-7，对电感器进行识别和检测。

表 7-2-7　电感器的识别和检测

电压标号	色环顺序	电感标称值	电桥检测值
L			

4）电容三点式正弦波振荡电路的装配

按照装配图（图 7-2-6）和装配工艺安装电容三点式正弦波振荡电路。

5）电容三点式正弦波振荡电路的检测

装配完成后进行自检，正确无误后方可进行调试检测。检测的内容与仿真部分的内容相同（参照表 7-2-2、表 7-2-3），将实际检测结果与仿真的结果进行比较，找出不同，分析原因。

任务 7.3 改进型电容三点式正弦波振荡电路

在图 7-2-5 中，C_1、C_2 的大小既与振荡频率有关，又与反馈量有关，改变 C_1 或 C_2 会影响反馈系数，从而影响反馈电压的大小，使频率调节不方便。改进型电容三点式振荡电路如图 7-3-1 所示。

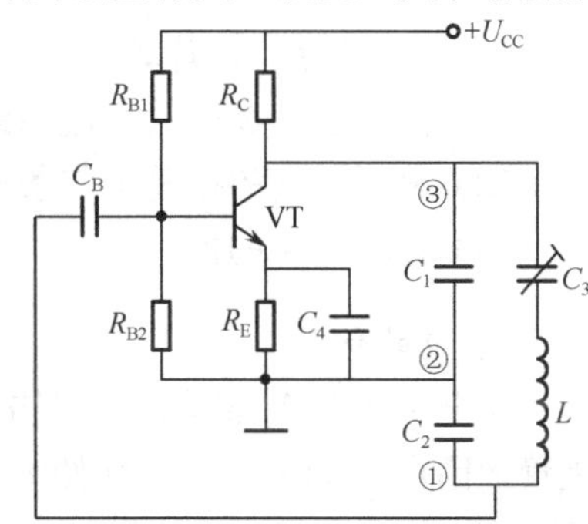

图 7-3-1 改进型电容三点式正弦波振荡电路

该电路的特点是在电感支路中接电容 C_3，它的容量比 C_1、C_2 小得多，其振荡频率为

$$f = f_o = \frac{1}{2\pi\sqrt{LC_\Sigma}} \qquad (7.3.1)$$

式中，$\frac{1}{C_\Sigma}=\frac{1}{C_1}+\frac{1}{C_2}+\frac{1}{C_3}$，$C_1 \gg C_3$，$C_2 \gg C_3$ 时，$C_\Sigma \approx C_3$。

因此，回路中等效电容 C_Σ 主要由 C_3 决定。调节 C_3，可以方便地调节振荡频率。由于 C_1、C_2 与振荡频率基本无关，所以反馈系数和频率互不影响。

实训 9 改进型电容三点式正弦波振荡电路的制作

1. 器材和设备

所需器件包括万用表、示波器、毫伏表、频率计、电桥、电烙铁等。改进型电容三点式 LC 正弦波振荡电路所需元器件（材）如表 7-3-1 所示。

表 7-3-1 改进型电容三点式 LC 正弦波振荡电路元器件（材）明细表

序号	名 称	元 件 标 号	型 号 规 格	数量
1	金属膜电阻器	R_1	5.1 kΩ，1/4 W	1
2	金属膜电阻器	R_2	10 kΩ，1/4 W	1
3	金属膜电阻器	R_3	560 Ω，1/4 W	1
4	金属膜电阻器	R_4	1 kΩ，1/4 W	1
5	电位器	R_p	22 kΩ	1
6	三极管	VT	9 018	1
7	电感线圈	L	1 μH	1
8	电容器	C_1	470 pF	1
9	电容器	C_2	510 pF	1
10	电容器	C_3	51 pF	1
11	电容器	C_4	10 nF	1
12	万能板（或印制板）	—	—	1

2. 电路分析

所装配的电路如图 7-3-2 所示。R_p、R_1、R_2、R_3 构成的直流偏置电路使三极管 VT 工作在放大状态，L、C_1、C_2、C_3 构成谐振网络，反馈信号从 C_2 上取得。振荡频率由谐振网络频率决定。

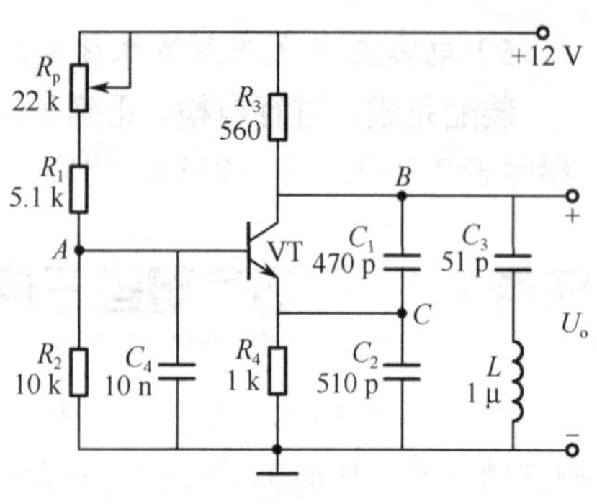

图 7-3-2 装配用改进型电容三点式振荡电路

3. 实施过程

1）电路的分析、计算

（1）画出图 7-3-2 的交流通路。

（2）分析电路的振荡工作条件。

（3）计算电路的振荡频率。

2）电路仿真

结合图 7-3-2，绘制改进型电容三点式振荡电路的仿真图。图 7-3-2 中的 9018 型号的三极管，因在 Multisim 仿真软件中没有此管，用参数相近的型号为 2N2369 的三极管代替。

结合图 7-3-2，按照表 7-3-2，用虚拟电压表或测量探针测量电源电压和三极管各电极对地的电位大小。

表 7-3-2 改进型电容三点式振荡器各点电压的测量

测 量 点	$+U_{CC}$	A 点	B 点	C 点
测量结果				

结合图 7-3-2，用虚拟示波器测量振荡器的输出（B 点）波形、幅度及频率，并完成表 7-3-3。

表 7-3-3 改进型电容三点式振荡器输出信号（B 点）的测量

波形（绘制）	电 压 参 数		时 间 参 数	
	峰-峰值（U_{P-P}）	有效值（U_{VRM}）	周期（T）	频率（f）

3）元器件的识别、检测

（1）色环电阻的识别、检测。结合表 7-3-4，对色环电阻进行识别和检测。

表 7-3-4 色环电阻的识别和检测

元器件	色环顺序	标称值	误差	万用表测量值	是否满足要求
R_1					
R_2					
R_3					
R_4					

（2）电位器的识别、检测。结合表7-3-5，对电位器 R_p 进行检测。

表7-3-5 电位器的识别和检测

元器件	符 号	标 称 值	$R_{1\text{-}3}$	$R_{1\text{-}2}$	$R_{2\text{-}3}$	$R_{1\text{-}2}+R_{2\text{-}3}$
R_p	1○—▭—○3 ↑ ○2					

（3）电容器的识别、检测。结合表7-3-6，对电容器进行识别和检测。

表7-3-6 电容器的识别和检测

元器件	型 号	电 容 值	耐 压 值	漏 电 电 阻	质 量 判 断
C_1					
C_2					
C_3					
C_4					

（4）三极管的识别、检测。结合表7-3-7，对三极管进行识别和检测。

表7-3-7 用万用表测量三极管

元器件	引脚判断	型号材料	NPN/PNP	b-c 电阻		b-e 电阻		c-e 电阻		质量判断
				正向	反向	正向	反向	正向	反向	
VT										

（5）电感器的识别、检测。结合表7-3-8，对电感器进行识别和检测。

表7-3-8 电感器的识别和检测

电压标号	色环顺序	电感标称值	电桥检测值
L			

4）改进型电容三点式正弦波振荡电路的装配

按照装配图（见图7-3-2）和装配工艺安装电容三点式正弦波振荡电路。

5）电容三点式正弦波振荡电路的检测

装配完成后进行自检，正确无误后方可进行调试检测。检测的内容与仿真部分的内容相同（参看表7-3-2、表7-3-3），将实际检测结果与仿真的结果进行比较，找出不同，分析原因。

任务 7.4 RC 正弦波振荡电路

采用 RC 选频网络构成的振荡电路称为 RC 正弦波振荡电路。

7.4.1 RC 串并联选频网络

图 7-4-1 所示为 RC 串并联网络，由 R_2 和 C_2 并联后与 R_1 和 C_1 串联组成。

用 Z_1 表示 R_1 和 C_1 的串联阻抗，用 Z_2 表示 R_2 和 C_2 的并联阻抗，则有

$$Z_1 = R_1 + \frac{1}{j\omega C_1}, \quad Z_2 = \frac{R_2}{1 + j\omega C_2 R_2}$$

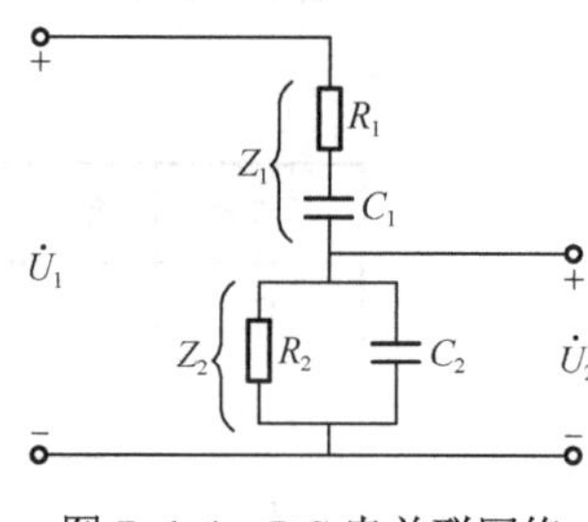

图 7-4-1 RC 串并联网络

用 F 表示 RC 串并联网络传输系数，F 等于输出电压 U_2 与输入电压 U_1 之比，则有

$$\dot{F} = \frac{U_2}{U_1} = \frac{Z_2}{Z_1 + Z_2} = \frac{1}{\left(1 + \frac{R_1}{R_2} + \frac{C_2}{C_1}\right) + j\left(\omega R_1 C_2 - \frac{1}{\omega R_2 C_1}\right)}$$

在实际应用中，通常取 $R_1=R_2=R$ 和 $C_1=C_2=C$，则有

$$\dot{F} = \frac{1}{3 + j\left(\omega RC - \frac{1}{\omega RC}\right)} \tag{7.4.1}$$

由上可知，当分母的虚数为零时，U_2 与 U_1 同相，即相移 $\varphi_F=0$，此时 $F=1/3$，达到最大值。令 $\omega_0 = \frac{1}{RC}$（即 $f_0 = \frac{1}{2\pi RC}$）为网络的固有频率，则有

$$\dot{F} = \frac{1}{3 + j\left(\frac{\omega}{\omega_0} - \frac{\omega_0}{\omega}\right)}$$

可得到 RC 串并联选频网络的幅频特性和相频特性分别为

$$|\dot{F}| = \frac{1}{\sqrt{3^2 + \left(\frac{\omega}{\omega_0} - \frac{\omega_0}{\omega}\right)^2}} \tag{7.4.2}$$

$$\varphi_F = -\arctan\frac{\frac{\omega}{\omega_0} - \frac{\omega_0}{\omega}}{3} \tag{7.4.3}$$

RC 串并联选频网络的幅频特性和相频特性曲线如图 7-4-2 所示。

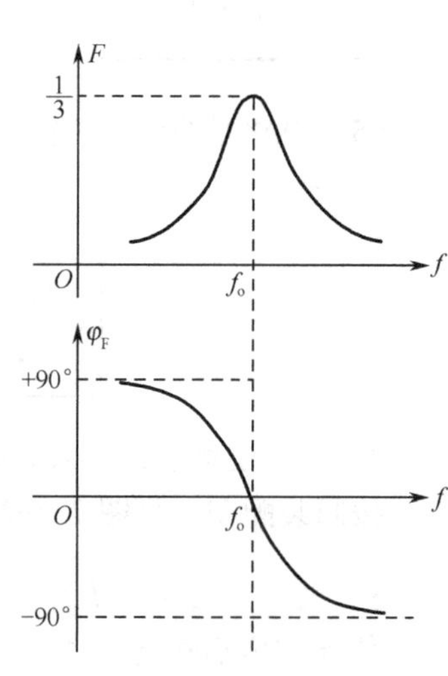

图 7-4-2 RC 串并联网络频率特性曲线

由图 7-4-2 可知，当 $f=f_0$ 时，$|\dot{F}|$ 达到最大值并等于 1/3，相位移 φ_F 为 0，输出电压与输入电压同相，因此 RC 串并联网络具有选频作用。

7.4.2　RC 桥式振荡电路

1．电路组成

RC 桥式振荡电路如图 7-4-3 所示。它由两部分组成：放大电路和选频网络。放大电路采用同相输入方式的集成运放电路。由图可知，集成运放 A、R_1、R_F、VD_1、R_2、VD_2 组成一个同相输入放大器，VD_1、VD_2 还具有稳幅作用。RC 串并联网络组成选频网络，同时作为振荡器的正反馈网络。

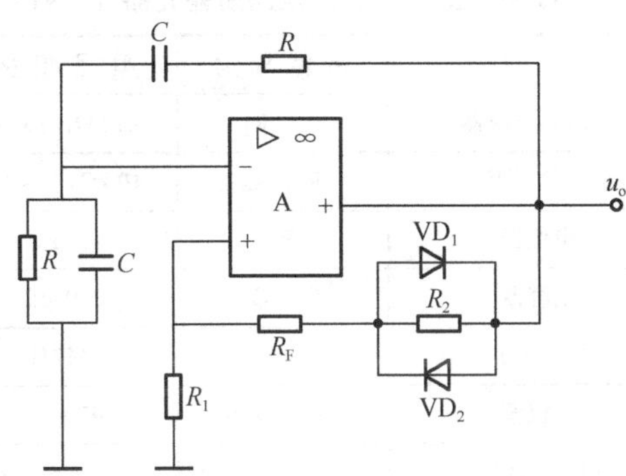

图 7-4-3　RC 桥式振荡电路

2．工作原理

当电路接通电源后，电路中存在的噪声和干扰信号含有丰富的频率分量，这些扰动信号从运算放大器的同相输入端输入，沿着放大电路和反馈网络的环路运行，不同的频率分量获得了不同的环路增益和相移。对于放大器来说，由于同相输入端信号和输出端信号 u_o 相位相同，即 $\varphi_A=0$。对于选频网络而言，只有频率等于 RC 串并联网络谐振频率（即 $f_o=\dfrac{1}{2\pi RC}$）的信号，经过选频网络后，相移才为零，即 $\varphi_F=0$，恰好满足相位起振条件 $\varphi_F+\varphi_A=0$。由于 RC 串并联网络的反馈系数 $F=1/3$，为了使振幅满足起振条件，应使得 $AF>1$，即 $A>3$；而闭环电压放大倍数 $A=1+\dfrac{R_F}{R_1}$，因此，只需 $R_F>2R_1$，即 R_F 的取值应略大于 $2R_1$。R_2、VD_1 和 VD_2 构成实现自动稳幅的限幅电路。VD_1、VD_2 反向并联再与电阻 R_2 并联，然后串接在负反馈支路中，不论在振荡的正半周还是负半周，两只二极管总有一只处于正向导通状态。当振荡幅度增大时，二极管正向导通电阻减小，放大电路的增益下降，限制了输出幅度的增大，实现自动稳幅的功能。

3．振荡频率

RC 桥式振荡电路的振荡频率由选频网络决定，即

$$f_o=\frac{1}{2\pi RC} \tag{7.4.4}$$

4．电路特点

RC 桥式振荡电路具有结构简单、易起振、调频方便、性能稳定等优点，一般用于 f_o=1 MHz

的低频场合。

实训 10　RC 桥式正弦波振荡电路的制作

1. 器材和设备

所需器材包括万用表、示波器、毫伏表、频率计、电桥、电烙铁等。RC 桥式正弦波振荡电路所需元器件（材）如表 7-4-1 所示。

表 7-4-1　RC 桥式正弦波振荡电路所需元器件（材）明细表

序号	名　称	元件标号	型号规格	数量
1	金属膜电阻器	R_1、R_2	5.1 kΩ，1/4 W	2
2	金属膜电阻器	R_3、R_4	10 kΩ，1/4 W	2
3	电位器	R_p	100 kΩ	1
4	电容器	C_1、C_2	0.01 μF	1
5	集成运放	A	LM741	1
6	二极管	VD_1、VD_2	470 pF	2
7	万能板（或印制板）	—	—	1

2. 电路分析

所装配的电路如图 7-4-4 所示。该电路由 3 部分组成：集成运放 A、R_p、R_1、R_2、VD_1、VD_2 组成一个同相输入集成运放电路；R_3、R_4、C_1、C_2 组成具有选频功能的正反馈网络；R_2、VD_1、VD_2 组成具有自动稳幅功能的负反馈网络。

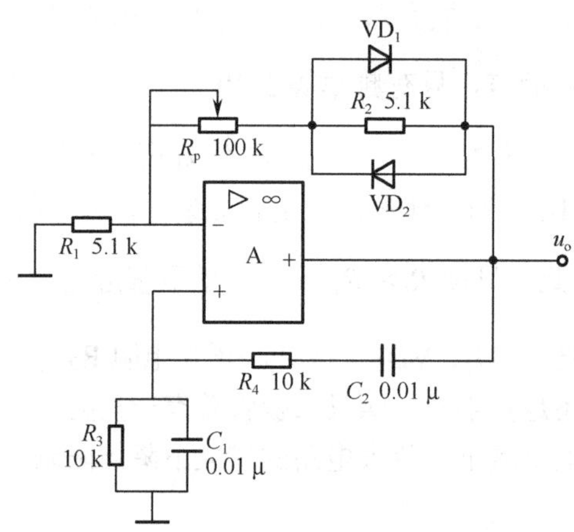

图 7-4-4　装配用 RC 正弦波振荡电路

3. 实施过程

1）电路的分析、计算

（1）分析电路的反馈类型。

（2）写出电压放大倍数公式。

（3）计算电路的振荡频率。

2）电路仿真

电路如图 7-4-4 所示，用虚拟示波器测量振荡器的输出（u_o）波形、幅度及频率，并完成表 7-4-2。

表 7-4-2　RC 振荡电路输出信号的测量

波形（绘制）	电压参数		时间参数	
	峰-峰值（U_{P-P}）	有效值（U_{VRM}）	周期（T）	频率（f）

电路如图 7-4-5 所示。按照表 7-4-3，使信号发生器输出电压的有效值为 2 V，频率分别为 1.6 kHz（即 RC 选频网络的选频频率）、8 kHz（即 5 倍 RC 选频网络的选频频率）、320 Hz（即 1/5 RC 选频网络的选频频率），用虚拟示波器分别测量 RC 选频网络输入、输出信号的波形大小及两者之间的相位大小。

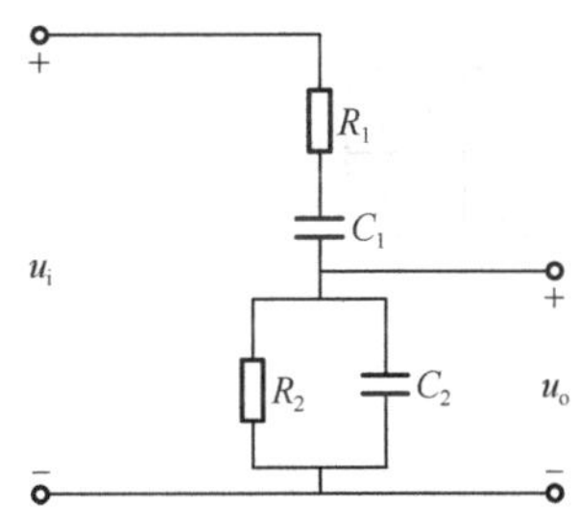

图 7-4-5　RC 选频网络波形测量

表 7-4-3　RC 振荡电路选频网络的测量

输入信号 u_i		输出信号 u_o		u_o 与 u_i 的相位差
幅度	频率	幅度	频率	
2 V	1.6 kHz			
2 V	8 kHz			
2 V	320 Hz			

3）元器件的识别、检测

（1）色环电阻的识别、检测。结合表 7-4-4，对色环电阻进行识别和检测。

表 7-4-4　色环电阻的识别和检测

元器件	色环顺序	标称值	误差	万用表测量值	是否满足要求
R_1					
R_2					
R_3					
R_4					

（2）电位器的识别、检测。结合表 7-4-5，对电位器进行检测。

表 7-4-5　电位器的识别和检测

元器件	符号	标称值	$R_{1\text{-}3}$	$R_{1\text{-}2}$	$R_{2\text{-}3}$	$R_{1\text{-}2}+R_{2\text{-}3}$
R_p	1—▭—3，滑动端 2					

（3）电容器的识别、检测。结合表 7-4-6，对电容器进行识别和检测。

表 7-4-6　电容器的识别和检测

元器件	型　号	电容值	耐压值	漏电电阻	质量判断
C_1					
C_2					

（4）二极管的识别、检测。结合表 7-4-7，对二极管进行识别和检测。

表 7-4-7　用万用表测量二极管

元器件	型　号	极性判断	正向阻值	反向阻值	质量判断
VD_1		（ ）—▮▭—（ ）			
VD_2					

（5）集成电路的识别、检测。结合表 7-4-8，对集成运放 LM741 进行检测。

表 7-4-8　LM741 各引脚功能

项　目	1 脚	2 脚	3 脚	4 脚	5 脚	6 脚	7 脚	8 脚
引脚功能								

4）RC 正弦波振荡电路的装配

按照装配图（见图 7-4-4）和装配工艺安装 RC 正弦波振荡电路。

5）RC 正弦波振荡电路的检测

装配完成后进行自检，正确无误后方可进行调试检测。检测的内容与仿真部分的内容相同（参见表 7-4-2、表 7-4-3），将实际检测结果与仿真结果进行比较，找出不同，分析原因。

任务 7.5　石英晶体正弦波振荡电路

频率稳定度是衡量振荡电路质量的主要指标之一，一般用$\Delta f/f_0$来表示，其中f_0为振荡频率，Δf为频率偏移。频率稳定度有时还附加时间条件，如一小时或一日内的频率相对变化量。前面介绍的 RC 振荡电路的频率稳定度大于 10^{-3}，普通 LC 振荡电路也只能达到 10^{-4}。在实际工程应用中，当 RC、LC 振荡电路达不到要求时，可选用 Q 值很高的石英晶体作为选频器件，其频率稳定度可以达到 10^{-9}，甚至是 10^{-11}。

7.5.1　石英晶体振荡器的特点

石英晶体振荡器简称晶振。它是从一块石英晶体上按一定的方位角将晶体切成薄片，称为石英晶片（正方形、长方形、圆形），不同方位的切片有不同的频率特性，即石英晶片的尺寸、厚度决定其频率。

1．压电效应与压电振荡

当交流电压加在晶体两端时，晶体随电压变化产生应变，即晶体产生一定频率的机械振

动；这一机械振动使得晶体表面产生交变电荷，这种物理现象称为压电效应。当晶体几何尺寸和结构一定时，它本身有一个固有的机械振动频率。当外加交流电压的频率等于晶体的固有频率时，晶体片的机械振动最大，晶体表面电荷量最多，外电路中的交流电流最大，于是产生共振，这种现象被称为压电谐振。故将石英晶体按一定方位切割成片，两边敷以电极，焊上引线，再用金属或玻璃外壳封装，即构成石英晶体谐振器，简称石英晶振。其结构、外形和实物图如图 7-5-1 所示。

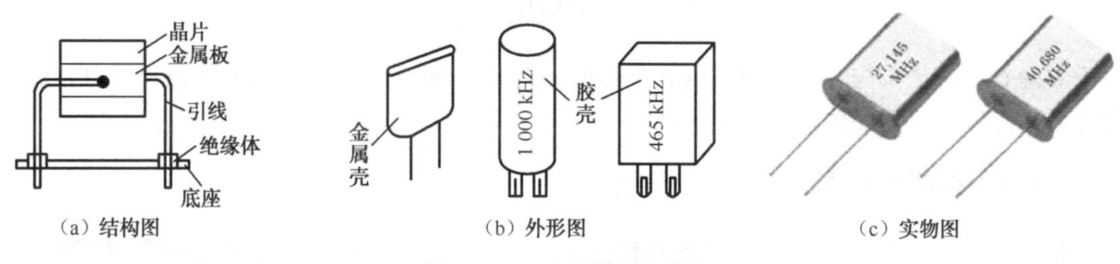

图 7-5-1　石英晶体振荡器

2. 石英晶体振荡器的等效电路

石英晶体振荡器的符号如图 7-5-2（a）所示。

由于石英晶体的压电谐振现象与 LC 谐振回路的谐振现象类似，故可以把石英晶体等效为一个 RLC 串并联电路，其等效电路如图 7-5-2（b）所示。石英晶体不振动时，可以把它看成一个平板电容 C_0，即晶体两极金属板间的静态电容及支架构成的分布电容，也称为安装电容，一般为几皮法到几十皮法。当晶体产生振动时，有一个机械振动的惯性，用电感 L 等效，其值较大，一般为百分之几亨到几百亨。晶片的弹性一般用电容 C 等效，C 值一般为 10^{-2}～10^{-1} pF。振动过程中因摩擦而造成的损耗，用等效电阻 R 表示，其值为几十欧到几百欧，理想情况下，等效电阻 R 为 0。由于晶片的等效电感 L 很大，等效电容 C 和电阻 R 很小，因此石英晶体等效回路的品质因数 Q 值很高，可以达到 10^4～10^6；再加上晶体本身固有频率几乎只与晶片的几何尺寸有关，所以晶体的谐振频率很稳定，而且可以做得很精确。

3. 晶体的电抗频率特性

由石英晶体振荡器的等效电路可知，该电路有两个谐振频率：一个是 L、C、R 支路串联谐振频率 f_s，另一个是由 C_0 参与的并联谐振频率 f_p，如图 7-5-3 所示。

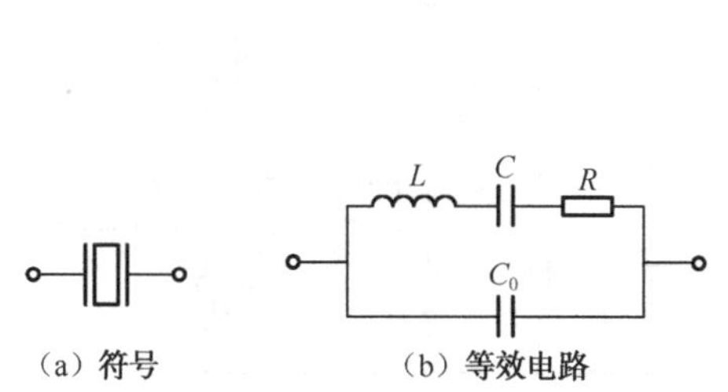

图 7-5-2　石英晶体振荡器的符号及等效电路图

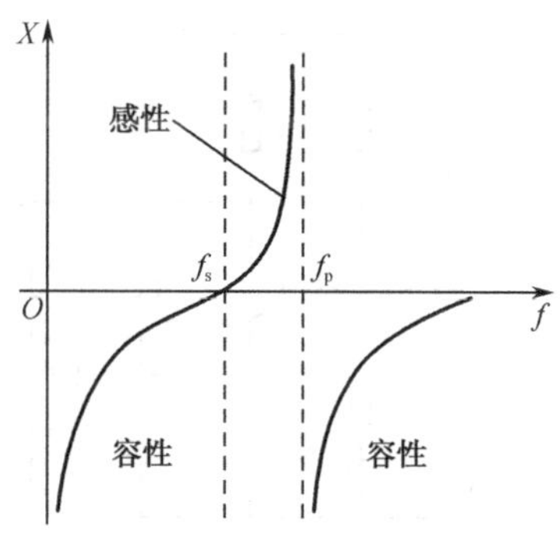

图 7-5-3　晶体的电抗特性

由图 7-5-2 所示等效图可得，当电路中的 L、C、R 支路出现串联谐振时，石英晶体两端的阻抗最小，等效电路为纯电阻 R，谐振频率 f_s 为

$$f_s = \frac{1}{2\pi\sqrt{LC}} \tag{7.5.1}$$

当出现并联谐振时，石英晶体两端的阻抗最大，等效电路也为纯电阻 R，谐振频率 f_p 为

$$f_p = \frac{1}{2\pi\sqrt{L\dfrac{CC_0}{C+C_0}}} \tag{7.5.2}$$

由于 $C_0 \gg C$，因此 f_p 与 f_s 两者的数值非常相近。当 $f<f_s$ 或 $f>f_p$ 时，石英晶体振荡器呈容性；当 $f_s<f<f_p$ 时，石英晶体振荡器呈感性。

7.5.2 石英晶体振荡电路的类别

将石英晶振作为高 Q 值谐振回路元件接入正反馈电路，就组成了晶体振荡器。按照石英晶振在振荡器中作用的不同，晶体振荡器分成两类：一类是将其作为等效电感元件用在三点式电路中，工作在感性区，称为并联型晶体振荡器；另一类是将其作为一个短路元件串接于正反馈支路上，工作在它的串联谐振频率上，称为串联型晶体振荡器。

1. 并联型晶体振荡电路

用石英晶体振荡器代替电容三点式振荡电路中的电感，得到并联型晶体振荡电路，如图 7-5-4 所示。石英晶体等效为一个电感，选频网络由晶体与外接电容 C_1、C_2 共同决定。电路的谐振频率 f_0 略高于 f_s，C_1、C_2 对 f_0 的影响很小，电路的频率由石英晶体决定。改变 C_1、C_2 的值，可以在很小的范围内微调 f_0。

2. 串联型晶体振荡电路

图 7-5-5 所示为串联型石英晶体振荡电路。电路的第一级为共基极放大电路，第二级为共射极输出电路。石英晶体串联在正反馈回路中。当振荡频率等于晶体的串联谐振频率 f_s 时，石英晶体呈电阻性，且阻抗最小，正反馈最强，相移为零，反馈电压与输入电压同相，电路才能满足振荡的相位条件，电路才会产生自激振荡。电路的正弦波振荡频率为石英晶体的串联谐振频率。调节电位器 R_p 可以改变反馈信号的强弱，可使电路满足正弦波振荡的幅值平衡条件，从而获得良好的正弦波输出。

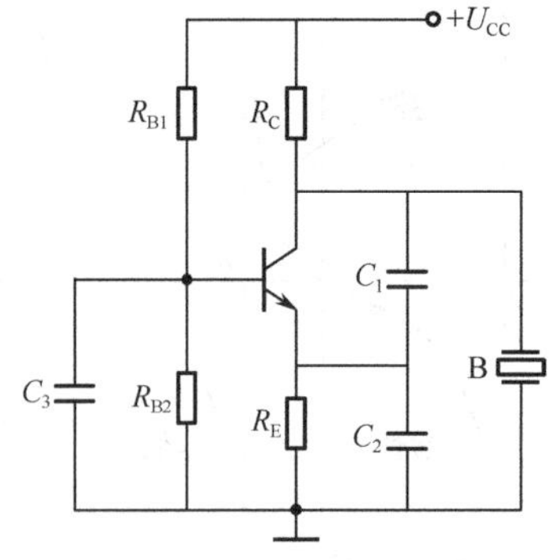

图 7-5-4　并联型晶体振荡电路

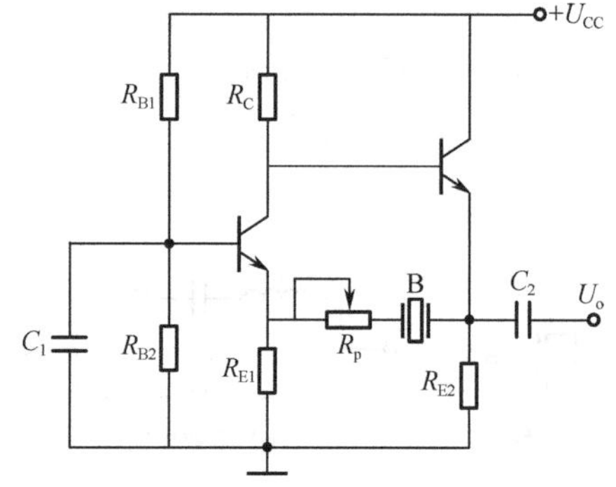

图 7-5-5　串联型晶体振荡电路

实训 11 石英晶体正弦波振荡电路的制作

1．器材和设备

所需器件包括万用表、示波器、频率计、毫伏表、电烙铁等。石英晶体正弦波振荡电路所需元器件（材）如表 7-5-1 所示。

表 7-5-1 石英晶体正弦波振荡电路所需元器件（材）明细表

序号	名 称	元件标号	型号规格	数量
1	金属膜电阻器	R_1	22 kΩ，1/4 W	1
2	金属膜电阻器	R_2	10 kΩ，1/4 W	1
3	金属膜电阻器	R_3	1 kΩ，1/4 W	1
4	电容器	C_1、C_2	220 pF	2
5	微调电容	C_3	220 pF/5 pF	1
6	瓷片电容	C_4	0.022 μF	1
7	三极管	VT	9 018	1
8	石英晶体	B	11 MHz	1
9	万能板（或印制板）	—	—	1

2．电路分析

如图 7-5-6（a）所示为石英晶体正弦波振荡电路原理图，图 7-5-6（b）所示为其等效图。三极管 VT 与偏置电阻 R_1、R_2、R_3 等器件构成共射放大电路。石英晶体 B、C_1、C_2、C_3 构成电容三点式振荡电路，B 工作于感性状态，反馈信号取自 C_2，调节 C_3 可微调频率。

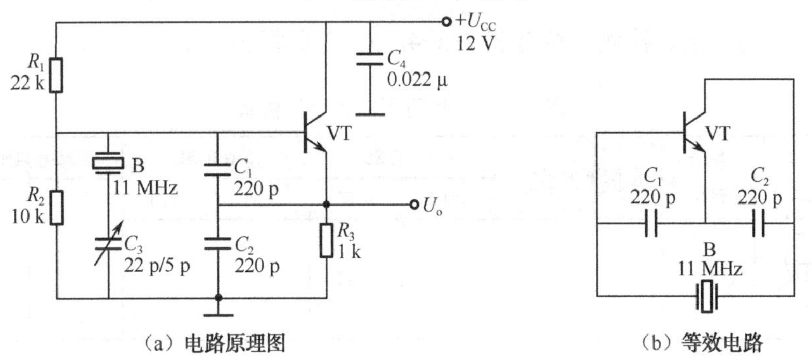

图 7-5-6 装配用石英晶体正弦波振荡电路

3．实施过程

1）石英晶体正弦波振荡电路频率的估算

根据石英晶体上的标注，写出石英晶体正弦波振荡电路的频率：__________________。

2）电路仿真

（1）结合图 7-5-7，绘制石英晶体正弦波振荡电路的仿真图。

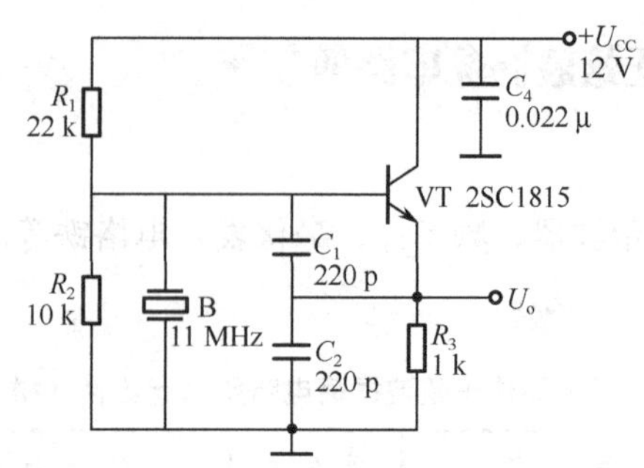

图 7-5-7　石英晶体振荡电路的仿真图

（2）参照图 7-5-7，结合表 7-5-2，用虚拟示波器测量输出信号波形、幅度及频率。

表 7-5-2　石英晶体振荡电路输出信号（U_o）的测量

波形（绘制）	电 压 参 数		时 间 参 数	
	峰-峰值（U_{P-P}）	有效值（U_{VRM}）	周期（T）	频率（f）

3）元器件的识别、检测

（1）色环电阻的识别、检测。结合表 7-5-3，对色环电阻进行识别和检测。

表 7-5-3　色环电阻的识别和检测

元器件	色环顺序	标称值	误差	万用表测量值	是否满足要求
R_1					
R_2					
R_3					

（2）三极管的识别、检测。结合表 7-5-4，对三极管进行识别和检测。

表 7-5-4　用万用表测量三极管

元器件	引脚判断	型号材料	NPN/PNP	b-c 电阻		b-e 电阻		c-e 电阻		质量判断
				正向	反向	正向	反向	正向	反向	
VT										

（3）电容器的识别、检测。结合表 7-5-5，对电容器进行识别和检测。

表 7-5-5　电容器的识别和检测

元器件	型号	电容值	耐压值	漏电电阻	质量判断
C_1					
C_2					
C_3					
C_4					

（4）石英晶体的识别与检测。

石英晶体的型号：＿＿＿＿＿＿＿＿。

用万用表测量石英晶体两端的电阻（R×10 k 挡）：＿＿＿＿＿＿＿＿kΩ。

4）*石英晶体正弦波振荡电路的装配*

按照装配图 7-5-6（a）和装配工艺安装石英晶体正弦波振荡电路。

5）*石英晶体正弦波振荡电路的检测*

装配完成后进行自检，正确无误后方可进行调试检测。检测的内容与仿真部分的内容相同（参照表 7-5-2），将实际检测结果与仿真的结果进行比较，找出不同，分析原因。

任务 7.6　方波和三角波发生器电路

7.6.1　集成运放的非线性应用特点

前面我们讨论了集成运放处于线性工作区时的应用，本节介绍一下运放处于开环或正反馈状态时的应用，此时运放工作在非线性区域。不管是哪一种电路，“虚断”的概念都可应用，但“虚短”只能应用于线性电路，在非线性电路中不再适用。集成运放工作于非线性区，有两个重要特点。

（1）理想运放的输出电压 u_o 的值只有两种可能，当 $u_+>u_-$时，$u_o=+U_{OM}$；当 $u_+<u_-$时，$u_o=-U_{OM}$。即输出电压不是正向饱和电压$+U_{OM}$就是反向饱和电压$-U_{OM}$。

（2）理想运放的两输入端的输入电流等于零。非线性区内，虽然 $u_+\neq u_-$，但因理想运放的 $R_{id}=\infty$，故仍认为输入电流为零，即 $i_+=i_-\approx0$。

7.6.2　电压比较器

电压比较器可以完成对两个电压的比较工作。其应用较广，常见的有简单电压比较器、滞回比较器和窗口比较器。

1．基本电路

简单电压比较器的基本电路如图 7-6-1（a）所示。

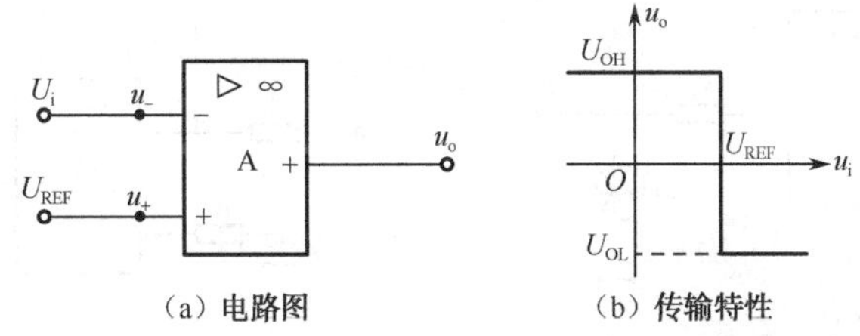

图 7-6-1　简单电压比较器的基本电路及传输特性

电路中运放工作在开环状态，输入信号加在反相输入端，同相输入端的 U_{REF} 是参考电压。根据电路的输出我们可以判断输入信号是比参考电压高还是低：由于 $U_{REF}=u_+$，$u_i=u_-$，当 $u_i>U_{REF}$时，即 $u_->u_+$，比较器输出低电平；而当 $u_i<U_{REF}$时，即 $u_-<u_+$，输出高电平。其传输

特性如图 7-6-1（b）所示。图中，U_{OH}表示输出高电平，U_{OL}表示输出低电平。

通常，输出状态发生跳变时的输入电压值被称为阈值电压或门限电压，用 U_{TH}表示，很明显 $U_{TH}=U_{REF}$。图 7-6-1（a）所示电路只有一个门限电压，因而也被称为单门比较器。

图 7-6-1（a）所示电路中，输入信号被加在反相输入端，因而该电路又被称为反相输入比较器；若输入信号加至电路的同相输入端，电路则为同相输入比较器，其传输特性与反相输入时相反。

2. 过零比较器

由上述分析可知，若让 $U_{REF}=0$，则输入电压每次过零变换时，输出电压都会发生一次跳变，此电路被称为过零比较器，其电路如图 7-6-2（a）所示。图 7-6-2（a）所示电路中的电阻 R 为限流电阻，可避免由于 u_i 过大而损坏器件。图 7-6-2（b）所示为过零比较器的传输特性。

过零比较器可用作波形变换器，将任意波形变换成矩形波，图 7-6-2（c）所示就是将正弦信号整形为方波的变换过程。

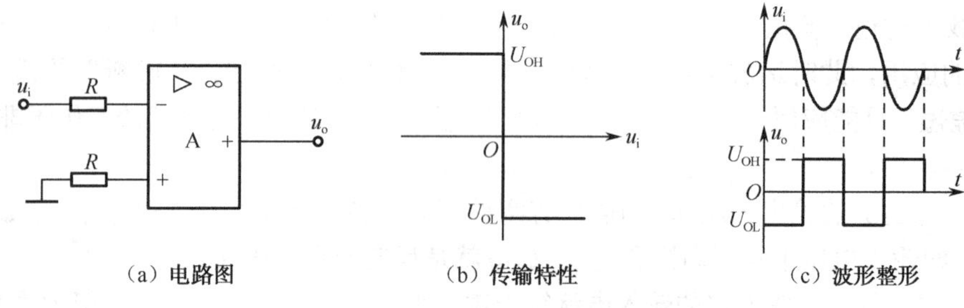

（a）电路图　（b）传输特性　（c）波形整形

图 7-6-2　过零比较器

3. 输出限幅电路

在实际应用中，常要求对比较器输出信号的电压幅值加以限制，此时可在运放的输出端或反馈支路加一个双向稳压管（可理解为背靠背串联的两个参数相同的稳压管，设单个稳压管的稳定电压为 U_Z，在工作时，两个稳压管一个反向击穿，一个正向导通，假定正向导通电压为 0，可得其稳定电压为$\pm U_Z$），构成限幅电路。图 7-6-3（a）、（b）所示为两个常见的输出限幅电路。

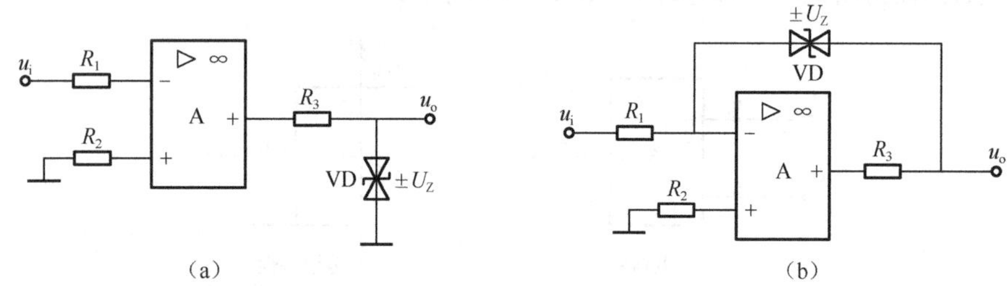

（a）　（b）

图 7-6-3　输出限幅电路

图 7-6-3（a）所示电路工作时，若运放输出电压值大于 U_Z，则输出高电平 $U_{OH}=U_Z$，反之则输出低电平 $U_{OL}=-U_Z$。

图 7-6-3（b）所示电路中，稳压管接在反馈回路中，由于 u_o 在 u_i 过零时发生跳变，在

跳变瞬间 $u_+=u_-=0$，所以反馈回路中的电流为零，即跳变时刻运放处于开环状态，同样得到 $U_{OH}=U_Z$；$U_{OL}=-U_Z$；而在其他时刻，因为稳压管导通，运放处于闭环限幅状态。

4．迟滞比较器

简单电压比较器灵敏度较高，因而也造成了在实际运用时，由于干扰或噪声的影响，而使得输出信号发生反复从一个电平跳到另一个电平的现象。为解决这种情况，设计了迟滞比较器（又叫滞回比较器）。电路如图 7-6-4（a）所示，其传输特性如图 7-6-4（b）所示。

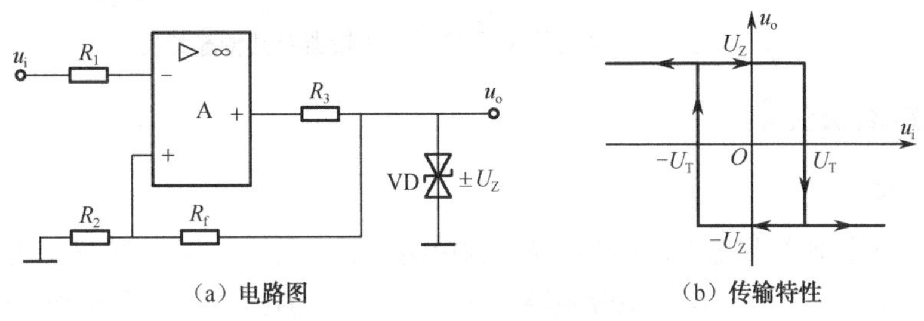

图 7-6-4　迟滞比较器及其传输特性

它是在过零比较器的基础上，从输出端引入一个分压电阻 R_f 到同相输入端，形成正反馈。这样，作为参考电压的 u_+ 不再固定为 0，而是随输出电压 u_o 而变。双向稳压管 VD 使得比较器的输出电压 u_o 被钳位于 $\pm U_Z$。

当输出电压 u_o 为正最大值 U_Z 时，假设同相输入端的电压为 U_T，则有

$$U_T=\frac{R_2}{R_2+R_f}U_Z \tag{7.6.1}$$

此时，若保持 $u_i<U_T$，则输出电压 u_o 保持 U_Z 不变。当 u_i 从小逐渐增大到刚刚大于 U_T 时，则输出电压 u_o 迅速从 U_Z 跃变为 $-U_Z$。

当输出电压 u_o 为负最大值 $-U_Z$ 时，假设同相输入端的电压为 U'_T，则有

$$U'_T=\frac{R_2}{R_2+R_f}U_Z=U_T \tag{7.6.2}$$

此间，若保持 $u_i>-U_T$，则输出电压 u_o 保持 $-U_Z$ 不变。当 u_i 从大逐渐减小到刚刚小于 $-U_T$ 时，则输出电压 u_o 迅速从 $-U_Z$ 跃变为 U_Z。

在图 7-6-4（a）中，若同相输入端电阻 R_2 不接地，改接一个固定的电压 U_{REF}，如图 7-6-5（a）所示，此时两个门限电压也随之改变，不再对称。

当输出为 U_Z 时，门限电压（即同相输入端电压）为

$$U_{T1}=\frac{R_f}{R_2+R_f}U_{REF}+\frac{R_2}{R_2+R_f}U_Z \tag{7.6.3}$$

当输出为 $-U_Z$ 时，门限电压为

$$U_{T2}=\frac{R_f}{R_2+R_f}U_{REF}+\frac{R_2}{R_2+R_f}(-U_Z) \tag{7.6.4}$$

门限宽度 ΔU_T 为

$$\Delta U_T=U_{T1}-U_{T2}=\frac{2R_2U_Z}{R_2+R_f} \tag{7.6.5}$$

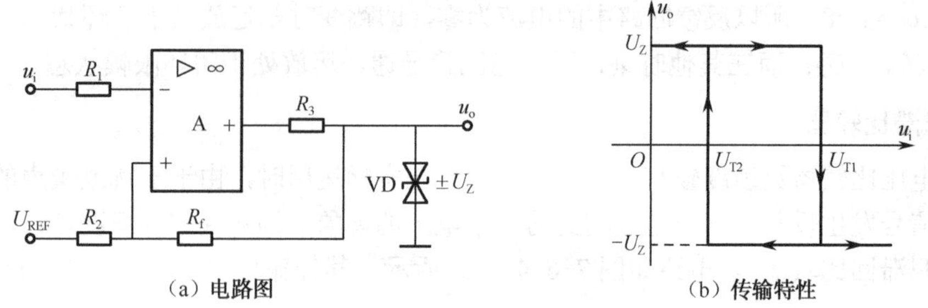

（a）电路图　　（b）传输特性

图 7-6-5　门限电压不对称的迟滞比较器及其传输特性

7.6.3　方波发生器

1. 电路组成

在滞回电压比较器的基础上增加 RC 负反馈电路，即构成基本方波发生器，如图 7-6-6（a）所示。R 和 C 为定时元件，构成积分电路，电容 C 上的电压 u_C 加到反相输入端。双向稳压管 VD 的作用是将输出电压钳位在某个特定的电压值。VD 的击穿电压为$\pm U_Z$，则输出电压 $u_o=\pm U_Z$。

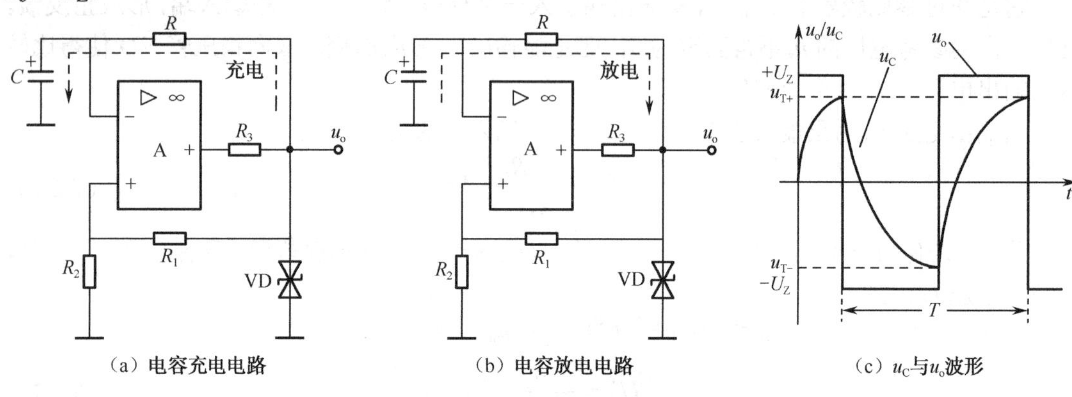

（a）电容充电电路　　（b）电容放电电路　　（c）u_C与u_o波形

图 7-6-6　方波产生电路与输出波形

2. 工作原理

设在接通电源的瞬间，电容 C 的初始电压为 0。设输出电压为高电平，即 $u_o=+U_Z$，则运放的同相输入端 u_+的电位为

$$u_{T+}=\frac{R_2}{R_1+R_2}u_o=\frac{R_2}{R_1+R_2}U_Z$$

而此时输出电压经 R 对电容 C 充电，使 u_C 增加，如图 7-6-6（a）所示。当 u_C 上升到使反相输入端的电位 u_-略大于同相端的电位 u_{T+}时，比较器发生翻转，输出电压 u_o 由$+U_Z$ 突变成$-U_Z$，同相端 u_+的电位由 u_{T+}变为 u_{T-}，即

$$u_{T-}=-\frac{R_2}{R_1+R_2}u_o=-\frac{R_2}{R_1+R_2}U_Z$$

这时，电容 C 开始通过电阻 R 放电，u_C 下降，如图 7-6-6（b）所示。当 u_C 下降到使输入端电位 u_-略低于同相端的电位 u_{T-}时，比较器再次翻转，输出端电压 u_o 由$-U_Z$ 突变为$+U_Z$。此时，同相端 u_+的电位由 u_{T-}变为 u_{T+}。此后，电容 C 又开始充电，如此循环下去，电路便

产生了自激振荡。运放的输出电压为一个正、负对称的方波，电容上的电压为一个近似的三角波，如图 7-6-6（c）所示。

3．振荡的幅度与周期

从图 7-6-6（c）可以看出，输出方波的正、负半周幅度为$\pm U_Z$，电容 C 上的电压 u_C 最大为$\frac{R_2}{R_1+R_2}U_Z$，最小为$\frac{-R_2}{R_1+R_2}U_Z$。可知，当电容的充放电时间相同时，充放电的幅度也相等，故输出电压为方波。

根据电容的充放电规律，可得到输出方波的周期为

$$T = 2RC\ln\left(1+2\frac{R_2}{R_1}\right) \tag{7.6.6}$$

因此，振荡频率为

$$f = \frac{1}{T} = \frac{1}{2RC\ln\left(1+2\frac{R_2}{R_1}\right)} \tag{7.6.7}$$

7.6.4　三角波发生器

1．电路构成

要得到线性度较好的三角波，可以对矩形波进行积分。三角波产生电路如图 7-6-7（a）所示。其中，运放 A_1 构成同相输入滞回比较器，运放 A_2 构成反相积分电路。滞回比较器输出的矩形波加在积分电路的反相输入端，积分电路输出的三角波又接到滞回比较器的同相输入端。控制滞回比较器输出端的状态发生跳变，从而在运放 A_1 的输出端得到周期性的三角波。

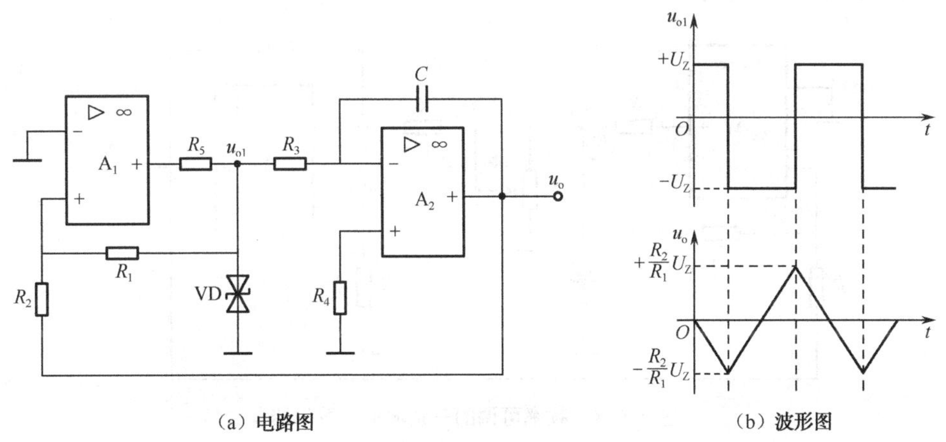

（a）电路图　　（b）波形图

图 7-6-7　三角波产生电路与输出波形

2．工作原理

假设起始时刻滞回比较器输出为高电平，即 u_{o1}=+U_Z，u_+>0，u_-=0，u_+>u_-，积分电容 C 上的电容在起始时刻的电压为零，此时电路通过 R_3 向电容 C 充电，同时积分电路的输

出电压 u_o 按线性规律逐渐下降。由于集成运放 A_1 同相端的电压 u_+ 由 u_{o1} 和 u_o 共同决定，即

$$u_+ = \frac{R_2}{R_1+R_2}u_{o1} + \frac{R_2}{R_1+R_2}u_o$$

所以，当使得 A_1 的 u_+ 略低于 u_- 时，u_{o1} 将从 $+U_Z$ 跳变为 $-U_Z$。

当 $u_{o1}=-U_Z$ 后，电容 C 通过 R_3 开始放电，则积分电路的输出电压 u_o 又按照线性规律逐渐上升。当使得 A_1 的 u_+ 略大于零时，u_{o1} 将从 $-U_Z$ 跳变为 $+U_Z$。如此周而复始产生振荡。u_o 的上升时间和下降时间相等，斜率绝对值也相等，所以积分电路的输出电压 u_o 的波形为三角波。

3．振荡幅度和振荡周期

由上面的分析，可得图 7-6-7（b）所示的三角波发生电路 u_o 和 u_{o1} 的波形图。

三角波的输出幅度为

$$U_{om} = \frac{R_2}{R_1}U_Z \tag{7.6.8}$$

通过证明，经整理可得三角波的振荡周期为

$$T = \frac{4R_2R_3}{R_1}C \tag{7.6.9}$$

则三角波的振荡频率为

$$f = \frac{1}{T} = \frac{R_1}{4R_2R_3C} \tag{7.6.10}$$

从上面的式子可以看出，调节 R_1、R_2 的比值，可以改变三角波的振幅；调节 R_1、R_2、R_3 和 C，可以改变振荡的频率。也可以采用在积分器的输入端加电位器的方法来改变输出波形的频率，如图 7-6-8 所示。

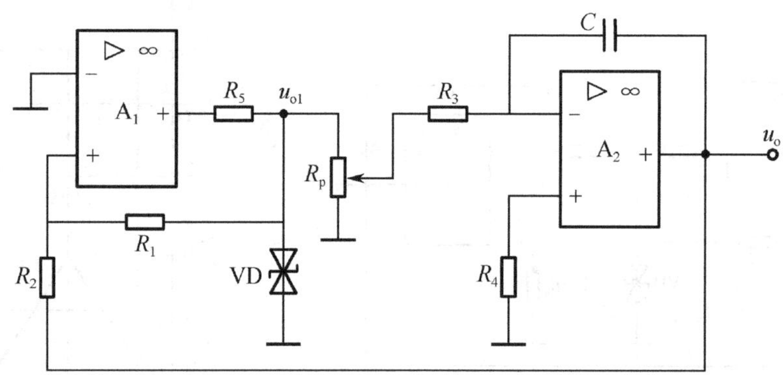

图 7-6-8　频率可调的三角波信号发生器

实训 12　波形发生器的制作

1．器材、设备

所需器材包括电烙铁、示波器、直流电源、频率计、维修工具等。方波、三角波发生器电路所需器件（材）如表 7-6-1 所示。

表7-6-1　方波、三角波发生器电路所需器件（材）明细表

序号	名　　称	元件标号	型号规格	数量
1	金属膜电阻器	R_1	20 kΩ，1/4 W	1
2	金属膜电阻器	R_2	10 kΩ，1/4 W	1
3	金属膜电阻器	R_3	2 kΩ，1/4 W	1
4	金属膜电阻器	R_4	2.7 kΩ，1/4 W	1
5	电位器	R_p	47 kΩ	1
6	涤纶电容器	C	0.022 μF	1
7	稳压二极管	VD	2CW231	1
8	集成运放	A_1、A_2	LM741	2
9	万能板（或印制电路板）	1	—	—

2．电路分析

方波、三角波信号发生器如图7-6-9所示，比较器A_1输出的方波经积分器A_2积分可得到三角波，三角波触发比较器自动翻转成方波，这样即可构成方波、三角波发生器。其中，输出端u_{o1}输出信号的波形为方波，输出端u_o输出信号的波形为三角波。

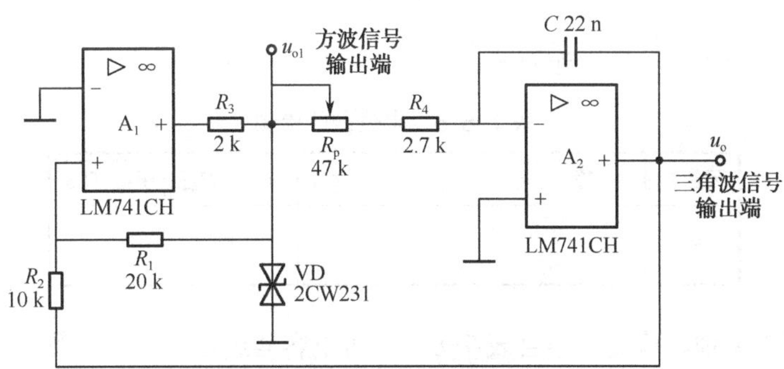

图7-6-9　装配用方波、三角波信号发生器

3．实施过程

1）理论参数计算

结合表7-6-2，计算方波信号、三角波信号的频率。注：将R_p可调端置于50%处。

表7-6-2　方波、三角波信号频率的计算

序号	波　　形	计算公式	计算结果（Hz）
1	方波 u_{o1}		
2	三角波 u_o		

2）电路仿真

参照图7-6-9，绘制三角波、方波发生器的仿真图。原图中的稳压管用2只1N4722A稳压管反串代替。结合表7-6-3，用虚拟示波器同时测量方波信号和三角波信号，并进行比较。

表 7-6-3　方波、三角波发生器输出信号的测量

输出端	波形（绘制）	电压参数		时间参数	
		峰-峰值(U_{P-P})	有效值(U_{VRM})	周期（T）	频率（f）
方波 u_{o1}					
三角波 u_o					

3）元器件的识别检测

（1）色环电阻的识别、检测。结合表 7-6-4，对色环电阻进行识别和检测。

表 7-6-4　色环电阻的识别和检测

元器件	色环顺序	标称值	误差	万用表测量值	是否满足要求
R_1					
R_2					
R_3					
R_4					

（2）电位器的识别、检测。结合表 7-6-5，对电位器进行检测。

表 7-6-5　电位器的检测

元器件	符　号	标称值	R_{1-3}	R_{1-2}	R_{2-3}	$R_{1-2}+R_{2-3}$
R_p	1○—▭—○3，2（滑动端）					

（3）电容器的识别、检测。结合表 7-6-6，对电容器进行识别和检测。

表 7-6-6　电容器的识别和检测

元器件	型　号	电 容 值	耐 压 值	漏 电 电 阻	质 量 判 断
C					

（4）集成电路的识别、检测。结合表 7-6-7，对集成运放进行检测。

表 7-6-7　LM741CH 各引脚功能

项目	1 脚	2 脚	3 脚	4 脚	5 脚	6 脚	7 脚	8 脚
A_1								
A_2								

（5）稳压管的识别。结合表 7-6-8，根据稳压管上的标志识别正、负极，写下稳压二极管的型号，说明稳压二极管的稳压值。

表 7-6-8　稳压管的识别和检测

元器件	型号	稳压值	质量判断
VD			

4）方波、三角波发生器的装配

按照装配图（见图 7-6-9）和装配工艺安装方波、三角波发生器。

5）方波、三角波发生器的检测

装配完成后进行自检，正确无误后方可进行调试检测。检测的内容参照表 7-6-9，将实际检测结果与仿真的结果进行比较，找出不同，分析原因。

表 7-6-9　方波、三角波发生器输出信号的测量

输出端	波形（绘制）		幅度（U_{VRM}）	频率（f）
方波 u_{o1}				
输出端	波形（绘制）	R_p 的取值	幅度（U_{VRM}）	频率（f）
三角波 u_o		R_p=0		
		R_p=50%		
		R_p=100%		

习题 7

一、判断题

1．反馈式振荡器只要满足振幅条件就可以振荡。（　　）

2．若某电路满足相位条件（正反馈），则一定能产生正弦波振荡。（　　）

3．放大器必须同时满足相位平衡条件和振幅条件才能产生自激振荡。（　　）

4．正弦波振荡器必须输入正弦信号。（　　）

5．负反馈放大电路中的集成运算放大器，均工作在线性区。（　　）

6．凡是振荡电路中的集成运放，均工作在线性区。（　　）

7．非正弦波振荡电路与正弦波振荡电路的振荡条件完全相同。（　　）

8．电路的电压放大倍数小于 1 时，一定不能产生振荡。（　　）

9．电感三点式振荡器的输出波形比电容三点式振荡器的输出波形好。（　　）

10．LC 振荡器是靠负反馈来稳定振幅的。（　　）

11．正弦波振荡器中如果没有选频网络，就不能引起自激振荡。（　　）

12．反馈式正弦波振荡器是正反馈的一个重要应用。（　　）

13．LC 正弦波振荡器的振荡频率由反馈网络决定。（　　）

14．振荡器与放大器的主要区别之一是，放大器的输出信号与输入信号频率相同，而振荡器一般不需要输入信号。（　　）

二、选择题

1．振荡器的振荡频率取决于______。

A．供电电源　　B．选频网络

C．晶体管的参数　　D．外界环境

2．为了满足振荡的相位平衡条件，反馈信号与输入信号的相位差应为______。

A．90°　　B．180°　　C．270°　　D．360°

3．为提高振荡频率的稳定度，高频正弦波振荡器一般选用______。

A．LC 正弦波振荡器　　B．晶体振荡器

C．RC 正弦波振荡器　　D．互感耦合振荡器

4．设计一个振荡频率可调的高频高稳定度的振荡器，可采用______。

A．RC 振荡器　　B．石英晶体振荡器

C．互感耦合振荡器　　D．并联改进型电容三点式振荡器

5．串联型晶体振荡器中，晶体在电路中的作用等效于______。

A．电容元件　　B．电感元件　　C．大电阻元件　　D．短路线

6．并联型晶体振荡器中，晶体在电路中的作用等效于______。

A．电容元件　　B．电感元件　　C．电阻元件　　D．短路线

7．变压器反馈式 LC 振荡器的特点是______。

A．起振容易，但调频范围较窄　　B．共基极接法不如共射极接法好

C．便于实现阻抗匹配、调频方便　　D．以上均不正确

8．电容三点式 LC 振荡器的应用场合是______。

A．适合于几兆赫兹以上的高频振荡

B．适合于几兆赫兹以下的高频振荡

C．适合于频率稳定度要求较高的场合

D．以上均不正确

9．正弦波振荡器中正反馈网络的作用是______。

A．保证产生自激振荡的相位条件

B．提高放大器的放大倍数，使输出幅度足够大

C．产生单一频率的正弦波

D．以上均不正确

10．关于振荡器的相位稳定条件，并联谐振回路的 Q 值越高，$\dfrac{\partial\varphi}{\partial\omega}$ 越大，其相位稳定性______。

A．越好　　B．越差　　C．不变　　D．无法确定

11．振荡器与放大器的主要区别是______。

A．振荡器比放大器电源电压高

B．振荡器比放大器失真小

C．振荡器无须外加激励信号，放大器需要外加激励信号

D．振荡器需要外加激励信号，放大器无须外加激励信号

12．改进型电容三点式振荡器的主要优点是______。

A．容易起振　　B．振幅稳定

C．频率稳定度较高　　D．减小谐波分量

13．在自激振荡电路中，下列说法正确的是______。

A．LC 振荡器、RC 振荡器一定产生正弦波

B．石英晶体振荡器不能产生正弦波

C．电感三点式振荡器产生的正弦波失真较大

D．电容三点式振荡器的振荡频率做不高

14．利用石英晶体的电抗频率特性构成的振荡器是______。

A．$f=f_s$时，石英晶体呈感性，可构成串联型晶体振荡器

B．$f=f_s$时，石英晶体呈阻性，可构成串联型晶体振荡器

C．$f_s<f<f_p$时，石英晶体呈阻性，可构成串联型晶体振荡器

D．$f_s<f<f_p$时，石英晶体呈感性，可构成串联型晶体振荡器

15．在串联型石英晶体振荡电路中，对于振荡信号，石英晶体等效为______。

A．阻值极小的电阻　　B．电感

C．电容　　D．不确定

三、填空题

1．根据振荡器输出波形的不同，振荡电路通常分为________和________两大类。

2．按照组成选频网络元件的不同，正弦波振荡电路可分为________振荡电路、________振荡电路和________振荡电路。

3．________振荡器的频率稳定度高。

4．要产生低频正弦波信号，一般可用________振荡电路；要产生高频正弦波信号，可用________振荡电路；要求得到频率稳定度很高的正弦波信号，可用________振荡电路。

5．振荡器是根据________反馈原理来实现的，________反馈振荡电路的波形相对较好。

6．石英晶体振荡器通常可分为________和________两种。

7．为了使振荡电路在接通电源后能自行起振，必须满足的相位条件是________，幅度条件是________。

8．正弦波振荡电路从结构上看，主要由________、________、________以及________ 4 部分组成。

9．RC 桥式正弦波振荡电路由两部分电路组成，即 RC 串并联选频网络和________。当这种电路产生正弦波振荡时，该选频网络的反馈系数（即传输系数）$|\dot{F}|=$________，$\varphi_F=$________。

10．变压器反馈式的 LC 正弦波振荡器输出的正弦波频率为$f_o=$________，桥式 RC 正弦波振荡器输出的正弦波频率为$f_o=$________。

11．RC 桥式振荡器起振时，运放 A 必须________；稳幅振荡时，A 必须________。

12．电容三点式振荡器的发射极至集电极之间的阻抗 Z_{ce} 性质应为________，发射极至基极之间的阻抗 Z_{be} 性质应为________，基极至集电极之间的阻抗 Z_{cb} 性质应为________。

四、综合题

1．为什么晶体管 LC 振荡器总是采用固定偏置与自生偏置混合的偏置电路？

2．电路如图 1 所示，若 $R_1=R_2=100\ \Omega$，$C_1=C_2=0.22\ \mu F$，$R_3=10\ k\Omega$，求振荡频率以及满足振荡条件的 R_F。

3．电路如图 2 所示，A 为理想运算放大器，若 $R_1=5\ k\Omega$，$R_2=R_3=1\ k\Omega$，$U_Z=\pm 6\ V$。请绘制其传输特性曲线。

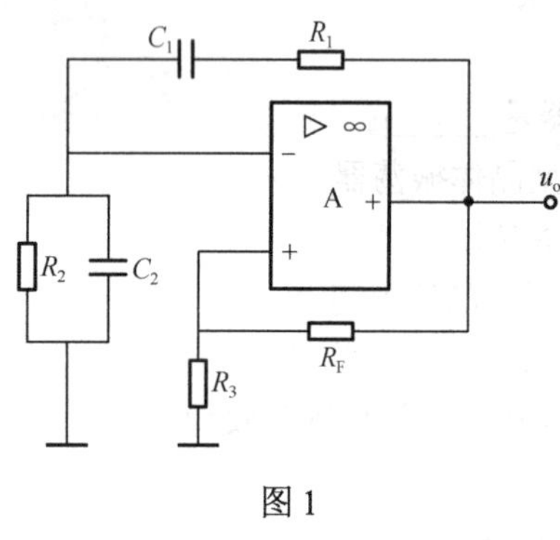

图 1

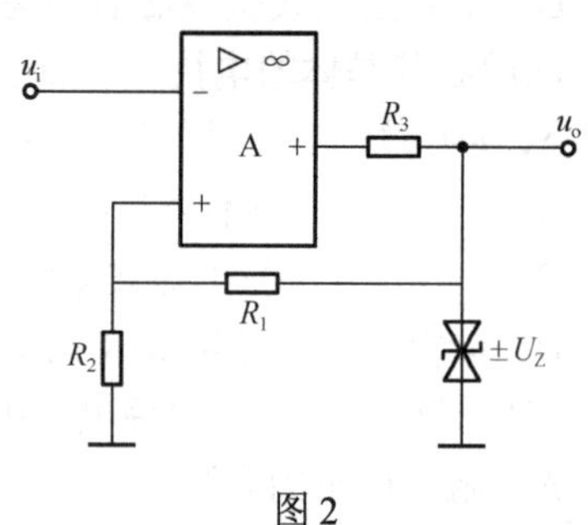

图 2

项目8 调频无线话筒的制作

通过本项目将主要学习以下知识和技能，完成以下实训任务：

序号	知识点	主要内容
1	调频无线话筒	调频无线话筒的组成及工作原理
2	振荡和调制电路的种类及识别	放大电路、正弦波振荡、信号调制过程、波形振荡电路和信号调制电路的实施
3	小信号调谐放大电路	小信号调谐放大器的主要特点、小信号调谐放大器的主要质量指标、小信号调谐放大电路的实施
4	高频功率放大电路	高频功率放大器的分类和特点、高频功率放大电路工作原理、高频功放性能分析
5	实训 13　波形振荡电路和信号调制电路的制作 实训 14　小信号调谐放大电路的制作 实训 15　无线调频话筒的制作与调试	

任务 8.1 认识调频无线话筒

8.1.1 调频无线话筒的组成

传统的话筒是通过电缆线将声音信号传送出去的，一旦人们的活动范围加大，电缆线就成了一个负担，而无线电用于传输话筒的信号，正好解决了这一烦恼，让人们使用起来更加方便。

无线电波可以在空间自由传播，不受用途和地域限制，因此造成各种无线电设备的频率交叉重叠。如果不加以规定和约束，就会产生相互干扰，影响正常的通信。为此，世界上无线频率管理部门对无线电频率的使用范围做了统一规定，使它们之间的相互影响降到最低。无线话筒使用频率为 88～108 MHz。

方案一：采用分立元件构成。由三极管构成的话筒放大电路和三极管构成的电容三点式振荡器，再加上由三极管、电感线圈、电容等组成的功率放大器，就构成了一个简单的发射机。此系统原理简单，元器件常见，容易搭建。

方案二：采用集成电路。集成电路具有体积小、重量轻、引出线和焊接点少、寿命长、可靠性高、性能好等优点，同时成本低，便于大规模生产。它不仅在工、民用电子设备如收录机、电视机、计算机等方面得到了广泛的应用，同时在军事、通信、遥控等方面也得到了广泛的应用。用集成电路来装配电子设备，其装配密度比晶体管可提高几十至几千倍，设备的稳定工作时间也可大大提高。

经比较，分立元件之间会有干扰，系统不是很稳定，调试麻烦。集成电路集成了系统的主要电路部分，所需外围元件少，性能比较稳定，故采用方案二。

本项目无线话筒的结构框图如图 8-1-1 所示。

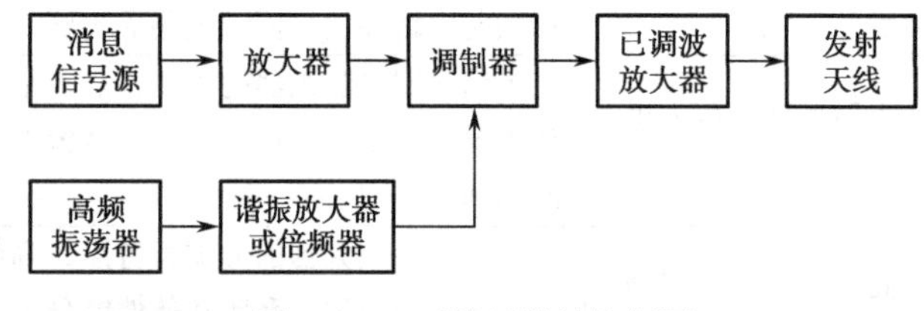

图 8-1-1　无线话筒结构框图

8.1.2 调频无线话筒的工作原理

无线话筒首先将声音信号转换成低频电信号，经过调制，再对所产生的调制信号进行放大、激励、功放和一系列的阻抗匹配，使信号输出到天线，发送出去。无线话筒包括：音频输入、前置放大器、高频振荡器、频率调制器、倍频器、射频功率放大器及辐射天线系统等。

本项目无线话筒的具体电路原理图如图 8-1-2 所示。

本设计采用单话筒，因为 16、17 脚可对复合信号的参数进行调节，可控制左右平衡度，此设计只有一个音频输入，将 16、17 脚悬空，集成块内部已经保证了较高的通道分离度，接可调电阻只是为了优化，此设计只用了单声道，不需要通道分离度优化。作为普通话筒，根本无立体声可言，因此完全可以将 IC 中相关部分省去不用。

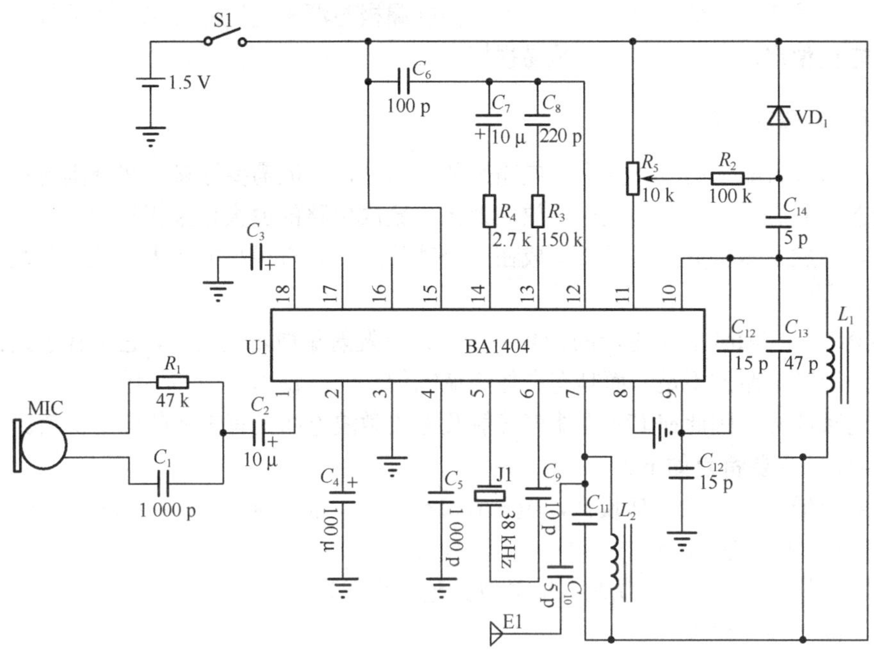

图 8-1-2　调频无线话筒的电路原理图

音频信号经加重和匹配网络由 1 脚输入，经放大后进入 FM 立体声混合器，产生一个信号经缓冲放大后从 14 脚输出；4、5、6 脚的外部分立元件与内部电路组成 38 kHz 振荡器产生 38 kHz 信号经缓冲放大后分别供给混合器和 1/2 分频器，38 kHz 信号经分频器得到一个 19 kHz 的导频信号从 13 脚输出；从 13、14 脚输出复合信号和导频信号经匹配网络由 11 脚进入 FM 调制器（9、10 脚的外围分立元件确定振荡频率）产生一个调频信号，经放大后由 7 脚输出；2 脚为 AF 偏置，3 脚为 AF 接地点，8 脚是 RF 接地点，15 脚为电源正极。

L_1、C_{13} 的取值决定振荡频率，L_2、C_{11} 是射频放大的谐振回路，影响到射频放大器的效率，即影响发射距离。发射距离还与话筒的工作电压、天线长度及接收机的灵敏度有关。

本电路的发射范围可以达到 30～100 m，在中间距离效果最好。如果再想加大其发射距离，可以在射频输出端再加一射频放大器。

任务 8.2　振荡和调制电路的种类及识别

8.2.1　放大电路

1. 晶体管放大器

晶体管放大器的核心器件是晶体三极管，通过使三极管的发射结正向偏置、集电结反偏让晶体三极管处于放大工作区，让需要放大的信号通过晶体三极管的基极进入，控制集电极电流的变化，实现放大功能。晶体三极管性能较稳定，价格便宜，不容易损坏。

2. 场效应管放大器

场效应管放大器的核心器件是场效应管，通过使场效应管的栅极与源极偏置的电压，让

需要放大的信号通过场效应管的栅极进入，控制漏极与源极电流的变化，实现放大功能。场效应管性能较稳定，价格中等，但是易损坏。

3. 集成电路放大器

集成电路放大器采用专用的集成电路来放大信号，一般需要连接一些外围电路，使之处于工作状态，并进一步完善集成电路放大效果。集成电路的放大效果相对较好。

集成电路放大器将分立式元件集成在一个芯片上，具有很高的放大倍数，其性能也比较稳定。

BA1404 是 ROHM 公司生产的为数不多的调频发射集成电路之一，它弥补了过去用分立元件来设计调频电路的不足，而具有立体声调制的功能。仅用很少的外围元件就可得到优美的立体声调频信号，因此在 FM 立体声发射及无线微波方面具有重要的应用价值。

BA1404 的主要特点如下。

（1）采用低电压、低功耗设计，电压在 1～3 V 之间，典型值为 1.25 V，最大功耗为 500 mW，静态电流为 3 mA。

（2）将立体声调制、FM 调制、射频放大电路集成在一个芯片上。

（3）所需外围元件少。

（4）两声道分离度高，典型值为 45 dB。

（5）输入阻抗为 540 Ω（f_{in}=1 kHz），输入增益为 37 dB（V_{in}=0.5 mV）。

（6）典型射频输出电压为 600 mV。

BA1404 引脚功能如表 8-2-1 所示。

表 8-2-1　BA1404 引脚功能

引　脚	名　称	功　能
1	R-CH INPUT	右声道音频输入
2	AF BIAS	音频放大器偏置
3	AF GND	音频放大器地
4	OSC BIAS	38 kHz 振荡器偏置
5、6	XTAL	晶振
7	RF OUT	射频放大器输出
8	RF GND	射频放大器地
9、10	OSC	射频振荡网络
11	VREF	基准参考电压
12	MOD IN	调制信号输入端
13	PILOT OUT	导频信号输出端
14	MPX OUT	双声道复合信号输出端
15	VCC	电源
16、17	MPX BALANCE	声道平衡
18	L-CH INPUT	右声道音频输入

BA1404 主要由前置音频放大器（AMP）、立体声调制器（MPX）、FM 调制器及射频放大器组成。

立体声前置级分别为两个声道的音频放大器。输入为 0.5 mV 时，增益高达 37 dB，频带宽度为 19 kHz。如输入信号中存在频率高于 19 kHz 的成分，则必须在输入端加一个低通滤波器，否则两个声道的分离度会下降。

在立体声调制组，振荡器输出的 38 kHz 信号用于立体声调制。通常在 16、17 脚接一可调电阻，以获得最佳的通道分离度。

立体声混合信号（MPX 输出信号）与导频输出信号（PILOT OUT）合成后的调制信号通过 12 脚进入射频振荡器并对载波进行 FM 调制，经射频放大后输出射频信号，射频信号的典型值在 600 mV 左右。

BA1404 内部还提供了一个参考电压单元 VREF。可以利用这个电压信号改变外接变容二极管的电容值，继而改变载波的振荡频率。因此，只要控制一个电阻的分压值就可以达到改变发射频率的目的，这是比较独特的设计。

BA1404 结构框图如图 8-2-1 所示。

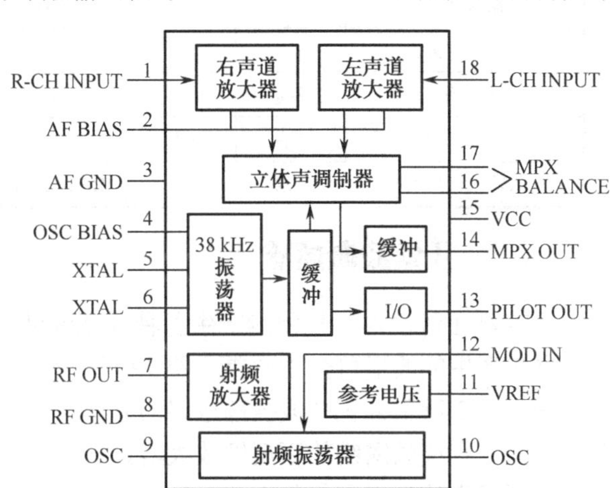

图 8-2-1　BA1404 结构框图

BA1404 推荐工作条件如表 8-2-2 所示。

表 8-2-2　推荐工作条件

参　数	符　号	最 小 值	典 型 值	最 大 值	单　位
电源电压	V_{CC}	1	1.25	3	V

极限参数如表 8-2-3 所示。

表 8-2-3　极限参数

参　数	符　号	极 限 值	单　位
电源电压	V_{CC}	3.6	V
耗散功率	P_d	500	mW
工作温度范围	T_{opr}	−25～75	℃
存储温度范围	T_{stg}	−50～125	℃

电气参数如表 8-2-4 所示。

表 8-2-4　电气参数

参　　数	符　　号	单　　位	测试条件	最小值	典型值	最大值
静态电流	I_Q	mA		0.5	3	5
输入电阻	Z_{IN}	Ω	f=1 kHz	360	540	720
导频输出电压	V_{OP}	mV_{p-p}	空载	460	580	
声道分离度	S_{ep}	dB	以标准解调器		45	
高效最大输出电压	V_{OSC}	mV		350	600	
输入增益	G_V	dB	V_{IN}=0.5 mV	30	37	
声道平衡	C_B	dB	V_{IN}=0.5 mV			2
混合器最大输出电压	V_{OM}	mV_{p-p}	THD≤3%	200		
混合器 38 kHz 泄漏电压	V_{OO}	mV	静态		1	
等效输入噪声电压	V_{NIN}	μV_{rms}	IHF-A 在 38 kHz 停止	25	1	

8.2.2　正弦波振荡器

不需要任何输入信号便能产生各种周期性波形的电路称为信号发生器（振荡器）。信号发生器按产生的波形可分为两类，即正弦波发生器和非正弦波发生器。

图 8-2-2 所示为正弦波振荡电路的方框图。从结构上来看，正弦波振荡器是一个没有输入信号的带有选频网络的正反馈放大器。

选频网络的作用是对某个特定频率的信号产生谐振，从而保证正弦波振荡器具有单一的工作频率。正弦波振荡电路的选频网络有两种结构形式：一种由电感 L、电容 C 组成，称为 LC 正弦波振荡电路；另一种由电阻器 R、电容器 C 组成，称为 RC 正弦波振荡电路。LC 正弦波振荡电路又分为变压器耦合振荡电路、三点式振荡电路和石英晶体振荡电路 3 种。

反馈网络的作用是将输出信号正反馈到放大电路的输入端，作为输入信号，从而使电路产生自激振荡。

假设电路中：先通过输入一个正弦波信号，产生一个输出信号，此时，以极快的速度使输出信号通过反馈网络送到输入端，且使反馈信号与原输入信号“一模一样”。同时，切断原输入信号，由于放大器本身不能识别此时的输入究竟来自信号源，还是来自本身的输出，既然切换前后的输入信号“一模一样”，放大器就一视同仁地给予放大，其形成的自激振荡流程图如图 8-2-3 所示。

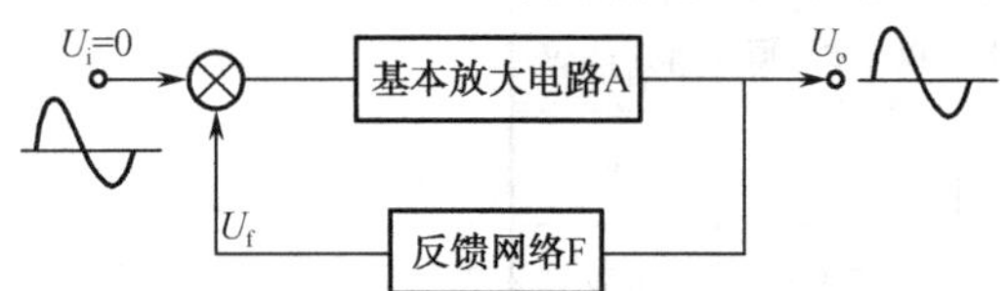

图 8-2-2　正弦波振荡电路的方框图

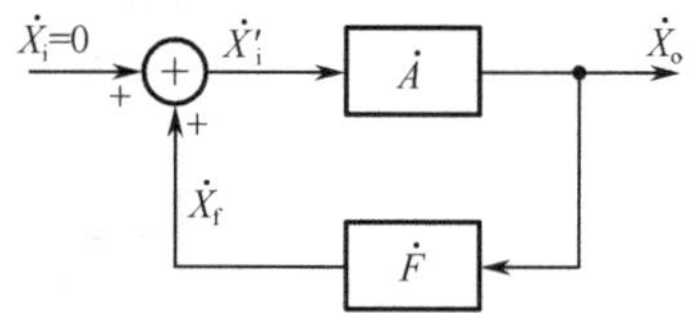

图 8-2-3　自激振荡流程图

输出→反馈→输入→放大→输出→反馈→……这是一个循环往复的过程，放大器就构成了一个“自给自足”的自激振荡器。上述假设指出：只有反馈到输入端的信号与原输入信号“一模一样”，才能产生自激振荡，“一模一样”就是自激振荡的条件，亦称平衡条件。但我

们若要使放大器产生振荡，就要有意识地将电路接成正反馈。

实际上，接通电源的瞬间，总会有通电瞬间的电冲击、电干扰、晶体管的热噪声等，尽管这些噪声很微弱，也不是单一频率的正弦波，但却是由许多不同频率的正弦波叠加组合而成的。在不断放大→反馈→选频→放大→反馈→选频……过程中，振荡就可以自行建立起来。这个过程可简述为：电干扰→放大→选频→正反馈→放大→选频→正反馈→……

显然，建立过程中，每一次反馈回来的信号都比前一次大。晶体管是一个非线性元件，只有在线性区才会有放大作用。开始振荡时，信号较小，工作在线性区，A_u为正常值，正反馈，使A_uF_u等于1；当信号增大到进入非线性区时，输出信号产生削波失真，在信号的一个周期的部分时间内才有放大作用，平均放大量要减小，A_uF_u也随之下降，当降到A_uF_u等于1时，输出和反馈的振幅不再增长，振荡就稳定下来了。可见，稳幅的关键在于晶体管的非线性特性，所以起振条件如下：

$$A_uF_u > 1 \tag{8.2.1}$$

稳定条件（平衡条件）如下：

$$A_uF_u = 1 \tag{8.2.2}$$

8.2.3 信号调制过程

在实际通信中，若基带信号要进行频带传输就必须对基带信号进行调制。因此，调制是各种通信系统中的重要组成部分，它把基带信号的频谱搬移到一定频带范围以适应信道的传输要求，其所起的作用是非常大的。首先，是为了使信号与信道特性匹配。由于信源端直接产生的信号大多数为低通型信号，而大多数信道为带通型信道，为使低通型信号能在带通型信道中传输，就需要调制，这样调制的目的是把调制信号的频谱搬移到信道的通频带内，使信号频谱特性和信道特性相匹配。其次，是为了实现频分多路复用。由于信道的带宽一般远大于某个单路信号的带宽，若在一个信道上仅传输单路信号会造成极大浪费，如要在一个信道上实现多路信号传输，而且各路信号互不干扰，此时可采用调制将各路信号所占的频带在信道通带内一个接一个地排列，并且互不重叠，从而实现多路通信。由于这种复用是以频带位置不同而区分信号的，因此称为频分复用。第三，是为了便于电波辐射。根据天线电磁波传播原理，要使电磁能量有效地耦合到空间，天线的尺寸要与传输信号波长相当。如要将频率为3 kHz的信号有效辐射，天线尺寸约需105 m，这实际上是无法实现的；若用其对3 GHz载波进行调制，天线尺寸只需10 mm左右就可以了。第四，是为了充分利用现有的频率资源。随着通信、广播、电视等的发展，空间频率资源越来越紧张，通过调制，可对频率资源进行有效分配，使通信、广播、电视等在指定的频段工作而互不干扰。第五，是为了减小干扰。由于干扰信号的时间、频谱位置是不断变化的，可以通过调制减小干扰的影响，实现通信；也可以通过调制减小信号的相对带宽，降低设备的制作难度。同时，调制还可以把信号安排在人们特意设计的频段中，使滤波、放大等处理变得容易实现。

调制的实质是频谱变换，把携带消息的基带信号的频谱搬移到较高的频率范围。经过调制后的已调信号应具有两个基本特性：一是仍然携带有消息，二是适合于信道传输。

电路的调制方法有多种，常见的有幅度调制和角度调制等。

1．幅度调制（AM）

调幅是使高频载波信号的振幅随调制信号的瞬时变化而变化。也就是说，通过用调制信号来改变高频信号的幅度大小，使得调制信号的信息包含入高频信号之中，通过天线把高频信号发射出去，然后就把调制信号也传播出去了。这时候在接收端可以把调制信号解调出来，也就是把高频信号的幅度解读出来就可以得到调制信号了。

1）幅度调制的基本工作原理

振幅调制可看成是由一个大的载波成分和双边带信号相加得到。振幅调制信号的表达式为

$$S_{AM}(t)=[A_0+m(t)]A_c\cos\omega_c t \tag{8.2.3}$$

式中，调制信号为$m(t)$，载波为$A_c\cos\omega_c t$，A_c可看作未调载波的振幅，载波频率的起始相位可认为是 0。一般情况下，把$A_c[A_0+m(t)]$看成是已调波形的包络，要求$m(t)$的幅值小于A_0，使已调波形的包络幅度保持为正值。振幅调制的波形与频谱如图 8-2-4 所示。从图中可以看出 AM 的频谱是 DSB 频谱和载波相加的结果。

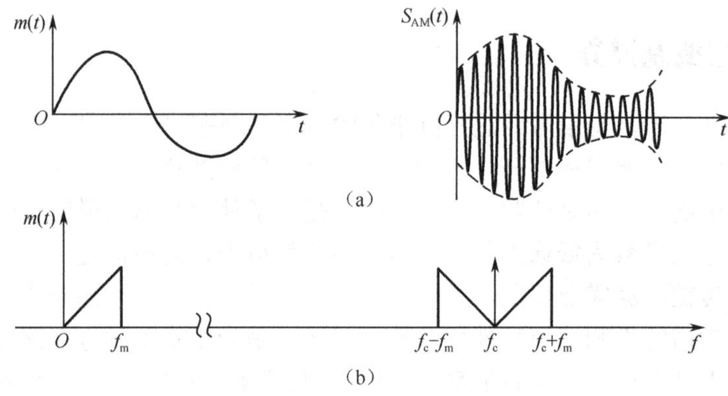

图 8-2-4　振幅调制的波形与频谱

从图 8-2-4 中可以得到以下几点结论：

（1）调幅过程是使原始信号频谱搬移了f_c，搬移后的频谱中包含载波分量和边带分量。

（2）AM 的频谱是关于f_c对称的，高于f_c的频谱称为上边带，低于f_c的频谱称为下边带。

（3）AM 占用的带宽是基带信号带宽f_m的 2 倍，$B_{AM}=2f_m$。

（4）在所有时刻，必须满足$|m(t)|\leqslant A_0$。

为了使已调波的包络和$m(t)$的形状完全相同，必须保证$f_c \gg f_m$和$A_0+m(t)$为正值的条件，这样基带信号才会包含在包络振幅之中，否则，将会产生包络失真。

此外，振幅调制信号还有一个重要的参数是调幅度m，也称为调幅系数。若基带信号$m(t)$的波形对称，则m一般有 3 种情况：$m<1$、$m=1$、$m>1$。当$m<1$时，无包络失真；当$m=1$时，此时已调波幅度在$m(t)$为负的最大值时为 0，这种情况称为满调幅或 100%调幅；当$m>1$时，称为过调幅，此时会产生包络失真，这种情况可采用同步检波器对其进行无失真解调。在一般情况下，为了保证不产生包络失真，总要求$m\leqslant 1$。对语音信号而言，为了防止$m>1$的过调制现象出现，m通常取 0.3 左右。

根据信号功率的定义，可以得到振幅调制（AM）信号的功率为

$$P_{\text{AM}} = \frac{A_c^2}{2} + \frac{A_c^2}{2} P_m \tag{8.2.4}$$

式中，P_m 为调制信号的平均功率，第一项 $A_c^2/2$ 为载波平均功率，不携带任何信息；第二项为调制信号边带功率，边带功率携带信息，我们把携带信息的边带功率与已调信号总功率的比称为调制效率，用 η_{AM} 表示，则

$$\eta_{\text{AM}} = \frac{\frac{A_c^2}{2} P_m}{P_{\text{AM}}} \tag{8.2.5}$$

实际上 η_{AM} 是一个小于 1 的数，η_{AM} 越大，说明 AM 信号平均功率中携带信息的那一部分功率就越大。一般正弦波进行 100%（m=1）调制时，其调制效率也只有 33.3%，而方波进行 100%调制时，其效率也只能达到 50%，为 AM 调制中效率最高的。

此外，我们应注意调制效率 η_{AM} 既与调制信号的波形有关，同时也与调制深度 m 有关，它们之间的关系式为

$$\eta_{\text{AM}} = \frac{m^2}{2 + m^2} \tag{8.2.6}$$

显然当 m=1 时，正弦调制效率 η_{AM}=1/3。

2）振幅调制 AM 的解调

AM 信号的解调方法主要有两种：第一种是和 DSB 一样的同步解调；第二种是不用本地同步载波的包络检波法。由于包络检波法的电路简单且不需要本地载波，因此得到了广泛的应用，目前 AM 信号的解调基本上用的都是包络检波法。

2. 角度调制

角度调制是频率调制和相位调制的总称。角度调制是使正弦载波信号的角度随着基带调制信号的幅度变化而改变。也就是说，比如在调频信号中，载波信号的频率随着基带调制信号的幅度变化而改变，调制信号幅度变大时，载波信号的频率也变大（或变小），调制信号幅度变小时，载波信号的频率也变小（或变大）；而在调相信号中，载波信号的相位随着基带调制信号的幅度变化而改变，调制信号幅度变大时，载波信号的相位也变大（或变小），调制信号幅度变小时，载波信号的相位也变小（或变大）。实际上，在某种意义上，调频和调相是等同的。

1）角调波的概念和分类

载波的相角受调制信号的控制而变化的调制称为角度调制。在这种调制方式中，载波的幅度恒定不变，用载波的频率和相位的变化来承载信息，因此角度调制分为频率调制（FM）和相位调制（PM）两种。频率调制和相位调制之间可以相互转换，通常频率调制使用得较多，这里主要讨论频率调制系统。

调相（PM）：相位调制时，载波的振幅不变，调制信号控制载波的相位，使已调信号的相位按调制信号的规律变换。瞬时相角 $\theta(t)$ 等于未调载波的瞬时相角加上一个与调制信号 $m(t)$ 成比例的时变相角，即

$$\theta(t) = \omega_c t + K_p m(t) \tag{8.2.7}$$

式中，ω_c为载波角频率，K_p为比例常数，称为调相器的调制灵敏度（rad/V），则调相波的时域表达式为

$$S_{PM}(t) = A_c \cos[\omega_c t + K_p m(t)] \tag{8.2.8}$$

调频（FM）：频率调制时，载波的振幅不变，调制信号控制载波的频率，使已调信号的频率按调制信号的规律变化，其瞬时角频率等于未调载波的角频率加上一个与$m(t)$成比例的时变角频率，即

$$\omega(t) = \omega_c + k_f m(t) \tag{8.2.9}$$

式中，ω_c为未调载波角频率，k_f为调制器的调频灵敏度（Hz/V）。则调频（FM）波的时域表达式为

$$S_{FM}(\mathrm{t}) = A_c \cos\left[\omega_c t + k_f \int m(t)\mathrm{d}t\right] \tag{8.2.10}$$

（1）窄带调频和宽带调频。从角度调制的整个过程来看，角度调制属于非线性调制，其频谱表示式是相当复杂的。对于频率调制，当最大相位偏移和最大频率偏移较小时，属于窄带调频（NBFM），已调信号所占的频带较窄，接近调制信号的两倍带宽。而最大相位偏移和最大角频率偏移较大时，已调信号所占的带宽将超过调制信号的两倍带宽，属于宽带调频（WBFM）。

① 窄带调频（NBFM）。对于表达式（8.2.10），当其中的$k_f \int m(t)\mathrm{d}t < \frac{\pi}{6}$或0.5时，称为窄带调频（NBFM）。窄带调频信号的带宽较窄，只有调制信号带宽的2倍，相当于AM和DSB调幅信号的带宽，这是它的优点，但它的抗噪声性能不是很好。由于NBFM的最大相位偏移较小，使得调频制度抗干扰的优点不能充分发挥出来，因此只用在抗干扰性能要求不高的短距离通信中，或作为宽带调频的前置。若要实现微波或卫星通信以及超短波通信等远距离、高质量的通信，就得采用宽带调频。

② 宽带调频（WBFM）。对于表达式（8.2.10），当其中的$k_f \int m(t)\mathrm{d}t > \frac{\pi}{6}$或0.5时，称为宽带调频（WBFM）。宽带调频用较宽的频谱换来了较强的抗干扰性能，常用在远距离、高质量的通信系统中。

与线性调制不同，即使在单音调制的情况下，调频波也可以展开成无限多个频率分量，使得调频波的带宽变为无穷大。但实际上，调频波总功率的98%以上集中在有限频带内，对这有限频带内的调频波解调不会产生明显的失真。所以我们将幅度小于0.1倍载波幅度的边频忽略不计，可以得到调频信号的带宽为

$$B_{FM} \approx 2(\Delta f + f_H) \tag{8.2.11}$$

式中，Δf称为最大频偏，f_H是基带信号的最高频率。

（2）调频信号的功率。载波频率远大于调制信号的频率时，调频波的疏密变化是缓慢的，所以在调制周期内，调频信号的平均功率就等于未调制时的载波功率，如下所示：

$$P_{FM} = \frac{A_c^2}{2} \tag{8.2.12}$$

2）FM波的产生和解调

（1）调频波的产生。通常调频波产生有两种方式：一种是直接调频法，又称参数变值法；

另一种是间接调频法，又称为阿姆斯特朗法。

直接法是直接利用压控振荡器进行调频的方法，利用变容管组成压控振荡器，使压控振荡器的瞬时频率随调制信号的变化而呈线性变化。它广泛应用于小型调频电台中，其原理框图如图 8-2-5 所示。直接用调制信号 $m(t)$去控制振荡器的频率。通常，振荡器的频率取决于 LC 调谐电路，所以只要设法使 L 或 C 受调制信号控制，就能达到直接调频的目的。如将调制信号加到 LC 回路的变容管上，则回路的变容管容量就会随调制信号的变化而变化，使输出信号的频率随之发生变化。由于输出信号的瞬时频率与调制信号幅度呈线性关系，所以输出的波形就是调频波。

直接调频的主要优点是电路简单，可以得到较大的频偏，但频率稳定度不是很高，载频经常发生较大的漂移，有时甚至和调频信号的最大频偏有相同的数量级，常用于对频率稳定度要求不高的场合。为了使载波频率保持稳定，一般需要对载频采取稳频措施。

间接法是先用调制信号产生一个窄带调频信号，然后将窄带调频信号通过倍频器得到宽带调频信号。这种方式要先对调制信号 $m(t)$积分，然后对积分后的信号进行相位调制，这样就可以得到一个窄带调频信号，再经 N 次倍频得到宽带调频波。原理如图 8-2-6 所示。

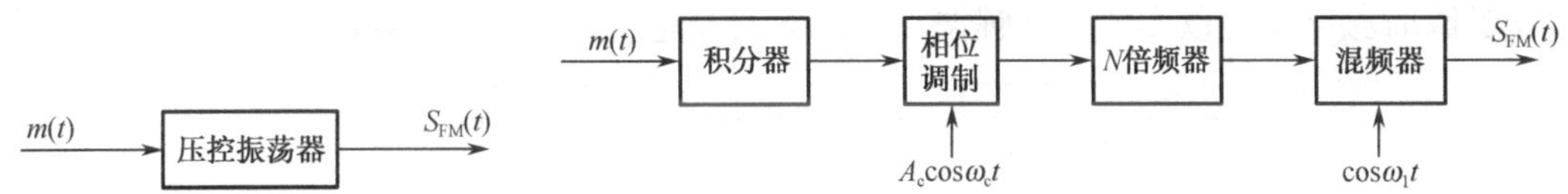

图 8-2-5　直接调频法原理框图　　　图 8-2-6　间接调频法原理图

间接调频器中，通过 N 次倍频，调频信号的载频增加 N 倍，同时调频指数也会增加 N 倍，而成为宽带调频。通常经过 N 次倍频后调制指数满足了要求，但输出的载波频率有可能不符合要求，此时就需要加入混频器进行混频处理，将载波变换到要求的值。混频器混频时只改变载波频率而不会改变调制指数的大小。

（2）调频波的解调。调频信号的解调是要产生一个输出幅度与输入调频波的频率呈线性关系的信号。完成频率/电压转换的器件是频率解调器。常用的调频信号解调方式主要有两种：斜率鉴频解调和反馈解调。

① 斜率鉴频解调。斜率鉴频解调不仅适用于宽带调频信号，也适用于窄带调频信号，是使用最广泛的一种解调方式。其原理如图 8-2-7 所示。

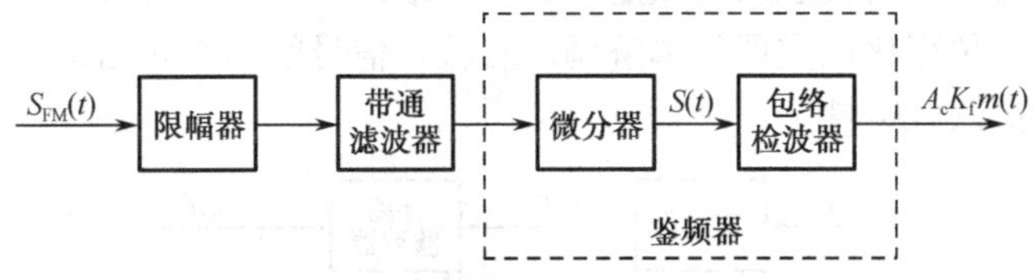

图 8-2-7　斜率鉴频解调原理图

限幅器将调频信号在传输过程中叠加噪声引起的幅度变化去掉，变成固定幅度的调频波，带通滤波器让调频信号顺利通过，滤除带外噪声及高次谐波分量。微分器和包络检波器组成鉴频器。鉴频器的功能是把输入信号频率的变化转变成输出信号电压瞬时幅度的变化，也就是鉴频器输出电压的瞬时幅度与输入调频波的瞬时频率偏移成正比。FM 波经微分之后变成了调频调幅波 $s(t)$。

$$S(t)=2\pi f_c A_c + A_c K_f\, m(t) \tag{8.2.13}$$

式中，第一项是直流分量，第二项就是我们所需要的调制信号，只要对 $s(t)$信号进行包络检波，就可以隔除直流分量，最后得到的就是所需要的调制信号 $A_c K_f m(t)$。

② 反馈解调。在有噪声的情况下，反馈解调器的解调性能比无反馈解调器好。反馈解调器有频率负反馈解调器和锁相环解调器两种。

频率负反馈解调。前面讨论过的斜率鉴频解调和调幅非相干解调一样，都有门限效应。即当解调器输入端信噪比低到某个程度后，解调器的输出信噪比急剧下降，甚至无法取出信号。为了减小解调器输入端的噪声功率，应该使带通滤波器的带宽窄一些，但当带宽较窄时，不能使调频信号全部通过，反而引起调频信号的失真。为了解决这一问题，必须采用频率负反馈解调器解调，其原理框图如图 8-2-8 所示。反馈电路使压控振荡器的频率变化跟踪输入调频信号频率偏移变化，混频后的中频信号是频偏受到压缩的调频信号。因此，中频滤波器可以由窄带滤波器代替。由于中频滤波器的输出信号频偏和输入的调频信号频偏成比例地变化，所以鉴频器输出端同样可以得到无失真的调制信号，只是输出调制信号的幅度减小而已。频率负反馈解调器的最终目的是使压控振荡器的输出瞬时频率较好地跟踪输入调频信号 $S_{FM}(t)$的瞬时频率变化以实现频率解调。它的解调性能要比一般鉴频器好。

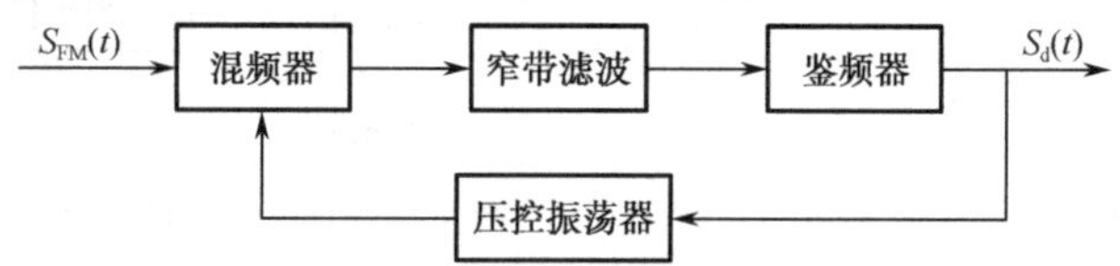

图 8-2-8　频率负反馈解调原理框图

锁相环解调。这种解调器具有优良的解调性能，调整比较容易，便于用廉价的集成电路来实现，因此，被广泛地应用在现代通信系统中。这种解调方式的原理框图如图 8-2-9 所示。它主要由鉴相器、环路滤波器、压控振荡器组成。鉴相器是一个相位比较装置，它对输入的信号 $S_{FM}(t)$和压控振荡器输出信号 $S_o(t)$的相位进行比较，产生一个对应两者相位差的误差电压 $S_e(t)$，环路滤波器实质上是一个低通滤波器，它将 $S_e(t)$中的高频成分和噪声滤掉，以保证系统的稳定性。压控振荡器受控制电压 $S_d(t)$的控制，使输出信号频率与输入信号频率相近，直到频差消除而锁定，最终使输入信号与输出信号同频，即频差为 0，相位不再随时间变化。当 $S_e(t)$为一固定值时，环路就进入“锁定”状态。最终使压控振荡器的输出瞬时相位跟踪输入调频信号的瞬时相位变化以实现频率解调。若输入信号的频率和相位不停地变化，则要求锁相环具有更良好的跟踪特性。

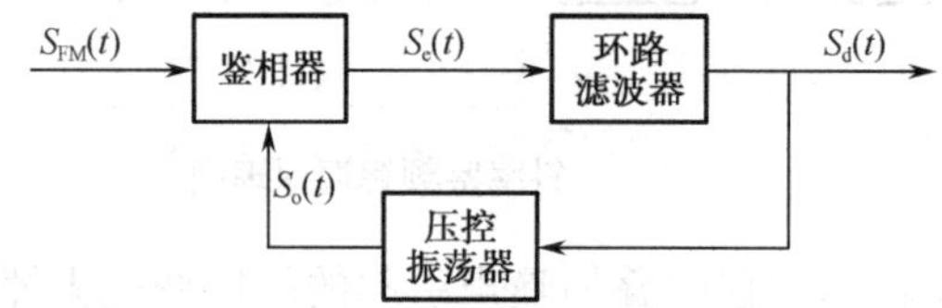

图 8-2-9　锁相环解调原理框图

3）调频系统的抗噪声性能分析

调频信号解调也和幅度调制信号解调一样，同样有同步解调和非同步解调两种，也称为

相干解调和非相干解调。相干解调主要用于窄带调频信号，由于相干解调需要在接收端产生一个相干信号，会增加接收机的复杂程度，所以实际上用得不多；而非相干解调不需要同步信号，电路简单，并且适用于宽带调频和窄带调频，故得到比较广泛的应用。FM 非相干解调的原理框图如图 8-2-10 所示，由限幅器、鉴频器和低通滤波器等组成。

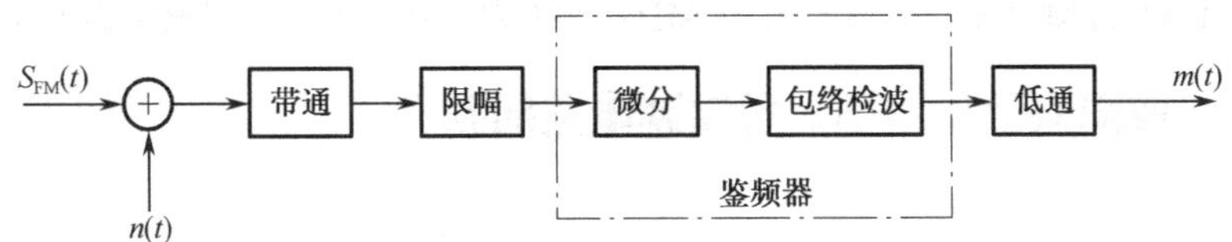

图 8-2-10　FM 非相干解调的原理框图

带通滤波器用来限制带外噪声，但必须有足够的带宽保证调频信号顺利通过。窄带调频时，带宽 $B_{FM}\approx 2f_m$；宽带调频时，带宽 $B_{FM}\approx 2(\Delta f+f_m)$。一般把噪声 $n(t)$看成单边带功率谱密度均匀分布的高斯白噪声，经过带通滤波器后变成高斯带限噪声。限幅器输入的合成振幅和相位都会受到噪声的影响，但经过限幅器可以消除噪声对振幅的影响，因此，一般只考虑噪声对相位的影响。鉴频器中的微分器把调频信号变成调幅调频波，由包络检波器检出包络。通过低通，滤出调制信号 f_m 以外的噪声而取出调制信号。

由于 FM 的调制和解调都是非线性的，当信号与噪声相加后进入带通滤波器后，噪声对幅度的影响经限幅器可以消除，但噪声对信号相位也要产生影响，这种影响限幅器无能为力。信号与噪声合成后，总的相位偏移不仅与信号有关，而且还与噪声有关。当它们进入鉴频器后，由于鉴频器是个非线性部件，它们不满足叠加性，因此解调过程中信号与噪声相互作用，给分析带来了许多不便。只有在大信噪比的条件下做某些近似，才能把输出的信号与噪声分开，这样可求出调频信号的制度增益为

$$G_{FM}=3m_f^2(m_f+1) \qquad (8.2.14)$$

式中，m_f称为调频指数，也是最大相位偏移。可以看出调频系统解调的信噪比是很高的，m_f变大时，G_{FM}会迅速增大，但同时所需带宽也会越宽。这说明调频系统抗噪声性能的改善是以增加传输带宽为代价得到的。

对于调频系统，我们可以得到以下几点结论。

（1）调频信号的功率等于未调制时的载波功率。这是由于调频后，载波功率和边频功率分配关系发生变化，载波功率转移到边频功率上的缘故。这种功率分配关系随调频指数 m_f的变化而变化，但只要适当选取 m_f，基本上可以使调制后载波功率全部转移到边频功率上。

（2）解调器输出的基带信号幅度与输入调频信号的最大频偏Δf成比例，Δf越大，输出基带信号的幅度就越大，但所需的传输带宽也相应增大。

（3）调频信号的解调是一个非线性过程，理论上应考虑调频信号和噪声的相互作用，但在大输入信噪比的情况下，它们的相互作用可以忽略。

（4）调频信号解调器输出端的噪声功率谱密度与频率的平方成比例，并且在正负一半的传输带宽内呈抛物线形状，可以采用加重和去加重技术来提高调频解调器的这种抗噪声性能。

（5）调频信号的非相干解调和振幅调制信号的非相干（非同步）解调一样，都存在门限效应。当输入信噪比大于门限电平时，解调器的抗噪声性能较好，而当输入信噪比小于门限

电平时，输出信噪比急剧下降。

调频（FM），就是高频载波的频率不是一个常数，是随调制信号而在一定范围内变化的调制方式，其幅值则是一个常数。与其对应的，调幅就是载频的频率是不变的，其幅值随调制信号而变。

本章项目设计的频率要求为 87～108 MHz 范围内，故采用了调频的调制方式来实现。

实训 13　波形振荡电路和信号调制电路的制作

1. 射频振荡网络电路

射频振荡网络的外接电路决定了振荡频率。射频功率放大器的工作频率很高，但相对频带较窄，射频功率放大器一般都采用选频网络作为负载回路。

其电路如图 8-2-11 所示，图中编号 9、10 分别接 BA1404 的 9、10 脚。

振荡频率计算公式如下：

$$f=\frac{1}{2\pi\sqrt{LC}} \tag{8.2.15}$$

式中，L 为 L_1，C 为 C_{13}。本次设计的频率要求在 87～108 MHz 范围内，L_1 可在 5 mm 的铁芯上用 0.5 mm 的漆包线绕 2.5 圈左右，使 C_{13} 的电容值为 47 pF，或采用可调电容。电感需要自己制作或购买，自己制作的电感在实际调试中改变电感线圈的匝间距离。

2. 微调频率电路

BA1404 内部还提供了一个参考电压单元 VREF。可以利用这个电压信号改变外接变容二极管的电容值，继而改变载波的振荡频率。因此，只要控制一个电阻的分压值就可以达到改变发射频率的目的，这是比较独特的设计。其电路如图 8-2-12 所示，图中编号 11 接 BA1404 的 11 脚。

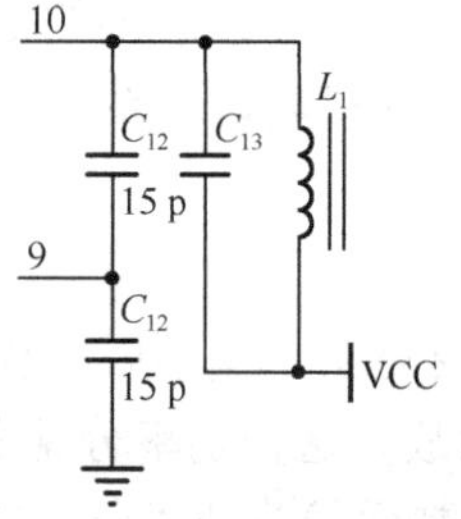

图 8-2-11　射频振荡网络电路

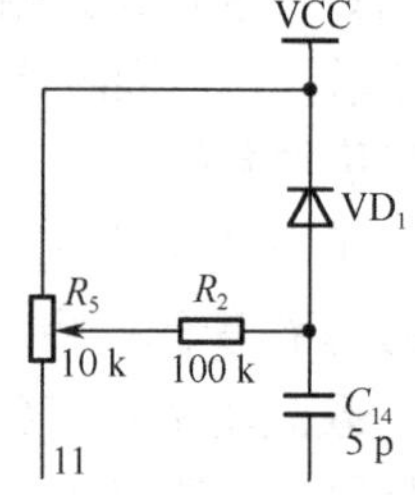

图 8-2-12　微调频率电路

为了简化应用，可以不用变容二极管微调发射频率，在变容管处直接短路，这样可以省去 R_2 和 VD_1。

任务 8.3　小信号调谐放大电路

8.3.1　小信号调谐放大器的主要特点

晶体管集电极负载通常是一个由 LC 组成的并联谐振电路。由于 LC 并联谐振回路的阻

抗是随着频率变化而变化的，理论上可以分析，并联谐振在谐振频率处呈现纯阻，并达到最大值，即放大器在回路谐振频率上将具有最大的电压增益。若偏离谐振频率，输出增益减小。总之，调谐放大器不仅具有对特定频率信号的放大作用，同时也起着滤波和选频的作用。

8.3.2 小信号调谐放大器的主要质量指标

衡量小信号调谐放大器的主要质量指标主要包括以下几个方面。

1. 谐振频率

放大器调谐回路谐振时所对应的频率称为放大器的谐振频率，理论上，对于 LC 组成的并联谐振电路，谐振频率 f 的表达式为

$$f = \frac{1}{2\pi\sqrt{LC}} \tag{8.3.1}$$

式中，L 为调谐回路电感线圈的电感量；C 为调谐回路的总电容。

2. 谐振增益（A_v）

放大器的谐振电压增益放大倍数指放大器处在谐振频率 f_o 下，输出电压与输入电压之比。

A_v 的测量方法：当谐振回路处于谐振状态时，用高频毫伏表测量输入信号 V_i 和输出信号 V_o 的大小，利用下式计算：

$$A_v = \frac{V_o}{V_i} \tag{8.3.2}$$

$$A_v = 20\lg\frac{V_o}{V_i}(\text{dB}) \tag{8.3.3}$$

另外，也可以利用功率增益系数进行估算：

$$A_p = \frac{P_o}{P_i} \tag{8.3.4}$$

$$A_p = 10\lg\frac{P_o}{P_i}(\text{dB}) \tag{8.3.5}$$

3. 通频带

由于谐振回路的选频作用，当工作频率偏离谐振频率时，放大器的电压放大倍数下降，习惯上称电压放大倍数 $A_v=V_o/V_i$ 下降到谐振电压放大倍数 A_{vo} 的 0.707 倍时所对应的频率偏移称为放大器的通频带带宽 BW。

$$BW = f_H - f_L = 2\Delta f_{0.7} = f_0/Q \tag{8.3.6}$$

式中，Q 为谐振回路的有载品质因数。

当晶体管选定后，回路总电容为定值时，谐振电压放大倍数 f_o 与通频带 BW 的乘积为一常数。

频带 BW 的测量方法：根据概念，可以通过测量放大器的谐振曲线来求通频带。测量方法主要采用扫频法，也可以是逐点法。

扫频法：即用扫频仪直接测试。测试时，扫频仪的输出接放大器的输入，放大器的输出接扫频仪检波头的输入，检波头的输出接扫频仪的输入。在扫频仪上观察并记录放大器的频

率特性曲线，从曲线上读取并记录放大器的通频带。

逐点法：又叫逐点测量法，就是测试电路在不同频率点下对应的信号大小，利用得到的数据，作出信号大小随频率变化的曲线，根据绘出的谐振曲线，利用定义得到通频带。

4．增益带宽积

增益带宽积 $BW \cdot G$ 也是通信电子电路的一个重要指标，通常，增益带宽积可以认为是一个常数。放大器的总通频带宽度随着放大级数的增加而变窄，BW 越大，增益越小。二者是一对矛盾。

不同电路中，放大器的通频带差异可能比较大。例如，在设计电视机和收音机的中频放大器时，对带宽的考虑是不同的，普通的调幅无线电广播所占带宽是 9 kHz，而电视信号的带宽需要 6.5 MHz，显然，要获得同样的增益，中频放大器的带宽设计是完全不同的。

5．选择性

放大器从含有各种不同频率的信号总和中选出有用信号、排除干扰信号的能力，称为放大器的选择性。选择性的基本指标是矩形系数。其中，定义矩形系数是电压放大倍数下降到谐振时放大倍数的 10%所对应的频率偏移和电压放大倍数下降为 0.707 时所对应的频率偏移 $2\Delta f_{0.1}$ 之比，即

$$K_{v0.1} = 2\Delta f_{0.1} / 2f_{0.7} \quad (8.3.7)$$

同样，还可以定义矩形系数，即

$$K_{r0.01} = 2\Delta f_{0.01} / 2f_{0.7} \quad (8.3.8)$$

显然，矩形系数越接近 1，曲线就越接近矩形，滤除邻近波道干扰信号的能力越强。

实训 14　小信号调谐放大电路的制作

射频放大器的谐振回路影响到射频放大器的效率，即影响发射距离。其电路如图 8-3-1 所示，图中编号 7 接 BA1404 的 7 脚。

调制信号经 IC 内的射频放大器放大，最后从 7 脚输出，电容 C_{11} 耦合到天线发射。L_2 和 C_{10} 组成射频放大器匹配网络，其取值同 L_1 和 C_{13}。

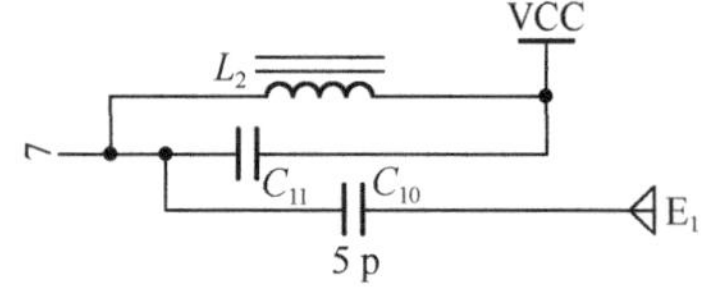

图 8-3-1　射频放大器的谐振回路

任务 8.4　高频功率放大电路

8.4.1　高频功率放大器的分类和特点

高频功率放大器用于放大高频信号并获得足够大的输出功率，常又称为射频功率放大器。它广泛用于发射机、高频加热装置和微波功率源等电子设备。

1．高频功率放大器的分类

根据相对工作频带的带宽不同，高频功率放大器（以下简称功放）可分为窄带型和宽带型两大类。

1）窄带型

窄带型高频功放常采用具有选频功能的谐振网络作为负载，所以又称为谐振功率放大器。为了提高效率，谐振功放常工作在丙类或乙类状态。其中，放大等幅信号（如载波信号、调频信号）的谐振功放一般工作于丙类状态，而放大高频调幅信号的谐振功放一般工作于乙类状态，以减小失真，这类功放又称为线性功率放大器。为了进一步提高效率，近年来出现了使电子器件工作于开关状态的丁类谐振功放。

2）宽带型

宽带型高频功放采用工作频带很宽的传输线变压器作为负载，常工作于甲类状态。它可实现功率合成，由于不采用谐振网络，因此这种功放可以在很宽的范围内变换工作频率而不必调谐。本节主要讨论丙类谐振功放。

2. 谐振功率放大器的特点

谐振功放与低频功放、小信号谐振放大器都有着某些相似之处，但也有一些不同于它们的特点。

1）相同点

都要求输出功率大、效率高。它们的主要性能指标都是输出功率 P_o、效率 η 和功率增益。

2）不同点

低频功放工作频率低，为 20 Hz～20 kHz，相对频带很宽不能采用谐振网络作为负载，而只能采用电阻、变压器等非谐振负载，且常工作于乙类或甲乙类状态。谐振功放的工作频率高（从几百千赫兹到几百兆赫兹，甚至更高），相对频带却很窄（如调幅广播电台的相对频带为 10^{-2}～10^{-3} 数量级），因此一般采用谐振网络作为负载，且常工作于丙类或乙类状态。

下面将谐振功放与小信号谐振放大器做一下比较。

（1）相同点。都是高频放大器，且负载均为谐振网络。

（2）不同点。小信号谐振放大器属于小信号放大器，它用来不失真地放大微弱高频信号，同时抑制干扰信号，因此主要考虑的性能指标是电压放大倍数、选择性和通频带，而对输出功率和效率一般不予考虑。显然，这种放大器工作在甲类状态，其谐振网络负载的作用是抑制干扰信号。谐振功放是大信号放大器，它主要考虑的是输出功率要大、效率要高，因此这种放大器常工作在丙类（或乙类）状态，其谐振网络负载的作用是从失真的集电极脉冲中选出基波、滤除谐波，从而得到不失真的输出电压。

8.4.2　高频功率放大电路工作原理

1. 电路工作原理

利用选频网络作为负载回路的功放称为谐振功放。根据放大器电流导通角 θ_c 的范围可分为甲类、乙类、丙类和丁类等功放。电流导通角 θ_c 越小放大器的效率越高，如丙类功放的 θ_c 小于 90°。

丙类功放通常作为发射机的末级，以获得较大的输出功率和较高的功率。丙类谐振功率放大器原理图如图 8-4-1 所示。

谐振功率放大器的特点如下。

（1）放大管是高频大功率晶体管，能承受高电压和大电流。

（2）输出端负载回路为调谐回路，既能完成调谐选频功能，又能实现放大器输出端负载的匹配。

（3）输入余弦波时，经过放大，集电极输出电压是余弦脉冲波形。

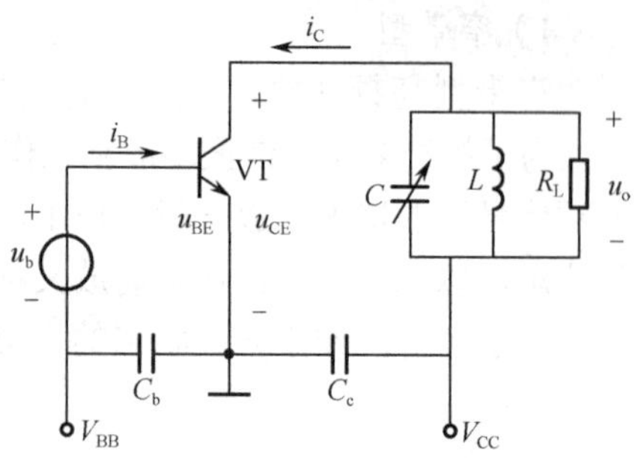

图 8-4-1　谐振功率放大器的原理图

图 8-4-1 中，C_b 和 C_c 均为高频旁路电容。V_{CC} 为集电极直流电源电压，V_{BB} 为基极电压。为了使放大器工作在丙类状态，应使 V_{BB} 小于管子的导通电压 V_{on}，即 $V_{BB}<V_{on}$。而为了保证放大器可靠地工作在丙类状态，常取 $V_{BB}\leqslant 0$，即 V_{BB} 为负电压。显然，静态时三极管处于截止状态。

若基极输入为余弦电压，即 $u_b=U_{bm}+V_{bm}\cos\omega_c t$，则加在三极管发射结的两端电压

$$u_{BE}=V_{BB}+V_{bm}\cos\omega_c t \tag{8.4.1}$$

若忽略 U_{CE} 对 i_B 的反作用，则由管子的输入特性可以得到它的基极电流 i_B，如图 8-4-2 所示。由放大器工作状态可知：

$\theta=180°$，为甲类工作状态。

$\theta=90°$，为乙类工作状态。

$\theta<90°$，为丙类工作状态。

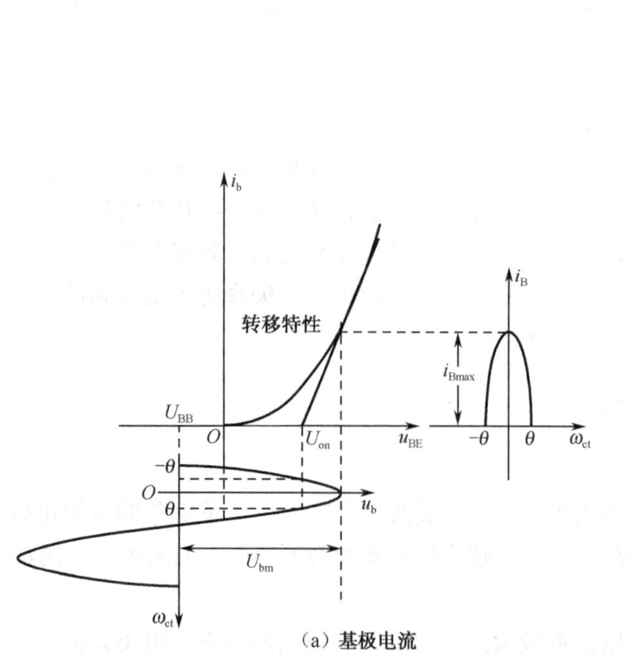

（a）基极电流

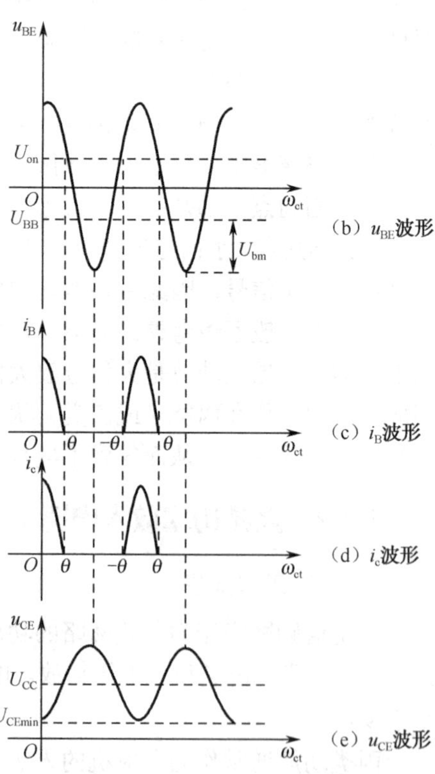

图 8-4-2　丙类谐振功放的电压、电流波形

由于放大器工作在丙类状态，故管子只在小半个周期内导通，而在大半个周期内截止，则导通角 $2\theta<180^\circ$，或 $\theta<90^\circ$。θ 称为半导通角，显然 i_B 为余弦脉冲波形。

由于 $\omega_{ct}=\theta$ 时，i_c 刚好为零，或 U_{be} 等于 U_{on}，故 $U_{BB}+U_{bm}\cos\theta\approx U_{on}$，则

$$\cos\theta\approx\frac{U_{on}-U_{BB}}{U_{bm}} \tag{8.4.2}$$

当管子导通时，它由截止区进入放大区，于是有集电极电流 i_c 流过。若忽略 U_{CE} 对 i_B 的反作用以及管子结电容的影响（只要工作频率 $f_c<0.5f_\beta$），则 i_c 波形与 i_B 相似。晶体管的集电极电流 i_c 也是一个周期性的余弦脉冲，用傅氏级数展开 i_c，则得

$$i_c=I_{c0}+I_{c1m}\cos\omega_c t+I_{c2m}\cos 2\omega_c t+\cdots+I_{cnm}\cos n\omega t \tag{8.4.3}$$

式中，I_{c0} 为 i_c 的直流分量，I_{c1m}、I_{c2m} …分别为其基波分量和高次谐波分量的振幅。

由于 LC 并联谐振于 i_c 的基波分量 $I_{c1m}\cos\omega_c t$，则回路对基波电流呈现很大的纯电阻性 R，而对直流和谐波电流呈现的阻抗很小。因此，i_c 的各种成分中，只有基波分量才能在回路两端产生压降，故输出电压为

$$u_c=RI_{cm1}\cos\omega_c t=U_{cm}\cos\omega_c t \tag{8.4.4}$$

式中，R 为 LC 谐振回路总谐振电阻，U_{cm} 为谐振回路两端（基波）电压的振幅。可见，谐振回路具有从众多电流分量重选取有用分量（基波分量）的作用及选频作用，故谐振回路两端只能建立起基波电压 u_c。由于 i_c 是自下而上地流过谐振回路，因此 u_c 的规定极性是上负下正，如图 8-4-1 所示，则

$$u_{CE}=U_{cc}-u_c=U_{cc}-U_{cm}\cos\omega_c t \tag{8.4.5}$$

根据上述分析，可以画出丙类谐振功放的 u_{BE}、i_B、i_c 和 U_{CE} 波形，如图 8-4-2（b)、(c)、(d)、(e）所示。

综上所述，当丙类谐振功率放大器输入信号 u_b 为余弦波时，由于晶体管的输入特性及偏压 U_{BB} 的作用，使基极电流 i_B 和集电极电流 i_c 为周期的余弦脉冲（导通角为 2θ），但由于集电极谐振回路谐振于 i_c 建立基波分量，根据其选频作用，在回路两端仍然建立被放大的且与输入电压 u_b 同频率的余弦电压 u_c。

2. 功率关系

由式（8.4.4）和式（8.4.5）可以得到丙类谐振功放的直流电源 U_{cc} 所提供的直流功率和输出功率分别为

$$p_v=U_{cc}I_{c0} \tag{8.4.6}$$

$$p_o=\frac{1}{2}U_{cm}I_{cm1}=\frac{1}{2}I_{cm1}^2R=\frac{U_{cm}^2}{2R} \tag{8.4.7}$$

式中，$R=U_m/I_{cm1}$ 为集电极回路的谐振电阻。于是效率

$$\eta=\frac{p_o}{p_v}=\frac{U_{cm}I_{cm1}}{2U_{cc}I_{co}}=\frac{1}{2}\xi g(\theta) \tag{8.4.8}$$

式中，$\xi=\dfrac{U_{cm}}{U_{cc}}$，称为集电极电压利用系数，$g(\theta)$ 称为集电极电流利用系数或波形系数，它是导通角 θ 的函数。由上式可知，ξ 越大，$g(\theta)$ 越大，则效率 η 越高。由式（8.4.8）可求得不同工作状态下放大器的效率分别为：

甲类工作状态：$\theta=180°$，$g_1(\theta)=1$，$\eta_c=50\%$；

乙类工作状态：$\theta=90°$，$g_1(\theta)=1.57$，$\eta_c=78.5\%$；

丙类工作状态：$\theta=60°$，$g_1(\theta)=1.8$，$\eta_c=90\%$。

8.4.3 高频功放性能分析

高频功率放大器因工作于大信号的非线性状态，不能用线性等效电路分析，工程上普遍采用解析近似分析方法——折线法来分析其工作原理和工作状态。本节主要对丙类谐振功放进行讨论。

1．高频功率放大器的动态特性

在基极输入的余弦电压u_b的作用下丙类谐振功率放大器的放大管将经历不同的工作区域，因此放大器将工作在不同的状态。由式$u_{BE}=U_{BB}+U_{bm}\cos\omega_c t$可知，当基极输入电压的瞬时值$u_b$不太大，以至于$u_{BE}\leqslant u_{on}$时，管子将截止。当$u_{BE}>u_{on}$时，管子将导通。如$U_b$振幅$U_{bm}$不很大，则管子导通时均处于放大区，于是称丙类放大器工作在欠压状态。如果U_{bm}很大，则管子导通时将从放大区进入饱和区，于是称丙类放大器工作在过压状态。如果U_{bm}的大小恰好使管子导通时从放大区进入临界饱和，于是称丙类放大器工作在临界状态。实际上，丙类放大器的工作状态不但与U_{bm}有关，还与U_{cc}、U_{BB}、R_p有关。

丙类谐振功率放大器的工作状态是由负载阻抗R_p、激励电压U_{bm}、供电电压U_{cc}、U_{BB}等4个参量决定的。为了阐明各种工作状态的特点和正确调节放大器，就应该了解这几个参量的变化会使放大器的工作状态发生怎样的变化。

2．高频功率放大器的负载特性

如果U_{cc}、U_{BB}、U_{bm}三个参变量不变，则放大器的工作状态就由负载电阻R_p决定。此时，放大器的电流、输出电压、功率、效率等随R_p而变化的特性，就叫作放大器的负载特性。电压、电流随负载变化波形如图8-4-3所示。

放大器的输入电压是一定的，其最大值为U_{bemax}，在负载电阻R_p由小至大变化时，负载线的斜率由小变大，如图中1→2→3。不同的负载，放大器的工作状态是不同的，所得的i_c波形、输出交流电压幅值、功率、效率也是不一样的。临界状态时负载线和U_{bemax}正好相交于临界线的拐点。放大器工作在临界线状态时，输出功率大，管子损耗小，放大器的效率也就较大。欠压状态是B点以右的区域。在欠压区至临界点的范围内，根据$U_c=R_pI_{c1}$，放大器的交流输出电压在欠压区内必随负载电阻R_p的增大而增大，其输出功率、效率的变化也将如此。过压状态时放大器的负载较大，在过压区，随着负载R_p的加大，I_{c1}要下降，因此放大器的输出功率和效率也要减小。

根据上述分析，可以画出谐振功率放大器的负载特性曲线，如图8-4-4所示。

欠压状态的功率和效率都比较低，集电极耗散功率也较大，输出电压随负载阻抗变化而变化，因此较少采用。但晶体管基极调幅，需采用这种工作状态。过压状态的优点是，当负载阻抗变化时，输出电压比较平稳且幅值较大，在弱过压时，效率可达最高，但输出功率有所下降，发射机的中间级、集电极调幅级常采用这种状态。

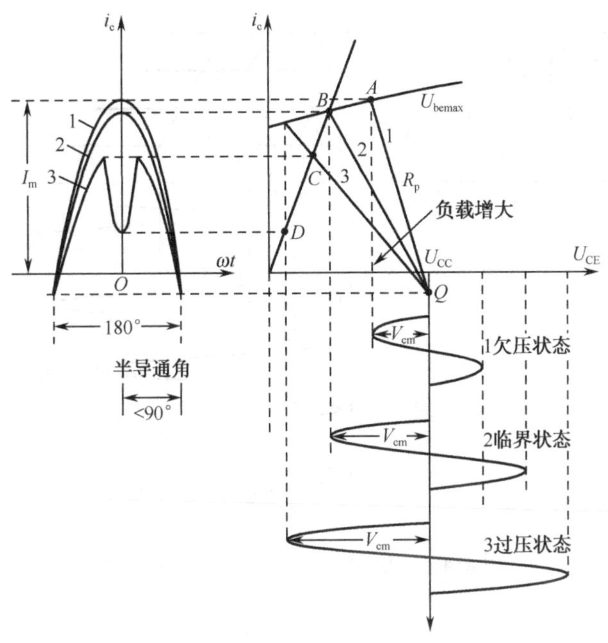

图 8-4-3　电压、电流随负载变化波形

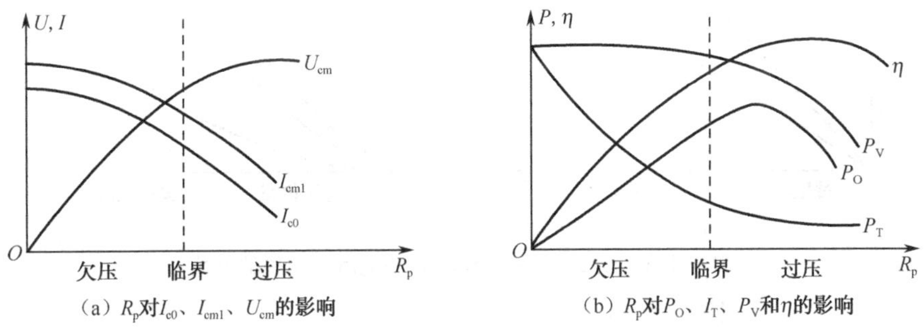

（a）R_p对I_{c0}、I_{cm1}、U_{cm}的影响　（b）R_p对P_O、I_T、P_V和η的影响

图 8-4-4　丙类谐振功率放大器的负载特性曲线

3．放大器工作状态的调整

调整欠压、临界、过压 3 种工作状态，大致有以下几种方法：改变集电极负载 R_p；改变供电电压 U_{cc}；改变偏压 U_{BB}；改变激励 U_{bm}。改变 R_p，但 U_{bm}、U_{cc}、U_{BB} 不变，当负载电阻 R_p 由小至大变化时，放大器的工作状态由欠压经临界转入过压。在临界状态时输出功率最大。改变 U_{cc}，但 R_p、U_{bm}、U_{BB} 不变，当集电极供电电压 U_{cc} 由小至大变化时，放大器的工作状态由过压经临界转入欠压。U_{cc} 变化时对工作状态的影响如图 8-4-5 所示。

在过压区中输出电压随 U_{cc} 改变而变化的特性为集电极调幅的实现提供依据。因为在集电极调幅电路中是依靠改变 U_{cc} 来实现调幅过程的。改变 U_{cc} 时，其工作状态和电流、功率的变化如图 8-4-6 所示。

U_{cc}、U_{BB}、R_p 不变，U_{bm} 变化。当 U_{bm} 自 0 向正值增大时，使集电极电流脉冲的高度和宽度增大，放大器的工作状态由欠压进入过压状态。谐振功放的放大特性是指放大器性能随 U_{bm} 变化的特性，其特性曲线如图 8-4-7 所示。

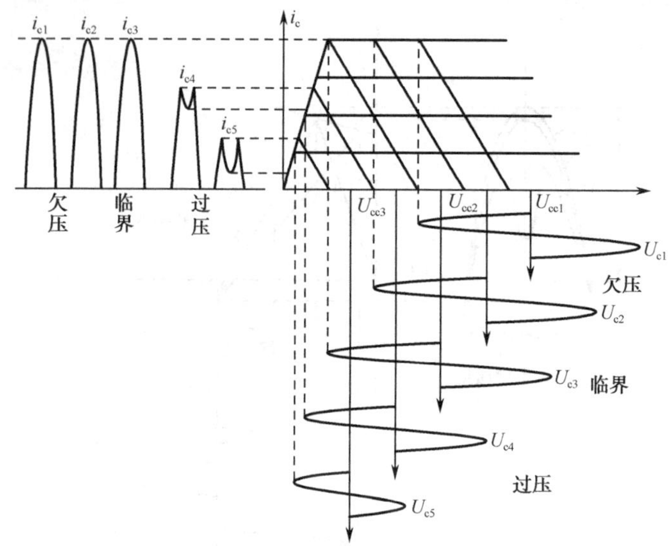

图 8-4-5 U_{cc}变化时对工作状态的影响

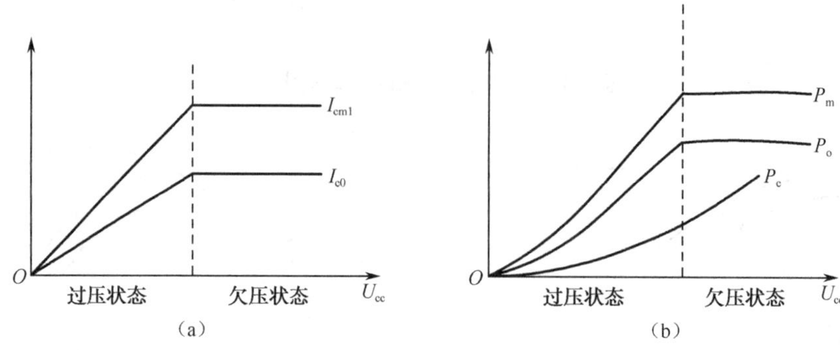

图 8-4-6 改变U_{cc}时工作状态和电流、功率的变化

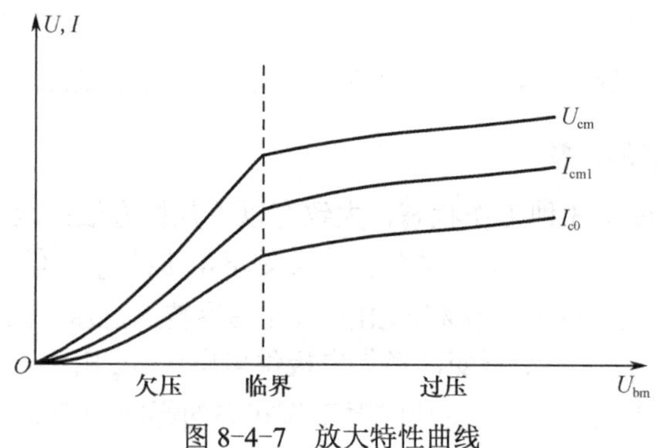

图 8-4-7 放大特性曲线

实训 15 无线调频话筒的制作与调试

1．教学目标

（1）理解无线调频话筒电路的基本原理。

（2）会使用万用表对各类元器件进行识别与检测。

（3）会检测集成电路 BA1404 的好坏。

2．器材准备

（1）指针式万用表。

（2）焊接及装接工具一套。

（3）PCB、单孔电路板或面包板。

（4）元器件清单，见表 8-4-1。

表 8-4-1　元器件清单

序号	名　称	型号及规格	标　号
1	芯片	18 脚	BA1404
2	集成电路插座	18 脚	IC
3	天线	软导线	E_1
4	覆铜板	(100×100) mm	
5	电池夹	三节 5 号电池（电源 1.5 V）	
6	话筒	驻极体话筒	MIC
7	电容	1 000 pF	C_1
8	电解电容	10 μF	C_2
9	电解电容	10 μF	C_3
10	电解电容	100 μF	C_4
11	瓷片电容	1 000 pF	C_5
12	瓷片电容	100 pF	C_6
13	电解电容	10 μF	C_7
14	瓷片电容	220 pF	C_8
15	瓷片电容	10 pF	C_9
16	瓷片电容	5 pF	C_{10}
17	电容	10 pF	C_{11}
18	电容	15 pF	C_{12}
19	电容（可以用可调电容）	47 pF	C_{13}
20	电容	5 pF	C_{14}
21	电阻	47 kΩ	R_1
22	电阻	100 kΩ	R_2
23	电阻	150 kΩ	R_3
24	电阻	2.7 kΩ	R_4
25	电阻	10 kΩ	R_5
26	晶振	38 kHz	J_1
27	变容二极管		D_1
28	电感线圈	3T、ϕ4	L_1
29	电感线圈	3T、ϕ4	L_2

无线调频话筒的电路原理图如图 8-4-8 所示。

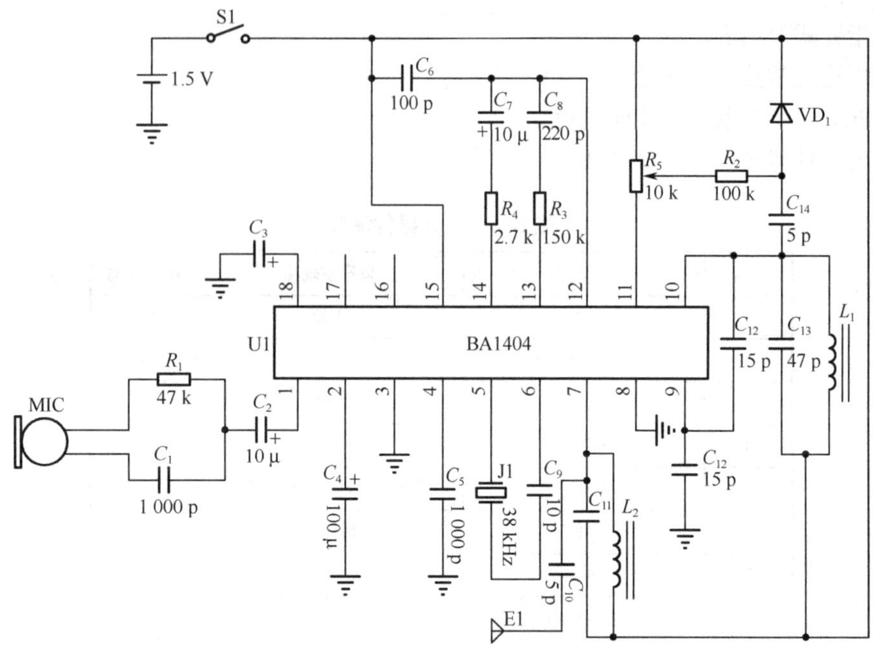

图 8-4-8　无线调频话筒电路原理图

3. 设计要求

1）印制板尺寸

要求印制板尺寸为(100×100) mm。

2）元器件布局

（1）总体要求：电池夹布局于印制板的一端，另一端布局元器件。且各电阻、电容、电感围绕集成电路就近布局。各元件要布放均匀，不允许有相互重叠的现象。电感 L_1 与 L_2 要相互垂直布放，且相距要求大于 15 mm 以上。

（2）焊盘尺寸要求：

① 集成电路焊盘为 2 mm；

② 话筒、电阻、各种电容、电感的焊盘为 3 mm；

③ 电池夹的两根引线用两个 3 mm 的焊盘与电路板的正、负电源连接；

④ 天线用一个 3 mm 的焊盘与电路连接。

（3）连线及线宽要求：

① 电源线和地线的线宽为 3 mm；

② 各信号的线宽为 1.5 mm；

③ 布线时要求连线均匀、规则，且要求尽量短。

3）元器件装焊要求

（1）各元件引脚要尽量短。

（2）焊接时，电烙铁在焊盘上停留的时间不要太长。

（3）各焊点要均匀、光滑。

4．电路调试

1）调试方法（用调频收音机接收进行调试）

（1）通电后，将音频输入MIC处悬空，用镊子碰连接处，用万用表电压10 V挡位测IC的14引脚应有1 V左右的输出。

（2）焊上MIC，在14脚的电容C_7负脚点对地用一耳机监听，应能听到MIC拾取的话音，说明IC内的音频放大器已经工作。

（3）焊接一个MP3音频输入线路，将MIC短路，播放MP3中的轻音乐输入给话筒电路。

（4）将一调频收音机调在无广播电台处接收无线电话筒的声音信号，这样可避开广播电台的干扰。

（5）调频收音机接收无线话筒的信号，调节振荡线圈电感L_1的匝间距离，使发射频率落在88～108 MHz的调频频段内，听收音机是否有MP3播放的音乐。

（6）如欲提高发射频率，应增大L_2的匝间距离；如欲降低发射频率，应缩小L_2的匝间距离；若收不到信号，改变L_1匝间距离，或改变C_{13}的容量，直到在一个没有电台的位置上收到信号为止。

（7）调整C_{11}的容量或调整L_2的匝间距离，拉开同接收机的距离，使距离最远，达到设计要求距离、效果最佳为止。

（8）适当改变发射天线的长度，以达到效果最佳为止，但不要太长，越短越好。

2）调试结果要求

（1）实际测试时如果电源稳定，MIC悬空处有将近0.9 V左右的电压，基本达到要求。

（2）在C_7负脚点用耳机可以听到声音。

（3）收音机可以听到音乐。

自制的电感线圈效果不稳定，要不断调试，直到稳定。在调试时要保证干电池电压，要多备些干电池。

各评价表如表8-4-2～表8-4-5所示。

表8-4-2 PCB电路板制作工艺评价表

A级	焊点适中，无漏、假、虚、连焊，焊点光滑、圆润、干净，无毛刺，焊点基本一致；引脚加工尺寸及成形符合工艺要求；焊接安装无错漏，电路板插件位置正确，元器件极性正确，接插件、紧固件安装可靠
B级	焊点适中，无漏、假、虚、连焊，但个别（1～2个）元器件有下面现象：有毛刺，不光亮；元器件均已焊接在电路板上，1～2个插件位置不正确或元器件极性不正确；或元器件、导线安装及字标方向未符合工艺要求；或1～2处出现烫伤和划伤处，有污物
C级	3～6个元器件有漏、假、虚、连焊，或有毛刺，不光亮，缺少（3～5个）元器件或插件；3～5个插件位置不正确或元器件极性不正确；或元器件、导线安装及字标方向未符合工艺要求；3～5处出现烫伤和划伤处，有污物
D级	有严重（超过7个元器件以上）漏、假、虚、连焊，或有毛刺，不光亮，缺少（3～5个）元器件或插件；3～5个插件位置不正确或元器件极性不正确；或元器件、导线安装及字标方向未符合工艺要求；3～5处出现烫伤和划伤处，有污物

表 8-4-3　单孔万能板制作工艺评价表

A 级	充分利用单孔板尺寸，元器件整体布局合理；电路走线简洁明了；元器件引脚成形及安装规范；焊点适中，焊点光滑、圆润、干净，无毛刺，焊点基本一致
B 级	能充分利用单孔板尺寸，元器件整体布局较为合理；电路走线思路清楚；个别元器件引脚成形及安装不符合规范；所焊接的元器件的焊点适中，但个别焊点有毛刺，不光亮
C 级	元器件整体布局一般，电路走线较为复杂，多有绕弯；2～3 个元器件引脚成形及安装不符合规范；多个焊点有毛刺，不光亮
D 级	元器件整体布局较差；电路走线混乱；多个元件引脚成形及安装不符合规范；有严重的漏、假、虚焊，或有毛刺，不光亮

表 8-4-4　面包板搭接制作工艺评价表

A 级	充分利用面包板尺寸，元器件整体插接合理；能对于同个节点或相同功能区域使用同种颜色的连接导线；使用导线总数少；元件插接牢固，无松动、掉落现象
B 级	能充分利用面包板尺寸，元器件整体插接较为合理；能对于同个节点或相同功能区域使用同种颜色的连接导线；使用导线总数较多；元件插接基本牢固，无松动、掉落现象
C 级	元器件整体插接一般；对于同个节点或相同功能区域连接时导线颜色没有区分；使用导线总数多；元件插接不牢固，有松动、掉落现象
D 级	元器件整体插接较差；导线较为混乱；使用导线总数很多；元件插接有明显松动、掉落现象

表 8-4-5　考核评价表

项目内容	技术要求		配　分	评分细则	得　分
元器件检测	会使用万用表测量各类元器件特性		20	每项 5 分，共 4 项	
电路制作	参照电路制作工艺评价标准		20	A 级 15～20 B 级 10～15 C 级 5～10 D 级 5 及以下	
功能实现	利用收音机测试话筒		30	功能全部实现得满分，有错误酌情扣分	
数据测量	关键点电压及电位的测量		20	电压电位值正确	
安全生产	符合安全文明生产要求		10	根据学生实际操作情况酌情扣分	
实训起止时间	开始时间	结束时间		本次成绩	
学生签字			教师签字		

习题 8

一、判断题

1．小信号谐振放大器以谐振回路作为交流负载，对输入信号具有选频和放大的作用。（　　）

2．要实现频率变换，必须使用线性元件。（　　）

3．丙类谐振功率放大器为了兼顾输出功率和效率，通常将导通角选为 60°～80°。（　）

4．鉴频器的功能是对调幅波进行解调。（　）

5．振荡器与放大器的主要区别之一是：放大器的输出信号与输入信号频率相同，而振荡器一般不需要输入信号。（　）

6．放大器必须同时满足相位平衡条件和振幅条件才能产生自激振荡。（　）

7．若某电路满足相位条件（正反馈），则一定能产生正弦波振荡。（　）

8．正弦振荡器必须输入正弦信号。（　）

二、选择题

1．振荡器的振荡频率取决于______。

A．供电电源　B．选频网络　C．晶体管的参数　D．外界环境

2．正弦波振荡器中正反馈网络的作用是______。

A．保证产生自激振荡的相位条件

B．提高放大器的放大倍数，使输出信号足够大

C．产生单一频率的正弦波

D．以上说法都不对

3．振荡器与放大器的区别是______。

A．振荡器比放大器电源电压高

B．振荡器比放大器失真小

C．振荡器无须外加激励信号，放大器需要外加激励信号

D．振荡器需要外加激励信号，放大器无须外加激励信号

4．在自激振荡电路中，下列说法正确的是______。

A．LC 振荡器、RC 振荡器一定产生正弦波

B．石英晶体振荡器不能产生正弦波

C．电感三点式振荡器产生的正弦波失真较大

D．电容三点式振荡器的振荡频率做不高

5．在讨论振荡器的相位稳定条件时，并联谐振回路的 Q 值越高，值 $\dfrac{\partial\varphi}{\partial\omega}$ 越大，其相位稳定性就______。

A．越好　B．越差　C．不变　D．无法确定

三、计算题

1．检查图 1 所示电路能否产生振荡。若能振荡写出振荡类型，不能振荡则说明是何原因。

2．收音机输入谐振回路有可变电容的选定，设在 600 kHz 时，用 256 pF，求 1 500 kHz 时电容是多少？

3．如图 2 所示，已知：$f_0 = 10$ MHz，$L = 4$ μH，$Q_0 = 100$，$R = 4$ kΩ。试求：

（1）通频带 $2\Delta f_{0.7}$；

（2）若要增大通频带为原来的 2 倍，还应并联一个多大的电阻？

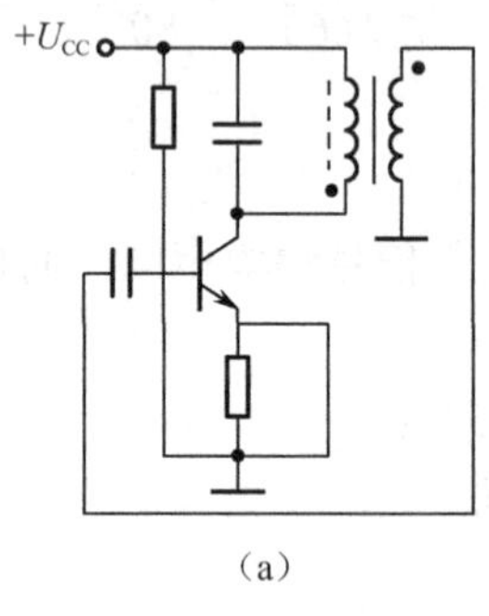

(a)

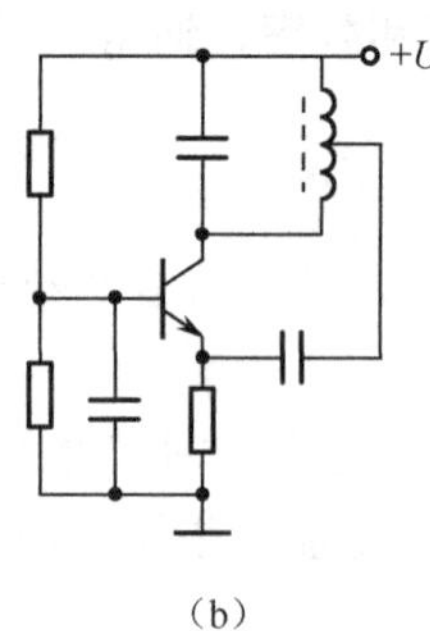

(b)

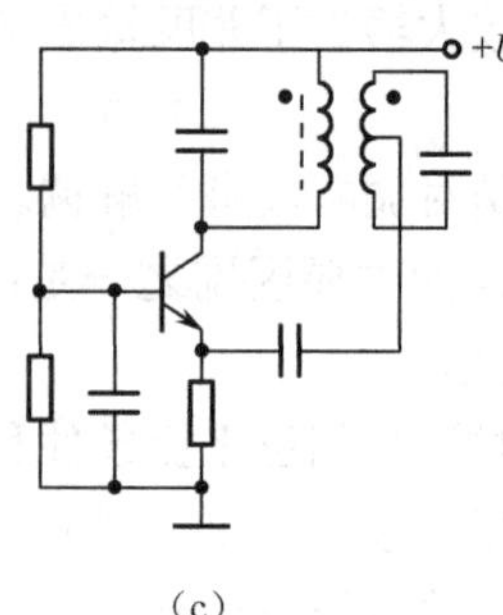

(c)

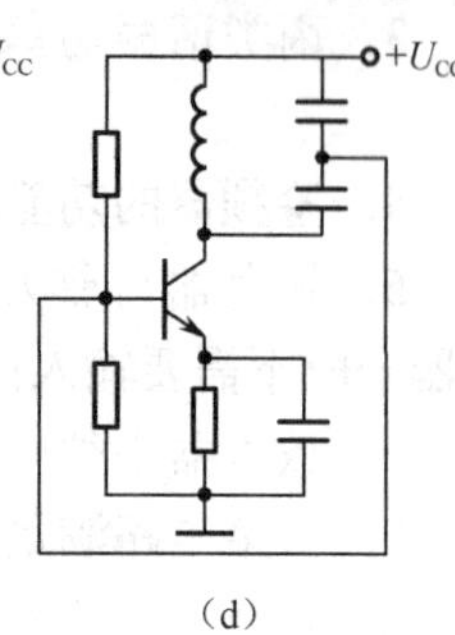

(d)

图 1

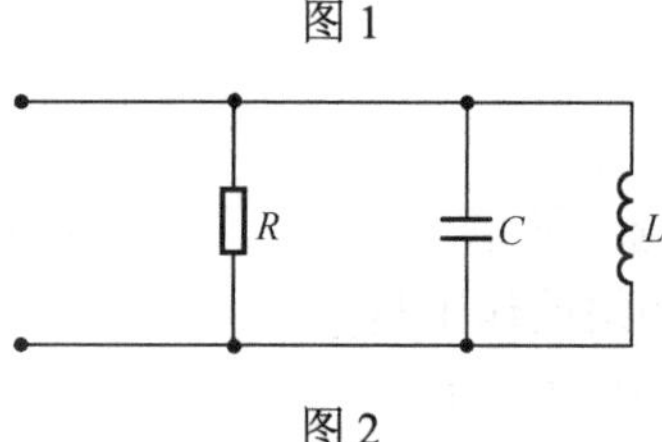

图 2

4．已知谐振功率放大器的$V_{CC}=24\text{ V}$，$I_{C0}=250\text{ mA}$，$P_o=5\text{ W}$，$U_{cm}=0.9V_{CC}$，试求该放大器的P_D、P_C、η_C以及I_{c1m}、i_{Cmax}、θ。

5．若调频波的中心频率f_c=100 MHz，最大频偏Δf_m=75 kHz，求最高调制频率F_{max}为下列数值时的m_f和带宽：

（1）F_{max}=400 Hz；（2）F_{max}=3 kHz；（3）F_{max}=15 kHz。

6．一谐振功率放大器，$V_{CC}=30\text{ V}$，测得$I_{C0}=100\text{ mA}$，$U_{cm}=28\text{ V}$，$\theta=70°$，求R_e、P_o和η_C。

参考文献

[1] 童诗白，华成英. 模拟电子技术基础. 北京：高等教育出版社，2006.

[2] 谭中华，杨元挺. 模拟电子线路. 北京：电子工业出版社，2004.

[3] 汪明添. 电子元器件. 北京：北京航空航天大学出版社，2008.

[4] 张建强. 电子制作基础. 西安：西安电子科技大学出版社，2010.

[5] 刘树林. 低频电子线路. 北京：电子工业出版社，2009.

[6] 姜俐侠. 模拟电子技术项目式教程. 北京：机械工业出版社，2011.

[7] 张建霞. 电工仪表与测量. 北京：中国电力出版社，2010.

[8] 范泽良. 电子测量与仪器. 北京：清华大学出版社，2010.

[9] 崔陵，王炳荣. 电子产品安装与调试. 北京：高等教育出版社，2012.

[10] 刘晓书，王毅. 电子产品装配与调试. 北京：科学出版社，2011.

[11] 龙立钦，范泽良. 电子产品工艺. 北京：电子工业出版社，2010.

[12] 杨翠娥. 高频电子线路实验与课程设计. 哈尔滨：哈尔滨工程大学出版社，2005.